Studien zur theoretischen und empirischen Forschung in der Mathematikdidaktik

Reihe herausgegeben von

Gilbert Greefrath, Münster, Deutschland

Stanislaw Schukajlow, Münster, Deutschland

Hans-Stefan Siller, Würzburg, Deutschland

In der Reihe werden theoretische und empirische Arbeiten zu aktuellen didaktischen Ansätzen zum Lehren und Lernen von Mathematik – von der vorschulischen Bildung bis zur Hochschule – publiziert. Dabei kann eine Vernetzung innerhalb der Mathematikdidaktik sowie mit den Bezugsdisziplinen einschließlich der Bildungsforschung durch eine integrative Forschungsmethodik zum Ausdruck gebracht werden. Die Reihe leistet so einen Beitrag zur theoretischen, strukturellen und empirischen Fundierung der Mathematikdidaktik im Zusammenhang mit der Qualifizierung von wissenschaftlichem Nachwuchs.

Luisa-Marie Hartmann

Prozesse beim Problem Posing zu gegebenen realweltlichen Situationen und die Verbindung zum Modellieren

 Springer Spektrum

Luisa-Marie Hartmann
Münster, Deutschland

ISSN 2523-8604   ISSN 2523-8612 (electronic)
Studien zur theoretischen und empirischen Forschung in der Mathematikdidaktik
ISBN 978-3-658-43595-0   ISBN 978-3-658-43596-7 (eBook)
https://doi.org/10.1007/978-3-658-43596-7

Die Deutsche Nationalbibliothek verzeichnet diese Publikation in der Deutschen Nationalbibliografie; detaillierte bibliografische Daten sind im Internet über http://dnb.d-nb.de abrufbar.

Planung/Lektorat: Marija Kojic
Springer Spektrum ist ein Imprint der eingetragenen Gesellschaft Springer Fachmedien Wiesbaden GmbH und ist ein Teil von Springer Nature.
Die Anschrift der Gesellschaft ist: Abraham-Lincoln-Str. 46, 65189 Wiesbaden, Germany

Das Papier dieses Produkts ist recyclebar.

Geleitwort

„Das ist irgendwie richtig schwierig, wenn man so viele Ideen hat und das so durcheinander geht...", bemerkt Max während er eigene Fragestellungen zu vorgegebenem situativem Kontext entwickeln muss. Dieses Zitat aus der Untersuchung von Frau Hartmann verdeutlicht die Herausforderungen beim Problem Posing – der Entwicklung eigenständiger Problemstellungen.

Problem Posing bietet aber auch viele Chancen, für das Problemlösen und Modellieren. Mathematische Modellierungskompetenz ist ein wichtiges Thema in der Mathematikdidaktik. In den letzten Jahrzehnten wurden vielfältige Untersuchungen zur Modellierungskompetenz durchgeführt, die unser Wissen über die Entwicklung dieser Kompetenz erweitert haben. Allerdings ist die Forschungslage bezüglich einzelner Aspekte der Modellierungskompetenz noch sehr unterschiedlich ausgeprägt. Während eine breite Befundlage zu Charakterisierungen von Modellierungsprozessen existiert, sind differenziertere Analysen von spezifischen prozessbezogenen Aspekten der Modellierungskompetenz noch wenig vorhanden. Frau Hartmann hat einen solchen prozessbezogenen Aspekt als Thema ihrer Dissertation ausgewählt und Prozesse beim Problem Posing zu gegebenen realweltlichen Situationen untersucht. Zunächst lässt sich konstatieren, dass Problem Posing ein relativ neues Forschungsfeld darstellt, deren Bedeutsamkeit durch die Arbeiten von Jinfa Cai, Roza Leikin, Peter Liljedahl, Benjamin Rott und anderen Kolleg:innen in letzten zehn Jahren deutlich zugenommen hat. Die Verbindung beider Forschungsfelder – Untersuchungen zur mathematischen Modellierungskompetenz und zum Problem Posing – wurde noch nicht geleistet. Frau Hartmanns Arbeit ist an der Schnittstelle beider Forschungsfelder angesiedelt und leistet Pionierarbeit in diesem Bereich. Das Hauptziel ihrer Studie war, den Modellierungsprozess um die Problem Posing-Perspektive zu ergänzen und eine Verbindung zwischen dem Modellierungsprozess und dem Prozess des

Problem Posing herzustellen. Dementsprechend beziehen sich die Forschungsfragen der Arbeit auf die Prozesse des Problem Posings und des Modellierens
sowie auf die Verbindung beider Prozesse. Um der Analyse eine klare Struktur
zu geben, werden die Arbeit in zwei Phasen gegliedert: Analyse der Generierung
eigener Fragestellungen und Analyse der Bearbeitung selbst entwickelter Fragestellungen. Methodisch hat Frau Hartmann einen qualitativ-explorativen Ansatz
gewählt, der sehr gut geeignet ist, um Prozesse zu beschreiben. Dieser ermöglicht
tiefergehende Analysen des Forschungsgegenstandes.

Ergebnisse der Studie sind höchst interessant und leisten einen wesentlichen
Beitrag zur Erforschung der Modellierungskompetenz und des Problem Posings.
Frau Hartmann dokumentiert zunächst die Prozesse und den Wechsel zwischen
den Prozessen bei Problem Posing und anschließend beim Modellieren jeweils in
der Entwicklungsphase und in der Phase der Bearbeitung von selbst entwickelten
Problemen. Einzelfallanalysen ergänzen das Bild und ermöglichen einmalige Ein-
drücke darin, wie eine Generierung von Fragestellungen aus den realweltlichen
Situationen und die Bearbeitung selbst entwickelter Probleme erfolgt. Ein zentrales Ergebnis der Studie ist das häufige Auftreten der Modellierungsaktivitäten
Verstehen, Vereinfachen/Strukturieren und zum Teil auch des Mathematisierens
in der Entwicklungsphase. Die Lösungsprozesse der Studierenden in der Bearbeitungsphase führen zur Generierung weiterer Fragestellungen, Teilfragestellung
sowie Evaluation und Reformulierung der ursprünglichen Fragestellungen.

Ein wichtiger Teil der Diskussion bezieht sich auf die Einordnung der Ergebnisse in die bisherigen Befunde aus den Forschungen zum Problem Posing und
zum Modellieren. Beispielsweise geben die Ergebnisse der Studie von Frau Hartmann empirische Hinweise darauf, dass initiale Lösungsprozesse bereits sehr früh
während der Entwicklung der Fragestellung stattfinden können. Somit zeigt es
sich, dass eine Generierung der Fragestellungen großes Potential hat, kognitive Aktivitäten – hier spezifisch Modellierungsaktivitäten – anzuregen. Dies
ist ein neues Ergebnis, das empirisch noch nicht gezeigt wurde. Als Ergebnisse der Arbeit formuliert Frau Hartmann Hypothesen, die in künftigen Studien
überprüft werden können. Eine Hypothese besagt, dass bereits während der
Entwicklungsphase die Konstruktion des Realmodells stattfinden kann und die
Mathematisierung vorbereitet wird. Ein hypothetisches Modell zur Beschreibung
modellierungsbezogener Problem Posing- und Modellierungsaktivitäten rundet
die Diskussion ab. Dieses Modell dient als eine Art Bindeglied, welches Theorien
des Problem Posings und des Modellierens verbindet.

Abschließend wünschen wir Ihnen, liebe Leserinnen und Leser, eine erkennt-
nisreiche Lektüre und hoffen, dass die Ergebnisse und Erkenntnisse aus dieser
Studie Ihr Verständnis für die mathematische Modellierungskompetenz und das

Problem Posing bereichern werden. Möge dieses Buch dazu beitragen, neue Perspektiven und Impulse für die Lehre und Forschung in der Didaktik der Mathematik zu schaffen. Lassen Sie uns gemeinsam die Herausforderungen und Chancen des Problem Posings und des Modellierens erkunden, um die mathematische Bildung unserer Schülerinnen und Schüler zu fördern.

Stanislaw Schukajlow
Universität Münster
Münster, Deutschland

Benjamin Rott
Universität Köln
Köln, Deutschland

Danksagung

Drei spannende Jahre voller schöner Momente und großen Herausforderungen liegen hinter mir. In diesen drei Jahren konnte ich nicht nur fachlich einen tiefen Einblick in die mathematikdidaktische Forschung erlangen, sondern auch persönlich über mich hinauswachsen. Auf diesem Weg haben mich zahlreiche Menschen begleitet und inspiriert, denen ich an dieser Stelle herzlich danken möchte.

Zu Beginn möchte ich meinem Doktorvater Prof. Dr. Stanislaw Schukajlow danken, der mir bereits während meines Studiums erste Einblicke in die Welt der mathematikdidaktischen Forschung geboten, mich für diese Forschung begeistert und so diese Arbeit erst ermöglicht hat. Danke für dein Vertrauen, deine großartige Unterstützung im Rahmen konstruktiver Diskussionen und Co-Autorenschaften sowie für die Chance, meine Ideen auf nationalen und internationalen Konferenzen und Forschungsaufenthalten zu diskutieren. Außerdem danke ich Prof. Dr. Benjamin Rott als Zweitgutachter für die gewinnbringenden Diskussionen und die bereitwillige Übernahme dieser Rolle. Auch meinem Drittprüfer, Prof. Dr. Gilbert Greefrath, möchte ich für die Annahme der Anfrage und für bereichernde Diskussionen – auch im Rahmen interner Institutskolloquien – danken.

An dieser Stelle möchte ich auch meinen Kolleginnen und Kollegen danken, die mich auf meinem Weg begleitet haben. Danke für euer offenes Ohr und die konstruktiven Gespräche im Rahmen von Kolloquien, aber auch zwischendurch auf dem Flur, bei einem Kaffee oder bei der ein oder anderen Joggingrunde. Insbesondere danke ich Dr. Janina Krawitz, die mich für die *Problem Posing*-Forschung begeistert hat und mich mit anregenden Diskussionen bei der Anfertigung der Dissertation unterstützt hat. Auch danke ich den Hilfskräften, Masterkandidatinnen und -kandidaten für die Transkriptionen sowie den Studierenden für die freiwillige Teilnahme an der Studie. Ein großer Dank geht auch an alle Kolleg:innen sowie Freund:innen, die mir konstruktive Rückmeldungen zu meiner Arbeit gegeben haben. Insbesondere möchte ich Paula Wesselmann und Friederike Tenkamp für die ausführliche Korrekturlektur meiner Arbeit danken.

Ohne die Unterstützung meiner Familie und Freundinnen und Freunde hätte ich die große Herausforderung der Promotion jedoch nicht meistern können. Danke für euer offenes Ohr, euer entgegengebrachtes Vertrauen in mich und eure aufmunternden Worte in herausfordernden Zeiten. Danke, dass ihr mich davon überzeugt habt, die Promotion zu wagen.

Vielen lieben Dank euch allen! Ohne euch wäre diese Arbeit so nicht möglich gewesen.

Zusammenfassung

Die Identifizierung und Entwicklung mathematischer Probleme in realweltlichen Situationen stellt eine notwendige Voraussetzung für das Modellieren dar. Der Entwicklung eigener Probleme *(Problem Posing)* wird ein großes Potential zur Förderung von Problemlösefähigkeiten zugeschrieben, da es Aktivitäten auslösen kann, die für den Lösungsprozess essenziell sind. Das mathematische Modellieren beschreibt das Lösen realweltlicher Probleme. Folglich könnte das *Problem Posing* auch gewinnbringend zur Förderung des Modellierens eingesetzt werden. Um das Potential des *Problem Posings* zur Förderung des Modellierens abzuschätzen, ist Grundlagenforschung bezüglich der beteiligten Aktivitäten und deren Verbindungen notwendig. Bislang fehlt es jedoch an Erkenntnissen zum Modellierungsprozess aus einer *Problem Posing*-Perspektive.

Die vorliegende Studie fokussiert diese Forschungslücke, indem in einem ersten Schritt die Entwicklungs- und Bearbeitungsprozesse bezüglich der ablaufenden *Problem Posing*- und Modellierungsaktivitäten untersucht und in einem zweiten Schritt Verbindungen zwischen diesen Aktivitäten analysiert werden. Dazu wurde eine qualitativ-explorative Studie mit sieben angehenden Lehrkräften durchgeführt. Die angehenden Lehrkräfte wurden aufgefordert, Aufgaben basierend auf vorgegebenen realweltlichen Situationen zu entwickeln und ihre selbstentwickelten Aufgaben im Anschluss zu lösen. Dabei wurde die Methode des Lauten Denkens, ein *Stimulated Recall Interview* und ein Interview angewendet. Die Entwicklungs- und Bearbeitungsprozesse wurden anschließend im Hinblick auf die stattfindenden *Problem Posing*- und Modellierungsaktivitäten analysiert.

In den Entwicklungsphasen konnten die fünf *Problem Posing*-Aktivitäten – Verstehen, Explorieren, Generieren, Evaluieren, Problemlösen – identifiziert werden. Es zeigte sich, dass insbesondere die in der realen Welt angesiedelten Modellierungsaktivitäten (d. h. Verstehen, Vereinfachen und Strukturieren) bereits beim *modellierungsbezogenen Problem Posing* involviert sind. Dieses Ergebnis deutet darauf hin, dass die Entwicklung eigener Aufgaben basierend auf realweltlichen Situationen vor der Lösung die Konstruktion eines angemessenen Situations- und Realmodells im Lösungsprozess unterstützen kann. Darüber hinaus konnten in den Bearbeitungsphasen selbst-entwickelter Modellierungsaufgaben alle Modellierungsaktivitäten identifiziert werden sowie *Problem Posing* als Problemlösestrategie, als Entwicklung weiterführender Aufgaben und als Evaluation und Reformulierung der selbst-entwickelten Aufgaben. Auf Basis der Ergebnisse konnten Hypothesen generiert werden, die als Grundlage für die Entwicklung eines integrierten Modells des *Problem Posings* und Modellierens dienen. Auf diese Hypothesen und das Modell kann in zukünftigen Studien aufgebaut werden. Insgesamt liefern die Ergebnisse erste Hinweise auf das Potential des *Problem Posings* zur Förderung des Modellierens. Weitere quantitative Untersuchungen bezüglich der Wirkung sind dringend notwendig.

Schlagwörter: Problem Posing · Mathematisches Modellieren · Kognitive Prozesse · Realweltliche Situationen

Keywords: Problem posing · Mathematical modelling · Cognitive processes · Real-world situations

Inhaltsverzeichnis

Abbildungsverzeichnis

Tabellenverzeichnis

Einleitung 1

Mathematik ist ein Teil unseres alltäglichen Lebens. Die Mathematik trägt zum Verständnis und zur Weiterentwicklung von Aspekten verschiedener außermathematischer Bereiche bei. Beispielsweise spielt die Mathematik aktuell alltäglich eine Rolle, um die Verbreitung des Corona-Virus zu verstehen und damit einhergehende Fragen, wie *Wie schnell breitet sich das Virus weiter aus?* oder *Wie stark wird die Ausbreitung durch die Impfkampagne reduziert?*, wahrzunehmen und zu beantworten. Basierend auf der Relevanz der Mathematik für das alltägliche Leben ist eine der zentralen Aufgaben des Mathematikunterrichts, den Lernenden die Mathematik als Werkzeug zu vermitteln, „um Erscheinungen der Welt aus Natur, Gesellschaft, Kultur, Beruf und Arbeit in einer spezifischen Weise wahrzunehmen und zu verstehen" (Kultusministerkonferenz [KMK], 2012, S. 11). Um die Lernenden zu befähigen, die Mathematik zur Bewältigung von Situationen des täglichen Lebens zu nutzen, ist die Lösung realweltlicher Probleme ein wesentlicher Bestandteil des Lehrens und Lernens von Mathematik (Maaß, 2010; Niss & Blum, 2020, S. 6). Die Lösung realweltlicher Probleme mit Hilfe der Mathematik wird in der mathematikdidaktischen Forschung als mathematisches Modellieren bezeichnet und beinhaltet anspruchsvolle Übersetzungsprozesse zwischen der realen Welt und der Mathematik, um mathematische Modelle zu identifizieren, die zur Lösung eines realweltlichen Problems herangezogen werden können (Greefrath, 2010a, S. 42). Das mathematische Modellieren im Schulkontext startet zumeist mit einer vorgegebenen Modellierungsaufgabe (Pollak, 2015). In außerschulischen Kontexten, wie im alltäglichen Leben oder im späteren Berufsleben, liegen mathematische Aufgaben jedoch nur selten vorgefertigt vor und werden von den Personen selbst präzisiert und entwickelt, bevor eine Lösung generiert

© Der/die Autor(en), exklusiv lizenziert an Springer Fachmedien Wiesbaden GmbH, ein Teil von Springer Nature 2023
L. -M. Hartmann, *Prozesse beim Problem Posing zu gegebenen realweltlichen Situationen und die Verbindung zum Modellieren*, Studien zur theoretischen und empirischen Forschung in der Mathematikdidaktik,
https://doi.org/10.1007/978-3-658-43596-7_1

wird (Blomhøj & Kjeldsen, 2018). Die Entwicklung eigener mathematischer Aufgaben wird als *Problem Posing* bezeichnet und rückt die Aufgabe selbst und nicht die Lösung in den Vordergrund (Silver, 1994). Die Entwicklung eigener Aufgaben ist eine notwendige Voraussetzung zur Lösung dieser und demnach ein untrennbarer Teil des Problemlösens (S.-K. S. Leung, 2016). Auch für das Modellieren ist die Entwicklung und Formulierung entsprechender Aufgaben basierend auf realweltlichen Situationen notwendig, bevor eine Lösung generiert werden kann. So ist für das Lehren und Lernen des mathematischen Modellierens im Mathematikunterricht die Entwicklung von realweltlichen Aufgaben unabdingbar und stellt eine zentrale Fähigkeit sowohl für (angehende) Mathematiklehrkräfte als auch für Schülerinnen und Schüler dar (Borromeo Ferri, 2018, S. 41).

Internationale Vergleichsstudien offenbaren große Schwierigkeiten beim mathematischen Modellieren (Reiss et al., 2019, S. 192). So stellt das Modellieren sowohl Lernende als auch Lehrkräfte vor große Herausforderungen (Blum, 2015; Schukajlow et al., 2018), die insbesondere auf die anspruchsvollen Übersetzungsprozesse zwischen der außermathematischen und der mathematischen Welt zurückzuführen sind (Jankvist & Niss, 2020; Krawitz et al., 2022). Dem *Problem Posing* wurde in den letzten Jahren in der mathematikdidaktischen Forschung zunehmend Aufmerksamkeit geschenkt und die Potentiale für den Mathematikunterricht wurden erkannt (Cai et al., 2015). Die Problemlösungsforschung hat gezeigt, dass *Problem Posing* das Potential hat, Problemlösen zu unterstützen (Chen et al., 2013), da die kognitiven Prozesse der Entwicklung und Lösung der Probleme in einer engen Verbindung miteinander stehen (Cai et al., 2013; Chen et al., 2013). Zum einen beinhaltet das *Problem Posing* Aktivitäten, wie die Analyse der gegebenen Situation, die für die Lösung von Aufgaben wichtig sind. Zum anderen kann *Problem Posing* während der Bearbeitung den Lösungsprozess unterstützen (Xie & Masingila, 2017). Da das mathematische Modellieren eine spezielle Form des Problemlösens darstellt, wird auch eine enge Verbindung zwischen dem *Problem Posing* und dem Modellieren vermutet (Hansen & Hana, 2015). Das mathematische Modellieren beschreibt die Lösung realweltlicher Aufgaben bzw. Probleme mit Hilfe der Mathematik und beginnt mit einer realweltlichen Situation, die zunächst verstanden, vereinfacht und strukturiert werden muss. Darüber hinaus umfasst es mathematische Untersuchungen von Aspekten der realen Welt und die Antizipation potenzieller mathematischer Modelle zur Lösung der Aufgabe (Niss, 2010). Folglich ist es möglich, dass das *Problem Posing* basierend auf gegebenen realweltlichen Situationen (d. h. *modellierungsbezogenes Problem Posing*) und die damit einhergehenden Prozesse gewinnbringend zur Bewältigung der anspruchsvollen Übersetzungsprozesse zwischen der außermathematischen und der mathematischen Welt genutzt werden können.

Trotz der hohen Bedeutsamkeit des mathematischen Modellierens selbst, der auf theoretischer Ebene antizipierten engen Verbindung zwischen dem mathematischen Modellieren und dem *Problem Posing* (Hansen & Hana, 2015) sowie der Notwendigkeit der Entwicklung von Aufgaben, bevor diese gelöst werden können, ist bisher wenig über den Modellierungsprozess aus einer *Problem Posing*-Perspektive bekannt. Insbesondere fehlt ein dem Modellierungskreislauf (Blum & Leiß, 2005) äquivalentes Modell, in dem die ablaufenden Aktivitäten der Entwicklung und Bearbeitung eigener Modellierungsaufgaben sowie deren Verbindung idealisiert dargestellt werden.

1.1   Ziel der Arbeit

Die vorliegende Untersuchung soll zur Schließung dieser Forschungslücke beitragen. Um Hinweise darauf zu erhalten, wie das *Problem Posing* den Modellierungsprozess beeinflusst, ist Grundlagenforschung bezüglich der beteiligten Aktivitäten und deren Verbindungen notwendig. Das übergeordnete Ziel der Arbeit ist demnach, den Modellierungsprozess aus einer *Problem Posing*-Perspektive zu ergänzen sowie die Verbindungen zwischen den beiden Prozessen besser zu verstehen. Dazu wurde eine qualitativ-explorative Studie geplant, um die Prozesse des *Problem Posings* und des Modellierens und deren Verbindungen aus einer kognitiven Perspektive in der Tiefe zu erkunden und zu beschreiben sowie darauf aufbauend Hinweise auf mögliche Verallgemeinerungen zu generieren. Zur Exploration der Prozesse und möglicher Verbindungen aus einer kognitiven Perspektive werden zunächst die Entwicklungs- und Bearbeitungsprozesse eigener Aufgaben zu gegebenen realweltlichen Situationen mit Blick auf die stattfindenden *Problem Posing*- und Modellierungsaktivitäten systematisch beschrieben. Die Ergebnisse sollen das Feld der *Problem Posing*- und Modellierungsforschung durch die ablaufenden Aktivitäten beim *modellierungsbezogenen Problem Posing* ergänzen und Zusammenhänge zwischen den Prozessen des *Problem Posings* und des Modellierens aufdecken. Aus den Ergebnissen der vorliegenden Studie werden Hypothesen über die ablaufenden Aktivitäten und deren Zusammenhänge abgeleitet und zur Entwicklung eines integrierten Modells des

Problem Posings und des Modellierens genutzt, auf das in zukünftigen Studien aufgebaut werden kann.

1.2   Aufbau der Arbeit

Die vorliegende Arbeit ist in einen Theorie- und einen Empirieteil untergliedert. Der Theorieteil befasst sich mit den theoretischen Hintergründen sowie empirischen Ergebnissen, die zentral für die vorliegende Untersuchung sind. Der Theorieteil beginnt mit einer theoretischen Darstellung zum Problemlösen (Kapitel 2), in der eine begriffliche Definition des Problemlösens gegeben und auf den Problemlöseprozess aus kognitiver Perspektive sowie Problemlösestrategien eingegangen wird. Die zentralen Themengebiete der Arbeit stellen das mathematische Modellieren und das *Problem Posing* dar. In Kapitel 3 wird sich den theoretischen Grundlagen des mathematischen Modellierens gewidmet, indem eine begriffliche Definition des Modellierens gegeben wird sowie die Relevanz und Perspektiven des Modellierens dargestellt werden. Außerdem werden Modellierungsaufgaben charakterisiert und der Modellierungsprozess sowie die damit einhergehenden Schwierigkeiten aus einer kognitiven Perspektive beschrieben. In Kapitel 4 wird das *Problem Posing* fokussiert. Dazu wird zunächst eine begriffliche Definition des *Problem Posings* vorgenommen sowie Stimuli des *Problem Posings* beschrieben, bevor daran anschließend auf den Prozess des *Problem Posings* aus einer kognitiven Perspektive sowie auf die Relevanz und Perspektiven des *Problem Posings* eingegangen wird. Die Themenfelder des Problemlösens, Modellierens und *Problem Posings* werden in Kapitel 5 miteinander in Verbindung gebracht. Dabei werden die Prozesse des Problemlösens und des *Problem Posings* zunächst im Modellierungsprozess verortet. Im Anschluss werden die bereits gut erforschten Verbindungen zwischen dem *Problem Posing* und dem innermathematischen Problemlösen fokussiert, um darauf aufbauend Schlussfolgerungen für die Verbindungen zwischen dem *Problem Posing* und dem mathematischen Modellieren abzuleiten. Aus den theoretischen Ausführungen werden abschließend die mit der Untersuchung verfolgten Forschungsfragen und Ziele abgeleitet und erörtert (Kapitel 6).

Der Empirieteil der Arbeit beschäftigt sich mit der Darstellung und Begründung der genutzten Erhebungsmethode, die zur Beantwortung der Forschungsfragen herangezogen wird (Kapitel 7). Anschließend wird sich der Darstellung und Begründung der gewählten Auswertungsmethode gewidmet (Kapitel 8). In Kapitel 9 werden die Ergebnisse der Arbeit zu den ablaufenden Prozessen der

Entwicklung und Bearbeitung eigener Aufgaben sowie deren Verbindungen präsentiert. Diese Ergebnisse werden dann in Kapitel 10 auf Grundlage der bisher bekannten empirischen Ergebnisse diskutiert. Basierend auf den Ergebnissen werden Hypothesen sowie ein integriertes Modell des *Problem Posings* und des Modellierens generiert. Der Empirieteil der Arbeit schließt mit einer Erörterung der Stärken und Limitationen der Arbeit (Kapitel 11), Implikationen für Forschung und Praxis (Kapitel 12) sowie einem kurzen Fazit (Kapitel 13).

Problemlösen

2

Die Lösung mathematischer Probleme gilt als eines der zentralen Ziele des Mathematikunterrichts, da es zum Erkenntnisgewinn beiträgt (Winter, 1995). Demnach ist Problemlösen fest als allgemeine mathematische Kompetenz in den Bildungsstandards verankert (KMK, 2003, 2012). Während über die Bedeutsamkeit des Problemlösens in der Forschung Einigkeit besteht, existiert deutlich weniger Konsens bezüglich der Definition eines Problems und des Problemlösens (Büchter & Leuders, 2018, S. 28). Um das in dieser Arbeit zugrundeliegende Verständnis eines Problems und des Problemlösens darzustellen, soll im Folgenden zunächst auf die Definition eines mathematischen Problems und des Problemlösens eingegangen werden (Kapitel 2.1), bevor anschließend der Prozess des Problemlösens (Kapitel 2.2) sowie Problemlösestrategien (Kapitel 2.3) thematisiert werden.

2.1 Definition mathematisches Problem und Problemlösen

Nach Dörner (1976) ist ein Individuum mit einem Problem konfrontiert,

> wenn es sich in einem inneren oder äußeren Zustand befindet, den es aus irgendwelchen Gründen nicht für wünschenswert hält, im Moment aber nicht über die Mittel verfügt, um den Zustand in den wünschenswerten Zielzustand zu überführen (S. 10).

Beispielsweise kann ein verlegter Schlüssel für ein Individuum ein Problem darstellen. Nach Dörners (1976, S. 10) Definition ist ein Problem zusammenfassend durch zwei Zustände gekennzeichnet: einen Anfangs- und einen Zielzustand. Der

L. -M. Hartmann, *Prozesse beim Problem Posing zu gegebenen realweltlichen Situationen und die Verbindung zum Modellieren*, Studien zur theoretischen und empirischen Forschung in der Mathematikdidaktik, https://doi.org/10.1007/978-3-658-43596-7_2

Anfangszustand beschreibt eine bestimmte Situation oder einen Zustand, mit dem das Individuum unzufrieden ist und konfrontiert wird. Der Zielzustand ist der vom Individuum erwünschte Zustand, dessen Erreichung gleich der Lösung des Problems ist (Klix, 1971, S. 640). Im oben beschriebenen Beispiel wäre demnach der verlegte Schlüssel der Anfangszustand, mit dem das Individuum konfrontiert wird und das Wiederfinden des Schlüssels der erwünschte Zielzustand. Von einem Problem wird jedoch erst dann gesprochen, wenn „die Überführung des Anfangszustandes in den [Zielzustand] nicht oder nicht unmittelbar gelingt" (Klix, 1971, S. 640). Dörner (1976, S. 10) spricht hierbei von einer Barriere, durch die eine direkte Überführung des Anfangs- in den Zielzustand verhindert wird. Im Beispiel des verlegten Schlüssels handelt es sich also erst um ein Problem, wenn das Individuum nicht weiß, wo sich der Schlüssel befindet und keine unmittelbare Lösung zum Auffinden des Schlüssels vorhanden ist.

Ein mathematisches Problem liegt nach Büchter und Leuders (2018) vor, wenn ein Individuum aufgefordert wird, „eine Lösung zu finden, ohne dass ein passendes Lösungsverfahren auf der Hand liegt" (S. 25). Ein unbekanntes Lösungsverfahren geht jedoch nicht notwendigerweise mit hohen Anforderungen an das problemlösende Individuum einher und folglich ergänzt Heinze (2007) die Definition in Anlehnung an Dörner (1976) durch das Vorhandensein einer Barriere. Insgesamt ist ein mathematisches Problem also dadurch gekennzeichnet, dass der Lösungsweg bzw. das Lösungsverfahren nicht direkt auf der Hand liegt und für die mit der Aufgabe konfrontierte Person eine Barriere darstellt. Die Barriere kann zum einen durch die Unbekanntheit der einzelnen Lösungsschritte oder zum anderen durch die Unbekanntheit der Kombination der einzelnen Lösungsschritte verursacht werden (Dörner, 1976, S. 11).

In der mathematikdidaktischen Forschung werden mathematische Probleme (auch Nicht-Routineaufgaben) von Routineaufgaben abgegrenzt (Dörner, 1976, S. 10). Eine Abgrenzung der beiden Aufgabentypen kann über die dabei ablaufenden Prozesse vorgenommen werden, ist jedoch nicht immer eindeutig möglich. Eine Aufgabe stellt eine Routineaufgabe dar, wenn die mit der Aufgabe konfrontierte Person den Lösungsweg direkt erkennt, die notwendigen Lösungsschritte bekannt sind und unmittelbar angewendet werden können (Højgaard, 2021; Rott, 2013, S. 32). Dabei können oft zuvor erlernte Standardverfahren (Algorithmen) aus dem Unterricht genutzt werden. Die Lösung basiert folglich auf der Reproduktion zuvor erlernten Wissens. Wenn dies nicht der Fall ist oder bekannte Lösungsverfahren zwar unmittelbar angewendet werden können, aber während des Lösungsprozesses verworfen werden, stellt die Aufgabe für die mit der Aufgabe konfrontierte Person ein Problem dar (Rott, 2013, S. 36). Die Bearbeitung eines Problems wird als Problemlösen bezeichnet. Folglich beschreibt das Problemlösen die Aktivitäten zur Überwindung der Barriere, um von dem unerwünschten Anfangszustand zu dem erwünschten Zielzustand zu gelangen (siehe Abbildung 2.1) (Büchter & Leuders, 2018, S. 28). Die Überführung vom Anfangs- zum Zielzustand wird als Transformation bezeichnet.

Transformation

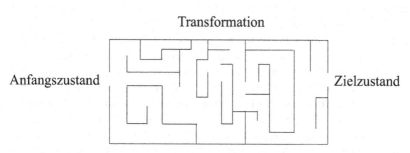

Anfangszustand   Zielzustand

Abbildung 2.1 Problemlösen als Überwindung der Barriere zur Transformation eines Anfangs- in einen Zielzustand

Um ein passendes Lösungsverfahren bzw. eine passende Transformation zu finden und somit die vorhandene Barriere zu überwinden, muss ein geeigneter Weg gefunden werden (Pólya, 1966, S. 182). Der Suchprozess nach einem geeigneten Weg oder der Verkettung geeigneter Wege scheint demnach elementarer Bestandteil des Problemlösens (Klix, 1971, S. 640). Dabei muss das problemlösende Individuum das bereits vorhandene Wissen und die bereits vorhandenen Daten des Anfangszustandes auf eine neue Weise kombinieren. Über die Suche und Bildung neuer Relationen sowie einer Verknüpfung dieser kann dann der erwünschte Zielzustand erreicht werden (Klix, 1971, S. 640). Dies erfordert höhere Denkprozesse. Die Suche nach einem geeigneten Weg kann immer wieder in Sackgassen enden (siehe Abbildung 2.1), wodurch neue Wege ausprobiert werden müssen. Bei einem mathematischen Problem können geeignete Wege als eine Sequenz mathematischer Operationen (Operatoren) beschrieben werden (Heinze, 2007). Durch die einzelnen mathematischen Operationen werden Zwischenzustände der Transformation erreicht. Die Operatoren können dem problemlösenden Individuum entweder bereits bekannt sein oder durch bereits vorhandenes Wissen aktiviert werden. Sie werden gemeinsam mit den durch die einzelnen Operationen erzeugten Zwischenzustände als Suchraum bezeichnet (Heinze, 2007).

Der Erfolg bei der Suche nach einer geeigneten Sequenz von Operationen hängt neben der Fähigkeit zum flexiblen Denken auch von dem Wissen über die anzuwendenden mathematischen Operationen und dem Wissen über die Sequenz der anzuwendenden Operationen ab (Heinze, 2007). So entsteht eine Wechselwirkung zwischen der gegebenen Situationsbeschreibung und den bereits vorhandenen internen kognitiven Strukturen des Individuums (Klix, 1971, S. 640). Folglich hängt es von den individuellen Fähigkeiten und dem Wissen ab, ob eine Barriere vorhanden ist und ob die präsentierte Aufgabe für das Individuum zum Zeitpunkt der Lösung ein Problem darstellt. So kann beispielsweise die Ermittlung des Volumens eines Pyramidenstumpfs je nach Wissensstand des Individuums ein Problem darstellen. Für eine Schülerschaft der neunten Jahrgangsstufe kann diese Aufgabe ein Problem darstellen, da die einzelnen Schritte der Lösung (die Berechnung des Volumens einer Pyramide und die Subtraktion) zwar bekannt sind, aber die Sequenz der anzuwendenden Operationen unbekannt ist. Wird die Barriere von den Lernenden aufgrund der Bekanntheit der Sequenz der anzuwendenden Operationen unmittelbar bewältigt, stellt die Aufgabe für sie kein Problem dar. Die Aufgabe kann für diese spezifischen Lernenden dann als eine Routineaufgabe bezeichnet werden (Dörner, 1976, S. 10). Ausgehend von dem Beispiel und den oben dargestellten Definitionen des Problemlösens wird deutlich, dass es von dem individuellen Wissens- und Fähigkeitsstand des problemlösenden Individuums zum Zeitpunkt der Aufgabenbearbeitung abhängt, ob die präsentierte Aufgabe ein Problem oder eine Routineaufgabe darstllt (Klix, 1971, S. 639; Rott, 2013, S. 31).

Die dem Problemlösen zugrundeliegenden Probleme können sowohl aus der außermathematischen Welt als auch aus der mathematischen Welt stammen. Im Allgemeinen kann der Begriff des Problemlösens bezüglich des Einbezugs der Realität aus zwei verschiedenen Perspektiven betrachtet werden: Problemlösen im engeren Sinne und Problemlösen im weiteren Sinne (Büchter & Leuders, 2018, S. 30). Problemlösen im engeren Sinne basiert auf Problemen, die aus der mathematischen Welt stammen. Folglich begrenzt sich das Problemlösen nach dieser Auffassung auf die Lösung innermathematischer Probleme. Beim Problemlösen im weiteren Sinne werden dagegen Probleme aus der mathematischen Welt als auch aus der außermathematischen Welt (d. h. der realen Welt) berücksichtigt. Dieser Auffassung folgend umfasst das Problemlösen sowohl die Lösung innermathematischer Probleme als auch die Lösung außermathematischer Probleme. Beiden Auffassungen gemein ist jedoch die Überwindung einer Barriere, um von dem Anfangs- zum Zielzustand zu gelangen.

2.2 Problemlöseprozess

Der eigentliche Prozess, um bei einem Problem die Barriere zur Transformation des Anfangs- in den Zielzustand zu überwinden, kann als ein interner kognitiver Strukturbildungsprozess beschrieben werden, der sich durch einen stetigen Wechsel von Planungs- und Handlungsaktivitäten auszeichnet (Klix, 1971, S. 640). Dieser kognitive Prozess des Problemlösens wird in der mathematikdidaktischen Forschung als Problemlöseprozess bezeichnet (Heinrich et al., 2015). Zur Beschreibung des Prozesses existieren verschiedene Prozessmodelle, die versuchen, den ablaufenden Prozess in spezifische Aktivitäten zu unterteilen. Die Prozessmodelle verschiedener Autorinnen und Autoren unterscheiden sich dabei je nach Ziel- und Schwerpunktsetzung (J. Mason et al., 2012; Pólya, 1949; Rott, 2013; Schoenfeld, 1985; J. W. Wilson et al., 1993). Die aufgeführten Modelle zur Beschreibung der beim Problemlösen ablaufenden Aktivitäten gründen auf die von Pólya (1949, S. 18–33) beschriebenen Aktivitäten (Phasen) beim Problemlösen, die im Folgenden exemplarisch vorgestellt werden sollen. Pólyas (1949, 18–33) Modell unterteilt den Problemlöseprozess ausgehend von theoretischen Überlegungen und Beobachtungen von Studierenden in vier Aktivitäten (Phasen):

1 *Verstehen der Aufgabe* beinhaltet das Lesen und Verstehen des Aufgabentextes. Die Problemlösenden müssen den Wortlaut der Aufgabe verstehen und den Fragen nachgehen, was gegeben und was gesucht ist, sowie welche Bedingungen zur Verknüpfung des Gegebenen und Gesuchten gelten, um die Ausgangssituation selbst formulieren zu können.

2 *Ausdenken eines Plans* gilt als die eigentliche Leistung des Problemlösens. Dabei kann es helfen, dass die Problemlösenden über Variationen der Aufgabe nachdenken oder sich an ähnliche Aufgaben zurückerinnern. Die Entwicklung eines Plans kann eine lange Zeit benötigen oder auch erst nach erfolglosen Versuchen auftauchen.

3 *Ausführen des Planes* beinhaltet die Ausführung des ausgedachten Plans. Dabei muss die Angemessenheit der Lösungsschritte stetig hinterfragt werden.

4 *Rückschau* beinhaltet die Kontrolle des Resultats. Dabei wird die Plausibilität des Resultats geprüft, Ideen für weitere Lösungsansätze werden generiert und es wird überlegt, ob das verwendete Verfahren auch auf andere Aufgaben übertragbar ist.

2.3   Problemlösestrategien

Der Problemlöseprozess kann durch die Anwendung geeigneter Strategien unterstützt werden. Eine Strategie kann wie folgt definiert werden:

> A strategy is composed of cognitive operations over and above the processes that are natural consequences of carrying out the task, ranging from one such operation to a sequence of interdependent operations. Strategies achieve cognitive purposes (e.g., comprehending, memorizing) and are potentially conscious and controllable activities (Pressley et al., 1985, S. 4).

Leutner und Leopold (2006) unterscheiden im Kontext von Lernen zwischen kognitiven und metakognitiven Strategien. Kognition beschreibt die Basiselemente des Bewusstseins und ihre Kombinationen (Frensch, 2006). Demnach zielen die kognitiven Strategien auf die direkte Verarbeitung des Stoffes ab. Metakognition kann nach Flavell (1979) als „knowledge and cognition about cognitive phenomena" (S. 906) aufgefasst werden und strebt eine bewusste Regulierung eigener Aktivitäten an. Die Differenzierung zwischen kognitiven und metakognitiven Lernstrategien kann auf das Problemlösen übertragen werden. Im Folgenden soll zunächst auf kognitive Problemlösestrategien und anschließend auf metakognitive Problemlösestrategien eingegangen werden.

Kognitive Problemlösestrategien beziehen sich direkt auf den eigentlichen Problemlöseprozess. Eine spezielle Form von kognitiven Problemlösestrategien stellen sogenannte Heurismen (oder auch Heuristiken) dar (Betsch et al., 2011, S. 157) und bezeichnen Hilfsmittel, Methoden und (kognitive) Werkzeuge zur Lösung eines mathematischen Problems (Leuders, 2020; Rott, 2014; Schoenfeld, 1985). Der Einsatz von Heurismen erfolgt situationsabhängig und unter der Annahme, dass sie für die Lösung des Problems potenziell hilfreich sein könnten. Sie bieten Impulse zum Weiterdenken und geben Handlungsmaximen an (Leuders, 2020). Im Gegensatz zu Algorithmen garantieren sie jedoch nicht die Generierung der Lösung (Bruder & Collet, 2011, S. 42). Heurismen unterstützen Problemlösende im Bearbeitungsprozess bei der Überwindung der Barriere (Heinze, 2007). Durch die Anwendung geeigneter Heurismen kann der Suchraum eingeschränkt oder strukturiert und die Transformation des Anfangs- in den Zielzustand erleichtert werden (Heinze, 2007; Rott, 2014). Im Allgemeinen sind Heurismen kognitiver Natur, jedoch werden ihr Einsatz und die Evaluation des Einsatzes durch Metakognition gesteuert (Rott, 2014). Es existiert eine Vielzahl an Heurismen, die bei der Lösung eines Problems helfen können. Ein Repertoire an Heurismen findet sich beispielsweise bei Bruder und Collet (2011). Tabelle 2.1

führt ausgewählte, für die vorliegende Arbeit wichtige Heurismen auf. Im Folgenden soll beispielhaft an dem Problem aus Kapitel 2.1 die Anwendung des Heurismus *In Teilprobleme zerlegen* vorgestellt werden. Stellt die Berechnung des Volumens eines Pyramidenstumpfs Lernende vor ein Problem, können sie die benötigte Formel durch eine Zerlegung des Problems in Teilprobleme herleiten. Dazu kann zunächst über bereits bekannte mathematische Operationen das Volumen der Pyramide ohne Stumpf und das Volumen des Stumpfs bestimmt werden. Durch die Bildung der Differenz gelangen die Problemlösenden dann zu dem gewünschten Zielzustand. Ausgangspunkt der Anwendung von Heurismen ist zumeist das Stellen geeigneter Fragen, die entweder direkt bei der Lösung des Problems helfen können oder Hinweise auf die Anwendung bestimmter Heurismen geben (Pólya, 1949).

Tabelle 2.1 Ausgewählte Heurismen

Heurismen	Beschreibung
Systematische Aufgabenvariation	Systematische Variation des Problems durch Veränderung der Voraussetzungen und Bedingungen
Sonderfälle betrachten/ Vereinfachen	Betrachtung von Sonderfällen durch Vereinfachung des Problems
In Teilprobleme zerlegen[1]	Unabhängige Betrachtung einzelner Teilprobleme und anschließende Zusammenführung
Spezialisieren	Transformation des ursprünglichen Problems in ein spezielleres Problem
Verallgemeinern	Betrachtung des ursprünglichen Problems als Spezialfall und Variation zu einem verallgemeinernden Problem

Metakognitive Problemlösestrategien koordinieren dagegen den Problemlöseprozess und insbesondere die kognitiven Strategien. Sie beruhen auf der Fähigkeit der Lernenden, über ihren eigenen Problemlöseprozess reflektieren zu können (Sjuts, 2003). Metakognitive Strategien beinhalten Überwachungs-, Planungs- und Regulierungsaktivitäten der kognitiven Strategien und sind daher den kognitiven Strategien übergeordnet (Leutner & Leopold, 2006). Als Planungsaktivitäten

---

[1] Newell und Simon (1972) bezeichnen diesen Heurismus als Mittel-Ziel-Analyse, im Rahmen dessen der Suchraum in Teilziele unterteilt wird.

werden die Identifizierung und Auswahl geeigneter Strategien zur Problemlösung beschrieben (Schraw & Moshman, 1995). Nach Goos und Galbraith (1996)
wird im Problemlöseprozess dazu ein möglicher Lösungsplan formuliert. Über-
wachungsaktivitäten beinhalten die Aufmerksamkeit und das Bewusstsein für den
Problemlöseprozess (Schraw & Moshman, 1995). Ein Beispiel ist die Überprüfung, ob man bereits eine angemessene Lösung erhalten hat oder sich dieser
zumindest annähert (Goos & Galbraith, 1996). Evaluierungsaktivitäten beziehen
sich auf die Bewertung der Prozesse und Produkte des Problemlösens (Schraw &
Moshman, 1995). Ein Beispiel ist die Evaluation der berechneten mathematischen Lösung. Die Feststellung, dass es sich bei der generierten Lösung um
eine nicht angemessene Lösung handelt, kann zu einer Veränderung der strategischen Vorgehensweise und somit zu einer Regulation des Verhaltens führen.
Der Einsatz metakognitiver Strategien hat eine zentrale Bedeutung für den Problemlöseprozess (Sjuts, 2003). Durch die Kontrolle des Problemlöseprozesses mit
Hilfe metakognitiver Strategien sind Lernende beim Problemlösen erfolgreicher
(Goos & Galbraith, 1996).

Zusammenfassend erscheint für die vorliegende Arbeit bezüglich der Problemlösestrategien eine Differenzierung zwischen *Heurismen* und *metakognitiven Strategien* zielführend. Dabei werden als Heurismen jegliche Strategien zur Lösung
des Problems und als metakognitive Strategien Regulationen des Problemlöseprozesses und des Einsatzes der Strategien durch Planungs-, Überwachungs-, und
Evaluationsaktivitäten aufgefasst.

Mathematisches Modellieren 3

Das Problemlösen und das mathematische Modellieren sind eng miteinander verbunden (Büchter & Leuders, 2018, S. 30). Im Folgenden soll zunächst eine Definition des mathematischen Modellierens gegeben werden (Kapitel 3.1), bevor auf die Bedeutung für das Lehren und Lernen von Mathematik eingegangen wird (Kapitel 3.2). Zum Erlernen und Üben des mathematischen Modellierens werden im Mathematikunterricht so genannte Modellierungsaufgaben genutzt. Dieser spezielle Aufgabentyp wird in Kapitel 3.3 näher beleuchtet, bevor anschließend auf den Modellierungsprozess zur Lösung von Modellierungsaufgaben eingegangen wird (Kapitel 3.4). Darauf aufbauend werden die Schwierigkeiten beim mathematischen Modellieren fokussiert (Kapitel 3.5).

3.1 Definition mathematisches Modellieren

Das mathematische Modellieren basiert auf der Entwicklung eines mathematischen Modells zur Lösung realweltlicher Probleme (Greefrath, 2010a, S. 42). Aus diesem Grund soll zunächst der Begriff des mathematischen Modells definiert werden, bevor auf die Definition des mathematischen Modellierens eingegangen wird. Allgemein dienen Modelle einer vereinfachten Darstellung der Realität (Bungartz et al., 2009, S. 5). Dabei wird nur ein bestimmter Ausschnitt der Situation erfasst, wodurch die Abbildung einer Situation in einem Modell zum Teil mit einem Informationsverlust verbunden ist. Ein mathematisches Modell ist eine spezielle Form eines Modells zur Beschreibung einer außermathematischen Situation mittels mathematischer Operationen, Strukturen und Beziehungen (Niss & Blum, 2020, S. 6). Bei der Bildung eines mathematischen Modells müssen vereinfachende Annahmen getroffen werden. Folglich können sich mathematische

© Der/die Autor(en), exklusiv lizenziert an Springer Fachmedien Wiesbaden GmbH, ein Teil von Springer Nature 2023
L. -M. Hartmann, *Prozesse beim Problem Posing zu gegebenen realweltlichen Situationen und die Verbindung zum Modellieren*, Studien zur theoretischen und empirischen Forschung in der Mathematikdidaktik,
https://doi.org/10.1007/978-3-658-43596-7_3

Modelle – je nach getroffenen Annahmen – voneinander unterscheiden und sind nicht eindeutig (Greefrath et al., 2013). Ausgangspunkt des mathematischen Modellierens ist ein realweltliches Problem. Das mathematische Modellieren bezeichnet dann den Prozess des Lösens eines solchen Problems durch die Anwendung von Mathematik in einem mathematischen Modell, wodurch Übersetzungsprozesse zwischen der realen Welt und der Mathematik als Basis für das mathematische Modellieren dienen (Greefrath, 2010a, S. 42). Für diese Arbeit wird das mathematische Modellieren als komplexer Prozess zur Lösung realweltlicher Probleme mit Hilfe mathematischer Operationen aufgefasst (Maaß, 2010; Niss & Blum, 2020, S. 6).

3.2   Relevanz und Perspektiven des mathematischen Modellierens

Realitätsbezüge an sich sowie der Prozess des mathematischen Modellierens haben in der mathematikdidaktischen Forschung in den letzten Jahrzehnten sowohl national als auch international stark an Bedeutung gewonnen (Borromeo Ferri et al., 2013; Niss & Blum, 2020). Die Relevanz des mathematischen Modellierens kann zum einen durch Bezugnahme auf die mit dem Modellieren verfolgten Ziele und zum anderen durch Bezugnahme auf die Verankerung des mathematischen Modellierens in den Bildungsstandards verdeutlicht werden. Im Folgenden soll zunächst auf die Perspektiven und die damit einhergehenden Ziele des mathematischen Modellierens (Kapitel 3.2.1) und anschließend auf die Verankerung in den Bildungsstandards (Kapitel 3.2.2) eingegangen werden.

3.2.1   Perspektiven und Ziele des mathematischen Modellierens

Das mathematische Modellieren findet an der Schnittstelle der außermathematischen und der mathematischen Welt statt. Das übergeordnete Ziel ist dabei, die Mathematik in realweltlichen Situationen zu erlernen und anzuwenden (Niss & Blum, 2020, S. 28). Je nach Grad der Modellierung und der Anwendung können unterschiedliche Perspektiven auf das mathematische Modellieren eingenommen werden, mit denen unterschiedliche Ziele verfolgt werden (Kaiser & Sriraman, 2006; Greefrath et al., 2013; Niss & Blum, 2020, S. 28). Im Folgenden sollen die Perspektiven des mathematischen Modellierens und die damit einhergehenden Ziele in Anlehnung an Kaiser und Sriraman (2006) vorgestellt werden.

Die Perspektive des *realistischen und angewandten Modellierens* rückt pragmatisch-utilitaristische Ziele des Modellierens in den Vordergrund (Kaiser & Sriraman, 2006). Die Lernenden sollen durch die Auseinandersetzung mit Modellierungsaufgaben im Rahmen des Mathematikunterrichts Kenntnisse über die Erscheinungen der realen Welt aus Kultur, Natur und Gesellschaft erlangen (Winter, 1995, S. 37). Dabei dient die Modellierung als Werkzeug zur Untersuchung von Fragen des täglichen Lebens (Barbosa, 2006). Im Rahmen dieser Perspektive werden authentische und komplexe Probleme der realen Welt ohne umfassende Vereinfachungen für den schulischen Kontext genutzt, die eine umfangreiche Auseinandersetzung mit dem jeweiligen Phänomen implizieren (Kaiser et al., 2015). Das realistische und angewandte Modellieren kann beispielsweise in Projektwochen fokussiert werden (Kaiser et al., 2015). Ein Beispiel wäre die Auseinandersetzung mit der Ausbreitung des Corona-Virus, die mit Hilfe der Kenntnisse über exponentielle Wachstumsprozesse wahrgenommen und besser verstanden werden kann.

Bei der *kontextuellen Perspektive* werden fachbezogene und psychologische Ziele mit dem mathematischen Modellieren verfolgt (Kaiser & Sriraman, 2006). Diese Perspektive fußt auf den so genannten *Model-Eliciting-Activities*. Im Rahmen dieser werden mathematische Aktivitäten durch die Auseinandersetzung mit komplexen realweltlichen Situationen ausgelöst und Modellierungsaktivitäten stimuliert, indem sich die Lernenden in die jeweiligen Situationen hineinversetzen (Kaiser et al., 2015; Lesh & English, 2005). Aus lernpsychologischer Sicht können authentische Modellierungssituationen als Mittel zum Erlernen von Mathematik eingesetzt werden. Damit einhergehend wird das Ziel verfolgt, durch die Auseinandersetzung mit dem mathematischen Modellieren die affektiven Komponenten, wie beispielsweise die Motivation und das Interesse der Lernenden, zu wecken und zu steigern. So wird vermutet, dass die Auseinandersetzung mit authentischen realweltlichen Situationen das Interesse und die Motivation der Lernenden an Mathematik steigert (Beswick, 2011; Cordova & Lepper, 1996; Rellensmann & Schukajlow, 2017; Schulze Elfringhoff & Schukajlow, 2021). Der Aufbau der Motivation und des Interesses kann dann wiederum das Verstehen und Behalten mathematischer Inhalte fördern (Niss & Blum, 2020, S. 28). Des Weiteren stellt der Einbezug von realweltlichen Situationen eine notwendige Voraussetzung zur Förderung positiver Einstellungen gegenüber Mathematik dar (Bonotto & Basso, 2001).

Die *Perspektive des pädagogischen Modellierens* kann in die *Perspektive des didaktischen Modellierens* und *des begrifflichen Modellierens* untergliedert werden (Kaiser & Sriraman, 2006). Im Rahmen der didaktischen Perspektive werden durch die Anwendung des mathematischen Modellierens pädagogische Ziele verfolgt, welche die Strukturierung des Lernprozesses sowie die Förderung eines strukturierten Lernprozesses anstreben (Kaiser & Sriraman, 2006). Damit einher geht insbesondere die Förderung mathematischer Kompetenzen. Neben der Förderung der Modellierungskompetenz selbst beinhaltet dies auch die Förderung allgemeiner mathematischer Kompetenzen, wie zum Beispiel das Problemlösen, das Argumentieren und das Kommunizieren (Kaiser et al., 2015). Bei der Perspektive des begrifflichen Modellierens soll die Begriffsentwicklung und das Begriffsverständnis gefördert werden (Kaiser et al., 2015). Modellierungsbeispiele können dabei helfen, ein tiefgehendes Begriffsverständnis im Rahmen innermathematischer Themen aufzubauen (Kaiser et al., 2015). So kann ein Problem aus dem alltäglichen Leben, wie beispielsweise eine Schatzsuche, genutzt werden, um das Koordinatensystem in Klasse 5 einzuführen. Darüber hinaus können Modellierungsbeispiele helfen, den Modellierungsprozess zu verstehen und damit einhergehend metakognitives Wissen sowie metakognitive Fähigkeiten aufzubauen (Kaiser et al., 2015).

Bei der *soziokritischen Perspektive des Modellierens* werden pädagogische Ziele, wie die kritische Auseinandersetzung mit der Umwelt, verfolgt (Kaiser & Sriraman, 2006). Es zielt darauf ab, die Schülerschaft zu mündigen Bürgerinnen und Bürgern der Gesellschaft zu erziehen, die in der Lage sind, den Gebrauch von Mathematik in der Gesellschaft kritisch zu reflektieren und begründete Entscheidungen zu treffen (English et al., 2005; Niss & Blum, 2020, S. 28). Durch die Auseinandersetzung mit dem mathematischen Modellieren erfahren die Lernenden, wie Mathematik zur Beschreibung und Beurteilung realweltlicher Situationen beitragen kann. Beispielsweise kann es den Lernenden dabei helfen, statistische Modelle zur Corona-Pandemie zu reflektieren und angemessene Entscheidungen zu treffen. Dabei ist ebenfalls eine kritische Auseinandersetzung mit der Natur und der Funktion des mathematischen Modellierens in der Gesellschaft notwendig (Kaiser et al., 2015). Auch unterstützt das Modellieren Lernende bei der Vermittlung eines angemessenen Bilds der Mathematik als wissenschaftliche Disziplin (Kaiser & Sriraman, 2006).

Die *epistemologische oder theoretische Perspektive* des Modellierens zielt auf die Entwicklung mathematischer Theorien basierend auf der Anwendung von Mathematik in realweltlichen Situationen ab (Kaiser & Sriraman, 2006). Im Rahmen dessen werden weniger die Übersetzungsprozesse zwischen der realweltlichen Situation und der Mathematik fokussiert. Vielmehr werden realweltliche Situationen als Vermittler genutzt, um innermathematische Themen zu betrachten

und darauf aufbauend ein tieferes Verständnis für die Wissenschaft der Mathematik, ihre Aktivitäten sowie ihren Aufbau als System theoretischer Strukturen
zu erlangen (Kaiser et al., 2015).

Darüber hinaus kann eine Art Metaperspektive des mathematischen Modellierens betrachtet werden (Kaiser & Sriraman, 2006). Die *kognitive Perspektive
des mathematischen Modellierens* stellt in der mathematikdidaktischen Forschung
einen der einflussreichsten Ansätze zur Erforschung des mathematischen Modellierens dar (Schukajlow et al., 2021). Mit der kognitiven Perspektive werden
die Ziele verfolgt, ein Verständnis für die kognitiven Prozesse, die während
des Modellierungsprozesses ablaufen, aufzubauen und zu analysieren und das
mathematische Denken während des mathematischen Modellierens zu fördern
(Kaiser & Sriraman, 2006). Dazu werden Modelle als mentale und physische
Bilder genutzt und das Modellieren als mentaler Prozess zur Abstraktion und
Verallgemeinerung betont (Kaiser & Sriraman, 2006). Diese Perspektive wird insbesondere zu Forschungszwecken eingesetzt und dient der detaillierten Analyse
von Modellierungsprozessen und der Förderung von mathematischen Denkpro-
zessen beim Modellieren aus einem theoretischen Blickwinkel (Kaiser et al.,
2015; Schukajlow et al., 2021).

Die einzelnen Perspektiven und die damit einhergehenden Ziele des mathematischen Modellierens schließen sich jedoch keinesfalls aus. Folglich sollte jede der
Perspektiven beim Lehren und Lernen von Mathematik seine Berücksichtigung
finden. Je nach Fokussierung können allerdings unterschiedliche Konsequenzen
für die Gestaltung des Mathematikunterrichts gezogen werden (Niss & Blum,
2020, S. 28). In der vorliegenden Untersuchung sollen die *Problem Posing-* und
Modellierungsprozesse aus einer kognitiven Perspektive betrachtet werden, um
Hinweise auf die stattfindenden Aktivitäten sowie die Verbindung der Prozesse
zu generieren. Zusammenfassend kann festgehalten werden, dass das mathematische Modellieren für das alltägliche Leben eine bedeutsame Rolle spielt. Dies
zeigt sich unter anderem durch die Integration des mathematischen Modellierens
in die Bildungsstandards für das Fach Mathematik (z. B. KMK, 2003).

3.2.2 Mathematisches Modellieren in den Bildungsstandards

Sowohl national als auch international wird die Bedeutsamkeit des mathematischen Modellierens durch die Verankerung in Curricula (z. B. KMK, 2003; National Council of Teachers of Mathematics [NCTM], 2000) verdeutlicht (Greefrath et al., 2013). In Deutschland ist das mathematische Modellieren insbesondere durch die Einführung der Bildungsstandards bekannt geworden (Blum et al., 2006; Borromeo Ferri et al., 2013). Die Bildungsstandards beschreiben eindeutige Ziele in Form von Kompetenzen, die Lernende am Ende bestimmter Jahrgangsstufen erreicht haben sollen. Die Kompetenzen beschreiben die Fähigkeit eines Individuums, bestimmte Handlungen zielgerichtet auszuführen und erlerntes Wissen anzuwenden (Blum, 2015; KMK, 2012). Es liegen Bildungsstandards für den Abschluss der Primarstufe (Jahrgangsstufe 4), den Hauptschulabschluss (Jahrgangsstufe 9), den mittleren Schulabschluss (Jahrgangsstufe 10) und die Allgemeine Hochschulreife vor. In den deutschen Bildungsstandards ist das mathematische Modellieren als eine der sechs allgemeinen mathematischen Kompetenzen, die Lernende am Ende einer bestimmten Jahrgangsstufe erreicht haben sollen, aufgeführt (KMK, 2003, 2004a, 2004b, 2012). Die Kompetenz K3 Mathematisch Modellieren (kurz: Modellierungskompetenz) beschreibt die Fähigkeit der Lernenden zwischen realweltlichen Situationen und der mathematischen Welt zu wechseln, um angemessene mathematische Modelle zur Lösung realweltlicher Probleme selbst zu entwickeln, in diesen Modellen zu arbeiten und die Ergebnisse in Bezug auf die Situation zu interpretieren und zu prüfen (z. B. KMK, 2003, S. 8). Zu jeder der sechs Kompetenzen werden unterschiedliche Ansprüche an die mathematischen Aktivitäten beschrieben. Dabei steigt die Komplexität und der Anspruch an die Aktivität von Anforderungsbereich I (Reproduzieren) über Anforderungsbereich II (Zusammenhänge herstellen) zu Anforderungsbereich III (Verallgemeinern und Reflektieren). Die dazugehörigen Anforderungsbereiche lassen sich am Beispiel der Bildungsstandards für den Mittleren Schulabschluss (Jahrgangsstufe 10) wie folgt beschreiben (KMK, 2003, S. 15):

I. *Reproduzieren* – Die Lernenden können vertraute und direkt erkennbare Modelle nutzen, einfachen Erscheinungen aus der Erfahrungswelt mathematische Objekte zuordnen und Resultate am Kontext prüfen.

II. *Zusammenhänge herstellen* – Die Lernenden können mehrschrittige Modellierungen vornehmen, die Ergebnisse einer Modellierung interpretieren und an der Ausgangssituation prüfen und einem mathematischen Modell passende Situationen zuordnen.

III. *Verallgemeinern und Reflektieren* – Die Lernenden können komplexe
      und unvertraute Situationen modellieren sowie verwendete mathematische
      Modelle (wie Formeln, Gleichungen, Darstellungen von Zuordnungen, Zeich-
      nungen, strukturierte Darstellungen, Ablaufpläne) reflektieren und kritisch
      beurteilen.

Die Beschreibung der Anforderungsbereiche zeigt, dass ab dem Anforderungsbereich II eigenständige Modellierungen von den Lernenden eingefordert werden.

3.3 Modellierungsaufgaben

Zum Lehren und Lernen der in den Bildungsstandards aufgeführten Kompetenzen werden im Schulkontext mathematische Aufgaben eingesetzt (Neubrand
et al., 2011). Auch die Modellierungskompetenz wird durch den Einsatz angemessener Modellierungsaufgaben geübt und gefördert. Zur Klassifizierung von
Modellierungsaufgaben existiert eine Vielzahl von Aufgabenkategorien, denen
jedoch nicht jede Aufgabe eindeutig zuordnbar ist. Da es sich bei Modellierungsaufgaben um Aufgaben mit einem realweltlichen Bezug handelt, soll
im Folgenden zunächst auf die klassische Einteilung realweltlicher Aufgaben
eingegangen werden (Kapitel 3.3.1). Anschließend werden die Aufgabenkriterien von Modellierungsaufgaben präsentiert (Kapitel 3.3.2), um die Definition
einer Modellierungsaufgabe für die vorliegende Arbeit zu konkretisieren sowie
Modellierungsaufgaben von anderen realitätsbezogenen Aufgaben abzugrenzen.
Zuletzt werden die Aufgabenkriterien an der Beispielaufgabe Seilbahn illustriert
(Kapitel 3.3.3).

3.3.1 Klassische Einteilung realweltlicher Aufgaben

In der deutschen Diskussion dominiert die klassische Einteilung realweltlicher
Aufgaben in die Typen eingekleidete Aufgabe, Textaufgabe und Sachaufgabe
(Greefrath et al., 2013). Die zugrundeliegenden Kriterien zur Einteilung stellen
dabei der Schwerpunkt, das Ziel, die Darstellung, der Kontext und die Tätigkeiten
der Aufgabe dar (siehe Tabelle 3.1).

Tabelle 3.1 Klassische Einteilung realweltlicher Aufgaben nach Greefrath et al. (2013, S. 25)

	Eingekleidete Aufgabe	Textaufgabe	Sachaufgabe
Schwerpunkt	rechnerisch	mathematisch	sachbezogen
Ziel	Anwendung und Übung von Rechenfertigkeiten sowie mathematischen Begriffen	Förderung mathematischer Fähigkeiten	Umwelterschließung durch eine echte Anwendung mathematischen Wissens in realen Sachsituationen
Darstellung	in einfache austauschbare Sachsituationen eingekleidet	in (komplexere) weitgehend austauschbare Sachsituationen eingekleidet	reale Daten und Fakten bzw. offene Angaben
Kontext	kein wirklicher Realitätsbezug	kein wirklicher Realitätsbezug	echter Realitätsbezug
Tätigkeiten	Rechnen	Mathematisieren, Rechnen, Interpretieren	Recherchieren, Vereinfachen, Mathematisieren, Rechnen, Interpretieren, Validieren

Eingekleidete Aufgaben beinhalten Beschreibungen realweltlicher Situationen inklusive einer oder mehrerer Fragestellungen, zu deren Lösung die realweltliche Situation nicht von Relevanz ist. Bei der Bearbeitung solcher Aufgaben dominiert die Ausführung mathematischer Operationen ohne Relevanz der in der Aufgabe beschriebenen Situation, da das mathematische Modell zumeist implizit in der Aufgabe vorgegeben ist (Greefrath et al., 2013, S. 23). Auch die berechneten mathematischen Resultate stimmen mit dem Endresultat der Aufgabe überein, sodass eine Interpretation in Bezug auf die gegebene realweltliche Situation nicht notwendig ist (Schukajlow et al., 2021). Die Bearbeitung von eingekleideten Aufgaben dient folglich primär der Einübung innermathematischer Rechenfähigkeiten (Greefrath et al., 2013, S. 23).

Textaufgaben (*word problems*) beinhalten Beschreibungen von realweltlichen Situationen inklusive einer oder mehrerer Fragestellungen, zu deren Lösung mathematische Operationen auf die numerischen Informationen der Situation angewendet werden müssen (Verschaffel et al., 2020). Die realweltliche Situation ist dabei vereinfacht in Form von Text und Bild dargestellt. Zwar steht auch bei diesem Aufgabentyp die Förderung und Einübung mathematischer Fähigkeiten im Fokus, jedoch bedarf es dabei einfacher und direkt ersichtlicher Übersetzungsprozesse von der außermathematischen in die mathematische Welt. Demnach ist zur Lösung einer solchen Aufgabe neben dem Rechnen und der Interpretation des Ergebnisses auch die Bildung eines angemessenen mathematischen Modells zur Beschreibung der Situation von Relevanz. Textaufgaben finden im Mathematikunterricht dominierend Anwendung (Schiepe-Tiska et al., 2013; Verschaffel et al., 2020). Im Rahmen der Bearbeitung dieses Aufgabentyps hat sich bei Lernenden die Strategie *suspension of sense making* (z. B. Mellone et al., 2017) oder *word problem game* (z. B. Verschaffel et al., 2001) bewährt. Sie beruht auf der Extraktion der Daten aus der gegebenen Situation, die gedankenlos miteinander verrechnet werden. Dabei wird jedoch die Situation vernachlässigt (Blum, 2015, S. 79). Die Lösung von Textaufgaben entspricht daher kaum der Idee des mathematischen Modellierens, da durch die fehlende Authentizität in Bezug auf die vereinfachte Darstellung der realweltlichen Situation nur bedingt Vereinfachungen und Strukturierungen bei der Lösung vorgenommen werden müssen (Verschaffel et al., 2020), wodurch der Lösungsprozess primär in der mathematischen Welt verortet werden kann. Darüber hinaus müssen keine höheren Denkprozesse oder Problemlösestrategien (siehe Kapitel 2.3) angewendet werden (Schoenfeld, 1992).

Sachaufgaben beschäftigen sich mit realweltlichen Situationen, die auf realen Daten basieren und sich mit authentischen Fragestellungen beschäftigen (Greefrath et al., 2013). Folglich sind zur Bearbeitung dieses Aufgabentyps in der Regel anspruchsvolle Übersetzungsprozesse notwendig. Modellierungsaufgaben stellen eine besondere Form der Sachaufgaben dar (Maaß, 2018). Da jedoch nicht jede Sachaufgabe als eine Modellierungsaufgabe klassifiziert werden kann, ist eine genauere Betrachtung der Charakteristika dieses Aufgabentyps notwendig.

3.3.2 Aufgabenkriterien von Modellierungsaufgaben

Modellierungsaufgaben sind im Allgemeinen realweltliche Aufgaben, die aus einer realweltlichen Situation inklusive einer oder mehrerer Fragestellungen bestehen. Für Modellierungsaufgaben lassen sich neben dem Realitätsbezug weitere spezielle Kriterien formulieren. Diese können zur Entwicklung von Modellierungsaufgaben oder der Einschätzung, ob es sich bei einer Aufgabe um eine Modellierungsaufgabe handelt, dienen. In der Modellierungsdiskussion existiert eine Vielzahl unterschiedlicher Klassifikationsschemata (Blum & Kaiser, 1984; Franke & Ruwisch, 2010; Greefrath, 2010a; Maaß, 2010; OECD, 2019). Ein mehrdimensionales Klassifikationsschema, das in der deutschen Diskussion zahlreich Anwendung findet, ist das von Maaß (2010) entwickelte Schema. Im Folgenden sollen die einzelnen Dimensionen zunächst beschrieben werden, um darauf aufbauend die Definition einer Modellierungsaufgabe zu konkretisieren.

Fokus der Modellierungsaktivität – Bei Modellierungsaufgaben wird zwischen dem holistischen und dem atomistischen Modellierungsansatz differenziert (Blomhøj & Jensen, 2003). Bei dem holistischen Ansatz werden Modellierungsaufgaben genutzt, für deren Lösung der gesamte Modellierungsprozess benötigt wird. Diese Aufgaben können unterschiedlich komplex sein. Der atomistische Ansatz beinhaltet Aufgaben, die einzelne Modellierungsaktivitäten (siehe Kapitel 3.4.1), wie zum Beispiel das Mathematisieren oder das Validieren, fokussieren (Blomhøj & Jensen, 2003). Diese Aufgaben können insbesondere zur Einführung in das Modellieren verwendet werden. Folglich kann bei Modellierungsaufgaben zwischen Aufgaben zur Anwendung des gesamten Modellierungsprozesses und Aufgaben, welche die Anwendung einzelner Modellierungsaktivitäten erfordern, unterschieden werden (Maaß, 2010).

Datenbasis – Auf Grundlage der Datenbasis kann zwischen überbestimmten und unterbestimmten Modellierungsaufgaben unterschieden werden (Greefrath et al., 2013). Eine Modellierungsaufgabe ist überbestimmt, wenn in der Situationsbeschreibung Informationen enthalten sind, die für die Lösung der Aufgabe nicht notwendig sind. Zur Lösung müssen passende Informationen ausgewählt werden. Im Gegensatz dazu existieren auch unterbestimmte Modellierungsaufgaben, die nicht alle zur Lösung notwendigen Informationen enthalten. Im Rahmen der Bearbeitung müssen die fehlenden Informationen identifiziert und Annahmen bezüglich dieser Informationen getroffen werden (Krawitz et al., 2018). Die Unterteilung von Modellierungsaufgaben in unter- und überbestimmte Aufgaben ist keinesfalls dichotom. So existiert auch eine Vielzahl an Aufgaben, in denen beide Merkmale vorhanden sind (Maaß, 2010).

Authentizität – Der Begriff Authentizität wird in der mathematikdidaktischen Forschung weit gefasst. Die Authentizität einer Aufgabe setzt sich aus der Authentizität der gegebenen Situation inklusive der gegebenen Daten sowie der Authentizität der Fragestellung zusammen (Palm, 2009). Nach Kaiser-Meßmer (1993, S. 216) beschäftigt sich eine authentische Aufgabe mit Situationen und Fragen eines bestimmten Gebiets, die von Spezialistinnen und Spezialisten dieses Gebiets als bedeutsam anerkannt werden. Bezüglich der Originalität der Erscheinungen und Fragen aus der realen Welt herrscht jedoch Uneinigkeit (für eine Übersicht siehe Vos (2015)). Während in einigen Definitionen auch Kopien realweltlicher Situationen als authentisch anerkannt werden (z. B. Palm, 2007), gilt in anderen Definitionen die Herkunft des Objekts aus der realen Welt als eine notwendige Voraussetzung (z. B. Lesh & Lamon, 1992).

Situation – Die Situationen, die einer Aufgabe zu Grunde liegen, können basierend auf der Kategorisierung von Aufgaben in den PISA-Studien (OECD, 2019) in unterschiedlichem Verhältnis zum Alltag der Modellierenden stehen. Eine Aufgabe zum Hausbau ist beispielsweise für eine Schülerschaft der neunten Jahrgangsstufe weiter von ihrem Alltag entfernt als eine Aufgabe aus dem Bereich *Social Media*. Dabei hängt die Einteilung jedoch stark vom Individuum und den individuellen Interessen ab (Maaß, 2010; Schulze Elfringhoff & Schukajlow, 2021).

Modelltyp – Zur Lösung von Modellierungsaufgaben können sowohl deskriptive als auch normative Modelle verwendet werden (Greefrath et al., 2013). Ein mathematisches Modell kann als vereinfachtes Abbild der partiellen Realität mit Hilfe mathematischer Operationen beschrieben werden (siehe Kapitel 3.1). Ein deskriptives Modell umfasst dabei eine möglichst genaue Nachstellung des Gegenstandes aus der realen Welt, während ein normatives Modell zu Vorhersagezwecken eingesetzt wird (Greefrath et al., 2013).

Repräsentationsart – Modellierungsaufgaben können in unterschiedlichen Repräsentationsarten dargestellt werden. Typischerweise werden sie als Text gemeinsam mit einem Bild der beschriebenen Situation präsentiert. Für die Aufgaben können zudem auch Materialien, die direkt der realen Welt entstammen (z. B. Speisekarten, Busfahrpläne) oder Situationsausschnitte der realen Welt (z. B. Videos einer realen Situation) herangezogen werden (Maaß, 2010).

Offenheit – Die Offenheit einer Aufgabe kann sich durch einen unklaren Anfangszustand, Zielzustand oder eine unklare Transformation auszeichnen (Blum & Wiegand, 2000; Greefrath, 2004; Yeo, 2017). Die Offenheit des Anfangszustands kann basierend auf der gegebenen Datenlage identifiziert werden (siehe Dimension Datenbasis). Eine unklare Transformation zeichnet sich durch die Möglichkeit aus, verschiedene Lösungswege zu entwickeln (Schukajlow & Krug, 2013; Silver, 1995; Yeo, 2017). Bei einem unklaren Zielzustand besitzt die Aufgabe kein eindeutiges Ergebnis (Yeo, 2017).

Kognitive Anforderung – Die Klassifikation der kognitiven Anforderung einer Aufgabe basiert auf dem Klassifikationsschema aus dem COACTIV-Projekt[1] (Jordan et al., 2008). Dabei wird differenziert, ob zur Lösung der Aufgabe außermathematisches Modellieren, innermathematisches Arbeiten, Grundvorstellungen, der Umgang mit mathematikhaltigen Texten und Darstellungen oder das Argumentieren benötigt wird (Maaß, 2010). Die kognitive Anforderung der Aufgabe

---

[1] Das COACTIV-Projekt ist ein durch die Deutsche Forschungsgesellschaft (DFG) gefördertes Projekt, das auf die Erfassung relevanter Aspekte professioneller Handlungskompetenzen von Mathematiklehrkräften abzielt.

ist hoch, wenn problemlösendes und divergentes Denken erforderlich ist (Maaß, 2005). Eine Aufgabe ist also umso komplexer, je weniger das Lösungsverfahren und die genutzten Modelle auf der Hand liegen und je mehr höhere Denkprozesse zur Lösung benötigt werden (Reys et al., 2014, S. 115).

Mathematischer Inhaltsbereich – Man unterscheidet zwischen den vier mathematischen Inhaltsbereichen Arithmetik, Algebra, Geometrie und Stochastik. Ferner kann eine Klassifizierung der Aufgabe bezüglich der Jahrgangsstufe, für die diese Aufgabe geeignet ist, vorgenommen werden (Maaß, 2010).

Einer engeren Definition von Modellierungsaufgaben folgend sind insbesondere die Charakteristika authentischer Realitätsbezug, Offenheit sowie mathematische Komplexität von zentraler Bedeutung. Demnach ist eine Modellierungsaufgabe eine Aufgabe mit einem authentischen Realitätsbezug, die offen und mathematisch komplex ist (Maaß, 2005). Eine Konkretisierung dieser drei Kriterien für die vorliegende Arbeit findet sich in Tabelle 3.2.

Tabelle 3.2 Kriterien von Modellierungsaufgaben

Kriterium	Konkretisierung
Authentizität	Die in der Aufgabe beschriebene Situation stellt ein Abbild einer realweltlichen Situation dar und die Fragestellung befasst sich mit einem bestimmten Thema dieser Situation, das von Spezialistinnen und Spezialisten als bedeutsam anerkannt wird.
Offenheit	Die Aufgabe enthält nicht alle zur Lösung notwendigen Informationen und kann mit Hilfe unterschiedlicher Lösungswege auf unterschiedlichen Niveaus gelöst werden.
Komplexität	Das Lösungsverfahren und Modelle zur Lösung der Aufgabe liegen nicht auf der Hand, wodurch problemlösendes, divergentes Denken notwendig ist.

Für die vorliegende Arbeit erscheint eine Differenzierung zwischen *Modellierungsaufgaben* und *Textaufgaben (word problems)* zielführend. Im Folgenden werden als Textaufgaben all jene realweltliche Aufgaben zusammengefasst, die nicht alle zentralen Charakteristika einer Modellierungsaufgabe erfüllen. Während bei Modellierungsaufgaben zur Bildung angemessener Modelle die Übersetzungsprozesse zwischen der realweltlichen Situation und der Mathematik im Fokus stehen, stellen Textaufgaben die innermathematischen Prozesse in den Mittelpunkt.

3.3.3 Beispielaufgabe Seilbahn

Ein Beispiel für eine Modellierungsaufgabe ist die Aufgabe Seilbahn in Abbildung 3.1. Die Aufgabe besteht aus einer authentischen realweltlichen Situation zu den Umbauarbeiten einer Seilbahn sowie einer realweltlichen Fragestellung bezüglich der Länge des Seils, das für die neue Seilbahn benötigt wird. Die Situationsbeschreibung basiert auf Originaldaten zu den Umbauarbeiten der Nebelhornbahn in Oberstdorf. Auch bei der Fragestellung nach dem benötigten Seil für die neue Seilbahn handelt es sich um eine authentische Fragestellung, da es sehr wahrscheinlich ist, dass Spezialistinnen und Spezialisten des Gebiets diese mit Hilfe der Mathematik beantworten würden. Die Aufgabe enthält zahlreiche Informationen, die zur Lösung nicht benötigt werden, wie beispielsweise die Informationen über das Gewicht der Kabine oder die Förderleistung. Trotz der überflüssigen vorhandenen Informationen enthält die Aufgabe nicht alle zur Lösung notwendigen Informationen. Beispielsweise fehlen Angaben zum Verlauf der Bahn sowie zur Anzahl der Seile und Stützen. Demnach ist der Anfangszustand der Aufgabe unklar. Zur Lösung der Aufgabe können auf Grundlage unterschiedlicher Annahmen verschiedene mathematische Modelle entwickelt werden, die in vielfältigen Lösungswegen und Ergebnissen resultieren. Beispielsweise kann das Seil als Hypotenuse eines rechtwinkligen Dreiecks identifiziert oder die Länge des Seils mit Hilfe eines Kurvenintegrals berechnet werden. Somit sind ebenfalls die Transformation und der Zielzustand unklar und es handelt sich insgesamt um eine offene Aufgabe. Die Komplexität der Aufgabe hängt von dem modellierenden Individuum ab. Während das Lösungsverfahren der Aufgabe beispielsweise für die Schülerschaft einer achten Jahrgangsstufe nicht unmittelbar zur Verfügung steht, könnte sie von Studierenden oder Lehrkräften der Mathematik als eher weniger komplex wahrgenommen werden. Zusammenfassend lässt sich feststellen, dass die Aufgabe Seilbahn alle zentralen Kriterien einer Modellierungsaufgabe erfüllt. Zur angemessenen Lösung der Aufgabe müssen alle Aktivitäten des Modellierungsprozesses durchlaufen werden.

Über 90 Jahre fuhr die Nebelhornbahn zahlreiche Gäste in die Höhe. Nun darf sie in den wohlverdienten Ruhestand. Ab Sommer 2021 soll eine neue Seilbahn begeisterte Outdoor-Fans in die Berge am Nebelhorn befördern. Ziel des Projekts ist es, lange Wartezeiten zu vermeiden, sitzende Beförderung mit optimaler Aussicht auf jedem Platz zu ermöglichen und die Förderleistung zu erhöhen.

Technische Daten der alten Nebelhornbahn:

Art:	Großkabinen-Pendelbahn
Gewicht leere Kabine:	1600 kg
Gewicht volle Kabine:	3900 kg
Höhe Talstation:	1933 m
Höhe Bergstation:	2214,2 m
Horizontaler Abstand:	905,77 m
Fahrtgeschwindigkeit:	8 m/s
Förderleistung:	500 Personen/h
Antrieb:	120 PS

Wie viel Seil wird für die neue Nebelhornbahn benötigt?

Abbildung 3.1 Modellierungsaufgabe Seilbahn.

3.4   Modellierungsprozess

Um eine Modellierungsaufgabe, wie die Aufgabe Seilbahn (siehe Abbildung 3.1), erfolgreich zu bearbeiten, sind anspruchsvolle Übersetzungsaktivitäten zwischen der außermathematischen Welt und der mathematischen Welt notwendig, die über die einfache Anwendung von bereits bekanntem mathematischen Wissen hinausgehen (Blum, 2015). Dabei werden höhere Denkprozesse bestehend aus kognitiven Aktivitäten und metakognitiven Aktivitäten benötigt (Schukajlow et al., 2021). Zur Beschreibung der beim mathematischen Modellieren stattfindenden kognitiven Aktivitäten existieren unterschiedliche Modelle (für eine Übersicht siehe Niss und Blum (2020)). Die Mehrheit der Modelle (Blomhøj & Jensen, 2003; Blum, 1985; Blum & Leiß, 2005; DeCorte et al., 2000; Galbraith & Stillman, 2006; Ortlieb, 2004) beschreibt die ablaufenden Prozesse als zyklisch-iterativ, um mathematische Modelle zur Beschreibung und Erklärung außermathematischer Phänomene zu konstruieren (Højgaard, 2021; Stillman et al., 2015). Jedoch unterscheiden sich die Modelle – je nach Zielsetzung – in der Ausdifferenzierung des Transfers von der Realsituation zum mathematischen Modell und des Transfers vom mathematischen Resultat zurück zur gegebenen Realsituation. Beispielsweise beschreiben Schukajlow, Kolter und Blum (2015) den Prozess als vierstufigen Modellierungskreislauf mit einem zweistufigen Prozess von der Realsituation zum mathematischen Modell. Dieser Kreislauf eignet sich insbesondere zum Einsatz als metakognitive Hilfe im Mathematikunterricht. Er dient dabei als Lösungsplan, der die Lernenden durch die Lösung der Aufgabe leitet. Weniger zum Aufbau von metakognitiven Wissensstrukturen eignet sich der siebenstufige Modellierungskreislauf nach Blum und Leiß (2005), der den Transfer von der Realsituation zum mathematischen Modell als dreistufigen Prozess darstellt (siehe Abbildung 3.2). Dieser wurde aus einer kognitiven Perspektive entwickelt und eignet sich folglich vor allem für die Analyse der kognitiven Prozesse beim Modellieren und als Diagnosewerkzeug, da eine Unterscheidung der Schwierigkeiten in den einzelnen Phasen vorgenommen werden kann (Borromeo Ferri, 2011; Greefrath, 2010b). Aufgrund der besonderen Eignung zur Analyse kognitiver Prozesse wird den Analysen in dieser Arbeit der in Abbildung 3.2 dargestellte Modellierungskreislauf nach Blum und Leiß (2005) zu Grunde gelegt. Die einzelnen Aktivitäten des Modellierungsprozesses sollen im Folgenden erläutert (Kapitel 3.4.1) und an der Aufgabe Seilbahn illustriert werden (Kapitel 3.4.2).

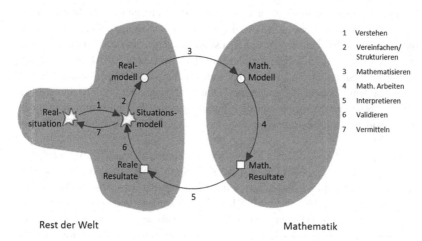

Abbildung 3.2 Der idealisierte Modellierungskreislauf nach Blum und Leiß (2005).

3.4.1 Modellierungsaktivitäten

Blum und Leiß (2005) unterscheiden sieben Modellierungsaktivitäten, die entweder in der außermathematischen Welt (d. h. Rest der Welt), in der mathematischen Welt (d. h. Mathematik) oder als Übersetzung zwischen den beiden Welten verortet sind:

Verstehen – Entwicklung eines Situationsmodells: Den Ausgangspunkt der Bearbeitung stellt eine realweltliche Situation gemeinsam mit einer Fragestellung, kurz die sogenannte *Realsituation,* dar. Diese enthält in Modellierungsaufgaben zumeist eine Beschreibung einer realweltlichen Situation inklusive einer Fragestellung und zum Teil auch ein Bild eines Ausschnitts der gegebenen realweltlichen Situation. Diese Realsituation muss von den Modellierenden zunächst verstanden werden. Dazu wird die Situationsbeschreibung inklusive der Fragestellung gelesen. Das Leseverständnis ist daher eine notwendige Voraussetzung zum Verständnis der gegebenen Realsituation (Krawitz et al., 2022). Das Verständnis der Realsituation mündet in einem *Situationsmodell.* Nach Reusser (1989, S. 136) ist das Situationsmodell die persönliche kognitive Struktur, auf die der Verstehensprozess ausgerichtet ist. Es umfasst eine mentale, nicht-mathematische Repräsentation der gegebenen Situation, die auch für die Lösung irrelevante Informationen beinhaltet. Der Begriff des Situationsmodells, auch als mentales Modell bekannt, wurde von der textlinguistischen Forschung geprägt (Johnson-Laird, 1983; Kintsch & Greeno, 1985; Reusser, 1989). Zur Konstruktion des Situationsmodells wird neben den in der Realsituation gegebenen Informationen auch auf intrapersonelles Sachwissen zurückgegriffen (Leiss et al., 2010), wodurch das konstruierte Situationsmodell von den individuellen Erfahrungen und der Leistungsfähigkeit des modellierenden Individuums abhängig ist. Das Zusammenspiel aus gegebener Realsituation und dem intrapersonellen Wissen resultiert in einer individuellen mentalen Repräsentation der Situation (Blum & Leiß, 2007; Leiss et al., 2010).

Vereinfachen/ Strukturieren – Entwicklung eines Realmodells: Im nächsten Schritt wird das individuell konstruierte Situationsmodell durch einen reduktiven Prozess vereinfacht und strukturiert, um die Komplexität der realweltlichen Situation zu reduzieren (Schukajlow, 2013). Dabei werden unter Berücksichtigung der gegebenen realweltlichen Fragestellung Informationen ausgewählt, die für die gegebene Aufgabe als wichtig erachtet werden (lösungsrelevante Informationen) und diejenigen verworfen, die es nicht sind (lösungsirrelevante Informationen). Die Unterscheidung von lösungsrelevanten und -irrelevanten Informationen führt zu einer Vereinfachung des Situationsmodells. Des Weiteren werden in diesem Schritt fehlende lösungsrelevante Informationen identifiziert und realistische Annahmen bezüglich dieser Informationen getroffen (Krawitz et al., 2018). Anschließend werden die lösungsrelevanten Informationen strukturiert und präzisiert, indem Beziehungen zwischen diesen Informationen hergestellt werden. Die Identifizierung der Beziehungen kann sowohl durch die im Aufgabentext beschriebenen Informationen als auch durch vereinfachende Annahmen bezüglich der Beziehungen erfolgen. Die Vereinfachungen und Strukturierungen der eigenen mentalen Repräsentation der Situation führen dann zu einem *Realmodell.* Das Realmodell basiert auf dem individuellen Situationsmodell und enthält zentrale Strukturelemente der realweltlichen Situation (Borromeo Ferri, 2011). Durch die Bildung eines angemessenen mathematisierbaren Realmodells wird die Übersetzung in die Mathematik vorbereitet.

Mathematisieren – Entwicklung eines mathematischen Modells: Durch das Mathematisieren findet eine Übersetzung von der außermathematischen in die mathematische Welt statt. Dazu wird die Fragestellung der Realsituation in eine mathematische Fragestellung übersetzt und die im Realmodell als wichtig identifizierten Elemente und Verbindungen zwischen diesen werden nun als mathematische Konstrukte in Form von Variablen, Formeln, Gleichungen, Termen oder auch Tabellen dargestellt. Das daraus entstehende *mathematische Modell* beschreibt das Realmodell mit Hilfe der Mathematik, auf das mathematische Operationen angewendet werden können (Zais & Grund, 1991). Das gebildete mathematische Modell ist von den individuellen Fähigkeiten des modellierenden Individuums abhängig, sodass sich die individuell gebildeten mathematischen Modelle in ihrer Komplexität unterscheiden können (Greefrath & Maaß, 2020).

Mathematisch Arbeiten – Entwicklung eines mathematischen Resultats: Auf das entwickelte mathematische Modell können nun geeignete mathematische Operationen, Werkzeuge und Heuristiken angewendet werden, um ein *mathematisches Resultat* zur Lösung der Fragestellung zu erhalten. Die Komplexität der verwendeten Operationen hängt dabei von dem entwickelten mathematischen Modell ab (Greefrath & Maaß, 2020).

Interpretieren – Entwicklung eines realen Resultats: Die Rückübersetzung von der Mathematik zum Rest der Welt findet im Rahmen einer Interpretation des mathematischen Resultats in Bezug auf die gegebene Realsituation statt. Hierbei müssen die Modellierenden über eine aussagekräftige und angemessene Genauigkeit sowie die Bedeutung des ermittelten mathematischen Resultats in der Realsituation entscheiden (Schukajlow et al., 2021). Das interpretierte Ergebnis ergibt dann das *reale Resultat*.

Validieren: Während des Validierens werden die Plausibilität der genutzten Modelle und der ermittelten Resultate geprüft. Hierzu findet ein Abgleich mit dem individuell konstruierten Situationsmodell und dem Realmodell statt. Möglicherweise zeigt die Plausibilitätsprüfung, dass das berechnete Ergebnis aufgrund innermathematischer Fehler im Bearbeitungsprozess oder der Verwendung unangemessener Modelle nicht sinnvoll ist (Schukajlow et al., 2021). In diesem Fall müssen die einzelnen Modellierungsaktivitäten erneut geprüft werden. Falls das Resultat nicht angemessen verbessert werden kann, resultiert ein erneutes Durchlaufen des Kreislaufs. Bezüglich des Umfangs der Validierungsprozesse herrscht in der mathematikdidaktischen Forschung Uneinigkeit (Czocher, 2018). Nach der Auffassung von Blum und Leiß (2005) umfasst das Validieren die Prüfung der

Plausibilität des gewonnenen Resultats in Bezug auf das individuell konstruierte Situationsmodell. Im Gegensatz dazu vertreten Stender und Kaiser (2015)
und Stillman (2011) die Auffassung, dass das Validieren dem Monitoring des
Bearbeitungsprozesses ähnlich ist und somit eine Prüfung und Überwachung der
Plausibilität des gesamten Bearbeitungsprozesses beinhaltet. Czocher (2018) hat
in ihrer Studie fünf verschiedene Validierungsprozesse identifiziert, die bei den
Lernenden während des Modellierens ablaufen: Sie unterscheidet zwischen der
mathematischen Überprüfung der Resultate, dem Abgleich des mathematischen
Modells in Bezug auf das individuell konstruierte Situationsmodell und Realm-
odell sowie dem Abgleich des realen Resultats in Bezug auf das Situationsmodell
und Realmodell. Bei der Beurteilung der Plausibilität können Schätzungen oder
Überschlagsrechnungen helfen (Schukajlow et al., 2021).

Vermitteln: Im engeren Sinne wird unter der Aktivität Vermitteln (auch
bekannt als Darlegen oder Erklären) der Rückbezug der gefundenen Antworten
auf die gegebene Realsituation gefasst, wodurch die Fragestellung beantwortet
werden kann. Im weiteren Sinne findet das Vermitteln während des gesamten Modellierungsprozesses statt und beschreibt die gesamte Dokumentation des
Bearbeitungsprozesses.

Die einzelnen Modellierungsaktivitäten sind keineswegs trennscharf voneinander zu betrachten. Zur erfolgreichen Modellierung müssen im Rahmen einzelner
Modellierungsaktivitäten die nachfolgenden notwendigen Mathematisierungen
wissensbasiert antizipiert und auf die jeweilige aktuelle Modellierungsaktivität
zurückprojiziert werden. Niss (2010, S. 55) beschreibt diese Vorgriffe als *Implemented Anticipation*. Aufbauend auf diesen Antizipationen werden dann unter
Berücksichtigung der im weiteren Verlauf notwendigen Mathematik Entscheidungen getroffen. Bereits beim Verstehen sowie Vereinfachen und Strukturieren
sind die Suche nach potenzieller Mathematik zur Lösung sowie die Reflexion der
Nützlichkeit im Hinblick auf den Modellierungszweck notwendig, um ein mathematisierbares Realmodell zu entwickeln (Schukajlow, 2011). Dies beinhaltet den
Vorgriff mathematischen Wissens (Schukajlow, 2011) und auf Basis dessen die
Antizipation mathematischer Strukturen und Operationen, die zur Darstellung
der Situation und der Fragestellung dienen könnten (Niss, 2010). Darauf aufbauend können die ausgewählten Elemente und Relationen zwischen diesen mit
Hilfe der antizipierten Mathematik in mathematische Elemente und Relationen
übersetzt werden. Um Entscheidungen für die Übersetzungen treffen zu können, ist wieder eine Antizipation mathematischer Darstellungen notwendig, die
geeignet sind, um die jeweilige Situation zu erfassen (Niss, 2010). Im Rahmen
der einzelnen Modellierungsaktivitäten werden die antizipierten Schritte zumeist

im Kopf geplant (Stillman & Brown, 2014). Die anschließende Umsetzung dieser antizipierten Schritte erfordert dann die Durchführung der entsprechenden Handlungen (Stillman et al., 2015). Auch nicht erfolgreiche Durchführungen sind dabei denkbar (Stillman & Brown, 2014). *Implemented Anticipation* kann folglich sowohl zur Vorwegnahme einzelner Aktivitäten als auch zu Rückkopplungsschleifen zwischen den Aktivitäten führen und gilt als notwendige Voraussetzung zur erfolgreichen Mathematisierung (Niss, 2010; Stillman et al., 2015). Erste Hinweise zur Existenz von *Implemented Anticipation* in den Modellierungsprozessen von Lernenden konnten sowohl in einer Studie von Stillman und Brown (2014) als auch in einer Studie von Krawitz (2020) gefunden werden.

Der von Blum und Leiß (2005) beschriebene Modellierungskreislauf ist ein idealisiertes Modell des Bearbeitungsprozesses mit dem Ziel, die kognitiven Prozesse bei der Bearbeitung zu beschreiben. Er dient nicht als Beschreibung der Reihenfolge der Prozesse, die Modelliererinnen und Modellierer tatsächlich durchlaufen (Niss & Blum, 2020). Wie beim Problemlöseprozess, sind metakognitive Aktivitäten auch für das erfolgreiche Modellieren von besonderer Bedeutung und beinhalten die Planung, Überwachung und Regulierung der kognitiven Aktivitäten (Schukajlow et al., 2021; Vorhölter, 2021) (für eine detaillierte Beschreibung der Metkognition siehe Kapitel 2.3). Insbesondere im Rahmen der Validierung finden metakognitive Aktivitäten statt, da die Überprüfung der mathematischen Resultate eine Überwachung und Regulierung des Bearbeitungsprozesses impliziert (Schukajlow et al., 2021). Jedoch können diese auch im Rahmen jeder anderen Aktivität des Modellierungsprozesses auftreten und resultieren häufig in Rückkopplungen zwischen den Aktivitäten (Stillman & Galbraith, 1998). Es konnte in zahlreichen empirischen Studien festgestellt werden, dass die Aktivitäten keineswegs, wie im Modell beschrieben, linear ablaufen (Blum & Leiß, 2007; Borromeo Ferri, 2011; Czocher, 2016; Matos & Carreira, 1997; Rellensmann, 2019). Vielmehr kennzeichnen sich die Bearbeitungsprozesse der Lernenden durch Sprünge zwischen den Modellierungsaktivitäten und kleine Minikreisläufe (Blum, 2015). Dabei werden einige Modellierungsaktivitäten mehrfach durchlaufen und andere ausgelassen. Borromeo Ferri (2011) spricht in diesem Zusammenhang von individuellen Modellierungsrouten.

Während über die Modellierungsprozesse und die darin enthaltenen Aktivitäten bei der Bearbeitung vorgegebener Modellierungsaufgaben bisher zahlreiche empirische Ergebnisse vorliegen, fehlt es an Erkenntnissen über die Modellierungsaktivitäten, die bei der Bearbeitung selbst-entwickelter Modellierungsaufgaben enthalten sind.

3.4.2 Modellierungsprozess am Beispiel der Aufgabe Seilbahn

Im Folgenden werden die Modellierungsaktivitäten nach Blum und Leiß (2005) idealtypisch an der in Abbildung 3.1 dargestellten Aufgabe Seilbahn illustriert:

Verstehen – Entwicklung eines Situationsmodells: Der Modellierungsprozess beginnt mit der gegebenen realweltlichen Situation zum Seilbahnumbau, einem Foto der Seilbahn sowie der Fragestellung nach der benötigten Seillänge für die neue Nebelhornbahn. Zunächst wird eine mentale Repräsentation der gegebenen Situation gebildet. Hierzu wird die Aufgabenstellung gelesen und durch individuelles Wissen und Erfahrungen über Seilbahnen im Allgemeinen oder die Nebelhornbahn im Speziellen angereichert. Die Modellierenden können sich bei dieser Aufgabe entweder in die Situation als außenstehende Betrachterinnen und Betrachter der Seilbahn versetzen oder als Passagierinnen und Passagiere, die in einer Kabine transportiert werden.

Vereinfachen/ Strukturieren – Entwicklung eines Realmodells: Zur Vereinfachung der Situation müssen die lösungsrelevanten Informationen der gegebenen Situation von den lösungsirrelevanten differenziert werden. Die lösungsrelevanten Informationen in dieser Aufgabe sind:

Höhe Talstation: 1933 m

Höhe Bergstation: 2214,2 m

Horizontaler Abstand: 905,77 m

Gesucht: Länge Seil

Im Rahmen der Strukturierung müssen lösungsrelevante Informationen und deren Beziehung zueinander präzisiert werden. Beispielsweise muss der Bahnverlauf unter Vorgriff auf die zugrundeliegende Mathematik präzisiert werden, um eine Beziehung zwischen der Höhe Talstation, Höhe Bergstation und dem horizontalen Abstand herzustellen. Für die Lösung der vorliegenden Aufgabe wird von einem straff gespannten Seil mit einem linearen Verlauf ohne zusätzliche Stützen ausgegangen. Im Rahmen des Vereinfachens und Strukturierens müssen außerdem Annahmen getroffen werden. Zum Beispiel muss in der folgenden Aufgabe die Annahme getroffen werden, wie viel Seil noch jeweils in der Berg- und Talstation verläuft. Hier wird von einer benötigten Seillänge von 100 Metern pro Station und Seil ausgegangen. Des Weiteren wird festgesetzt, dass die Seilbahn insgesamt aus vier Seilen besteht. Ein mögliches mathematisierbares Realmodell ist in Abbildung 3.3 illustriert.

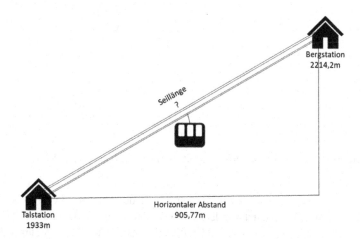

Abbildung 3.3 Mögliches Realmodell zur Aufgabe Seilbahn.

Mathematisieren – Entwicklung eines mathematischen Modells: Das vom modellierenden Individuum entwickelte Realmodell wird nun in ein zweidimensionales mathematisches Modell übertragen. Dazu wird das Modell auf seine mathematischen Elemente reduziert. Der horizontale Abstand gemeinsam mit der Höhendifferenz und der gesuchten Seillänge können als rechtwinkliges Dreieck identifiziert werden, wobei der horizontale Abstand (a) und die Höhendifferenz (b) die Katheten und die Seillänge eines Seils (c) die Hypotenuse darstellen. In Abbildung 3.4 befindet sich eine Illustration einer möglichen Skizze des mathematischen Zusammenhangs.

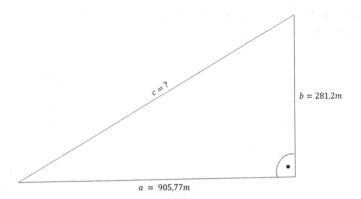

Abbildung 3.4 Skizze des mathematischen Zusammenhangs zur Aufgabe Seilbahn

Da ein rechtwinkliges Dreieck vorliegt, kann der Satz des Pythagoras zur Lösung der Aufgabe genutzt werden. Die gesuchte Seillänge kann als Hypotenuse c des rechtwinkligen Dreiecks identifiziert werden. Durch eine Addition der Seillängen l kann die Seillänge zur Befestigung in der Berg- und Talstation im mathematischen Modell berücksichtigt werden. Eine Gleichung zur Ermittlung der Lösung kann wie folgt lauten:

$$c_{Gesamt} = 4 \cdot c$$

$$c = \sqrt{a^2 + b^2} + 4 \cdot l$$

$$c = \sqrt{905,77^2 + (2214,2 - 1933)^2} + 4 \cdot 100$$

Das mathematische Modell besteht insgesamt aus der Skizze des mathematischen Zusammenhangs und der aufgestellten Gleichung.

Mathematisch Arbeiten – Entwicklung eines mathematischen Resultats: Durch das Ausführen mathematischer Operationen kann das folgende mathematische Resultat berechnet werden:

$$c = \sqrt{905,77^2 + (2214,2 - 1933)^2} + 4 \cdot 100$$

$$\Longleftrightarrow c \approx 1348,42[m]$$

$$c_{Gesamt} = 4 \cdot 1348,42 = 5393,68[m]$$

Interpretieren – Entwicklung eines realen Resultats: Ein reales Resultat könnte wie folgt lauten: Für die neue Seilbahn werden insgesamt 5400 m Seil benötigt. Das Ergebnis wurde auf Hunderter aufgerundet, da zu wenig Seil schwerwiegende Folgen für die Umbauarbeiten haben könnte. Das ermittelte reale Resultat kann auch in das oben aufgestellte Realmodell (siehe Abbildung 3.3) integriert werden.

Validieren: Die Prüfung der Plausibilität des Ergebnisses ergibt, dass zunächst aus einer mathematischen Perspektive der Wert 5393,68 m ein plausibles Ergebnis für die Seillänge eines Seils ist, da die Länge der Hypotenuse (948,42 m) länger als die der beiden Katheten des Dreiecks (905,77 m; 281,2 m) ist. Zusätzlich zum mathematischen Resultat kann auch eine Validierung des realen Modells sowie insbesondere der getroffenen Annahmen vorgenommen werden. Für die dargestellte Lösung wurde angenommen, dass zur Befestigung der Seile an Berg- und Talstation jeweils 100 m benötigt werden. Dies kann beispielsweise durch die Ermittlung des Durchmessers einer möglichen Spule bei 100 m Seil überprüft werden.

$$d = \frac{U}{\pi}$$

$$d = \frac{100}{\pi}$$

$$\Longleftrightarrow d = 31,83[m]$$

Eine Spule, an der ein 100 m langes Seil befestigt ist, hat also ungefähr einen Durchmesser von 31,83 m. Dieser Wert scheint beim Vergleich mit Referenzwerten plausibel, sodass die Annahme als angemessen eingeschätzt werden kann. Weiterhin kann das ermittelte Ergebnis unter Anwendung eigener Erfahrungen validiert werden. Die Validierung könnte beispielsweise den Vergleich mit bekannten Seillängen oder bekannten Längen dieser Größenordnung einschließen. Falls das Ergebnis als unplausibel eingeschätzt wird, müsste der Modellierungsprozess erneut durchlaufen und die Modelle angepasst werden.

Vermitteln: Das Vermitteln beinhaltet die Verschriftlichung und die Kommunikation des Bearbeitungsprozesses (siehe dargestellte Beschreibung der Bearbeitung) und findet während des gesamten Modellierungsprozesses statt.

Alternative Lösungswege für die Aufgabe sind denkbar. Beispielsweise kann der Verlauf der Bahn auch als eine Funktion dritten Grades identifiziert und die Länge eines Seils dann als Kurvenintegral dieser Funktion bestimmt werden.

3.5 Schwierigkeiten beim mathematischen Modellieren

Mathematisches Modellieren ist ein anspruchsvoller kognitiver Prozess (Blum, 2015). Dies spiegelt sich auch in der Verortung eigenständiger Modellierungen in den Anforderungsbereichen II und III in den Bildungsstandards wider (siehe Kapitel 3.2.2). Zum erfolgreichen Modellieren werden sowohl inner- als auch außermathematisches Wissen sowie angemessene Einstellungen und Überzeugungen bezüglich der Mathematik benötigt (Blum, 2015; Kaiser, 2007). Die Lösung von Modellierungsaufgaben, wie beispielsweise die Lösung der Aufgabe Seilbahn (siehe Abbildung 3.1), stellt Lernende folglich vor große Herausforderungen (Blum, 2015; Schukajlow et al., 2018). Die Schwierigkeiten von Lernenden können auf Grundlage der Ergebnisse der mathematischen Kompetenz fünfzehnjähriger Schülerinnen und Schüler geschlussfolgert werden. In der PISA-Studie wird die mathematische Kompetenz im Sinne der mathematischen Grundbildung als Fähigkeit erfasst, mathematische Werkzeuge zur Bearbeitung realweltlicher Probleme anwenden zu können (*mathematical literacy*) (Reinhold et al., 2019). Dabei beschreibt das Erreichen der Kompetenzstufe IV, dass die Lernenden zu komplexen Modellierungen in der Lage sind, in denen Annahmen selbstständig getroffen werden müssen (Reinhold et al., 2019). Im Schnitt erreichten Schülerinnen und Schülern der 37 OECD-Mitgliedsstaaten die Kompetenzstufe III (Reinhold et al., 2019). Auch die deutschen Schülerinnen und Schüler erreichten im Schnitt diese Kompetenzstufe (Reinhold et al., 2019). Demnach kann davon ausgegangen werden, dass Lernende auf der ganzen Welt Schwierigkeiten beim Modellieren zeigen. Auch (angehende) Lehrende stellt das Modellieren vor große Herausforderungen (Blum, 2015; Schukajlow et al., 2018). So können diese bei der Bearbeitung von Modellierungsaufgaben ebenfalls zu Lernenden werden. Bei der Auseinandersetzung mit Modellierungsaufgaben kann potenziell jede der beschriebenen Aktivitäten (siehe Kapitel 3.4.1) eine potenzielle Barriere darstellen (Galbraith & Stillman, 2006; Goos, 2002). Nachfolgend soll auf die typischen Schwierigkeiten beim mathematischen Modellieren aufgegliedert nach den Modellierungsaktivitäten eingegangen werden.

Verstehen – Entwicklung eines Situationsmodells: Ein adäquates Verständnis der gegebenen Aufgabe ist für die Lösung der Aufgabe von zentraler Bedeutung (Böckmann & Schukajlow, 2020; Krawitz et al., 2022; Leiß et al., 2019) und nimmt in den Bearbeitungsprozessen etwa 40 % der Bearbeitungszeit ein (Leiß et al., 2019). Jedoch stellt bereits das Verstehen der Aufgabe für viele Lernende eine große Herausforderung dar (Blum, 2015; Galbraith & Stillman, 2006; Göksen-Zayim et al., 2021; Kintsch & Greeno, 1985; Leiss et al., 2010; Plath, 2020; Wijaya et al., 2014). Die dabei auftretenden Schwierigkeiten können auf dem Vorwissen, den kognitiven Defiziten oder dem Bild der Lernenden von der Mathematik basieren. Modellierungsaufgaben enthalten eine Vielzahl an Informationen. Im Rahmen des Verstehensprozesses müssen diese mit dem eigenen Vorwissen und den Vorerfahrungen der Lernenden in Verbindung gebracht werden (siehe Kapitel 3.4.1). Zum Teil kann das eigene Vorwissen jedoch für das Verständnis der Aufgabe hinderlich sein, da entweder irrelevantes oder falsches Vorwissen aktiviert wird (Krawitz, 2020, S. 24). Des Weiteren muss die Vielzahl an Informationen, die zumeist in Form eines Textes gemeinsam mit einem Bild dargestellt sind, zur Lösung zunächst verstanden werden. Kognitive Defizite im Leseverstehen (Plath & Leiss, 2018) oder im Erfassen der Aufgabe als Ganzes inklusive der Informationen und deren Verbindungen stellen eine große Schwierigkeit dar (Krawitz, 2020; Plath, 2020; Schukajlow, 2011; Wijaya et al., 2014). Neben der gegebenen Situation muss auch die Fragestellung verstanden werden. Das Verständnis der Fragestellung und die Verknüpfung zu den gegebenen Informationen zeigt sich bei zahlreichen Lernenden als großes Hindernis (Schukajlow, 2011) und wird häufig durch eine komplizierte Formulierung der Fragestellung erschwert (Schaap et al., 2011). Neben den kognitiven Defiziten der Lernenden spielt für die Schwierigkeiten im Verstehensprozess jedoch auch die Schulsozialisation der Lernenden eine bedeutsame Rolle (Blum, 2015; Krawitz, 2020). Im Mathematikunterricht werden zumeist Textaufgaben (*word problems*) eingesetzt, bei deren Lösung häufig gedankenlos numerische Werte ohne Beachtung der gegebenen Situation miteinander verrechnet werden (siehe Kapitel 3.3.1). Durch die Anwendung dieser Strategie haben Lernende gelernt, dass auch ohne sorgfältiges Lesen und ein tiefgehendes Verständnis der Situation Textaufgaben bearbeitet werden können (Blum, 2015). Für die Lösung von komplexen Modellierungsaufgaben ist jedoch die Entwicklung eines angemessenen Situationsmodells unerlässlich, da zum einen nicht alle relevanten Informationen und zum anderen auch irrelevante Informationen in der Situationsbeschreibung gegeben sind (siehe Kapitel 3.3.2) (Niss & Blum, 2020, S. 116; Schaap et al., 2011). Folglich führt die Anwendung der Strategie bei der Bearbeitung von Modellierungsaufgaben zu Ergebnissen, die in Bezug auf die gegebene Realsituation fehlerhaft und unangemessen sind (Niss & Blum, 2020, S. 116).

Vereinfachen & Strukturieren – Entwicklung eines Realmodells: Modellierungsaufgaben enthalten realweltliche Situationsbeschreibungen. Diese beinhalten

Informationen, die für die Lösung nicht notwendig sind, gleichzeitig fehlen jedoch zur Lösung notwendige Informationen, für die zunächst Annahmen getroffen werden müssen (siehe Kapitel 3.3.2). Das Aufstellen eines angemessenen Realmodells erfordert daher anspruchsvolle Strukturierungen und Entscheidungen, ob Informationen für die Lösung relevant sind (Blum & Leiß, 2007; Verschaffel et al., 2020). Bei der Bearbeitung von Modellierungsaufgaben zeigen Lernende in beiden Bereichen besondere Schwierigkeiten (Frejd & Ärlebäck, 2011; Göksen-Zayim et al., 2021; Jankvist & Niss, 2020). Auf der Suche nach der Mathematik wird der gegebene Aufgabentext häufig vernachlässigt (Jankvist & Niss, 2020). Dies führt zu einer oberflächlichen Betrachtung der gegebenen realweltlichen Situation (Blum, 2015; Krawitz et al., 2022) sowie zu Schwierigkeiten, Verbindungen zwischen der Fragestellung und der gegebenen realweltlichen Situation herzustellen (Plath, 2020). Des Weiteren können Lernende häufig die Schritte, die für eine nachvollziehbare Mathematisierung erforderlich sind, nicht antizipieren (Jankvist & Niss, 2020). Als Resultat entsteht ein unangemessenes Realmodell, in dem irrelevante Informationen als relevant identifiziert werden (Wijaya et al., 2014). Zum anderen resultiert ein unangemessenes Realmodell aus dem fehlenden Treffen von Annahmen. Lernende zeigen beim Modellieren eine starke anhaltende Tendenz, realweltliche Aspekte in ihren Bearbeitungsprozessen zu vernachlässigen und diesen Mangel aufgrund fehlender Validierungen nicht zu erkennen (Dewolf et al., 2014; Krawitz et al., 2018; Niss & Blum, 2020, S. 117; Verschaffel et al., 2020). Auch im Rahmen des Vereinfachens und Strukturierens können die Schwierigkeiten zum Teil auf die Schulsozialisation und Aspekte der Unterrichtspraxis zurückgeführt werden. Es wird argumentiert, dass die Vernachlässigung realweltlicher Aspekte zum einen auf der stereotypischen und unrealistischen Natur der am häufigsten im Unterricht eingesetzten Textaufgaben basiert (siehe Kapitel 3.3.1) und der daraus folgenden limitierten Erfahrung der Lernenden mit echten Modellierungsaufgaben. Zum anderen wird als Grund die Art und Weise angegeben, wie Lehrende diesen Aufgabentyp auffassen und im Unterricht behandeln (Chen et al., 2011; L. Mason & Scrivani, 2004). Schwierigkeiten beim Vereinfachen und Strukturieren, die in einem unangemessenen Realmodell resultieren, beeinflussen den gesamten Modellierungsprozess (Böckmann & Schukajlow, 2020).

Mathematisieren – Entwicklung eines mathematischen Modells: Die Mathematisierung des Realmodells erfordert anspruchsvolle Übersetzungen von der realen Welt in die mathematische Welt. Niss (2010) vermutet, dass erfolgreiche Mathematisierungen ein Resultat wissensbasierter mathematischer Antizipationen sind. Daher muss bereits beim Vereinfachen und Strukturieren die Mathematik zur Lösung antizipiert werden. Zur erfolgreichen Antizipation der Mathematik ist ein ausreichendes mathematisches Wissen inklusive der zugrundeliegenden Grund-vorstellungen (Griesel et al., 2019; vom Hofe & Blum, 2016) und Problemlöse-strategien (siehe Kapitel 2.3) notwendig (Niss & Blum, 2020, S. 119). Folglich kann sowohl defizitäres mathematisches Faktenwissen als auch fehlendes Wissen über mögliche Problemlösestrategie zu unangemessenen oder falschen mathe-matischen Modellen führen. Empirische Studien haben gezeigt, dass fehlende oder unzureichende Antizipation mathematischer Operationen und Strukturen zu Schwierigkeiten beim Mathematisieren führen (Jankvist & Niss, 2020). Die Wahl angemessener mathematischer Operationen und Strukturen wird dabei insbeson-dere durch Lücken im mathematischen Wissen erschwert (Crouch & Haines, 2004; Schaap et al., 2011; Schukajlow, 2011; Wijaya et al., 2014). Hartmann et al. (2021) vermuten, dass die Entwicklung eines mathematischen Modells insbeson-dere durch die Berücksichtigung zahlreicher realweltlicher Aspekte beeinträchtigt wird.

Mathematisch Arbeiten – Entwicklung eines mathematischen Resultats: Das Mathematisch Arbeiten beinhaltet die Anwendung konzeptionellen und prozedu-ralen Wissens auf das gebildete mathematische Modell (Schukajlow et al., 2021). Zur Berechnung eines angemessenen mathematischen Resultats sind sowohl Pro-blemlösestrategien als auch mathematisches Wissen notwendig (Goos, 2002). Die Schwierigkeiten beim Mathematisch Arbeiten können demnach von den ausge-wählten mathematischen Operationen und Strukturen sowie den Themengebieten der Aufgabe abhängen. Empirische Studien haben gezeigt, dass es im Rahmen des Mathematisch Arbeitens häufig zu Schwierigkeiten beim Ausführen der mathe-matischen Operationen kommt, denen primär innermathematische Rechenfehler zugrunde liegen (Galbraith & Stillman, 2006; Wijaya et al., 2014).

Interpretieren – Entwicklung eines realen Resultats: Die Interpretation des mathematischen Resultats zurück auf die gegebene realweltliche Situation wird von Lernenden bei der Bearbeitung von Modellierungsaufgaben häufig ignoriert (Galbraith & Stillman, 2006). Wenn eine Interpretation auf die realweltliche Situation stattfindet, zeigen sich Schwierigkeiten in der Angemessenheit des inter-pretierten Resultats (Wijaya et al., 2014). Dabei entstehen unangemessene reale Resultate unter anderem daraus, dass die Lernenden in ihren Interpretationen häufig nicht berücksichtigen, welche Genauigkeit in Bezug auf das Runden des Ergebnisses in der gegebenen Situation sinnvoll ist (Schukajlow, 2011). Außer-dem fällt Lernenden vor allem die Interpretation eines mathematischen Resultats bestehend aus mehreren Teilresultaten schwer (Schukajlow, 2011).

Validieren: Die Modellierungsaktivität, die von Lernenden bei der Bearbei-tung von Modellierungsaufgaben am häufigsten vernachlässigt wird und als eine der herausforderndsten Aktivitäten des Modellierens gilt, ist das Validieren (Galbraith & Stillman, 2006; Niss & Blum, 2020, S. 120; Stillman et al., 2010). Zumeist finden eigenständige Validierungsprozesse in den Modellierungsprozessen nicht statt (Blum & Leiß, 2007; Vorhölter, 2021). Ein möglicher Grund ist, dass die Lernenden die Verantwortung für die Validierung der Richtigkeit und Angemessenheit des Ergebnisses bei der Lehrkraft sehen (Blum & Borromeo Ferri, 2009; Jankvist & Niss, 2020). Demnach wird dieser Aktivität im Bearbeitungsprozess keine Notwendigkeit zugeschrieben (Stillman & Galbraith, 1998). Ein alternativer Grund könnte sein, dass die Lernenden zwar wahrnehmen, dass das Resultat in der gegebenen Situation nicht angemessen ist, es aber an Wissen über alternative Lösungswege mangelt (Schukajlow et al., 2021). Falls Validierungen in den Bearbeitungsprozessen vorhanden sind, beruhen diese zumeist auf dem intuitiven Gefühl, dass das gewählte Modell oder das Resultat unangemessen erscheint (Borromeo Ferri, 2006).

Trotz der beschriebenen Schwierigkeiten kann mathematisches Modellieren gelernt werden (z. B. Blum & Leiß, 2007; Schukajlow et al., 2012). Dabei hat die Lehrkraft einen entscheidenden Einfluss auf den Erfolg des Lernergebnisses (Hattie, 2009, S. 108; Schiepe-Tiska et al., 2013; Schmidt et al., 2007). In den vergangenen Jahren wurden zahlreiche empirische Studien mit (angehenden) Lehrkräften durchgeführt, um die Faktoren zum erfolgreichen Lehren von mathematischem Modellieren zu identifizieren (z. B. Blum & Leiß, 2007; Wess et al., 2021). Die Ergebnisse zeigen, dass (angehende) Lehrkräfte Lernende nur dann mathematisches Modellieren angemessen unterrichten können, wenn sie selbst zu Expertinnen und Experten in diesem Gebiet werden (Blum, 2015). Dazu ist die eigenständige Auseinandersetzung mit dem mathematischen Modellieren essenziell, durch die sich die (angehenden) Lehrkräfte in die Lernenden hineinversetzen, potenzielle Hürden identifizieren und das Potential einer Aufgabe reflektieren können. Besonders geeignet zum Erwerb und zur Festigung dieser Fähigkeiten hat sich die Entwicklung und Bearbeitung eigener Modellierungsaufgaben gezeigt (Borromeo Ferri & Blum, 2010). Um (angehende) Lehrkräfte im Lehren und Lernen von Modellieren zu unterstützen, ist es daher wichtig zu analysieren, wie sie Modellierungsaufgaben selbst entwickeln und anschließend bearbeiten.

Problem Posing

4

Zur Lösung innermathematischer und realweltlicher Aufgaben muss zunächst eine Aufgabe identifiziert und entwickelt werden, die es anschließend zu lösen gilt. Die Entwicklung von Aufgaben (*Problem Posing*) ist demnach eine notwendige Voraussetzung zur Lösung dieser. Im Folgenden soll zunächst der Begriff des *Problem Posings* definiert (Kapitel 4.1) und *Problem Posing*-Stimuli beschrieben werden (Kapitel 4.2), bevor anschließend der Prozess des *Problem Posings* vorgestellt (Kapitel 4.3) sowie die Relevanz und die Perspektiven des *Problem Posings* dargestellt werden (Kapitel 4.4).

4.1 Definition *Problem Posing*

In der Literatur wird der Begriff *Problem Posing* weit gefasst und beschreibt eine Vielzahl an Aktivitäten (Cai et al., 2015; Baumanns & Rott, 2022a). Der englische Begriff *Problem Posing* besteht aus dem Nomen *problem* und dem Verb *to pose*. Das englische Wort *problem* kann in Bezug auf die Mathematik als *Aufgabe* übersetzt werden. Das Verb *to pose* bedeutet in deutscher Übersetzung *etwas aufwerfen* oder *eine Frage stellen*. Demnach beschreibt *Problem Posing* so etwas wie das *Aufwerfen einer Aufgabe*. Nach Silver (1994, S. 19) beinhaltet *Problem Posing* die Entwicklung neuer Aufgaben sowie die Reformulierung gegebener mathematischer Aufgaben. Baumanns und Rott (2022a) spezifizieren diese Definition und ergänzen, dass *Problem Posing* die Entwicklung von mathematischen Aufgaben umfasst, die anschließend gelöst werden können. Die Entwicklung einer Aufgabe kann *vor, während* oder *nach* der Lösung einer Aufgabe stattfinden und ist je nach Situierung mit verschiedenen kognitiven Aktivitäten verbunden (Silver, 1994). In der vorliegenden Untersuchung soll *Problem Posing* übergeordnet als

© Der/die Autor(en), exklusiv lizenziert an Springer Fachmedien Wiesbaden GmbH, ein Teil von Springer Nature 2023
L. -M. Hartmann, *Prozesse beim Problem Posing zu gegebenen realweltlichen Situationen und die Verbindung zum Modellieren*, Studien zur theoretischen und empirischen Forschung in der Mathematikdidaktik,
https://doi.org/10.1007/978-3-658-43596-7_4

die Entwicklung mathematischer Aufgaben gefasst werden, die basierend auf einem Stimulus entwickelt und anschließend gelöst werden können.

4.2 *Problem Posing*-Stimuli

Der *Problem Posing*-Prozess kann durch eine Vielzahl an Stimuli ausgelöst werden. Die Aktivitäten können sich je nach zugrundeliegendem Stimulus unterscheiden (Cai et al., 2015). Da zur Einordnung der Forschungsergebnisse eine Systematisierung der *Problem Posing*-Stimuli dringend notwendig ist, soll im Folgenden eine Systematisierung der *Problem Posing*-Stimuli für die vorliegende Untersuchung vorgestellt werden (Kapitel 4.2.1). Dazu werden bereits existierende Systematisierungen dargestellt, die für die vorliegende Untersuchung ausdifferenziert werden. Anschließend werden die in der Studie genutzten Stimuli in diese Systematisierung eingeordnet und jeweils durch einen Beispielstimulus illustriert (Kapitel 4.2.2 und Kapitel 4.2.3).

4.2.1 Systematisierung *Problem Posing*-Stimuli

Zur Differenzierung existieren unterschiedliche Kategorien (z. B. Christou et al., 2005; Stoyanova, 1997; Baumanns & Rott, 2022a). Ein *Problem Posing*-Stimulus setzt sich aus einer Ausgangssituation (*situation*) und der Aufforderung zur Entwicklung (*prompt*) zusammen, die es zu systematisieren gilt (Cai et al., 2022). Eine Systematisierung der Aufforderung zum *Problem Posing* findet sich bei Baumanns und Rott (2022a). In Anlehnung an die Unterscheidung zwischen freien, halbstrukturierten und strukturierten *Problem Posing*-Aufforderungen von Stoyanova (1997) differenzieren Baumanns und Rott (2022a) zwischen strukturierten und unstrukturierten *Problem Posing*-Aufforderungen. Strukturierte Aufforderungen gehen von einer vorgegebenen Aufgabe aus. Die Aufgabe soll im Rahmen des *Problem Posing*-Prozesses neu formuliert werden oder es sollen auf Grundlage der Aufgabe weitere Aufgaben entwickelt werden. Dazu muss die Ausgangsaufgabe zunächst gelöst werden. Ein Beispiel für einen *Problem Posing*-Stimulus mit einer strukturierten Aufforderung ist Stimulus (1) in Tabelle 4.1 aus der Studie von Baumanns und Rott (2022b). Basierend auf der Lösung der innermathematischen Aufgabe zur Zahlenpyramide sollen so viele mathematische Aufgaben wie möglich entwickelt werden. Unstrukturierte Stimuli umfassen Aufforderungen zur Entwicklung einer Aufgabe mit weniger Einschränkungen. Ausgangspunkt können informelle Situationsbeschreibungen, visuelle Repräsentationen (z. B. in

Form von Bildern) oder symbolische Repräsentationen (z. B. mathematische Formeln) darstellen (Kopparla et al., 2019). Beispiele für unstrukturierte *Problem Posing*-Aufforderungen finden sich in Stimulus (4) und (5) in Tabelle 4.1 aus den Studien von Bonotto und Santo (2015) und Hartmann et al. (2021). Basierend auf dem realweltlichen Artefakt (Speisekarte bzw. Situationsbeschreibung) soll eine beliebige mathematische Aufgabe entwickelt werden. *Problem Posing*-Aufforderungen sind nicht immer eindeutig zuordenbar. Beispielsweise stellt der Stimulus (3) in Tabelle 4.1 aus der Studie von Pelczer und Gamboa (2009) eine Mischform dar, indem zunächst mit einer unstrukturierten Aufforderung eine Ausgangsaufgabe und anschließend basierend auf der Ausgangsaufgabe mittels einer strukturierten Aufforderung eine Sequenz von Aufgaben entwickelt werden soll. Die bisher beschriebenen *Problem Posing*-Aufforderungen stellen explizite Aufforderungen zur Entwicklung einer Aufgabe dar. Darüber hinaus kann *Problem Posing* auch implizit auf natürliche Weise ohne konkrete Aufforderung ausgelöst werden. Beispielsweise können realweltliche Situationen oder die Bearbeitung von (selbst-entwickelten) Aufgaben auf natürliche Weise zum *Problem Posing* anregen.

Für die vorliegende Untersuchung ist neben der Differenzierung der Aufforderung auf Basis der Strukturiertheit eine Differenzierung des Realitätsbezugs der Ausgangssituationen unabdingbar, um die bisherigen Forschungsergebnisse im Feld einordnen und Verbindungen zur vorliegenden Untersuchung herstellen zu können. In Analogie zur Klassifizierung von Aufgaben hinsichtlich ihres Realitätsbezugs (Blum & Niss, 1991) können *Problem Posing*-Stimuli danach klassifiziert werden, ob sich die gegebene Ausgangssituation auf Situationen der realen Welt oder auf innermathematische Situationen bezieht (Cai et al., 2022). Innermathematische Ausgangssituationen fokussieren ausschließlich innermathematische Aspekte, wie beispielsweise innermathematische Aufgaben, mathematische Graphen oder Gleichungen (Cai et al., 2022). Ein Beispiel für eine innermathematische Ausgangssituation findet sich in dem Stimulus (1) in Tabelle 4.1 aus der Studie von Baumanns und Rott (2022b). *Problem Posing* wird durch eine innermathematische Aufgabe zu einer Zahlenpyramide ausgelöst. Der *Problem Posing*-Prozess beginnt folglich in der mathematischen Welt (d. h. in der Mathematik). *Problem Posing*-Stimuli mit realweltlichen Ausgangssituationen liegen dagegen Situationen der außermathematischen Welt (d. h. der realen Welt) zugrunde. Realweltliche Ausgangssituationen können weiter in Ausgangssituationen mit einem künstlichen Realitätsbezug und einem authentischen Realitätsbezug untergliedert werden. Künstlichen Ausgangssituationen liegen Situationsbeschreibungen oder Aufgaben mit einem künstlichen Realitätsbezug zu Grunde, wie sie beispielsweise aus Textaufgaben (*word problems*) bekannt sind (siehe Kapitel 3.3.1). Wie bei Textaufgaben steht hier die Mathematik im Vordergrund, wodurch der Entwicklungsprozess primär in der mathematischen Welt startet. Ein Beispiel für einen *Problem Posing*-Stimulus, dem eine Ausgangssituation mit einem künstlichen Realitätsbezug zu Grunde liegt, ist der Stimulus (2) in Tabelle 4.1 aus der Studie von Baumanns und Rott (2022b). Die Mathematik ist künstlich in den Realitätsbezug eines Spiels eingebaut. Ein weiteres Beispiel ist der Stimulus (4) in Tabelle 4.1 aus der Studie von Bonotto und Santo (2015). Zwar stellt die Speisekarte ein realweltlichtliches Artefakt dar, jedoch müssen zur Entwicklung und Lösung mathematische Operationen auf die numerischen Informationen der Speisekarte angewendet werden.

Problem Posing-Stimuli mit einer authentischen Ausgangssituation liegt eine authentische realweltliche Situation oder eine authentische realweltliche Aufgabe zugrunde und der Entwicklungsprozess startet in der außermathematischen Welt. Ein Beispiel für einen *Problem Posing*-Stimulus, dem eine Ausgangssituation mit einem authentischen Realitätsbezug zu Grunde liegt, ist der Stimulus (5) in Tabelle 4.1 aus der Studie von Hartmann et al. (2021). Hierbei steht eine authentische realweltliche Situation im Vordergrund, deren Komplexität zunächst reduziert und die Situation in Verbindung mit der Mathematik gebracht werden muss, um eine mathematische Fragestellung zu entwickeln.

Die vorliegende Arbeit betrachtet zwei besondere Arten des *Problem Posings*. Zum einen wird die Generierung neuer Aufgaben basierend auf *Problem Posing*-Stimuli mit einer expliziten unstrukturierten Aufforderung und authentischen Ausgangssituationen fokussiert. Ein Beispiel für einen solchen *Problem Posing*-Stimulus ist Stimulus (5) in Tabelle 4.1. Der *Problem Posing*-Prozess resultiert in einer realweltlichen Aufgabe, die anschließend in einem Modellierungsprozess gelöst werden kann. Im Folgenden wird auf diese besondere Art des *Problem Posings* als *modellierungsbezogenes Problem Posing* verwiesen. Zum anderen werden die Generierung neuer Aufgaben sowie die Reformulierung und Evaluation selbst-entwickelter Aufgaben, die implizit auf natürliche Weise ohne konkrete Aufforderung durch den Modellierungsprozess ausgelöst werden, betrachtet. Auf diese Art des *Problem Posings* wird im Folgenden als *lösungsinternes Problem Posing* verwiesen.

Tabelle 4.1   Beispiele *Problem Posing*-Stimuli

(1)	*Zahlenpyramide*

Welche Zahl ist in der folgenden Zahlenpyramide an der 8. Stelle von rechts in der 67. Zeile? Entwickle basierend auf der Aufgabe so viele mathematische Aufgaben wie möglich.

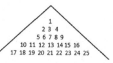

(in Anlehnung an Baumanns und Rott (2022b) und Stoyanova (1997))

(2)	*NIM-Spiel*

Auf dem Tisch liegen 20 Spielsteine. Zwei Spieler A und B nehmen abwechselnd einen oder zwei Steine weg. Es gewinnt, wer den letzten Zug macht. Kann Spieler A, der beginnt, sicher gewinnen? Entwickle basierend auf der Aufgabe so viele mathematische Aufgaben wie möglich.

(Baumanns & Rott, 2018, 2022b)

(3)	*Entwickle eine Sequenz von Aufgaben mit einer leichten, einer mittleren und einer schwierigen Aufgabe.*

(Pelczer & Gamboa, 2009)

(4)	*Entwickle eine Aufgabe basierend auf der folgenden Speisekarte:*

		Klein (∅ ca. 20 cm)	Groß (∅ ca. 28 cm)	Familien (∅ ca. 43 cm)
Pizza Margherita	Käse[1], Tomaten	3,50€	5,50€	12,00€
Pizza Rucola	Mit Parmaschinken, Parmesan und Rucola	8,00€	11,00€	19,00€
Pizza Salami	Käse[1], Tomaten und Salami	4,50€	6,50€	14,00€

1 – Farbstoff; 2 – Konservierungsstoffe; 3 – Geschmacksverstärker; 4 – Phosphat; 5 – Süßungsmittel; 6 – Koffeinhaltig; 7 – Antioxidationsmittel

(in Anlehnung an Bonotto und Santo (2015))

(5)	*Entwickle eine Aufgabe basierend auf der folgenden Ausgangssituation:*

Sportplatz

Der abgebildete Sportplatz ist 100 m lang und 50 m breit. Bernd sprintet von der Ecke oben links diagonal über den ganzen Sportplatz direkt zur Ecke unten rechts in 13,1 Sekunden. Sein Trainer will den schon stark strapazierten Rasen schonen und läuft entlang der Außenlinie ebenfalls von oben links nach unten rechts. Die Geschwindigkeits-Messanlage des Leichtathletikvereins am Seitenrand zeigt ihm eine Geschwindigkeit von 25,4 km/h an.

(Hartmann et al., 2021)

4.2.2 Beispielstimulus *modellierungsbezogenes Problem Posing*

Ein exemplarischer Stimulus für das *modellierungsbezogene Problem Posing* ist die Situation Seilbahn (siehe Abbildung 4.1). Die Situationsbeschreibung entstammt der Modellierungsaufgabe Seilbahn (siehe Kapitel 3.3.3) und beschreibt die geplanten Umbauarbeiten an der Nebelhornbahn in Obertauern. Durch eine explizite Aufforderung werden Lernende dazu aufgefordert, basierend auf der realweltlichen Situationsbeschreibung mathematische Aufgaben zu entwickeln. Demnach handelt es sich um einen unstrukturierten realitätsbezogenen Stimulus, der *modellierungsbezogenes Problem Posing* initiieren kann. Als Resultat des *modellierungsbezogenen Problem Posings* entsteht eine mathematische Aufgabe, die anschließend in einem Modellierungsprozess gelöst werden kann. Unstrukturierte realweltliche Stimuli bieten eine reichhaltige Umgebung zur Entwicklung einer Vielzahl von Aufgaben und insbesondere für die Entwicklung realweltlicher Aufgaben (Galbraith et al., 2010; Hartmann et al., 2021).

Über 90 Jahre fuhr die Nebelhornbahn zahlreiche Gäste in die Höhe. Nun darf sie in den wohlverdienten Ruhestand. Ab Sommer 2021 soll eine neue Seilbahn begeisterte Outdoor-Fans in die Berge am Nebelhorn befördern. Ziel des Projekts ist es, lange Wartezeiten zu vermeiden, sitzende Beförderung mit optimaler Aussicht auf jedem Platz zu ermöglichen und die Förderleistung zu erhöhen.

Technische Daten der alten Nebelhornbahn:

Art:	Großkabinen-Pendelbahn
Gewicht leere Kabine:	1600 kg
Gewicht volle Kabine:	3900 kg
Höhe Talstation:	1933 m
Höhe Bergstation:	2214,2 m
Horizontaler Abstand:	905,77 m
Fahrtgeschwindigkeit:	8 m/s
Förderleistung:	500 Personen/h
Antrieb:	120 PS

Entwickle eine mathematische Fragestellung basierend auf der gegebenen realweltlichen Situation.

Abbildung 4.1 Unstrukturierter realweltlicher Stimulus Seilbahn.

4.2.3 Beispielstimulus *lösungsinternes Problem Posing*

Ein exemplarischer Stimulus für das *lösungsinterne Problem Posing* ist der Bearbeitungsprozess einer selbst-entwickelten Aufgabe zur Ausgangssituation Seilbahn (siehe Abbildung 4.1). In Abbildung 4.2 ist eine exemplarische Verschriftlichung einer Bearbeitung dargestellt.

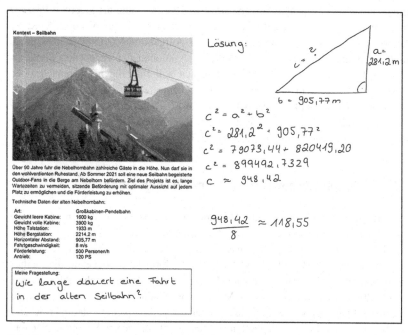

Abbildung 4.2 Exemplarische Lösung einer selbst-entwickelten Fragestellung zur Ausgangssituation Seilbahn.

Der Bearbeitungsprozess der selbst-entwickelten Aufgabe stellt eine natürliche und reichhaltige Umgebung für das *Problem Posing* dar, die implizit *Problem Posing* anregen kann. Der Stimulus kann die Generierung von Aufgaben sowie Reformulierung und Evaluation der selbst-entwickelten Aufgabe auslösen. Als Resultat des *lösungsinternen Problem Posings* entstehen mathematische Aufgaben oder überarbeitete selbst-entwickelte Aufgaben, die anschließend gelöst werden können.

4.3 Problem Posing-Prozess

Die Entwicklung einer Aufgabe ist ein kognitiver Prozess, der notwendigerweise stattfinden muss, bevor der Problemlöse- (siehe Kapitel 2.2) bzw. Modellierungsprozess (siehe Kapitel 3.3) starten kann (Getzels, 1979). Der Prozess zur

Entwicklung einer eigenen Aufgabe (*Problem Posing*) kann als kreativer Prozess mathematischen Denkens aufgefasst werden (Bonotto & Santo, 2015; S.-K. S. Leung, 1997), bei dem eine mathematische Aufgabe auf Grundlage mathematischer Erfahrungen und individueller Interpretationen der gegebenen Situation entwickelt wird (Stoyanova, 1997). Demnach soll im Folgenden zunächst der Prozess kreativen mathematischen Denkens vorgestellt werden (Kapitel 4.3.1), bevor anschließend auf die Aktivitäten beim *Problem Posing* eingegangen wird (Kapitel 4.3.2) und diese am Beispiel der realweltlichen Situation Seilbahn (siehe Kapitel 4.1) illustriert werden (Kapitel 4.3.3).

4.3.1 Prozess kreativen mathematischen Denkens

Ein kreativer Prozess beschreibt Handlungen und Verhaltensweisen, die während der Entwicklung einer Idee stattfinden (Johnson & Carruthers, 2006). Zur Beschreibung kreativer Prozesse mathematischen Denkens wurden in Anlehnung an das vier Phasen Modell von Wallas (1926) zahlreiche Modelle für die mathematikdidaktische Forschung entwickelt (für eine Übersicht siehe Pitta-Pantazi et al. (2018)). Das ursprüngliche Modell von Wallas (1926) beschreibt einen linearen Ablauf der vier Aktivitäten Vorbereitung, Inkubation, Illumination und Verifikation. Der Prozess beginnt mit einer problematischen Situation, der das Individuum gegenübersteht. Während der *Vorbereitung* wird diese Situation verstanden und exploriert. Die *Inkubation* ist eine unterbewusst ablaufende Aktivität, bei der die Idee heranreift. Im Rahmen der *Illumination* kommt es dann zu einem sogenannten AHA!-Erlebnis, in dem die entscheidende Idee aufkommt. Im Rahmen der *Verifikation* findet die Prüfung der aufgeworfenen Idee und gegebenenfalls eine Anpassung dieser oder die Entwicklung neuer Ideen statt.

4.3.2 Aktivitäten beim *Problem Posing*

Da *Problem Posing* als kreativer Prozess charakterisiert wird (Bonotto & Santo, 2015; S.-K. S. Leung, 1997), können Aktivitäten des kreativen Denkens auch im *Problem Posing*-Prozess auftreten. Im Folgenden sollen zunächst theoretische und empirische Ergebnisse zu den beim *Problem Posing* ablaufenden Aktivitäten vorgestellt werden, um darauf aufbauend Vermutungen bezüglich der beim *modellierungsbezogenen Problem Posing* ablaufenden Aktivitäten anzustellen.

Erkenntnisse darüber, welche Aktivitäten zum erfolgreichen *Problem Posing* beitragen, konnten Pittalis et al. (2004) in ihrer Studie erlangen. Mit Hilfe einer konfirmatorischen Faktorenanalyse konnten sie bestätigten, dass vier aus der Theorie des *Problem Posings* abgeleitete Aktivitäten (Editieren, Auswahl, Verstehen und Organisieren sowie Übersetzen quantitativer Informationen) zum erfolgreichen *Problem Posing* beitragen. Ausgehend von diesem Modell entwickelten Christou et al. (2005) eine Taxonomie der *Problem Posing*-Aktivitäten in Verbindung mit verschiedenen gegebenen Stimuli. Auch hier konnten vier Aktivitäten bestätigt werden, die primär einer bestimmten Ausgangssituation des unstrukturierten *Problem Posings* zugeschrieben sind: *Editieren* beim *Problem Posing* zu Situationsbeschreibungen aus arithmetischen Textaufgaben, *Auswählen* beim *Problem Posing* zu einem vorgegebenen mathematischen Resultat, *Verstehen und Organisieren* beim *Problem Posing* ausgehend von einer mathematischen Gleichung und *Übersetzen* beim *Problem Posing* zu mathematischen Informationen entnommen aus Graphen, Tabellen oder Diagrammen. Außerdem konnte gezeigt werden, dass die Prozesse des *Editierens* und des *Auswählens* für die Lernenden besonders anspruchsvoll sind und spezielle Beachtung benötigen. Da die beschriebenen Aktivitäten auf unterschiedlichen *Problem Posing*-Stimuli aufbauen, kann davon ausgegangen werden, dass diese nicht als Teilaktivitäten des Entwicklungsprozesses anzusehen sind, sondern vielmehr eigenständige Formen des *Problem Posings* darstellen (Baumanns & Rott, 2022b).

In den letzten Jahren standen die Aktivitäten, die bei der Entwicklung einer Aufgabe ablaufen, im Fokus einiger Studien. Die zum *Problem Posing*-Prozess beitragenden kognitiven Aktivitäten konnten von Pelczer und Gamboa (2009) sowie Baumanns und Rott (2022b) identifiziert werden. Eine Übersicht der Ergebnisse der beiden Studien in Bezug auf die Aktivitäten findet sich in Tabelle 4.2.

Tabelle 4.2 Übersicht der identifizierten Aktivitäten im *Problem Posing*-Prozess

	Pelczer & Gamboa (2009)	Baumanns & Rott (2021b)
Aktivitäten	Setup	
	Transformation	Analyse Variation
	Formulierung	Generierung
	Evaluation abschließende Beurteilung	Evaluation
		Problemlösen

Im Folgenden sollen die Forschungsergebnisse zu den beim *Problem Posing* ablaufenden Aktivitäten vorgestellt sowie Gemeinsamkeiten und Unterschiede dieser diskutiert werden. Besondere Aufmerksamkeit soll dabei auf die zugrundeliegenden Stimuli des *Problem Posings* gelegt werden, da sich die Aktivitäten je nach zugrundeliegendem Stimulus unterscheiden können (Cai et al., 2015). In der Studie von Pelczer und Gamboa (2009) wurden Novizinnen und Novizen (44 Highschool-Schülerinnen und Schüler; 25 Universitätsstudierende im ersten Studienjahr) sowie Expertinnen und Experten (22 Teilnehmerinnen und Teilnehmer einer Matheolympiade; 63 Lehrkräfte) zur Entwicklung einer Sequenz von mathematischen Aufgaben bestehend aus jeweils einer Aufgabe mit einer niedrigen, moderaten und hohen Komplexität aufgefordert (siehe Stimulus (3) in Tabelle 4.1). Die Entwicklung der Ausgangsaufgabe basierte folglich auf einem unstrukturierten innermathematischen Stimulus, die Entwicklung der weiterführenden Aufgaben hingegen eher auf strukturierten innermathematischen Stimuli. Die Aktivitäten bei der Entwicklung der Aufgaben wurden mit Hilfe eines Fragebogens sowie eines Interviews erfasst. Basierend auf den Problemlöseaktivitäten nach Pólya (1949) (siehe Kapitel 2.2) konnten Pelczer und Gamboa (2009) die fünf Aktivitäten Setup, Transformation, Formulierung, Evaluation und abschließende Beurteilung identifizieren. Die Aktivität *Setup* beinhaltet die Formulierung des Ausgangspunkts der Aufgabe. Dabei werden ein Kontext und ein mathematisches Thema für die Aufgabe festgelegt. Dies umfasst auch das Abrufen einer bereits bekannten mathematischen Aufgabe als Startpunkt für die Entwicklung. Im Rahmen der *Transformation* werden die Bedingungen der festgelegten Ausgangsaufgabe analysiert und mögliche Techniken der Transformation identifiziert und reflektiert. Diese Aktivität beinhaltet ebenfalls die Durchführung der Transformation. Unter die Aktivität *Formulierung* fallen alle Aktivitäten, die mit der Formulierung der Aufgabe in Verbindung stehen. Dabei werden verschiedene Formulierungsmöglichkeiten ausprobiert und die Angemessenheit der Formulierung abgeschätzt. Im Rahmen der *Evaluation* wird die entwickelte Aufgabe auf Grundlage ursprünglich festgelegter Kriterien bewertet. Die *abschließende Reflexion* zielt auf die Beurteilung des Entwicklungsprozesses und der Aufgabe selbst ab, wobei die Beurteilung letzterer den Schwierigkeitsgrad der Aufgabe, die Bewältigbarkeit sowie das Interesse an der Aufgabe umfasst. Die Sequenz der ablaufenden Aktivitäten kontrastierten Pelczer und Gamboa (2009) zwischen den teilnehmenden Novizinnen und Novizen und Expertinnen und Experten (siehe Abbildung 4.3). Für beide Gruppen konnte ein nicht-linearer Verlauf des Prozesses identifiziert werden, der bei den Expertinnen und Experten vermehrt durch Sprünge zwischen den einzelnen Aktivitäten gekennzeichnet war. Außerdem konnte bei den Novizinnen und Novizen keine abschließende Beurteilung identifiziert werden.

Abbildung 4.3 Sequenz der *Problem Posing*-Aktivitäten von Novizinnen und Novizen (links) und Expertinnen und Experten (rechts) (Pelczer & Gamboa, 2009, S. 359)

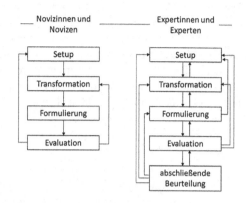

Bezüglich des *Problem Posings* zu strukturierten innermathematischen und künstlich realweltlichen Stimuli (siehe Stimuli (1) und (2) in Tabelle 4.1) gelang Baumanns und Rott (2022b) die Identifizierung von fünf Aktivitäten. In der Studie wurden 64 Mathematik-Lehramtsstudierende zur Reformulierung eines gegebenen Problems aufgefordert. Die Prozesse der Teilnehmenden wurden mit Hilfe aufgabenzentrierter Interviews mit Anregung zum Lauten Denken[1] erfasst. Es konnten fünf Aktivitäten des *Problem Posings* herausgearbeitet werden: Analyse, Variation, Generierung, Problemlösen und Evaluation. Im Rahmen der *Analyse* werden die Bedingungen des Ausgangsproblems in Bezug auf die Eignung zur Variation untersucht. Die Aktivität *Variation* beschreibt die Abänderung einzelner oder mehrerer Bedingungen des Ausgangsproblems sowie das Aufschreiben und Formulieren der jeweiligen veränderten Aufgabe. Im Rahmen der *Generierung* werden neue Aufgaben entwickelt, formuliert und aufgeschrieben. Die im Rahmen der Variation und Generierung aufgeworfenen Aufgaben werden während der Aktivität *Problemlösen* in einem verkürzten Problemlöseprozess gelöst. Diese Aktivität ist nicht obligatorisch und enthält zumeist nur die Aktivitäten Planung und Implementation nach Pólya (1949, S. 22–24). Während der *Evaluation* findet eine Bewertung der aufgeworfenen Aufgaben auf Grundlage

---

[1] Das *Laute Denken* beschreibt eine qualitative Erhebungsmethode, um Einblicke in die kognitiven Prozesse einer Versuchsperson zu erhalten. Die Versuchspersonen werden aufgefordert, alle ihre Gedanken während einer Tätigkeit laut zu äußern. Eine detaillierte Beschreibung findet sich in Kapitel 7.4.3.

individueller Kriterien (z. B. Lösbarkeit, Vollständigkeit, Angemessenheit) statt. Die Evaluation führt entweder zur Beibehaltung oder zum Verwurf der Aufgabe. Die Sequenz der ablaufenden Aktivitäten wurde in einem Prozessmodell festgehalten (siehe Abbildung 4.4). Der *Problem Posing*-Prozess zur Reformulierung eines Ausgangsproblems verläuft keineswegs linear. Vielmehr findet ein ständiger Wechsel der Aktivitäten Analyse, Variation, Generierung, Problemlösen und Evaluation statt. Darüber hinaus konnte in der Studie gezeigt werden, dass in den meisten Fällen nicht nur ein, sondern mehrere Aufgaben ausgehend von der Ausgangsaufgabe in aufeinanderfolgenden Durchläufen entwickelt wurden, was sich in der zyklischen Struktur des Modells widerspiegelt (Baumanns & Rott, 2022b).

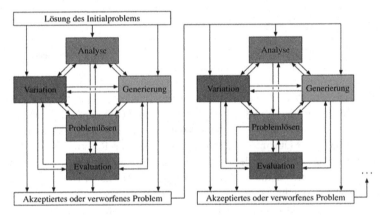

Abbildung 4.4 Deskriptives Prozessmodell des strukturierten *Problem Posings* nach Baumanns und Rott (2018, S. 48)

Die beiden Studien unterscheiden sich insbesondere durch die Stimuli, die das *Problem Posing* in den jeweiligen Studien auslösen. Während bei Baumanns und Rott (2022b) die *Problem Posing*-Aktivitäten durch strukturierte innermathematische und künstlich realweltliche Stimuli ausgelöst werden, fokussiert die Studie von Pelczer und Gamboa (2009) *Problem Posing* basierend auf unstrukturierten und strukturierten innermathematischen Stimuli. Aufgrund der verwendeten Stimuli können sich die stattfindenden Aktivitäten voneinander unterscheiden. Bei Pelczer und Gamboa (2009) konnte die Aktivität Setup identifiziert werden, in dessen Rahmen primär eine mathematische Aufgabe als Startpunkt der Aufgabenentwicklung ausgewählt wird. Da das Ausgangsproblem in der Studie von Baumanns und Rott (2022b) jedoch bereits als Ausgangspunkt vorliegt, war diese

Aktivität im Rahmen der Reformulierung der Aufgabe nicht notwendig und somit nicht identifizierbar. Eine Aktivität, die ausschließlich in der Studie von Baumanns und Rott (2022b) entdeckt werden konnte, ist das Problemlösen. Dabei entwickeln die Probandinnen und Probanden einen mehr oder weniger konkreten Lösungsplan für die aufgeworfene Aufgabe. Weitere Hinweise auf die Entwicklung eines Lösungsplans während des *Problem Posings* liefern Studien von Cai und Hwang (2002) und Chen et al. (2007). Cai und Hwang (2002) konnten in ihrer Studie zeigen, dass die von den Lernenden typischerweise eingesetzten Problemlösestrategien die Sequenz der entwickelten Aufgaben leiten. In der Studie von Chen et al. (2007) entwickelten die Lernenden überwiegend Aufgaben, von denen sie wussten, dass sie von ihnen gelöst werden können. Somit kann vermutet werden, dass die Lernenden bereits während der Aufgabenentwicklung über mögliche Lösungsschritte nachdachten.

Neben den beschriebenen Unterschieden weisen die beiden Studien zu den Aktivitäten beim *Problem Posing* auch einige Gemeinsamkeiten auf. Beide Studien konnten eine explorative Aktivität identifizieren. Diese Aktivität wird als Transformation (Pelczer & Gamboa, 2009) oder Analyse und Variation (Baumanns & Rott, 2021b) bezeichnet. Auf der Grundlage dieser Exploration können Aufgaben generiert werden. Diese Aktivität wird von Pelczer und Gamboa (2009) als Formulierung oder von Baumanns und Rott (2021b) als Generierung bezeichnet. Drittens müssen die generierten Probleme im Hinblick auf einzelne Kriterien (z. B. Lösbarkeit, Angemessenheit) bewertet werden (Baumanns & Rott, 2021b; Pelczer & Gamboa, 2009). Die Studien von Baumanns und Rott (2021b) sowie Pelczer und Gamboa (2009) haben zudem gezeigt, dass die Aktivitäten im *Problem Posing*-Prozess keineswegs linear ablaufen, sondern durch Wechsel zwischen den einzelnen Aktivitäten gekennzeichnet sind. Dies führt zu individuellen *Problem Posing*-Prozessen.

Bisherige Forschungen fokussierten *Problem Posing* basierend auf Stimuli mit strukturierten Aufforderungen, bei denen Schülerinnen und Schülern innermathematische oder künstliche realweltliche Aufgaben vorgegeben wurden (Baumanns & Rott, 2022b) oder mit unstrukturierten Aufforderungen, bei denen basierend auf innermathematischen Ausgangssituationen Aufgaben entwickelt werden sollten (Pelczer & Gamboa, 2009). Erste Vermutungen bezüglich der beim *modellierungsbezogenen Problem Posing* stattfindenden Aktivitäten liefert die Studie von Bonotto und Santo (2015) zum *Problem Posing* mit einer unstrukturierten Aufforderung basierend auf realweltlichen Artefakten. Bonotto und Santo (2015) vermuten, dass bei der Entwicklung einer Aufgabe zwischen wichtigen und unwichtigen Informationen differenziert werden muss, Beziehungen zwischen den als wichtig identifizierten Informationen hergestellt werden müssen und Entscheidungen getroffen werden müssen, ob die Informationen zur Lösung der aufgeworfenen Aufgabe ausreichen und in sich sowie kontextuell kohärent sind. Fasst man die theoretischen Überlegungen und empirischen Ergebnisse zusammen, so können Explorieren, Generieren und Evaluieren als wichtige Aktivitäten betrachtet werden, die während des *Problem Posings* stattfinden. Darüber hinaus deutet die Studie von Baumanns und Rott (2022b) sowie erste Hinweise aus anderen Studien (Cai & Hwang, 2002; Chen et al., 2007) auf eine Problemlöseaktivität hin, die im Rahmen des *Problem Posings* stattfindet.

4.3.3 *Problem Posing*-Prozess am Beispielstimulus Seilbahn

Im Folgenden wird der *Problem Posing*-Prozess anhand der theoretisch und empirisch abgeleiteten Aktivitäten beschrieben und am Beispiel der realweltlichen Situation Seilbahn (siehe Abbildung 4.1, Kapitel 4.2.2) illustriert.

Explorieren – Der *Problem Posing*-Prozess beginnt mit der gegebenen realweltlichen Situation zum Seilbahnumbau sowie einem Foto der Seilbahn. Zunächst müssen die gegebenen *Problem Posing*-Stimuli eingehend untersucht werden, um Informationen zur Entwicklung von Aufgaben zu sammeln. Dazu wird die Situationsbeschreibung gelesen und es werden wichtige Informationen in der Situation für die Generierung einer möglichen Aufgabe identifiziert. Beispielsweise können die Ziele des Seilbahnumbaus, lange Wartezeiten zu vermeiden, sitzende Beförderung mit optimaler Aussicht auf jedem Platz zu ermöglichen und die Förderleistung zu erhöhen, als wichtige Informationen identifiziert werden, zu denen eine Aufgabe generiert werden soll.

Generieren – Auf Grundlage der im Rahmen der Exploration als wichtig identifizierten Informationen können Aufgaben aufgeworfen, festgelegt und formuliert werden. Beispielsweise kann eine Fragestellung aufgeworfen werden, wie die Kabinen optimal gestaltet werden sollten, damit alle Passagierinnen und Passagiere eine optimale Aussicht haben oder wie die Förderleistung optimal erhöht werden kann. Des Weiteren wird sich im Rahmen des Generierens für eine der Aufgaben entschieden und diese wird formuliert. Als Beispiel wird hier die Aufgabe zur optimalen Erhöhung der Förderleistung ausgewählt und wie folgt formuliert: *Wie kann die Förderleistung durch den Umbau bestmöglich optimiert werden?*

Evaluieren – Im Rahmen des Evaluierens kann die selbst-entwickelte Aufgabe zur Förderleistung auf Basis individueller Kriterien (z. B. Lösbarkeit, Bewältigbarkeit) bewertet werden. Beispielsweise kann das Evaluieren die Bewertung der Lösbarkeit und der Angemessenheit in Bezug auf die gegebene realweltliche

Situation beinhalten. Die Aufgabe scheint zu der gegebenen Situationsbeschreibung passend und mit Hilfe mathematischer Mittel lösbar, auch wenn nicht alle zur Lösung notwendigen Informationen in der Situationsbeschreibung gegeben sind. Falls die aufgeworfene Aufgabe als nicht angemessen eingeschätzt wird, müsste der *Problem Posing*-Prozess erneut durchlaufen und die Aufgabe angepasst oder eine neue Aufgabe generiert werden.

Problemlösen – Im Rahmen des Problemlösens werden erste Planungen bezüglich eines Lösungswegs der selbst-entwickelten Fragestellung vorgenommen. Diese können unterschiedlich differenziert ausfallen. Beispielsweise kann dies beinhalten, dass die Förderleistung über die Größe der Kabinen optimiert werden soll und demnach zunächst einmal betrachtet werden sollte, wie viele Personen in einer Gondel in der alten Nebelhornbahn transportiert werden konnten.

Trotz erster Erkenntnisse zu den beim *Problem Posing* ablaufenden Aktivitäten, bleibt offen, inwiefern diese Aktivitäten auch am *modellierungsbezogenen Problem Posing* beteiligt sind. Das *modellierungsbezogene Problem Posing* startet in der außermathematischen Welt mit einer gegebenen realweltlichen Situation, wodurch am *modellierungsbezogenen Problem Posing* möglicherweise andere Aktivitäten beteiligt sind als am *Probem Posing* basierend auf künstlich realweltlichen und innermathematischen Situationen. Insgesamt gilt die Entwicklung eigener Aufgaben als kognitiv anspruchsvoller Prozess. Ergebnisse zahlreicher Studien zeigen, dass sowohl Lernende (Cai & Hwang, 2002; Ellerton, 1986; English, 1997, 1998; Hartmann et al., 2021; Silver & Cai, 1996) als auch Lehrende (Chen et al., 2011; S.-K. S. Leung & Silver, 1997) große Schwierigkeiten beim *Problem Posing* haben. Demnach ist das Wissen über die beim *modellierungsbezogenen Problem Posing* stattfindenden Aktivitäten unerlässlich, um ein breites Verständnis des Prozesses zu erhalten und diese Fähigkeit angemessen zu fördern (Cai et al., 2015).

4.4 Relevanz und Perspektiven des *Problem Posings*

Der Prozess der Entwicklung von Aufgaben ist sowohl für das Problemlösen als auch für das Modellieren von zentraler Bedeutung. Im Allgemeinen gilt *Problem Posing* als ein wichtiger Aspekt des Lehrens und Lernens von Mathematik (Cai et al., 2015). In den letzten Jahren wurde diese Relevanz in der Mathematikdidaktik zunehmend erkannt und sowohl Forschende als auch Lehrende haben begonnen, der Entwicklung von Aufgaben zunehmende Aufmerksamkeit zu schenken (Cai et al., 2015; Ellerton et al., 2015, S. 547). Trotz der hohen Relevanz ist das *Problem Posing* im Rahmen der Bildungsstandards nicht als eigenständige

Kompetenz wiederzufinden. Vielmehr wird es häufig im Zusammenhang mit dem Problemlösen im Rahmen des Anforderungsbereichs III benannt (KMK, 2003). Lernende sollen im Rahmen des Mathematikunterrichts die Fähigkeit entwickeln, Aufgaben (bzw. Probleme) selbst zu formulieren (KMK, 2003, S. 7). Die Formulierung eigener Aufgaben kann dabei als Ziel (*Problem Posing* lernen) oder als Werkzeug (durch *Problem Posing* lernen) dienen (Cai & Leikin, 2020). Im Folgenden sollen diese beiden Perspektiven nacheinander beleuchtet werden.

Die Formulierung eigener Aufgaben als Ziel stellt das *Problem Posing* selbst als Lernziel in den Vordergrund. Im Sinne der ersten Grunderfahrung nach Winter (1995) hat das *Problem Posing* eine große Relevanz. Nur wenn Lernende in der Lage sind, eigene Probleme in der realen Welt zu identifizieren und zu entwickeln, kann es ihnen gelingen, die Erscheinungen der Welt mit Hilfe der Mathematik wahrzunehmen und zu verstehen. Auch für Mathematiklehrende hat das *Problem Posing* eine große Relevanz, da sie für den Mathematikunterricht in der Lage sein müssen, angemessene Aufgaben für ihre Lernenden zu entwickeln. In der Forschung zum *Problem Posing* als Lernziel wird versucht, Wissen über den Prozess des *Problem Posings* zu generieren und Faktoren zu identifizieren, die zum Gelingen des *Problem Posings* beitragen. Bisherige Forschungen zum *Problem Posing* als Ziel fokussieren die Analyse und Bewertung der Qualität und Quantität der entwickelten Aufgaben von Lernenden (z. B. Ellerton, 2013). Aus den Ergebnissen können dann Aktivitäten, Kompetenzen, Strategien, Fähigkeiten und andere Faktoren abgeleitet werden, die zum Gelingen des *Problem Posings* beitragen (z. B. Leikin & Elgrably, 2020). Darüber hinaus wird versucht, ein Verständnis über die Verbindung des *Problem Posings* zu anderen Prozessen aufzubauen. Insbesondere wird dabei die Verbindung zwischen dem *Problem Posing*- und dem Problemlöseprozess in den Blick genommen (z. B. Xie & Masingila, 2017).

Problem Posing als Werkzeug betrachtet das *Problem Posing* als Mittel, um andere Kompetenzen zu erwerben und andere Phänomene aufzudecken. Es kann sowohl beim Erwerb inhaltsspezifischer mathematischer Kompetenzen (z. B. das Distributivgesetz bei der Multiplikation (Chen & Cai, 2020)) als auch beim Erwerb allgemeiner mathematischer Kompetenzen, wie dem Problemlösen (Koichu, 2020), und nicht mathematischer Kompetenzen, wie der Kreativität (Bicer et al., 2020), unterstützen. Darüber hinaus wird *Problem Posing* in der mathematikdidaktischen Forschung als Messinstrument zur Aufdeckung der Wirkung bestimmter Interventionen sowie zur Diagnose von Kompetenzen eingesetzt. Beispielsweise wurde das *Problem Posing* genutzt, um die Auswirkungen neuer Lehrpläne auf das Lernen von Schülerinnen und Schülern zu untersuchen (Cai et al., 2013) und um über die Analyse der Vielfalt der entwickelten Aufgaben die

Kreativität der Lernenden zu beurteilen (Bicer et al., 2020; Leikin & Elgrably, 2020).

Die vorliegende Untersuchung fokussiert *Problem Posing* als Ziel. Im Mittelpunkt der Untersuchung steht der Aufbau des Verständnisses über den Prozess des *modellierungsbezogenen Problem Posings* und über die Verbindungen zum Modellierungsprozess. Aufbauend auf den Erkenntnissen können Implikationen bezüglich des *Problem Posings* als Mittel zum Erwerb der Modellierungskompetenz abgeleitet werden.

Verbindungen des Problemlösens, Modellierens und *Problem Posings*

5

Die Entwicklung eigener Aufgaben und die Lösung dieser gehen Hand in Hand (Contreras, 2007). Während zu der Verbindung von *Problem Posing* und Problemlösen bereits zahlreiche Forschungsergebnisse vorliegen, fehlt es bisher an systematischen Erkenntnissen zur Verbindung von *Problem Posing* und dem mathematischen Modellieren. Um eine Einschätzung der Übertragbarkeit der Forschungsergebnisse auf die Modellierungsforschung zu ermöglichen, soll zunächst die Verwendung der Begriffe für die vorliegende Arbeit konkretisiert werden, indem die Prozesse des Problemlösens und des *Problem Posings* in den Modellierungsprozess eingeordnet werden (Kapitel 5.1), bevor im Anschluss auf die Verbindungen zwischen dem *Problem Posing* und dem Problemlösen (Kapitel 5.2) sowie darauf aufbauend auf die Verbindungen zwischem dem *Problem Posing* und dem Modellieren (Kapitel 5.3) eingegangen wird.

5.1 Verortung des Problemlösens und *Problem Posings* im Modellierungsprozess

Problemlösen und Modellieren sind aus theoretischer Perspektive eng miteinander verbunden und nicht klar voneinander abgrenzbar (Greefrath, 2010a, S. 41). So wird auch in der Modellierungsforschung häufig von Modellierungsproblemen (z. B. Bracke et al., 2013) gesprochen. Die Abgrenzung der Begrifflichkeiten hängt stark von dem Begriffsverständnis des Problemlösens ab. Der Begriff des Problemlösens kann, wie bereits in Kapitel 2.1 beschrieben, aus einer engen und einer weiten Perspektive betrachtet werden, die in unterschiedlichen Verbindungen zum Modellieren resultieren. Im Folgenden soll die Verwendung der

L. -M. Hartmann, *Prozesse beim Problem Posing zu gegebenen realweltlichen Situationen und die Verbindung zum Modellieren*, Studien zur theoretischen und empirischen Forschung in der Mathematikdidaktik, https://doi.org/10.1007/978-3-658-43596-7_5

Begrifflichkeiten für die vorliegende Arbeit konkretisiert werden. Problemlösen im engeren Sinne umfasst die Tätigkeit zur Lösung innermathematischer Probleme, bei denen das mathematische Modell bereits vorliegt und der Problemlöseprozess in einem mathematischen Resultat endet (Büchter & Leuders, 2018, S. 30). Folglich findet der Problemlöseprozess isoliert in der mathematischen Welt (d. h. der Mathematik) im Rahmen des Mathematisch Arbeitens im Modellierungsprozess statt (siehe Tabelle 5.1) und kann als Teilprozess des Modellierens aufgefasst werden (Højgaard, 2021). Dieses Begriffsverständnis findet sich auch in Curricula weltweit, in denen Problemlösen und Modellieren als zwei unterschiedliche Kompetenzen aufgefasst werden (KMK, 2003; NCTM, 2000). Das Problemlösen im weiteren Sinne bezieht sich allgemein auf Aufgaben, für deren Lösung kein Verfahren direkt auf der Hand liegt (siehe Kapitel 2.1). Diese Eigenschaft kann sowohl bei inner- als auch bei außermathematischen Problemen auftreten (Büchter & Leuders, 2018, S. 30). Da auch Modellierungsaufgaben durch ihre Komplexität gekennzeichnet sind (siehe Kapitel 3.3.2) und kein Lösungsverfahren auf der Hand liegt, kann unter Verwendung des Problemlösens im weiteren Sinne der gesamte Modellierungsprozess als Problemlöseprozess aufgefasst werden und die Problemlöseaktivitäten können im gesamten Modellierungsprozess auftreten (Greefrath, 2010b). Für die vorliegende Arbeit sollen die Begriffe des Modellierens und des Problemlösens wie folgt verwendet werden: In Anlehnung an das Problemlösen im weiteren Sinne werden bei der mathematischen Modellierung mathematische Operationen, Strukturen und Beziehungen verwendet, um eine realweltliche Situation so zu beschreiben und zu charakterisieren bzw. zu modellieren (Stillman, 2015). Problemlöseaktivitäten sind Teil dieses Prozesses und tragen insbesondere zur Entwicklung angemessener Modelle bei (siehe Tabelle 5.1). Folglich werden das Modellieren und Modellierungsaufgaben als eine spezielle Form des Problemlösens bzw. mathematischer Probleme aufgefasst, zu deren Bearbeitung Problemlösestrategien eingesetzt werden (siehe Kapitel 2.3). In Anlehnung an das Problemlösen im engeren Sinne finden im Rahmen des Modellierungsprozesses nach der Entwicklung eines mathematischen Modells im Rahmen des Mathematisch Arbeitens Problemlöseprozesse statt. Auf diese Problemlöseprozesse wird im Folgenden als innermathematisches Problemlösen verwiesen (siehe Tabelle 5.1). Eine idealisierte und grobe Übersicht der Verortung der Problemlöseaktivitäten im Modellierungsprozess findet sich in Anlehnung an Greefrath (2010b) in Tabelle 5.1.

Tabelle 5.1 Verortung der Problemlöseaktivitäten im Modellierungsprozess in Anlehnung an Greefrath (2010b)

	Modellierungsprozess nach Blum und Leiß (2005)	Problemlöseprozess nach Pólya (1949)
Aktivitäten	Verstehen	Verstehen
	Vereinfachen/ Strukturieren	Ausdenken eines Plans
	Mathematisieren	Verstehen Ausdenken eines Plans Ausführen eines Plans Rückschau
	Mathematisch Arbeiten	Innermathematisches Problemlösen Verstehen Ausdenken eines Plans Ausführen eines Plans Rückschau
	Interpretieren	Rückschau
	Validieren	

Die Prozesse des *Problem Posings* und des Modellierens können auf unterschiedliche Weise miteinander in Verbindung stehen. *Problem Posing* kann vor, während oder nach der Lösung einer Aufgabe stattfinden (siehe Kapitel 4.1) und dabei unterschiedliche Wirkweisen auf das Modellieren haben. Basierend auf einer zeitlichen Dimension wird in der vorliegenden Untersuchung zwischen dem *modellierungsbezogenen Problem Posing* und dem *lösungsinternen Problem Posing* differenziert (siehe Kapitel 4.2), die wie folgt im Modellierungsprozess verortet werden können. Das *modellierungsbezogene Problem Posing* findet vor dem von Blum und Leiß (2005) beschriebenen Modellierungsprozess statt und resultiert in einer realweltlichen Aufgabe, die im Anschluss in einem Modellierungsprozess gelöst werden kann. Das *lösungsinterne Problem Posing* kann sowohl während des gesamten Modellierungsprozesses als auch nach dem Modellierungsprozess stattfinden.

Die bisherigen Erkenntnisse zur Verbindung des *Problem Posings* und des Problemlöseprozesses beziehen sich auf die Entwicklung und Lösung von Aufgaben basierend auf Situationen aus innermathematischen Aufgaben oder arithmetischen Textaufgaben, bei denen der *Problem Posing*-Prozess primär in der mathematischen Welt startet und innermathematische Prozesse im Vordergrund stehen. Da innermathematisches Problemlösen ein Teil des Modellierungsprozesses ist, können theoretische und empirische Ergebnisse zur Verbindung zwischen dem *Problem Posing* und dem innermathematischen Problemlösen auf die Verbindung zwischen dem *Problem Posing* und dem mathematischen Modellieren übertragen werden. Daher soll im Folgenden zunächst auf die Verbindung zwischen dem *Problem Posing* und dem innermathematischen Problemlösen (Kapitel 5.2) eingegangen werden, um basierend auf den Ergebnissen aus der Problemlöseforschung mögliche Verbindungen zwischen dem *Problem Posing* und dem Modellieren (Kapitel 5.3) abzuleiten. Im Rahmen der einzelnen Kapitel soll dabei zunächst das *Problem Posing* vor dem jeweiligen Lösungsprozess fokussiert werden, bevor anschließend das *Problem Posing* während und nach dem Lösungsprozess (*lösungsinternes Problem Posing*) fokussiert wird.

5.2   Verbindung zwischen *Problem Posing* und innermathematischem Problemlösen

Sowohl im deutschen Curriculum (KMK, 2003) als auch im Curriculum anderer Länder (NCTM, 2000) wird *Problem Posing* häufig in Verbindung mit dem innermathematischen Problemlösen erwähnt. Zu einem angemessenen mathematischem Erkenntnisgewinn ist die Entwicklung und Weiterentwicklung von Problemen notwendig (Akben, 2020; Leuders, 2020). Durch das *Problem Posing* rückt das Problem selbst und nicht nur die Lösung in den Vordergrund (Silver, 1994). Auch aus einer theoretischen Perspektive wird den beiden Prozessen eine enge Verbindung zugeschrieben (Cai et al., 2015; English, 1997; Kilpatrick, 1987; Silver, 1994). Diese Verbindung konnte wiederholt in Studien bestätigt und der Zusammenhang quantifiziert werden (Cai et al., 2013; Cai & Hwang, 2002; Chen et al., 2007, 2013; Ellerton, 1986; S.-K. S. Leung & Silver, 1997; Silver & Cai, 1996). In der Studie von Silver und Cai (1996) wurden Schülerinnen und Schüler aufgefordert, zu einer Situationsbeschreibung, wie sie in arithmetischen Textaufgaben zu finden ist, drei Fragestellungen zu entwickeln und anschließend einen davon unabhängigen Multiple-Choice Problemlösetest zu bearbeiten. Daraufhin wurde die Qualität der entwickelten Fragestellungen analysiert und mit den Ergebnissen der Problemlösetests verglichen. Basierend auf den Ergebnissen konnte eine hohe Korrelation zwischen den Problemlösefähigkeiten und dem *Problem Posing* identifiziert werden. Wie bereits von Kilpatrick (1987) vermutet, zeigte sich dabei die Qualität der aufgeworfenen Probleme – gemessen an der mathematischen Komplexität der Aufgabe – als ein Indikator für die Problemlösefähigkeiten. Ellerton (1986) konnte mit einem ähnlichen Studiendesign zeigen, dass Lernende mit einer hohen Argumentationsfähigkeit komplexere

Probleme entwickeln als Lernende mit einer geringen Argumentationsfähigkeit. Demnach sind gute *Problem Poser* in der Regel bessere Problemlösende und umgekehrt. Cai et al. (2013) nutzten in ihrer Studie zur Untersuchung der Verbindung zwischen dem *Problem Posing* und dem Problemlösen Aufgaben mit jeweils einer *Problem Posing*- und einer Problemlösekomponente, die beide in dem gleichen innermathematischen Kontext situiert waren. Es zeigte sich eine starke Verbindung zwischen der Fähigkeit, ein Problem zu lösen und der Fähigkeit, im gleichen mathematischen Kontext angemessen Probleme zu entwickeln. Über die enge Verbindung der beiden Prozesse hinaus konnte ein positiver Effekt des *Problem Posings* auf die Problemlösefähigkeiten nachgewiesen werden (Abu-Elwan El Sayed, 2002; Akben, 2020; Chen et al., 2015; Kesan et al., 2010; Kul & Çelik, 2020; Rosli et al., 2014; Rudnitsky et al., 1995). Beispielsweise konnten Chen et al. (2015) mit Hilfe eines Experimental-Kontrollgruppendesigns zeigen, dass die Experimentalgruppe nach einer elf-wöchigen *Problem Posing*-Intervention signifikant besser in einem von den selbst-entwickelten Problemen unabhängigen Problemlösetest abschnitt als die Kontrollgruppe, die ohne spezifische Intervention unterrichtet wurde. Rudnitsky et al. (1995) haben in ihrer Studie herausgefunden, dass *Problem Posing*-Unterrichtseinheiten im Vergleich zu Unterrichtseinheiten zu Heurismen Leistungsvorteile beim Lösen von Textaufgaben brachten.

Als Gründe für diesen positiven Effekt werden positive Effekte des *Problem Posings* auf kognitive und auf affektiv-motivationale Komponenten angegeben, die wiederum die Problemlösefähigkeit positiv beeinflussen (Cai & Leikin, 2020). Die kognitiven Aspekte beziehen sich auf den positiven Einfluss des *Problem Posings* auf das mathematische Denken und Lernen. Durch die Entwicklung eigener Aufgaben können kritische und flexible Denkprozesse, die insbesondere zur Lösung von Problemen essenziell sind (siehe Kapitel 2), angeregt und gefördert werden (English, 1997; Guvercin & Verbovskiy, 2014; Kesan et al., 2010). Zudem kann *Problem Posing* die metakognitive Komponente des Problemlösens positiv beeinflussen (Chen et al., 2007; Xie & Masingila, 2017). Die Entwicklung einer eigenen Aufgabe unterstützt die Auswahl geeigneter Problemlösestrategien. So konnten S.-K. S. Leung und Silver (1997) in ihrer Studie zeigen, dass die Entwicklung eigener Aufgaben einen positiven Einfluss auf die angewandten Strategien bei der Lösung hat. Durch das Nachdenken über mögliche Lösungsschritte kann der Lösungsplan mental überwacht und hinterfragt werden. Insgesamt regt die Entwicklung einer eigenen Aufgabe die Planung, Überwachung und Evaluation des eigenen Bearbeitungsprozesses an (Akben, 2020), wodurch wiederum das Problemlösen positiv beeinflusst wird (siehe Kapitel 2.3). Zusätzlich kann inhaltsspezifisch die Entwicklung eigener Aufgaben zum Verständnis mathematischer Konzepte, wie beispielsweise der Bruchrechnung oder Arithmetik, beitragen (Chen & Cai, 2020; Grundmeier, 2015; Mahendra et al., 2017; Tichá & Hošpesová, 2013; Toluk-Uçar, 2009). Das Verständnis mathematischer Inhalte ist eine notwendige Komponente, um Probleme mit Hilfe geeigneter mathematischer Mittel zu lösen (siehe Kapitel 2).

Darüber hinaus wird dem *Problem Posing* ein positiver Einfluss auf die affektiv-motivationalen Komponenten des Lernens, wie Motivation, Emotionen, Selbstwirksamkeit, *Beliefs* und Einstellungen, nachgesagt (Cai & Leikin, 2020). Durch das *Problem Posing* kann die Eigenaktivität der Lernenden gefördert und ihre eigene Perspektive in den Prozess miteinbezogen werden. Demnach bietet das *Problem Posing* einen hohen Grad an Eigenverantwortung bei der Entwicklung eigener mathematischer Aufgaben (Grundmeier, 2015; Hansen & Hana, 2015; Silver, 1994), wodurch wiederum die psychologischen Grundbedürfnisse Autonomie, Kompetenz und soziale Eingebundenheit unterstützt werden sowie ein hohes Maß an Kontrolle wahrgenommen wird (Voica et al., 2020). Die Erfüllung der Grundbedürfnisse ist dabei entscheidend für den Aufbau von Interesse und Motivation der Lernenden (Ryan & Deci, 2000). In zahlreichen Studien konnte bereits ein positiver Effekt auf die affektiv-motivationalen Komponenten (z. B. Chang et al., 2012; Chen et al., 2013; English, 1998; Grundmeier, 2015; Headrick et al., 2020; Kontorovich, 2020; Silver, 1994; Voica et al., 2020) und den Abbau negativer Emotionen (z. B. Fetterly, 2011; Headrick et al., 2020) durch das *Problem Posing* nachgewiesen werden. Der Aufbau von positiven Emotionen, Interesse und Motivation sowie der Abbau negativer Emotionen haben wiederum einen positiven Effekt auf die Problemlösefähigkeiten (Lester et al., 1989; Mandler, 1989; Pekrun, 2018). Auch die Einstellung und die Selbstwirksamkeit gegenüber Mathematik – und insbesondere gegenüber dem Problemlösen – kann durch das *Problem Posing* positiv beeinflusst werden (Akay & Boz, 2010; Chen et al., 2015; Schindler & Bakker, 2020) und die *Beliefs* über das Lehren und Lernen von Mathematik positiv beeinflussen (Chen et al., 2015; Fetterly, 2011). Dies hat wiederum einen positiven Effekt auf die Problemlösefähigkeiten (Pajares & Miller, 1994).

Die Prozesse des *Problem Posings* und des Problemlösens können auf unterschiedliche Weise miteinander in Verbindung stehen, abhängig davon, wo das *Problem Posing* im Problemlöseprozess stattfindet. Im Folgenden soll zunächst auf das *Problem Posing* vor dem Problemlösen eingegangen werden (Kapitel 5.2.1), bevor anschließend das *Problem Posing* während und nach dem Problemlösen (*lösungsinternes Problem Posing*) fokussiert wird (Kapitel 5.2.2).

5.2.1 *Problem Posing* vor dem Problemlösen

Das vorangeschaltete *Problem Posing* kann den Bearbeitungsprozess unterstützen. Dieser Perspektive liegt insbesondere die Vermutung zu Grunde, dass sich die Aktivitäten des *Problem Posings* und des Problemlösens überschneiden (Cai & Hwang, 2002). Zur Entwicklung einer eigenen Aufgabe ist eine tiefgehende Analyse der gegebenen Situation notwendig, um passende Informationen für mögliche Fragestellungen auszuwählen (siehe Kapitel 4.3.2). Demnach kann die Entwicklung einer eigenen Aufgabe zum Verständnis der Situation (English, 1997) und insbesondere der Struktur dieser beitragen (Ellerton, 2013; Xie & Masingila, 2017) sowie bei der Identifizierung relevanter Informationen helfen (Chang et al., 2012). Mit Hilfe eines Experimental-Kontrollgruppen-Designs konnten Cankoy und Darbaz (2010) zeigen, dass die Experimentalgruppe nach einer zehn-wöchigen *Problem Posing*-Instruktion in einem Verständnistest besser abschnitt als die Kontrollgruppe ohne Instruktion und es den Teilnehmenden besser gelang, fehlende Informationen und Widersprüche in der Aufgabe aufzudecken. Ein tiefgehendes Verständnis ist für den Problemlöseprozess von entscheidender Bedeutung, da ohne ein adäquates Verständnis der Aufgabe kein angemessener Lösungsweg entwickelt werden kann (siehe Kapitel 4.3.2). Somit kann ein vorgeschalteter *Problem Posing*-Prozess positiv zum darauffolgenden Problemlöseprozess beitragen. Des Weiteren konnten Baumanns und Rott (2022b) zeigen, dass während der Entwicklung einer eigenen Aufgabe ein verkürzter innermathematischer Problemlöseprozess durchlaufen wird, bei dem die Aktivitäten Ausdenken und Ausführen eines Plans (Pólya, 1949) fokussiert werden (siehe Kapitel 4.3.2). Die Planung eines möglichen Lösungswegs kann als metakognitive Strategie (siehe Kapitel 2.3) dienen und sich somit positiv auf die Problemlösung auswirken (Carlson & Bloom, 2005; Cifarelli & Cai, 2005). In der Studie von Lowrie (1999) waren alle Lernenden in der Lage, die zur Lösung der selbst-entwickelten Aufgabe notwendige Mathematik zu benennen.

5.2.2 *Problem Posing* während und nach dem Problemlösen

Auch das *lösungsinterne Problem Posing* (*Problem Posing* während und nach dem Problemlösen) kann zum Erfolg der Lösung beitragen. *Problem Posing* tritt natürlicherweise während des innermathematischen Problemlösens auf, indem neue Fragen und Probleme generiert werden und das Ausgangsproblem reformuliert wird. So argumentieren Brown und Walter (2005), dass ein Problem nicht erst gelöst werden muss, um neue Fragen und Probleme zu generieren, sondern dass vielmehr neue Fragen oder Probleme gestellt werden müssen, um ein Problem überhaupt erst zu lösen. Dabei können sowohl mathematische als auch nicht-mathematische Fragestellungen und Probleme aufgeworfen werfen. Die nicht-mathematischen Fragestellungen können dabei zum Verständnis beitragen oder dem Monitoring und der Validierung des Lösungsprozesses dienen (Cifarelli & Sevim, 2015). Im Folgenden wird – basierend auf der dieser Arbeit zugrundeliegenden Definition des *Problem Posings* (siehe Kapitel 4.1) – nur die Entwicklung mathematischer Fragestellungen und Probleme als *Problem Posing* aufgefasst. Die Generierung mathematischer Fragen und Probleme während des Bearbeitungsprozesses kann als Problemlösestrategie (Heurismen und metkognitive Strategien) dienen (siehe Kapitel 2.3). Zum einen können zur Lösung eines komplexen Problems zunächst kleinere Probleme entwickelt und gelöst werden (Heurismus *In Teilprobleme zerlegen*, siehe Kapitel 2.3) (Weber & Leikin, 2016). Das *Problem Posing* beinhaltet dann eine Reihe von Transformationen des ursprünglichen Problems, wobei jedes neue Problem einen Fortschritt in Richtung der Lösung anzeigt (Cifarelli & Sevim, 2015). Die Teillösungen werden anschließend wieder zusammengefügt, um eine Lösung des Ausgangsproblems zu erhalten (Xie & Masingila, 2017). In einer qualitativen Untersuchung mit angehenden Lehrkräften konnten Xie und Masingila (2017) zeigen, dass die Generierung leichterer innermathematischer Teilprobleme zum Verständnis der Teilnehmenden für die Struktur des gegebenen innermathematischen Problems und somit auch zur Problemlösung beitrug. Zum anderen kann *Problem Posing* zur Betrachtung eines Sonderfalls genutzt werden (Heurismus *Sonderfälle betrachten*, siehe Kapitel 2.3). Ausgehend von dem gegebenen Problem wird ein neues Problem entwickelt, das sich mit dem Sonderfall beschäftigt. Von dessen Lösung kann dann auf eine Lösung des ursprünglichen Problems geschlossen werden.

Darüber hinaus werden Problemlösende während des Bearbeitungsprozesses mit selbst-entwickelten problematischen mathematischen Situationen konfrontiert, die Anlass zur Reformulierung des Ausgangsproblems geben und somit wesentlich zur Lösung beitragen (Cifarelli & Sevim, 2015). Die Reformulierung des Ausgangsproblems im Rahmen des Problemlöseprozesses kann dabei helfen, das Ausgangsproblem zu verstehen und zu vereinfachen sowie Vermutungen aufzustellen. Der innermathematische Problemlöseprozess weist demnach rekursive Eigenschaften auf und beinhaltet aufeinanderfolgende und fortlaufende Generierungen und Reformulierungen von Problemen (Carlson & Bloom, 2005; Cifarelli & Cai, 2005). Der innermathematische Problemlöseprozess selbst kann zur Generierung neuer, weiterführender Fragen anregen (Brown & Walter, 2005).

Im Anschluss an die Lösung einer Aufgabe kann der Bearbeitungsprozess reflektiert werden, wodurch wiederum neue Aufgaben identifiziert und formuliert werden können. Dabei spielt insbesondere die *What-if-not Strategie* eine zentrale Rolle. Ausgehend von den Eigenschaften der in der Aufgabe gegebenen Elemente kann die Frage *What if not?* (also was wäre wenn diese Eigenschaft nicht gegeben wäre) gestellt werden (Brown & Walter, 2005). Daraus ergeben sich dann neue Situationen, zu denen wiederum Aufgaben formuliert werden können. Die betrachtete Ausgangsaufgabe kann sich dann in Bezug auf Umfang und Komplexität weiterentwickeln (Silver, 1994; Silver & Cai, 1996) sowie zu Verallgemeinerungen führen (Cifarelli & Sevim, 2015).

5.3   Verbindung zwischen *Problem Posing* und Modellieren

Problem Posing und Modellieren sind auf natürliche Weise miteinander verbunden, da *Problem Posing* in Verbindung mit dem Modellieren zur Gewinnung neuer Erkenntnisse Anwendung finden kann (Hansen & Hana, 2015). Demnach gilt das *Problem Posing* als ein wesentlicher Bestandteil authentischer Modellierungen (Christou et al., 2005; Kaiser, 2007) und als eine zentrale Fähigkeit, die gute von weniger guten Modellierenden unterscheidet (Treilibs, 1979). Trotz der zentralen Bedeutung des *Problem Posings* für das Modellieren wurde die Verbindung zwischen dem *Problem Posing* und dem Modellieren bisher nur wenig untersucht. Basierend auf den Erkenntnissen aus der Forschung zu Textaufgaben sowie aus der Problemlöseforschung zu innermathematischen Kontexten kann von einer engen Verbindung zwischen dem *Problem Posing* und dem Modellieren ausgegangen werden. Da der Modellierungsprozess innermathematische Problemlöseprozesse beinhaltet (siehe Kapitel 5.1), kommen als Gründe für diesen positiven Effekt – analog zur Problemlöseforschung – kognitive und affektiv-motivationale Komponenten in Frage. Ausgangspunkt des mathematischen Modellierens ist, wie auch beim *modellierungsbezogenen Problem Posing,* eine ungeordnete realweltliche Situation. Diese Situation gilt es im Rahmen des Modellierens zunächst zu verstehen, zu vereinfachen und zu strukturieren (siehe Kapitel 3.4). Dabei ist es möglich, dass die Verbindung des *Problem Posings* und des mathematischen Modellierens aufgrund des Startpunkts beider Prozesse in der außermathematischen Welt über die Verbindung zum innermathematischen Problemlösen (siehe Kapitel 5.2) hinausgeht. Im Folgenden sollen auf Grundlage der Erkenntnisse aus der Modellierungs- (siehe Kapitel 3) und *Problem Posing*-Forschung (siehe Kapitel 4) mögliche Verbindungen zwischen dem *Problem Posing* und dem Modellieren, die über die bisher identifizierten Verbindungen zwischen dem *Problem Posing* und innermathematischen Problemlösen (siehe Kapitel 5.2) hinausgehen, abgeleitet werden. Die Prozesse des *Problem Posings* und des Modellierens können wie auch die Prozesse des *Problem Posings* und Problemlösens auf vielfältige Weise miteinander in Verbindung stehen. Aus kognitiver Perspektive können einerseits bereits während der Entwicklung eigener Aufgaben Modellierungsaktivitäten initiiert werden (Kapitel 5.3.1). Andererseits ist für einen erfolgreichen Modellierungsprozess *Problem Posing* von Nöten (Kapitel 5.3.2). Im Folgenden sollen beide Perspektiven nacheinander betrachtet und theoretische Überlegungen vorgestellt werden.

5.3.1 *Problem Posing* vor dem Modellieren

Im Rahmen authentischer Modellierungen ist die Entwicklung von Modellierungsaufgaben vor dem Modellierungsprozess eine wesentliche Komponente, da in realweltlichen außerschulischen Situationen nur selten vorgefertigte mathematische Aufgaben vorliegen und zunächst identifiziert und entwickelt werden müssen, bevor sie gelöst werden können (Hansen & Hana, 2015; Stillman, 2015). Demnach ist es wichtig, im Rahmen von Modellierungsaktivitäten im Mathematikunterricht, Lernenden die Freiheit zu gewähren, in einer ungeordneten realweltlichen Situation eigene Probleme zu identifizieren, zu formulieren und diese anschließend mit Hilfe der Mathematik zu lösen (Stillman, 2015). Die Entwicklung eigener Aufgaben ist nach Kaiser (2007) der anspruchsvollste Teil im Modellierungsprozess. Während in dem Modell des Modellierungsprozesses nach Blum und Leiß (2005) von einer vorgegebenen Modellierungsaufgabe ausgegangen wird, beschreiben andere Autorinnen und Autoren die Entwicklung einer Aufgabe als einen ersten Schritt, der vor der Lösung stattfinden muss (z. B. Treilibs et al., 1980; Blomhøj & Jensen, 2007; English et al., 2005; Galbraith & Stillman, 2006). In dem Modell zur Beschreibung des Modellierungsprozesses von Blomhøj und Jensen (2007) geht der Systematisierung (Strukturierung) die Formulierung einer Aufgabe voraus, die von der gegebenen realweltlichen Situation inspiriert ist. Trotz der Integration des *Problem Posings* in diesen Modellen fehlt es bislang an Untersuchungen zu den Aktivitäten, die an dem Entwicklungsprozess einer Modellierungsaufgabe beteiligt sind, und insbesondere an Erkenntnissen zu der Verbindung zu den Modellierungsaktivitäten.

Aus einer theoretischen Perspektive betrachtet stehen die kognitiven Prozesse der Entwicklung und Bearbeitung von Modellierungsaufgaben in einem engen Zusammenhang miteinander. Durch das *Problem Posing* können Lernende in Aktivitäten eingebunden werden, die notwendige Komponenten des Modellierungsprozesses beinhalten (Galbraith et al., 2010). Die Entwicklung einer Aufgabe beginnt mit einer gegebenen realweltlichen Situation, die zunächst exploriert werden muss (siehe Kapitel 4.3.2). Dabei müssen wichtige von unwichtigen Informationen getrennt werden, um die Informationen zu identifizieren, die für die Entwicklung einer Aufgabe geeignet sind. Um basierend auf diesen Informationen mögliche Aufgaben zu erarbeiten, müssen diese Informationen anschließend miteinander in Beziehung gebracht werden. Die damit einhergehende tiefgehende Auseinandersetzung mit der Situation kann das Verständnis der Situation sowie der Beziehung zwischen den Informationen fördern. Der Entwicklungsprozess kann folglich bereits Modellierungsaktivitäten beinhalten, die für die Konstruktion eines angemessenen Situations- und Realmodells erforderlich sind. Im anschließenden Bearbeitungsprozess können so Fehler vermieden werden, die auf einer oberflächlichen Betrachtung der gegebenen realweltlichen Situation basieren (siehe Kapitel 3.5). Erkenntnisse zur Prä-Mathematisierung im Rahmen des Modellierungsprozesses stützen diese Vermutung. Niss (2010) bezeichnet als Prä-Mathematisierung den Zuschnitt einer ungeordneten realweltlichen Situation, um daraus eine reduzierte außermathematische Situation mit einer Fragestellung zu erzeugen, die auf die Mathematisierung vorbereitet. Dabei müssen relevante Elemente und Informationen ausgewählt und Beziehungen zwischen diesen Elementen identifiziert werden. Nach Niss (2010) ist es durch eine Prä-Mathematisierung möglich, die gegebene realweltliche Situation in einem Realmodell zu organisieren. Auch erste Hinweise aus der empirischen Forschung zum *Problem Posing* basierend auf aufgegebenen realweltlichen Artefakten (z. B. Supermarktrechnungen, Speisekarten aus Restaurants) stützen diese Annahme. Mittels einer explorativen Fallanalyse konnte Bonotto (2006) zeigen, dass nach der Entwicklung eigener Aufgaben relevante Aspekte und Anforderungen der realen Welt in die Lösung der selbst-entwickelten Aufgabe einfließen und zu realistischeren Lösungen führen.

Darüber hinaus muss im Rahmen des Entwicklungsprozesses entschieden werden, ob die gegebenen Informationen ausreichen, um die selbst-entwickelte Fragestellung zu lösen. Dazu kann bereits während der Entwicklung einer Aufgabe ein möglicher Lösungsplan entworfen werden (siehe Kapitel 4.3.2). Die Entwicklung eines möglichen Lösungsplans enthält Aktivitäten, wie die Strukturierung und Mathematisierung der gegebenen realweltlichen Situation, die für die Lösung der selbst-entwickelten Aufgabe erforderlich sind. Es ist möglich, dass Teile des Lösungsplans bereits während des Entwicklungsprozesses durchgeführt werden und demnach bereits Modellierungsaktivitäten, wie Mathematisch Arbeiten und Interpretieren, im Entwicklungsprozess enthalten sind. Im Rahmen der

Einschätzung der Lösbarkeit der selbst-entwickelten Fragestellung kann dieser Lösungsplan außerdem kritisch hinterfragt werden (siehe Kapitel 4.3.2), wodurch bereits Validierungsaktivitäten im Entwicklungsprozess involviert sein können. Bezüglich der Validierung vermuten Niss und Blum (2020), dass Validierungen der entwickelten Modelle und berechneten Resultate erst stattfinden, wenn die Aufgabe selbst von den Modellierenden entwickelt wurde, da die Verantwortung für die Kontrolle der Lösung nicht wie bei der Lösung vorgegebener Aufgaben der Lehrkraft zugeschrieben wird.

Trotz erster Hinweise auf die positive Wirkung des *Problem Posings* auf das Modellieren und mögliche Überschneidungen der Prozesse bleibt offen, welche Modellierungsaktivitäten bereits während der Entwicklung einer eigenen Fragestellung zu gegebenen realweltlichen Situationen stattfinden und wie sich diese auf den anschließenden Modellierungsprozess auswirken.

5.3.2 *Problem Posing* während und nach dem Modellieren

Des Weiteren ist *Problem Posing* eine authentische Aktivität während des Modellierens, da Situationen, wie sie in Modellierungsaufgaben enthalten sind, auf natürliche Weise zum wiederholten Stellen von Fragen und Aufgaben sowie dem Aufstellen von Vermutungen anregen (English et al., 2005; Swan et al., 2007). Hansen und Hana (2015) nehmen an, dass während jeder Aktivität des Modellierens *Problem Posing* stattfindet. Auch im Rahmen des Modellierens können sowohl mathematische als auch nicht-mathematische Fragestellungen und Probleme entwickelt werden. Die Entwicklung nicht-mathematischer Fragen dient insbesondere der Auswahl und Überprüfung der generierten Modelle (Fukushima, 2021; Hansen & Hana, 2015; Mousoulides et al., 2007). Einhergehend mit der in dieser Arbeit verwendeten Definition des *Problem Posings* (siehe Kapitel 4.1) soll auch hier nur die Entwicklung mathematischer Fragestellungen fokussiert werden. Zum erfolgreichen Modellieren ist die Generierung geeigneter Fragen sowie eine kontinuierliche Reformulierung der ursprünglichen Modellierungsaufgabe notwendig (Fukushima, 2021; Hansen & Hana, 2015). Da der Modellierungsprozess als realweltlicher Problemlöseprozess charakterisiert werden kann, bei dem ebenfalls Problemlösestrategien zur Lösung angewendet werden können (siehe Kapitel 2.3), kann die Generierung von Fragen während des Modellierungsprozesses als Problemlösungsstrategie dienen. Da sich Modellierungsaufgaben insbesondere durch ihre Komplexität auszeichnen (siehe Kapitel 3.3), ist es nicht immer möglich, diese direkt zu lösen. Stattdessen kann das realweltliche Problem in mehrere Teilprobleme aufgegliedert werden, um es durch die Mathematik leichter zugänglich zu gestalten (Fukushima, 2021). Darüber hinaus muss beim Übergang von der außermathematischen in die mathematische Welt das reale Problem in ein mathematisch handhabbares Problem umformuliert werden, um es mit Hilfe mathematischer Operationen lösen zu können (Niss, 2010; Stillman, 2015). Erste Studien zum *Problem Posing* beim Modellieren zeigen, dass *Problem Posing* in den Modellierungsprozessen von Lernenden enthalten ist. Barquero et al. (2019) konnten in den Modellierungsprozessen angehender Lehrkräfte die Entwicklung von Teilproblemen basierend auf dem Ausgangsproblem identifizieren. Des Weiteren kann die Lösung einer Modellierungsaufgabe zu weiteren Entwicklungsaktivitäten anregen. In der Studie von Barquero et al. (2019) wurden ausgehend von der Lösung der ursprünglichen Modellierungsaufgabe weiterführende Aufgaben und Fragestellungen entwickelt.

Trotz der natürlichen Überschneidungen, die dem *Problem Posing* und dem Modellieren aus einer theoretischen Perspektive nachgesagt werden und der hohen Bedeutsamkeit des *Problem Posings* für den Erfolg des Modellierens, ist *Problem Posing* im Zusammenhang mit dem Modellieren bisher nur wenig systematisch untersucht worden. Um die Verbindungen der beiden Prozesse und demnach auch die positiven Effekte zu verstehen, sind Untersuchungen zum Auftreten des *Problem Posings* im Rahmen des Modellierungsprozesses von großem Forschungsinteresse.

Forschungsfragen und Ziele der Untersuchung

6

Um einen Beitrag zur Schließung dieser Forschungslücke zu leisten und Hinweise auf das Potential des *Problem Posings* zur Förderung des Modellierens zu generieren, ist Grundlagenforschung bezüglich der an der Entwicklung und Bearbeitung eigener Modellierungsaufgaben beteiligten Aktivitäten notwendig. Dazu wird in der vorliegenden Untersuchung eine ganzheitliche Analyse der Verbindungen zwischen dem *Problem Posing* und dem Modellieren angestrebt. Im Rahmen der Analyse soll die Verbindung zwischen dem *Problem Posing* und dem Modellieren aus einer kognitiven Perspektive betrachtet werden. Dazu sollen zunächst die Entwicklungs- und Bearbeitungsprozesse von angehenden Lehrkräften beschrieben werden, um die darin enthaltenen *Problem Posing-* (Forschungsfrage 1 und 5) und Modellierungsaktivitäten (Forschungsfrage 2 und 4) zu identifizieren. Darauf aufbauend sollen die Strukturen zwischen den einzelnen Prozessen herausgearbeitet werden. So soll zum einen das gemeinsame Auftreten der *Problem Posing-* und Modellierungsaktivitäten im Entwicklungsprozess (Forschungsfrage 3) und zum anderen das gemeinsame Auftreten im Bearbeitungsprozess (Forschungsfrage 6) betrachtet werden. Eine Übersicht über die Forschungsfragen findet sich in Abbildung 6.1.

L. -M. Hartmann, *Prozesse beim Problem Posing zu gegebenen realweltlichen Situationen und die Verbindung zum Modellieren*, Studien zur theoretischen und empirischen Forschung in der Mathematikdidaktik, https://doi.org/10.1007/978-3-658-43596-7_6

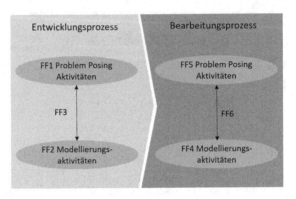

Abbildung 6.1 Übersicht über die Forschungsfragen

Die Forschungsfragen können in zwei Fragenkomplexe (Entwicklungs- und Bearbeitungsprozess) aufgegliedert werden. Im Folgenden sollen die beiden Fragenkomplexe nacheinander fokussiert sowie die einzelnen Forschungsfragen detailliert vorgestellt und mit Bezug auf die theoretischen Überlegungen begründet werden:

Entwicklungsprozess
Der erste Fragenkomplex fokussiert die Analyse des Entwicklungsprozesses eigener Fragestellungen aus einer kognitiven Perspektive. Im Rahmen dessen sollen individuelle Entwicklungsprozesse beschrieben und hinsichtlich der dabei stattfindenden *Problem Posing-* (Forschungsfrage 1) und Modellierungsaktivitäten (Forschungsfrage 2) sowie die wechselseitigen Strukturen zwischen den *Problem Posing-* und Modellierungsaktivitäten (Forschungsfrage 3) fokussiert werden.

Die erste Forschungsfrage zielt darauf ab, die Aktivitäten beim *modellierungsbezogenen Problem Posing* und die Reihenfolge dieser zu identifizieren. Wie in Kapitel 4.3.1 beschrieben, fehlt es bislang an Erkenntnissen zu den am *modellierungsbezogenen Problem Posing* beteiligten Aktivitäten. Unter Einbezug des aktuellen Forschungsstandes zum *Problem Posing* basierend auf strukturierten innermathematischen und künstlich-realweltlichen Stimuli sowie unstrukturierten innermathematischen Stimuli (Baumanns & Rott, 2022b; Pelczer & Gamboa, 2009) wurden in Kapitel 4.3.1 die *Problem Posing-*Aktivitäten Explorieren, Generieren, Evaluieren und Problemlösen abgeleitet. Die Beteiligung dieser Aktivitäten am *modellierungsbezogenen Problem Posing* soll anhand empirischer Daten geprüft werden.

1) Welche *Problem Posing*-Aktivitäten finden bei angehenden Mathematiklehrkräften während der Entwicklung einer eigenen Fragestellung zu gegebenen realweltlichen Situationen statt?
   a. Wie können diese Aktivitäten beschrieben werden?
   b. In welcher Reihenfolge finden die Aktivitäten im Entwicklungsprozess statt?

Ein möglicher Grund des positiven Effekts des *Problem Posings* auf das Modellieren ist die Überschneidung der beim *Problem Posing* und Modellieren ablaufenden kognitiven Aktivitäten (siehe Kapitel 5.3.1). Das *modellierungsbezogene Problem Posing* beginnt – wie das Modellieren – mit einer ungeordneten realweltlichen Situation, die zunächst verstanden, vereinfacht und strukturiert werden muss (siehe Kapitel 3.3). Demnach ist es möglich, dass bereits während der Entwicklung einer eigenen Fragestellung Aktivitäten des Modellierens ablaufen und einen positiven Effekt auf den nachfolgenden Modellierungsprozess haben. Um die Verbindung der kognitiven Aktivitäten des *Problem Posings* und des Modellierens aufzudecken, ist es notwendig, im Rahmen der Forschungsfrage 2 die im Entwicklungsprozess der Fragestellung involvierten Modellierungsaktivitäten zu untersuchen und im Rahmen der Forschungsfrage 3 zu analysieren, mit welchen *Problem Posing*-Aktivitäten diese gemeinsam auftreten.

2) Welche Modellierungsaktivitäten finden bei angehenden Mathematiklehrkräften während der Entwicklung einer eigenen Fragestellung zu gegebenen realweltlichen Situationen statt?

3) Im Rahmen welcher *Problem Posing*-Aktivitäten finden die jeweiligen Modellierungsaktivitäten im Entwicklungsprozess statt?

Bearbeitungsprozess

Der zweite Fragenkomplex beschäftigt sich mit der Analyse der individuellen Bearbeitungsprozesse aus einer kognitiven Perspektive. Ziel ist es, die individuellen Bearbeitungsprozesse der selbst-entwickelten Fragestellungen zu beschreiben und hinsichtlich der dabei stattfindenden Modellierungsaktivitäten (Forschungsfrage 4) und des *Problem Posings* (Forschungsfrage 5) sowie deren Wechselwirkung (Forschungsfrage 6) zu analysieren. Der idealisierte Modellierungskreislauf von Blum und Leiß (2005) gibt einen Überblick über die ablaufenden Aktivitäten bei der Lösung vorgegebener Modellierungsaufgaben. Die Übertragbarkeit dieses Modells auf die Lösung selbst-entwickelter Aufgaben soll im Rahmen der Forschungsfrage 4 anhand empirischer Daten überprüft werden.

4) Welche Modellierungsaktivitäten finden bei angehenden Mathematiklehrkräften während der Bearbeitung ihrer selbst-entwickelten Fragestellungen statt?

Ein weiterer möglicher Grund des positiven Effekts des *Problem Posings* auf das Modellieren ist die Integration des *Problem Posings* in den Modellierungsprozess (siehe Kapitel 5.3.2). *Problem Posing* ist eine authentische Aktivität, die während des Modellierens stattfindet und die Entwicklung von Fragen während des Bearbeitungsprozesses stellt eine zentrale Fähigkeit erfolgreicher Modelliererinnen und Modellierer dar (siehe Kapitel 5.3.2). Aus der Problemlöse- und Modellierungsforschung ist bereits bekannt, dass während des Bearbeitungsprozesses von vorgegebenen Problemen das Ausgangsproblem reformuliert wird und mathematische Fragen als Problemlösestrategie eingesetzt werden (Barquero et al., 2019; Cifarelli & Sevim, 2015; English et al., 2005; Xie & Masingila, 2017). Um die Übertragbarkeit der Ergebnisse auf die Lösung selbst-entwickelter Fragestellungen anhand empirischer Daten zu überprüfen, soll im Rahmen der Forschungsfrage 5 der Einbezug des *Problem Posings* in den Bearbeitungsprozess der selbst-entwickelten Fragestellungen untersucht werden.

5) Welche Ausprägungen des *Problem Posings* finden bei angehenden Mathematiklehrkräften während der Bearbeitung ihrer selbst-entwickelten Fragestellungen statt?

Hansen und Hana (2015) nehmen aus einer theoretischen Perspektive an, dass *Problem Posing* in jeder der Modellierungsaktivitäten stattfindet. Untersuchungen sind nötig, um zu identifizieren, inwiefern *Problem Posing* an den jeweiligen Modellierungsaktivitäten beteiligt ist. Aus diesem Grund wird im Rahmen der Forschungsfrage 6 untersucht, während welcher Modellierungsaktivitäten *Problem Posing* stattfindet.

6) Im Rahmen welcher Modellierungsaktivitäten findet *Problem Posing* im Bearbeitungsprozess selbst-entwickelter Fragestellungen statt?

Basierend auf den Ergebnissen sollen Kategoriensysteme zur Analyse der am *modellierungsbezogenen Problem Posing* beteiligten Aktivitäten sowie zur Analyse des *Problem Posings* im Rahmen des Modellierungsprozesses entwickelt werden. Darüber hinaus soll ein hypothetisches Modell zur Beschreibung der *Problem Posing*-Prozesse und deren Überschneidung mit den Modellierungsprozessen generiert werden, um die bisherigen Forschungsergebnisse aus einer *Problem Posing*-Perspektive zu ergänzen und zu präzisieren.

Erhebungsmethode

7

Zur Untersuchung der Forschungsfragen ist eine angemessene Erhebungsmethode notwendig. Die Untersuchung soll zunächst in der empirischen Bildungsforschung verortet werden (Kapitel 7.1), bevor auf die Stichprobe (Kapitel 7.2), die realweltlichen Situationen (Kapitel 7.3) und die Datenerhebung (Kapitel 7.4) eingegangen wird.

7.1 Verortung der Untersuchung in der empirischen Bildungsforschung

Zur Untersuchung der Forschungsfragen existieren in der empirischen Bildungsforschung verschiedene Forschungsansätze. So können für die Erhebung sowohl quantitative als auch qualitative oder *Mixed-Methods* Ansätze genutzt werden. Die Auswahl eines adäquaten Forschungsansatzes hängt von dem vorliegenden Forschungsstand über den zu untersuchenden Gegenstand sowie von den zugrundeliegenden Forschungsfragen und dem Ziel der Studie ab (Döring & Bortz, 2016, S. 185). Für die vorliegende Untersuchung wurde ein qualitativ-explorativer Forschungsansatz gewählt. Diese Entscheidung basiert auf dem lückenhaften Forschungsstand, dem gegenstandsbeschreibenden Erkenntnisinteresse der Studie sowie der Untersuchung von Prozessen. Bislang fehlt es an Erkenntnissen über

Ergänzende Information Die elektronische Version dieses Kapitels enthält Zusatzmaterial, auf das über folgenden Link zugegriffen werden kann https://doi.org/10.1007/978-3-658-43596-7_7.

L.-M. Hartmann, *Prozesse beim Problem Posing zu gegebenen realweltlichen Situationen und die Verbindung zum Modellieren*, Studien zur theoretischen und empirischen Forschung in der Mathematikdidaktik, https://doi.org/10.1007/978-3-658-43596-7_7

die Aktivitäten, die an der Entwicklung und Bearbeitung eigener Modellierungsaufgaben beteiligt sind sowie über deren Verbindung. Bisherige Erkenntnisse
stammen primär aus der Forschung zum innermathematischen Problemlösen und
zu Textaufgaben. Die Übertragbarkeit der Ergebnisse auf die Modellierungsforschung ist bislang unklar, da sich *modellierungsbezogenes Problem Posing*
und Modellierungsaufgaben mit realweltlichen Situationen auseinandersetzen und
beide Prozesse in der außermathematischen Welt starten. Demnach kann von einer
durchaus stärkeren Verbindung zwischen dem *Problem Posing* und dem Modellieren ausgegangen werden, als es aus der Forschung zum innermathematischen
Problemlösen und zu Textaufgaben bekannt ist. Fallstudien zum *modellierungsbezogenen Problem Posing* liefern zwar erste Hinweise auf eine enge Verbindung,
jedoch wurde diese bisher nicht systematisch untersucht, wodurch eine hinreichend begründete Hypothesenbildung nicht möglich ist. Basierend auf der
lückenhaften Forschungslage zu den Prozessen beim *modellierungsbezogenen
Problem Posing* und der Verbindung mit den Modellierungsprozessen erscheint
Grundlagenforschung dringend notwendig. Um Hypothesen und Theorien bezüglich der stattfindenden Prozesse und Verbindungen zu generieren, ist eine
detaillierte Erkundung und Beschreibung des Forschungsgegenstands im Rahmen
einer explorativen Studie notwendig. Explorative Studien können im Rahmen
qualitativer und quantitativer Forschungsansätze durchgeführt werden, zumeist
wird jedoch der qualitative Forschungsansatz gewählt (Döring & Bortz, 2016,
S. 192). Zur Untersuchung der Aktivitäten beim *Problem Posing* zu gegebenen
realweltlichen Situationen und der Verbindung zum Modellieren ist sowohl eine
Analyse der Entwicklungsprozesse als auch eine Analyse der Bearbeitungsprozesse notwendig. Der qualitative Forschungsansatz stellt eine adäquate Methode
zur Beobachtung und Analyse von Prozessen dar (Patton, 2015, S. 195). Die Prozesse laufen individuell und dynamisch ab, sind in die jeweilige Entwicklungsund Bearbeitungssituation eingebettet und können bei den Teilnehmenden durchaus unterbewusst ablaufen. Demnach ist zur Identifizierung der Prozesse eine
detaillierte Beobachtung und Beschreibung der Situationen notwendig. Außerdem
wurde die qualitative Methode bereits zahlreich erfolgreich zur Beschreibung der
Problem Posing- und Modellierungsprozesse im Rahmen von Dissertations- und
Habilitationsprojekten eingesetzt (z. B. Baumanns, im Druck; Borromeo Ferri,
2011; Schukajlow, 2011; Rellensmann, 2019; Krawitz, 2020). Folglich erscheint
eine explorative Untersuchung im Rahmen eines qualitativen Vorgehens für die
vorliegende Studie besonders angemessen, um die bei der Entwicklung und Bearbeitung stattfindenden Prozesse und deren Wechselwirkungen zu identifizieren
und zu beschreiben.

7.2 Beschreibung der Stichprobenziehung und der realisierten Stichprobe

In der qualitativen Forschung wird zumeist durch die detaillierten und in die Tiefe gehenden Beschreibungen und Analysen nur eine kleine Stichprobengröße mit informationsreichen Fällen realisiert (Patton, 2015, S. 264). Daher ist eine reflektierte und bewusste Stichprobenziehung (*purposive sampling*) von besonders großer Bedeutung (Schreier, 2020). Dabei wird das Ziel verfolgt, mit der ausgewählten Stichprobe einen möglichst hohen Erkenntnisgewinn in Bezug auf die Forschungsfragen der Untersuchung zu generieren. Zur Erforschung der Prozesse beim *modellierungsbezogenen Problem Posing* und der Verbindung zum Modellieren wurden Studierende als Stichprobe ausgewählt. Die Entwicklung angemessener Modellierungsaufgaben stellt für Mathematiklehrkräfte eine wichtige Fähigkeit dar (siehe Kapitel 3.5). Die Auswahl von Mathematik-Lehramtsstudierenden als Stichprobe gründet sowohl auf den Erfahrungen aus der Pilotierung als auch auf Ergebnissen vorheriger Studien. So zeigte eine Studie mit Schülerinnen und Schülern zum *modellierungsbezogenen Problem Posing*, dass nur 9 % der selbstentwickelten Aufgaben Modellierungsaufgaben waren (Hartmann et al., 2021). Da das Ziel der vorliegenden Untersuchung insbesondere die Analyse der Verbindung zwischen dem *Problem Posing* und dem Modellieren ist, sollte ein möglichst hoher Anteil an Modellierungsaufgaben von den Teilnehmenden generiert werden. Da in einer Pilotierung mit Mathematik-Lehramtsstudierenden über 30 % der selbst-entwickelten Fragestellungen Modellierungsaufgaben waren, erscheint die Wahl von Mathematik-Lehramtsstudierenden für die vorliegende Untersuchung besonders geeignet. Des Weiteren wird zur Erforschung des Zusammenhangs des *Problem Posings* und des Problemlösens in der *Problem Posing*-Forschung eine Vielzahl an Studien mit Studierenden durchgeführt (z. B. Cifarelli & Cai, 2005; Akben, 2020; Xie & Masingila, 2017), denn bei den Studierenden kann ein breites Spektrum an Argumentations- und Problemlösehandlungen beobachtet werden (Cifarelli & Cai, 2005). Da das Modellieren einen Problemlöseprozess darstellt (siehe Kapitel 5.1) und Argumentations- und Problemlösehandlungen beinhaltet, erscheint die Untersuchung von Studierenden zur Erforschung der *Problem Posing*-Prozesse und der Verbindung zu den Modellierungsprozessen besonders geeignet, um möglichst reichhaltige Prozesse beobachten zu können. Trotz der Vermutung, dass sich die beobachteten Prozesse nicht notwendigerweise von den Prozessen von Schülerinnen und Schülern unterscheiden, sind die Ergebnisse nicht generalisierbar. Mögliche Effekte der gewählten Stichprobe werden in Kapitel 11 kritisch reflektiert.

Zur bewussten Stichprobenziehung existiert eine Vielzahl an Verfahren (für eine Übersicht siehe Patton, 2015, S. 266–272). Welches Verfahren für die eigene Untersuchung angemessen ist, sollte in Abhängigkeit von der zugrundeliegenden Fragestellung und Zielsetzung abgeschätzt werden (Schreier, 2020). Der Stichprobenauswahl in der vorliegenden Untersuchung liegt das Verfahren des *heterogeneity samplings (maximum variation samplings)* zugrunde (Patton, 2015, S. 283). Dabei werden Teilnehmende ausgewählt, die sich in mindestens einem Merkmal unterscheiden. Dieses Verfahren verfolgt zweierlei Ziele: Zum einen kann der Gegenstand in seiner Vielfalt beschrieben werden und zum anderen können die zentralen Aspekte des Untersuchungsgegenstands, die bei einer Vielzahl von Variationen auftreten, herauskristallisiert werden (Patton, 2015, S. 267). Die Kriterien zur Auswahl der Stichprobe waren die Abdeckung unterschiedlicher mathematischer Leistungsniveaus (Mathemtiknoten im Abitur) und unterschiedlicher Vorkenntnisse, die durch die Partizipation unterschiedlicher Studiengänge (Bachelor, Master, GymGes, HRSGe) sowie die Dauer des Studiums (Semesteranzahl) ermittelt wurden (siehe Tabelle 7.1). Da sowohl *Problem Posing* als auch Modellieren anspruchsvolle Tätigkeiten darstellen (Cai & Hwang, 2002; Kaiser et al., 2015), kann es sein, dass sich die Prozesse und deren Verbindungen zwischen angehenden Lehrkräften unterschiedlicher mathematischer Leistungsniveaus und unterschiedlicher Vorkenntnisse unterscheiden. Erste Hinweise darauf liefern auch die Ergebnisse der Studie von Pelczer und Gamboa (2009) und Czocher (2016). Im Rahmen der Analysen von Pelczer und Gamboa (2009) konnte gezeigt werden, dass sich die *Problem Posing*-Prozesse von Novizinnen und Novizen und Expertinnen und Experten unterscheiden. Czocher (2016) konnte Unterschiede im Modellierungsprozess zwischen Lernenden mit unterschiedlichem mathematischen Wissen identifizieren.

Die Stichprobe in der vorliegenden Untersuchung setzt sich wie folgt zusammen: Zu Pilotierungszwecken (Pilotierung der Erhebungssituation und Auswertungsmethode) nahmen an der Studie vier Studierende teil. Auf diese Studierenden soll im Folgenden nicht näher eingegangen werden. Stattdessen sollen die Teilnehmenden der Hauptstudie detailliert vorgestellt werden. An der Hauptstudie nahmen insgesamt sieben Studierende zwischen 20 und 26 Jahren teil ($M = 22.86$, $SD = 1.95$). Drei der Teilnehmenden waren weiblich und vier männlich. Zum Zeitpunkt der Erhebung waren alle Versuchspersonen Studierende des Mathematik Lehramts an der Westfälischen Wilhelms-Universität Münster (im Folgenden: *WWU*). Demnach verfügten alle Teilnehmenden über ein breites Spektrum mathematischer Kenntnisse. Fünf der Probandinnen und Probanden studierten Mathematik Lehramt für das Gymnasium und die Gesamtschule (GymGes) und zwei Mathematik Lehramt für die Haupt-, Real-, Sekundar- und

Gesamtschule (HRSGe). Von den GymGes-Studierenden befanden sich zwei der Studierenden zum Zeitpunkt der Erhebung im Bachelor (6. und 8. Fachsemester) und drei der Studierenden im Master (zwischen dem 1. und 4. Fachsemester). Die beiden HRSGe-Studierenden befanden sich zum Zeitpunkt der Erhebung im Bachelor (2. und 6. Fachsemester). Die Mathematiknote im Abitur reichte bei den Teilnehmenden von 8 bis 14 Punkten ($M = 12.14$, $SD = 2.12$). Somit wurde mit der realisierten Stichprobe eine große Variation an Vorkenntnissen sowie ein großes Leistungsspektrum abgedeckt. Alle Studierenden gaben im Rahmen eines Interviews an, dass sie bereits Erfahrungen mit dem mathematischen Modellieren haben. Sechs der Studierenden gaben im Rahmen dessen außerdem an, dass sie bereits erste Erfahrungen mit dem *Problem Posing* sammeln konnten. Zwei der Studierenden ergänzten, dass sich ihre Erfahrungen zum *Problem Posing* eher auf die Entwicklung simpler innermathematischer Aufgaben als auf die Entwicklung realweltlicher Aufgaben stützen. Eine Übersicht der Versuchspersonen befindet sich in Tabelle 7.1.

Tabelle 7.1 Übersicht über die Versuchspersonen

Name	Studiengang	Bachelor/ Master	Fach semester	Mathe note	Erfahrung Modellieren	Erfahrung *Problem Posing*
Max	HRSGe	Bachelor	2	13	+	+
Lea	GymGes	Bachelor	6	13	+	+
Lina	HRSGe	Bachelor	6	8	+	−
Theo	GymGes	Master	2	14	+	+
Leon	GymGes	Bachelor	8	12	+	+
Fabian	GymGes	Master	1	14	+	+
Nina	GymGes	Master	4	11	+	+

Um die Privatsphäre der Teilnehmenden zu schützen, werden in der gesamten Arbeit Pseudonyme für die Namen der Teilnehmenden genutzt. Zur Rekrutierung der Stichprobe wurde Werbung in verschiedenen Bachelor- und Masterseminaren der WWU für das HRSGe- und GymGes-Lehramt Mathematik gemacht. Alle Versuchspersonen nahmen freiwillig an der Studie teil und wurden mit einem 10€-Münster-Gutschein für den Aufwand der Teilnahme entschädigt. Die Eignung der Stichprobe zur Beschreibung der Prozesse des *modellierungsbezogenen Problem Posings* und der Verbindung zum Modellieren in ihrer gesamten Vielfalt wird in Kapitel 11 diskutiert.

7.3   Realweltliche Situationen

Im Rahmen der Entwicklung und Bearbeitung der Aufgaben wurden die Studierenden aufgefordert, eigene Fragestellungen zu gegebenen realweltlichen Situationen zu entwickeln und die selbst-entwickelten Fragestellungen anschließend zu bearbeiten. Als *Problem Posing*-Stimuli wurden realweltliche Situationen gewählt, wie sie auch in Modellierungsaufgaben zu finden sind. Im Folgenden soll zunächst die Konzeption der realweltlichen Situationen vorgestellt werden (Kapitel 7.3.1), bevor eine theoretische Analyse der verwendeten realweltlichen Situationen folgt (Kapitel 7.3.2).

7.3.1   Konzeption der realweltlichen Situationen

Die realweltlichen Situationen wurden basierend auf Modellierungsaufgaben entwickelt, die aus einem Aufgabenpool vielfach erprobter Modellierungsaufgaben stammen, die beispielsweise im Rahmen des DISUM-Projekts[1] (z. B. Blum & Schukajlow, 2018) eingesetzt wurden. Zur Konzeption der realweltlichen Situationen wurde die Fragestellung der Aufgabe entfernt und die Situation mit zusätzlichen Informationen angereichert, um die Generierung einer Vielzahl mathematischer Fragestellungen aus unterschiedlichen mathematischen Bereichen zu ermöglichen. Als zusätzliche Informationen wurden authentische Daten der jeweiligen Situation genutzt, um die realweltlichen Situationen möglichst authentisch zu gestalten. Um den Prozess des *Problem Posings* und die Verbindung zum Modellieren in ihrer gesamten Vielfalt zu erfassen, wurden die realweltlichen Situationen so ausgewählt, dass eine möglichst große Diversität an Fragestellungen zu der jeweiligen Situation entwickelt werden kann und die Situationen zur Entwicklung von Modellierungsaufgaben anregen. Zu Pilotierungszwecken wurden sechs realweltliche Situationen (Sportplatz, Seilbahn, Umleitung, Essstäbchen, Feuerwehr, Salzberg) entwickelt. In der Studie von Hartmann et al. (2021) wurden 82 Schülerinnen und Schüler neunter und zehnter Klassen von Gymnasien und Realschulen aufgefordert, zu sechs realweltlichen Situationen, eigene Fragestellungen zu entwickeln und diese anschließend zu lösen. Die Analyse der selbst-entwickelten Fragestellungen anhand der Modellierungskriterien (Mathematischer Bezug, Realitätsbezug, Offenheit) ergab, dass die

---

[1] Das DISUM-Projekt fokussiert die Optimierung des Einsatzes von Modellierungsaufgaben, das durch die Deutsche Forschungsgesellschaft (DFG) gefördert wird.

Lernenden eine Vielzahl realweltlicher Fragestellungen entwickelten, die Schülerinnen und Schüler jedoch eine starke Tendenz zeigten, Textaufgaben (*word problems*) zu entwickeln, für die wichtige Modellierungsaktivitäten (z. B. das Aufstellen von Annahmen) nicht notwendig sind. Für die vorliegende Untersuchung wurde aufbauend auf den Ergebnissen zu den selbst-entwickelten Fragestellungen aus der Studie Hartmann et al. (2021) eine evidenzbasierte Auswahl der realweltlichen Situationen vorgenommen, indem ein Ranking der realweltlichen Situationen bezüglich der Aufgabenkriterien von Modellierungsaufgaben (siehe Kapitel 3.3.2) *(Mathematischer Bezug, Offenheit, Realitätsbezug)* sowie Diversitätskriterien *(Anzahl entwickelter Fragestellungen, Individualität der Fragestellungen)* erstellt wurde (siehe Tabelle 7.2).

Zur Einschätzung der Erfüllung der Aufgabenkriterien von Modellierungsaufgaben wurden die entwickelten Fragestellungen zu den jeweiligen Ausgangssituationen in Bezug auf ihren mathematischen Bezug, ihre Offenheit und ihren Realitätsbezug kodiert. Anschließend wurde der prozentuale Anteil der Fragestellungen berechnet, die das jeweilige Kriterium erfüllen. Beispielsweise hatten von den entwickelten Fragestellungen zur Ausgangssituation Salzberg 98 % einen mathematischen Bezug (siehe Tabelle 7.2). Bezüglich der Diversitätskriterien wurde die Anzahl der Fragestellungen (Anzahl) sowie die Anzahl unterschiedlicher Fragestellungen (Individualität) betrachtet, die zu der jeweiligen Ausgangssituation entwickelt wurde. Anschließend wurden die Prozente und Anzahlen im Vergleich zwischen den sechs Ausgangssituationen gerankt. Die höchste Prozentzahl sowie die höchste Anzahl pro Kriterium erhielten dabei jeweils sechs Punkte. Bei gleicher Prozentzahl bzw. Anzahl wurde die gleiche Punktzahl vergeben. Anschließend wurde pro Ausgangssituation ein Summenscore gebildet und die drei Ausgangssituationen mit dem höchsten Summenscore wurden für die vorliegende Untersuchung ausgewählt.

Auf Grundlage des Rankings wurden die realweltlichen Situationen *Essstäbchen, Feuerwehr* und *Seilbahn* für die vorliegende Untersuchung ausgewählt. Trotz gleichem Ranking-Score mit der realweltlichen Situation Salzberg wurde sich für die realweltliche Situation Seilbahn entschieden, da zur Situation Salzberg in der Studie von Hartmann et al. (2021) nur 5 % der selbst-entwickelten Fragestellungen offen waren und die Offenheit als eines der drei Charakteristika von Modellierungsaufgaben angesehen wird (siehe Kapitel 3.3.2). Für die Auswahl der realweltlichen Situation Feuerwehr sprach neben dem hohen Ranking-Score, dass eine Aufgabe zu dieser Situation einigen Studierenden bereits bekannt sein könnte, da sie als ein prototypisches Beispiel einer Modellierungsaufgabe in einigen Veranstaltungen des Instituts für Didaktik der Mathematik und der Informatik (im Folgenden: *IDMI*) an der WWU genutzt wird. Die Sichtung der Interview-Daten bestätigte, dass drei der sieben Teilnehmenden (Nina, Fabian, Theo) bereits eine Aufgabe zu dieser Ausgangssituation kannten. Somit sollte mit Hilfe dieser

Tabelle 7.2 Ranking der realweltlichen Situationen

	Salzberg		Essstäbchen		Feuerwehr		Umleitung		Sportplatz		Seilbahn	
	% / #	Rang	% / #	Rang	% / #	Rang	% / #	Rang	% / #	Rang	% / #	Rang
Math. Bezug	91 %	4	98 %	5	100 %	6	100 %	6	98 %	5	98 %	5
Offenheit	5 %	3	10 %	4	47 %	6	1 %	2	0 %	1	12 %	5
Realitätsbezug	50 %	4	31 %	2	78 %	5	50 %	4	42 %	3	86 %	6
Anzahl	80	3	101	6	74	2	86	4	89	5	65	1
Individualität	15	5	10	3	18	6	6	1	14	4	8	2
Score	19		20*		25*		17		18		19*	

*Anmerkung: Die Scores der ausgewählten realweltlichen Situationen sind mit einem * markiert.*

realweltlichen Situation auch geprüft werden, ob Studierende ähnliche Aufgaben zu den ihnen bereits bekannten Aufgaben entwickeln und sich die Entwicklungs- und Bearbeitungsprozesse diesbezüglich unterscheiden. Insgesamt zeigte sich in der Pilotierung, dass basierend auf den realweltlichen Situationen primär zwei naheliegende Aufgaben und nur wenige Modellierungsaufgaben entwickelt wurden (Hartmann et al., 2021). Um dieser Schwäche entgegenzuwirken, wurden die ausgewählten Situationen für die vorliegende Untersuchung erneut zusätzlich durch authentische Daten der jeweiligen Situationen ergänzt. Beispielsweise wurde die realweltliche Situation Seilbahn (siehe Kapitel 4.2.2, Abbildung 4.1) durch authentische Informationen aus den Planungen zum Umbau der Nebelhornbahn in Oberstdorf im Jahr 2021 erweitert. Die Informationen wurden der Projektwebsite[2] entnommen. Insgesamt werden durch die drei Ausgangssituationen unterschiedliche situationale Komplexitätsgrade abgebildet, um die mit der situationalen Komplexität einhergehenden Herausforderungen bei der Entwicklung kontrastierend gegenüberstellen und vergleichen zu können. Eine detaillierte Beschreibung der situationalen Komplexität findet sich in Kapitel 7.3.2.

Da die Studierenden zunächst nur aufgefordert wurden, eine Aufgabe zu der jeweiligen Ausgangssituation zu entwickeln und erst nach der Entwicklung aufgefordert wurden, diese zu lösen, können Reihenfolgeeffekte der Situationen insbesondere bei den zu beobachtenden *Problem Posing*-Prozessen eine Rolle spielen. Aus diesem Grund wurden die Ausgangssituationen bei den einzelnen Teilnehmenden in ihrer Reihenfolge variiert. Eine Übersicht der Reihenfolge der Ausgangssituationen findet sich in Tabelle 7.3. Mögliche Reihenfolgeeffekte werden in Kapitel 11 kritisch diskutiert.

Tabelle 7.3 Übersicht der Reihenfolge der Ausgangssituationen

Name	Essstäbchen	Feuerwehr	Seilbahn
Max	3	1	2
Lea	2	3	1
Lina	2	1	3
Theo	2	3	1
Leon	2	1	3
Fabian	1	2	3
Nina	1	3	2

---

[2] https://www.ok-bergbahnen.com/unternehmen/baumassnahmen/neubau-nebelhornbahn.html (Stand: 17.01.2022).

7.3.2 Theoretische Analyse der verwendeten realweltlichen Situationen

Realweltliche Situationen bieten die Möglichkeit, eine Vielzahl an realweltlichen Fragestellungen zu generieren (English et al., 2005; Galbraith et al., 2010; Hartmann et al., 2021). Für die Analyse der Entwicklung und Bearbeitung selbst-entwickelter Modellierungsaufgaben ist eine theoretische Analyse der Ausgangssituationen notwendig. Im Folgenden sollen die ausgewählten realweltlichen Ausgangssituationen beschrieben sowie deren Komplexität beurteilt werden. Die Komplexität der Situation (*situationale Komplexität*) beschreibt die Anforderungen an die Bildung eines angemessenen Situations- bzw. Realmodells zu der gegebenen realweltlichen Situation (Plath, 2020). Diese wird durch die Quantität überflüssiger und fehlender Informationen sowie durch die Reihenfolge der Informationen beeinflusst (DeCorte & Verschaffel, 1987; Maaß, 2010). Da in der vorliegenden Untersuchung die Fragestellung zunächst ausgehend von der Situation entwickelt werden soll, kann a priori nicht gänzlich beurteilt werden, welche der Informationen überflüssig sind und welche Informationen fehlen. Daher sollen im Folgenden zur Einschätzung der situationalen Komplexität die Quantität der Informationen, die Beziehung zwischen den Informationen sowie erste Hinweise auf überflüssige Informationen herangezogen werden. Darüber hinaus sollen basierend auf den Ergebnissen von Hartmann et al. (2021) mögliche Fragestellungen, die zu diesen Ausgangssituationen entwickelt werden können, vorgestellt werden. Ausgehend von der Analyse möglicher Fragestellungen wird eine naheliegende Fragestellung zu der jeweiligen Situation fokussiert und eine mögliche Lösung dieser basierend auf dem idealisierten Modellierungskreislauf nach Blum und Leiß (2005) präsentiert. Die Analyse der situationalen Komplexität sowie die Vorstellung möglicher Fragestellungen und einer möglichen Lösung dienen der Einschätzung der Entwicklungs- und Bearbeitungsprozesse der selbst-entwickelten Fragestellungen. Andere Lösungsansätze zu den jeweiligen Fragestellungen sind denkbar. Im Folgenden sollen die realweltlichen Situationen entlang der Reihenfolge *Essstäbchen – Feuerwehr – Seilbahn* betrachtet werden.

Realweltliche Situation Essstäbchen
Die realweltliche Situation Essstäbchen (siehe Abbildung 7.1) beschreibt eine Onlineshopping-Situation. Die Situation ist authentisch durch Anzeigen der Internet-Plattform *Amazon* dargestellt. Lisa möchte für ihre Mutter zum Geburtstag Essstäbchen kaufen und findet sowohl die Essstäbchen als auch eine passende Aufbewahrungsbox bei Amazon. Außerdem recherchiert sie nach einer Rabattaktion, um bei ihrem Einkauf noch zusätzlich Geld zu sparen.

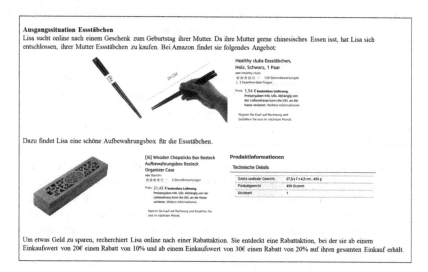

Abbildung 7.1 Realweltliche Situation Essstäbchen.

Die Situation Essstäbchen enthält Informationen über die Essstäbchen (Länge, Preis, Versand und Anzahl), Informationen über die Aufbewahrungsbox (Maße, Gewicht, Preis und Anzahl) sowie Informationen über die Rabattaktion (Bestellwert und Rabatt). Des Weiteren enthält die Situation durch die authentischen Onlineshopping Anzeigen überflüssige Informationen, wie die Bewertungen, den Anbieter bzw. die Anbieterin des Produkts sowie den Produktnamen. Trotz der überflüssigen Informationen kann die situationale Komplexität der Ausgangssituation Essstäbchen als eher gering eingestuft werden, da wenige quantitative Informationen gegeben sind und die Verbindung zwischen den Informationen leicht identifizierbar ist.

Zu der Ausgangssituation Essstäbchen können sowohl Fragestellungen generiert werden, die sich auf die Aufbewahrungsbox beziehen als auch Fragestellungen, die den Preisaspekt fokussieren. In der Studie von Hartmann et al. (2021) wurden sinngemäß folgende Fragestellungen zu der Ausgangssituation Essstäbchen entwickelt:

– Wie viel Geld spart Lisa?
– Wie viel Geld muss Lisa bezahlen?
– Wie viele Essstäbchen passen in die Aufbewahrungsbox?
– Passen die Stäbchen in die Aufbewahrungsbox?

– Welchen Flächeninhalt hat die Aufbewahrungsbox?
– Wie lang sind zwei Stäbchen, wenn man sie an den Enden zusammenklebt?
– Lohnt sich der Rabatt?

Folglich ist die Entwicklung dieser Fragestellungen auch in der vorliegenden Untersuchung denkbar. Eine besonders naheliegende Fragestellung in der Situation Essstäbchen, die in der Studie von Hartmann et al. (2021) am häufigsten entwickelt wurde, ist die Frage *Wie viel Geld spart Lisa?*. Eine mögliche Lösung dieser Aufgabe soll im Folgenden vorgestellt werden:

Verstehen – Entwicklung eines Situationsmodells: Der Bearbeitungsprozess beginnt mit der gegebenen realweltlichen Situation zum Onlineshopping und einem Foto der beiden Produktanzeigen. Zunächst wird eine mentale Repräsentation der gegebenen Situation gebildet. Hierzu wird die Aufgabenstellung gelesen und durch individuelles Wissen und Erfahrungen über die Onlineshopping Situation an sich oder die Produkte angereichert. Dabei kann die Rolle von Lisa eingenommen werden.

Vereinfachen/ Strukturieren – Entwicklung eines Realmodells: Zur Vereinfachung und Strukturierung der Situation muss zunächst eine Annahme getroffen werden, welche Produkte Lisa kaufen möchte. Im Folgenden wird die Annahme getroffen, dass Lisa ein Paar Essstäbchen sowie eine Aufbewahrungsbox kaufen möchte. Ausgehend von der Annahme müssen die lösungsrelevanten Informationen der gegebenen Situation von den lösungsirrelevanten differenziert werden. Die lösungsrelevanten Informationen in dieser Aufgabe beinhalten:

Preis 1 Paar Essstäbchen: 1,54 €
Preis Aufbewahrungsbox: 21,43 €
Rabatt: 10 %
Gesucht: Ersparnis

Mathematisieren – Entwicklung eines mathematischen Modells: Ausgehend von dem Realmodell der Situation wird ein mathematisches Modell gebildet, indem das Modell auf seine mathematischen Elemente reduziert wird. Zur Beantwortung der realweltlichen Fragestellung kann eine Addition der Preise sowie Prozentrechnung angewendet werden. Das mathematische Modell könnte wie folgt aussehen:

$$(1,54 + 21,43) \cdot 0,1$$

Mathematisch Arbeiten – Entwicklung eines mathematischen Resultats: Durch das Ausführen mathematischer Operationen kann das folgende mathematische Resultat berechnet werden:

$$(1, 54 + 21, 43) \cdot 0, 1 = 2, 297$$

Interpretieren – Entwicklung eines realen Resultats: Ein reales Resultat könnte wie folgt lauten: Lisa spart 2,30 €, wenn sie ein Paar Essstäbchen und eine Aufbewahrungsbox kauft. Das Ergebnis wurde auf Cent aufgerundet.

Validieren: Anschließend werden die Plausibilität und Passung der genutzten Modelle (Addition und Prozentrechnung) und des Ergebnisses (Ersparnis von 2,30 €) geprüft. Die Größenordnung von 2,30 € erscheint im Kontext der Aufgabe plausibel. Des Weiteren kann die Angemessenheit der Rundung des Resultats reflektiert werden.

Vermitteln: Das Vermitteln beinhaltet die Verschriftlichung und das Kommunizieren des Bearbeitungsprozesses (siehe dargestellte Lösung) und findet während des gesamten Modellierungsprozesses statt.

Realweltliche Situation Feuerwehr
In der realweltlichen Situation Feuerwehr (siehe Abbildung 7.2) geht es um die Münsteraner Feuerwehr und deren Einsätze. In der Ausgangssituation sind sowohl die Standorte der Feuerwehr, der Löschzug inklusive des Drehleiterfahrzeugs sowie geltende Regeln für den Einsatz des Drehleiter-Fahrzeugs beschrieben. Die Ausgangssituation fokussiert authentische Daten, die den Informationen der Münsteraner Feuerwehr entstammen.
    Die Situation Feuerwehr enthält eine Vielzahl quantitativer Informationen. So sind in der Situation sowohl Informationen zu den Standorten, der maximalen Entfernung zu einem Haus sowie der maximalen Fahrtgeschwindigkeit beschrieben als auch Informationen zum Drehleiterfahrzeug (Länge Drehleiter; Länge, Breite, Höhe und Masse des Fahrzeugs) und den einzuhaltenden Abständen während der Rettung (Abstand seitlich des Fahrzeugs, Abstand zum brennenden Haus, Abstand hinter dem Fahrzeug) gegeben. Zwar enthält die Situation nicht so viele überflüssige Informationen wie die Situation Essstäbchen, jedoch ist das Verständnis der Informationen (z. B. der HAUS-Regeln) sowie die Vorstellung der Beziehungen zwischen den Informationen kognitiv anspruchsvoll. Demnach kann die situationale Komplexität der Ausgangssituation Feuerwehr als eher hoch eingestuft werden.

Ausgangssituation Feuerwehr
Die Münsteraner Feuerwehr hat in der Innenstadt insgesamt 16 Standorte, sodass sie maximal 6 km zu einem brennenden Haus fahren muss. Im Münsteraner Stadtverkehr kann ein Feuerwehrauto durchschnittlich etwa 40 km/h fahren.

Ein zentraler Bestandteil der Münsteraner Löschzüge ist ein Drehleiter-Fahrzeug. Die Maße eines solchen Drehleiter-Fahrzeugs mit einer 30 m langen Leiter sind in den Richtlinien der Feuerwehr festgehalten.

Maße für Drehleiter-Fahrzeuge:

Länge	11,0 m
Breite	2,55 m
Höhe	3,3 m
Gesamtmasse	16.000 kg

Mit Hilfe der Drehleiter-Fahrzeuge können Personen aus großen Höhen gerettet werden, wenn ihnen durch Flammen und Rauch die Flucht aus dem brennenden Haus nicht mehr möglich ist. Die Rettung erfolgt über einen am Ende der Leiter befestigten Korb. Für den Einsatz eines Drehleiter Fahrzeugs gelten sogenannte HAUS-Regeln, in denen Mindestabstände des Fahrzeugs festgehalten sind.

Abstände für Drehleiter-Fahrzeuge im Einsatz:

- ▸ **1,50 Meter** Abstand zu Objekten seitlich des Fahrzeugs zum Ausfahren der seitlichen Stützen
- ▸ **7 Meter** Abstand zum brennenden Haus
- ▸ **10 Meter** Abstand zu Objekten am Fahrzeugende, damit gerettete Personen den Rettungskorb ungehindert verlassen können

Abbildung 7.2 Realweltliche Situation Feuerwehr.

Die Fragestellungen zu der gegebenen Ausgangssituation können sowohl den Einsatz des Fahrzeugs fokussieren als auch das Fahrzeug selbst. In der Studie von Hartmann et al. (2021) wurden sinngemäß folgende Fragestellungen zu der Ausgangssituation Feuerwehr entwickelt:

– Aus welcher maximalen Höhe kann eine Person gerettet werden?
– Wie lange braucht die Feuerwehr bis zu einem brennenden Haus?
– Wie weit steht das Auto entfernt, wenn es die Leiter ganz ausfährt?
– Welchen Abstand können die Fahrer höchstens vom brennenden Haus haben?
– Wie viel Liter Diesel werden verbraucht?
– Wie groß ist das Volumen des Fahrzeugs?
– Wie schwer ist das Fahrzeug mit fünf Insassen?
– Was ist der Umfang des Fahrzeugs?
– Wie viele Feuerwehrautos passen auf die Strecke?

Folglich ist die Entwicklung dieser Fragestellungen auch in der vorliegenden Untersuchung denkbar. Eine besonders naheliegende Fragestellung in der Situation Feuerwehr, die in der Studie von Hartmann et al. (2021) am häufigsten entwickelt wurde, ist die Frage *Aus welcher maximalen Höhe kann eine Person gerettet werden?* Eine mögliche Lösung dieser Aufgabe soll im Folgenden vorgestellt werden:

Verstehen – Entwicklung eines Situationsmodells: Der Bearbeitungsprozess beginnt mit der gegebenen realweltlichen Situation zu Rettungseinsätzen der Feuerwehr und einem Foto des Drehleiterfahrzeugs. Zunächst wird eine mentale Repräsentation der gegebenen Situation gebildet. Hierzu wird zunächst die Aufgabenstellung gelesen und durch individuelles Wissen und Erfahrungen über Feuerwehreinsätze an sich oder das Drehleiterfahrzeug angereichert. Dabei kann die Rolle eines Feuerwehrmanns bzw. einer Feuerwehrfrau eingenommen werden oder die Rolle einer außenstehenden Person, die den Einsatz beobachtet.

Vereinfachen/ Strukturieren – Entwicklung eines Realmodells: Zur Vereinfachung und Strukturierung der Situation muss zunächst eine Annahme bezüglich der Parkposition des Drehleiterfahrzeugs im Einsatz getroffen werden. Es wird angenommen, dass das Fahrzeug seitlich zum Haus steht. Ausgehend von dieser Annahme müssen die lösungsrelevanten Informationen der gegebenen Situation von den lösungsirrelevanten differenziert werden. Die lösungsrelevanten Informationen in dieser Aufgabe beinhalten:

Abstand brennendes Haus: 7 m
Breite Fahrzeug: 2,55 m
Länge Drehleiter: 30 m
Gesucht: Höhe Haus

Dabei muss eine Annahme über die Höhe getroffen werden, auf der die Drehleiter am Fahrzeug befestigt ist. Es wird eine Höhe von 2,50 m angenommen. Im Rahmen der Strukturierung muss die Beziehung zwischen den lösungsrelevanten Informationen präzisiert werden. Für die Lösung der vorliegenden Aufgabe wird die Drehleiter als Strecke von 30 m idealisiert. Ein mögliches Realmodell ist in Abbildung 7.3 illustriert.

Abbildung 7.3 Mögliches Realmodell zur Aufgabe Feuerwehr in Anlehnung an Rellensmann (2019).

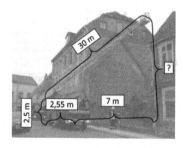

Mathematisieren – Entwicklung eines mathematischen Modells: Das Realmodell wird nun in ein zweidimensionales mathematisches Modell übertragen. Dazu wird das Modell auf seine mathematischen Elemente reduziert. Die Leiter gemeinsam mit dem Abstand vom Haus und der gesuchten Höhe können als rechtwinkliges Dreieck identifiziert werden, wobei der Abstand vom Haus (b) (bestehend aus der Breite des Fahrzeugs (b_1) und dem Abstand zum Haus (b_2)) und die gesuchte Höhe (h) die Katheten und die Drehleiter (c) die Hypotenuse darstellt. In Abbildung 7.4 befindet sich die Illustration einer möglichen Skizze des mathematischen Zusammenhangs.

Abbildung 7.4 Skizze des mathematischen Zusammenhangs zur Aufgabe Feuerwehr.

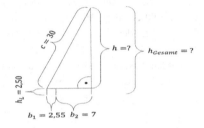

Da ein rechtwinkliges Dreieck vorliegt, kann der Satz des Pythagoras zur Lösung des mathematischen Problems genutzt werden. Die gesuchte Höhe kann als Kathete h des rechtwinkligen Dreiecks identifiziert werden. Durch eine Addition mit h_L kann die Höhe, auf der die Drehleiter befestigt ist, berücksichtigt werden. Demnach kann eine Gleichung zur Ermittlung der Lösung lauten:

$$h_{Gesamt} = h + h_L$$

$$h = \sqrt{c^2 - (b_1 + b_2)^2}$$

$$h_{Gesamt} = \sqrt{30^2 - (7 + 2,55)^2} + 2,5$$

Das mathematische Modell besteht insgesamt aus der Skizze des mathematischen Zusammenhangs (siehe Abbildung 7.4) und der aufgestellten Gleichung.

Mathematisch Arbeiten – Entwicklung eines mathematischen Resultats: Durch das Ausführen mathematischer Operationen kann das folgende mathematische Resultat berechnet werden:

$$h_{Gesamt} = \sqrt{30^2 - (7 + 2,55)^2} + 2,5$$

$$\Leftrightarrow h_{Gesamt} \approx 28,44 + 2,5$$

$$\Leftrightarrow h_{Gesamt} \approx 30,94 [m]$$

Interpretieren – Entwicklung eines realen Resultats: Ein reales Resultat könnte wie folgt lauten: Die Feuerwehr kann mit Hilfe des Drehleiterfahrzeugs bei seitlicher Parkposition Menschen aus einer maximalen Höhe von 30 m retten. Das Ergebnis wurde auf Meter abgerundet, da eine zu hoch eingeschätzte Rettungshöhe schwerwiegende Folgen für die Rettung haben könnte. Das ermittelte reale Resultat kann auch in das oben aufgestellte Realmodell integriert werden.

Validieren: Anschließend wird die Plausibilität und Passung der genutzten Modelle (rechtwinkliges Dreieck, Anwendung des Satzes von Pythagoras) und des Ergebnisses (maximale Rettungshöhe von 30 m) geprüft. Die Größenordnung der gesuchten Kathete von 30 m erscheint aus einer mathematischen Perspektive (die Katheten sind kürzer als die Hypotenuse) sowie im Kontext der Aufgabe plausibel. Des Weiteren kann die Angemessenheit der Rundung des Resultats reflektiert werden.

Vermitteln: Das Vermitteln beinhaltet die Verschriftlichung und das Kommunizieren des Bearbeitungsprozesses (siehe dargestellte Lösung) und findet während des gesamten Modellierungsprozesses statt.

Realweltliche Situation Seilbahn
Die realweltliche Situation Seilbahn (siehe Abbildung 7.5) beschreibt den geplanten Umbau der Nebelhornbahn und die technischen Daten der alten Seilbahn. Die Seilbahn soll umgebaut werden, um lange Wartezeiten zu vermeiden, sitzende Beförderung mit optimaler Aussicht auf jedem Platz zu ermöglichen und die Förderleistung zu erhöhen. Die Situation stellt eine authentische Situation der realen Welt dar, indem sie ein aktuelles Umbauprojekt einer Seilbahn aus dem Jahr 2021 fokussiert. Die Daten der Ausgangssituation entstammen der Projektseite.

Über 90 Jahre fuhr die Nebelhornbahn zahlreiche Gäste in die Höhe. Nun darf sie in den wohlverdienten Ruhestand. Ab Sommer 2021 soll eine neue Seilbahn begeisterte Outdoor-Fans in die Berge am Nebelhorn befördern. Ziel des Projekts ist es, lange Wartezeiten zu vermeiden, sitzende Beförderung mit optimaler Aussicht auf jedem Platz zu ermöglichen und die Förderleistung zu erhöhen.

Technische Daten der alten Nebelhornbahn:

Art:	Großkabinen-Pendelbahn
Gewicht leere Kabine:	1600 kg
Gewicht volle Kabine:	3900 kg
Höhe Talstation:	1933 m
Höhe Bergstation:	2214,2 m
Horizontaler Abstand:	905,77 m
Fahrtgeschwindigkeit:	8 m/s
Förderleistung:	500 Personen/h
Antrieb:	120 PS

Abbildung 7.5 Realweltliche Situation Seilbahn.

Die Situation Seilbahn enthält Informationen über die alte Nebelhornbahn (Laufzeit, Art, Gewicht leere Kabine, Gewicht volle Kabine, Höhe Talstation, Höhe Bergstation, horizontaler Abstand, Fahrtgeschwindigkeit, Förderleistung und Antrieb) sowie über die Ziele des Projekts. Die Situation kennzeichnet sich insbesondere durch das Fehlen von Informationen bezüglich der neuen Seilbahn. Trotz der Vielzahl an Informationen und der fehlenden Informationen kann die situationale Komplexität als mittelmäßig eingestuft werden. So ist das Verständnis der einzelnen Informationen im Gegensatz zu den Informationen in der Ausgangssituation Feuerwehr kognitiv eher weniger anspruchsvoll, die Verknüpfung der einzelnen Informationen jedoch durchaus anspruchsvoll.

Die Fragestellungen zu der gegebenen Ausgangssituationen können sich sowohl auf die alte Seilbahn als auch auf die Ziele der Umbauarbeiten und die neue Seilbahn beziehen. In der Studie von Hartmann et al. (2021) wurden sinngemäß folgende Fragestellungen zu der Ausgangssituation Seilbahn entwickelt:

– Wie lang ist das Seil?
– Wie lange braucht die Seilbahn bis nach oben?
– Wie muss man die gegebenen Faktoren verändern, um schneller und höher auf den Berg zu gelangen?
– Was muss verändert werden?
– Wie viel schneller ist man, wenn man das Seil auf 1192 m kürzt?
– Wie viele Personen könnte die Seilbahn pro Stunde befördern, wenn die Horizontaldifferenz 520,2 m betragen würde?

Demzufolge sind diese und ähnliche Fragestellungen auch in der vorliegenden Untersuchung denkbar. Eine besonders naheliegende Fragestellung in der Situation

Seilbahn, die in der Studie von Hartmann et al. (2021) am häufigsten entwickelt wurde, ist die Frage *Wie lang ist das Seil?*. Eine mögliche Lösung dieser Aufgabe wurde bereits in Kapitel 3.4.2 vorgestellt. Aus diesem Grund wird an dieser Stelle auf die Vorstellung einer möglichen Lösung verzichtet.

Zusammenfassend werden durch die drei Ausgangssituationen Situationen unterschiedlicher situationaler Komplexität abgebildet. Durch die unterschiedliche situationale Komplexität kann die Entwicklung einer eigenen Fragestellung mit diversen Herausforderungen einhergehen. Die Thematisierung verschiedener Komplexitätsgrade soll ermöglichen, die *Problem Posing-* und Modellierungsprozesse ganzheitlich zu beobachten. Des Weiteren können durch die Beschäftigung mit den drei Ausgangssituationen *Problem Posing*-Prozesse initiiert werden, die in Fragestellungen mit unterschiedlichem Realitätsbezug, mathematischer Komplexität und Offenheit resultieren. Insbesondere können jedoch aus jeder der Ausgangssituationen Modellierungsaufgaben mit den Charakteristika offen, authentisch und komplex hervorgehen. Dies soll die Untersuchung der Modellierungsprozesse ermöglichen, um Rückschlüsse auf die Verbindung des *Problem Posings* und des Modellierens zu ziehen. Neben den oben benannten exemplarischen Fragestellungen aus der Studie von Hartmann et al. (2021) sind weitere Fragestellungen denkbar.

7.4 Datenerhebung

Zur Erhebung der Daten wurde für die vorliegende Untersuchung ein dreiphasiges Design, bestehend aus der Aufgabenentwicklung und -bearbeitung, dem nachträglichen Lauten Denken und einer Befragung angewendet. Dieses Vorgehen wird von Busse und Borromeo Ferri (2003) zur Rekonstruktion der kognitiven Prozesse beim Lösen mathematischer Aufgaben empfohlen und hat sich bereits vielfach als ertragreich gezeigt (z. B. Krawitz, 2020; Rellensmann, 2019; Borromeo Ferri, 2011; Schukajlow, 2011). Durch die Nähe der *Problem Posing-* und Problemlöseprozesse (siehe Kapitel 5.2) erscheint das Design neben der Erfassung der kognitiven Prozesse beim Lösen mathematischer Aufgaben auch zur Erfassung der Prozesse bei der Entwicklung geeignet. Dieses Design wurde in einer Pilotierung mit vier Lehramtsstudierenden eingehend getestet und erwies sich zur Erfassung der Prozesse bei der Entwicklung und Bearbeitung eigener Aufgaben als geeignet. Für die drei Phasen wurden unterschiedliche Methoden der Datenerhebung angewendet (siehe Abbildung 7.6). Durch die Methodentriangulation bestehend aus den drei Methoden Lautes Denken, *Stimulated Recall Interview (SRI)* und Interview sollen die Stärken der jeweiligen Methode genutzt werden, um ein möglichst reichhaltiges Bild des Phänomens in seiner Vielfalt zu generieren (Patton, 2015, S. 662). Aus Gründen des Umfangs fließen die Daten des Interviews in die Auswertungen der vorliegenden Untersuchung nicht ein.

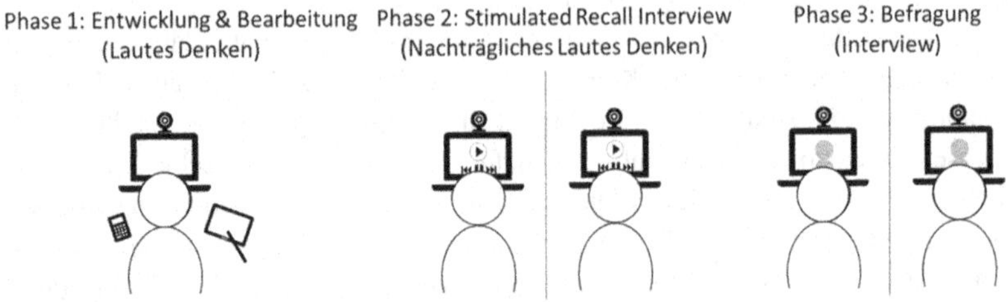

Phase 1: Entwicklung & Bearbeitung   Phase 2: Stimulated Recall Interview   Phase 3: Befragung
        (Lautes Denken)   (Nachträgliches Lautes Denken)   (Interview)

Abbildung 7.6 Erhebungssituation.

Im Folgenden soll zunächst die Datenerhebung über *Zoom* (Kapitel 7.4.1) und der Ablauf der Untersuchung beschrieben werden (Kapitel 7.4.2). Anschließend werden die einzelnen methodischen Elemente der Datenerhebung vorgestellt und deren Eignung für die Untersuchung begründet (Kapitel 7.4.3 und Kapitel 7.4.4).

7.4.1   Datenerhebung über *Zoom*

Aufgrund der anhaltenden Corona-Pandemie konnte die Datenerhebung im August und September 2020 nicht wie geplant Face-to-Face stattfinden. Zur Einhaltung der Corona-Schutzmaßnahmen wurde ein alternatives Vorgehen über die Videokonferenzplattform *Zoom*[3] geplant, in einer Pilotierung getestet und durchgeführt. Die Datenerhebung basierend auf Video- und Konferenzplattformen wird in der Literatur als *Voice over Internet Protocol (VoIP)* bezeichnet (Moylan et al., 2015; Archibald et al., 2019). Diese Art der Datenerhebung ermöglicht durch Echtzeit-Interaktionen mit Bild, Ton und Mitschriften die Nachbildung einer Face-to-Face-Situation zwischen der Interviewleitung und den Teilnehmenden und stellt demnach eine tragfähige Alternative dar (Lo Iacono et al., 2016; Archibald et al., 2019). Zur Erhebung der Daten stehen zahlreiche Video- und Konferenzplattformen zur Verfügung. Im Rahmen der vorliegenden Studie wurde sich für die Plattform *Zoom* entschieden, da eine Lizenz für diese Plattform der WWU vorliegt und insbesondere die Funktionen der sicheren Aufzeichnung

---

[3] Nähere Informationen zur Videokonferenzplattform *Zoom* finden sich unter: https://exp lore.zoom.us/de/products/meetings/ (Stand: 07.01.2022)

und der Bildschirmfreigabe gewinnbringend für die Erhebung genutzt werden konnten. Anhand einer Befragung von Forschenden und Teilnehmenden einer Studie über die Plattform *Zoom* konnten Archibald et al. (2019) zeigen, dass über diese Plattform eine reichhaltige Datenerhebung möglich ist. So berichteten sowohl die Forschenden als auch die Teilnehmenden, dass eine Beziehung zueinander hergestellt werden konnte und durch die Hinweise auf Mimik und Gestik auch auf Nonverbales reagiert werden konnte, was insbesondere die natürliche Gesprächsführung förderte. Als Nachteil wurde jedoch angemerkt, dass es häufig zu technischen Problemen kam. Um möglichen technischen Problemen (beispielsweise aufgrund einer instabilen Internetverbindung oder fehlenden technischen Geräten) während der Erhebung entgegenzuwirken und eine standardisierte Erhebungssituation zu ermöglichen, wurde zur Datenerhebung ein Labor in den Gebäuden der WWU eingerichtet, in das die Teilnehmenden eingeladen wurden. Das Labor wurde mit allen technischen Geräten (Laptop, Tablet mit Stift, Headset) ausgestattet. Die Umsetzung der Datenerhebung mit Hilfe der Plattform *Zoom* sowie die Nutzung der Funktionen in den einzelnen methodischen Elementen wird in den folgenden Kapiteln aufgegriffen.

7.4.2 Ablauf der Untersuchung

Die Erhebung der Daten fand im August und September 2020 statt. Jeder der sieben Termine der Datenerhebung folgte einem festgelegten Schema, wodurch eine standardisierte Erhebungssituation ermöglicht wurde. Dazu wurde ein Instruktionsmanual (siehe Anhang I im elektronischen Zusatzmaterial), das in Anlehnung an Krawitz (2020) entwickelt wurde, bei jedem Termin vorgelesen. Für eine Erhebung der Daten mit Hilfe der Methode des Lauten Denkens wird ein Ablauf bestehend aus den folgenden sechs Schritten empfohlen (Sandmann, 2014, S. 185):

1. Einführung in die Lernsitzung
2. Erklärung des Ziels der Lernsitzung und der Lernaufgabe
3. Instruktion zum Lauten Denken
4. Übungsaufgaben zum Lauten Denken
5. Bearbeitung des Lernmaterials
6. Technische Datensicherung

Die Datenerhebung im Rahmen der vorliegenden Untersuchung wurde in Anlehnung an dieses Erhebungsschema entwickelt und in einer Pilotierung getestet.

Die jeweilige Datenerhebung dauerte zwischen 1,5 und 3,5 Stunden, wobei die benötigte Zeit für die Aufgabenentwicklung zwischen 3 und 17 Minuten ($M =$ 6.86, $SD = 4.03$) und für die Aufgabenbearbeitung zwischen 2 und 19 Minuten ($M = 9.10$, $SD = 4.62$) lag (siehe Tabelle 7.4).

Tabelle 7.4 Übersicht der Zeiten

Name	Essstäbchen		Feuerwehr		Seilbahn		SRI und Befragung	Σ
	Entw.	Bearb.	Entw.	Bearb.	Entw.	Bearb.		
Max	16	5	17	14	10	19	125	206
Lea	5	2	5	7	5	8	69	101
Lisa	4	5	7	5	4	4	66	95
Theo	5	11	4	15	3	10	79	127
Leon	7	8	14	15	8	10	92	154
Fabian	5	3	5	12	5	15	92	137
Nina	6	5	5	9	4	9	69	107

Anmerkung: Alle Zeiten sind der Übersichtlichkeit halber auf Minuten gerundet angegeben.

Die Untersuchung fand in den Räumlichkeiten des IDMI an der WWU statt. In dem Labor befanden sich neben den technischen Geräten auch die Instruktion zur Einwahl in das *Zoom*-Meeting (siehe Anhang II im elektronischen Zusatzmaterial) sowie Informationen zum Datenschutz (siehe Anhang III im elektronischen Zusatzmaterial) und zur Generierung eines anonymen Codes (siehe Anhang IV im elektronischen Zusatzmaterial). Um Störungen während der Erhebung zu minimieren, befand sich die Testleiterin während der Erhebung in einem anderen Raum und wurde über die Videokonferenz Plattform *Zoom* hinzugeschaltet. Die Testleiterin kommunizierte mit den Teilnehmenden bei Fragen sowie technischen Schwierigkeiten. Des Weiteren signalisierte sie den Teilnehmenden mit Hilfe einer dicken roten Schrift *BITTE LAUT DENKEN!* auf dem Bildschirm, dass das Laute Denken vernachlässigt wurde. Ansonsten zeigte die Testleiterin keine Reaktionen, um zu verhindern, dass die Teilnehmenden an ihrer Mimik und Gestik die Qualität der Aussagen ableiten konnten.

Nach Einwahl in das *Zoom*-Meeting mit dem Laptop und dem Tablet startete die Datenerhebung mit einer kurzen Begrüßung, dem Ausfüllen eines Fragebogens zu den personenbezogenen Merkmalen (Geschlecht, Alter, Studiengang, Fachsemester, Mathenote, Mathekurs) (siehe Anhang V im elektronischen Zusatzmaterial) und einer Information über den Ablauf und die Ziele der Studie. Anschließend erhielten die Lernenden eine Instruktion zur Methode des Lauten

Denkens, die Umsetzung der Methode wurde mit Hilfe eines Videos[4] exemplarisch gezeigt und anhand einer Beispielaufgabe geübt. Als Beispielaufgabe wurde ein Sudoku (siehe Anhang VI im elektronischen Zusatzmaterial) verwendet. Zudem enthielt die Instruktion auch Informationen zur Verwendung der Funktionen des Tablets und des Stifts zur Aufgabenbearbeitung und auch dies konnte anhand der Beispielaufgabe Sudoku geübt werden.

Nach der umfangreichen Einführung in die Technik und die Methode des Lauten Denkens wurden die Teilnehmenden aufgefordert unter Verwendung der Methode des Lauten Denkens zu der jeweiligen realweltlichen Situation (Essstäbchen, Feuerwehr und Seilbahn) eine Fragestellung zu entwickeln. Nachdem die Teilnehmenden die Entwicklung einer jeden Fragestellung beendet hatten, wurden sie gebeten, ihre selbst-entwickelte Aufgabe zu lösen. Für die Entwicklung und Bearbeitung gab es keine Zeitbeschränkung. Für die Aufgabenentwicklung und -bearbeitung wurde ein Bearbeitungsbogen (siehe Anhang VII im elektronischen Zusatzmaterial) mit dem jeweiligen Kontext über die Bildschirm-Freigabe-Funktion bei *Zoom* freigegeben und die Studierenden konnten ihre selbst-entwickelte Fragestellung und die Lösung sowie Notizen mit Hilfe des Stifts auf dem Tablet dokumentieren. Zur Dokumentation der selbst-entwickelten Fragestellung gab es ein vorgefertigtes Feld. Die gesamte Aufgabenentwicklung und -bearbeitung wurde über *Zoom* aufgezeichnet. Um die Aufgabenentwicklung und -bearbeitung der Lernenden zu analysieren, ist es notwendig sowohl den Dokumentationsweg der Lösung auf dem Lösungsblatt als auch die verbalen Äußerungen inklusive Mimik und Gestik der Lernenden zu erfassen. Eine solche Dokumentation erfordert neben einem funktionsfähigen Mikrofon zwei Kameraperspektiven. Zum einen die Perspektive frontal auf die Person und zum anderen die Perspektive auf den Bearbeitungsbogen. Die Perspektive frontal auf die Person wurde mit Hilfe einer Webcam erfasst, um Mimik und Gestik der Lernenden abzubilden und die Perspektive auf den Bearbeitungsbogen mit Hilfe der Aufnahme des Tablet-Bildschirms. Abbildung 7.7 zeigt exemplarisch die Aufzeichnungssituation.

Im anschließenden *Stimulated Recall Interview* wurden die Aufgabenentwicklungen und -bearbeitungen gemeinsam mit den Teilnehmenden über die Bildschirm-Freigabe-Funktion angeschaut (siehe Abbildung 7.7). Die Videos der Aufgabenentwicklungen und -bearbeitungen dienten dabei als Stimulus, um wichtige sowie durch das Laute Denken unklar gebliebene Stellen zu besprechen. Im

---

[4] Dankenswerterweise konnte das Video von Natalie Tropper aus ihrem Dissertationsprojekt Tropper (2019) genutzt werden, das sich auch in dem Dissertationsprojekt von Janina Krawitz (2020) bereits zur Einführung in die Methode des Lauten Denkens als wirksam erwiesen hat.

Abbildung 7.7 Aufzeichnungssituationen.

Anschluss an das *Stimulated Recall Interview* der jeweiligen Aufgabenentwicklung und -bearbeitung fand ein Interview zu der Entwicklung und Bearbeitung statt, um offen gebliebene Aspekte anzusprechen. Abschließend wurde ein Interview zu den Vorkenntnissen der Teilnehmenden mit dem *Problem Posing* und Modellieren geführt. Für das *Stimulated Recall Interview* und das Interview schaltete auch die Untersuchungsleiterin ihre Videoübertragung über die Webcam an, sodass eine natürliche Kommunikation zwischen der Untersuchungsleiterin und der teilnehmenden Person entstehen konnte (siehe Abbildung 7.7). Auch das *Stimulated Recall Interview* und die Befragung wurden mit der Aufzeichnungsfunktion von *Zoom* aufgenommen. Das gesamte Videomaterial wurde im direkten Anschluss an die Erhebung auf einem externen Datenträger gespeichert. Der Ablauf der Datenerhebung ist schematisch in Abbildung 7.8 dargestellt.

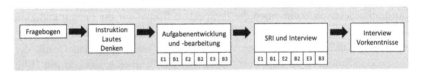

Abbildung 7.8 Schematischer Ablauf der Erhebung. (Anmerkung: E = Aufgabenentwicklung, B = Aufgabenbearbeitung)

Im Folgenden sollen die einzelnen methodischen Elemente kurz vorgestellt und deren Einsatz in der Studie begründet werden.

7.4.3 Lautes Denken

Das Ziel der vorliegenden Untersuchung ist die Identifizierung der am *modellierungsbezogenen Problem Posing*-Prozess beteiligten Aktivitäten und deren Verbindung zum Modellierungsprozess. Es existieren nur wenige Methoden, mit denen kognitive Prozesse während einer Handlung angemessen analysiert werden können (Funke & Spering, 2006; Konrad, 2020). Eine Methode, die einen differenzierten Einblick in die handlungsbasierten kognitiven Prozesse liefert, ist die Methode des Lauten Denkens (Konrad, 2020). Insbesondere in der Problemlöseforschung wird der Methode des Lauten Denkens zur Identifizierung der stattfindenden Prozesse eine bedeutsame Rolle zugeschrieben (Funke & Spering, 2006; Konrad, 2020; Sandmann, 2014). Da das Modellieren als eine Problemlösetätigkeit aufgefasst werden kann (siehe Kapitel 5.1) und auch dem *Problem Posing* eine enge Verbindung zum Problemlösen zugeschrieben wird (siehe Kapitel 5.2), erscheint die Anwendung der Methode ebenfalls für die Untersuchung der *Problem Posing*- und Modellierungsprozesse sinnvoll. Grundlage der Methode des Lauten Denkens bildet die menschliche Informationsaufnahme und -verarbeitung im Gehirn, die durch das Drei-Speicher-Modell dargestellt werden kann (siehe Abbildung 7.9) (Konrad, 2020, S. 6).

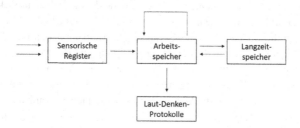

Abbildung 7.9 Ablauf der Informationsaufnahme und -verarbeitung nach dem Drei-Speicher-Modell (Konrad, 2020, S. 6)

Die Informationsverarbeitung beginnt mit der Aufnahme der Informationen über die Sinnesorgane. Diese Informationen werden für wenige Sekunden im sensorischen Register gespeichert. Durch Aufmerksamkeit werden Teile der Informationen ausgewählt, die kodiert werden und in den Arbeitsspeicher (Kurzzeitgedächtnis) gelangen. Die Aufnahmekapazität und die Speicherdauer des Kurzzeitgedächtnisses sind jedoch begrenzt. Demnach werden die aufgenommenen Informationen aus dem Kurzzeitgedächtnis schnell weiterverarbeitet.

Gelangen die Informationen jedoch in das Langzeitgedächtnis, können sie sicher gespeichert werden, da im Langzeitgedächtnis unbegrenzt Informationen gespeichert werden können. Damit die Informationen in das Langzeitgedächtnis gelangen, ist eine anhaltende Wiederholung und eine Enkodierung der Informationen notwendig. Eine Verbalisierung ist nur für Informationen aus dem Kurzzeitgedächtnis möglich. Beim Lauten Denken werden folglich die Informationen aus dem Arbeitsspeicher (Kurzzeitgedächtnis) verbalisiert. Dies ermöglicht die Erforschung der kognitiven Prozesse, die während der Entwicklung und Bearbeitung der Aufgaben im Arbeitsspeicher ablaufen (Konrad, 2020).

Um die Validität der generierten Daten zu erhöhen, wurde für die vorliegende Untersuchung eine Kombination aus der Methode des simultanen und des nachträglichen Lauten Denkens gewählt. Diese beiden Varianten des Lauten Denkens sollen im Folgenden kurz vorgestellt und ihre Umsetzung in der Studie beschrieben werden.

Simultanes Lautes Denken

Das simultane Laute Denken erfolgt parallel zur Aufgabenentwicklung und -bearbeitung. Dabei handelt es sich um eine handlungsnahe Erfassungsmethode, bei der die Aufgabenentwicklung und -bearbeitung im Mittelpunkt stehen und die Verbalisierung nebenher abläuft (Konrad, 2020). Dazu werden die Teilnehmenden aufgefordert, alle Gedanken, die ihnen während der Aufgabenentwicklung und -bearbeitung durch den Kopf gehen, zu verbalisieren. Dadurch bietet diese Methode neben dem Einblick in die kognitiven Gedanken der Teilnehmenden auch Einblick in die strategischen Aktivitäten, die bei der Entwicklung und Bearbeitung von Aufgaben von besonderer Bedeutung sind. Als Produkt entstehen Verbalisierungen, die mit Hilfe systematischer Verfahren ausgewertet werden können (siehe Kapitel 8.1). Mit Hilfe dieser verbalen Protokolle können die Prozesse nicht nur anhand von Beobachtungen geschlussfolgert, sondern direkt aus den Verbalisierungen entnommen werden (Wernke, 2013, S. 51).

Die Methode des simultanen Lauten Denkens bringt neben den oben beschriebenen Stärken auch Herausforderungen mit sich (Konrad, 2020). Im Folgenden sollen die vier herausfordernden Aspekte Verbalisierung und Artikulation, Vollständigkeit, Veränderung kognitiver Leistung, soziale Erwünschtheit vorgestellt und beschrieben werden, wie diesen in der vorliegenden Untersuchung begegnet wurde. Bezüglich der *Verbalisierung und Artikulation* besteht die Annahme, dass die ablaufenden kognitiven Prozesse nicht ausreichend von den Teilnehmenden verbalisiert werden können. In der vorliegenden Untersuchung wurde sich für die Auswahl erwachsener Personen als Versuchspersonen entschieden. Nach Konrad (2020) eignen sich insbesondere Erwachsene für die Umsetzung dieser Methode, da sie zur

Selbstreflexion in der Lage sind. Zusätzlich wurden die Teilnehmenden bei Vernachlässigung der Verbalisierung durch das Erscheinen des Satzes *BITTE LAUT DENKEN!* auf ihrem Bildschirm daran erinnert, alle ihre Gedanken laut auszusprechen. Bezüglich der *Vollständigkeit* kann davon ausgegangen werden, dass die Protokolle des Lauten Denkens keine vollständige Beschreibung der stattfindenden Prozesse liefern. Insbesondere unterbewusste, automatisierte Prozesse können mit Hilfe der Methode des simultanen Lauten Denkens nicht erfasst werden, da diesen keine bewusste Aufmerksamkeit geschenkt wird (Ericsson & Simon, 1984, S. 90). Prozesse laufen insbesondere dann automatisiert ab, wenn sie zuvor geübt wurden. Da sowohl *Problem Posing* als auch Modellieren als komplexe Tätigkeiten angesehen werden (siehe Kapitel 3.4 und Kapitel 4.3), die insbesondere nicht direkt-ersichtliche Methoden beinhalten, ist davon auszugehen, dass diese Prozesse mit Hilfe der Methode bestmöglich nachgebildet werden können. Auch der *Einfluss der simultanen Verbalisierung auf die stattfindenden Prozesse* wird kontrovers diskutiert und die empirischen Befunde sind diesbezüglich uneindeutig. Grund für die Annahme, dass die simultanen Verbalisierungen die stattfindenden Prozesse beeinflussen, liefern die von Ericsson und Simon (1984, S. 79) postulierten Ebenen des Lauten Denkens. Sie unterscheiden zwischen bereits verbal enkodierten Inhalten und Inhalten, die zunächst eine Rekodierung benötigen. Während für die bereits verbal enkodierten Inhalte kein zusätzlicher Aufwand erforderlich ist, kommt es bei Inhalten, die zunächst rekodiert werden müssen, zu einer Verlangsamung der Prozesse. Jedoch bleiben die Struktur und die Reihenfolge der Prozesse unverändert (Ericsson & Simon, 1984, S. 89). Andere Studien zeigten dagegen, dass die Leistung insbesondere beim Lösen von komplexen Aufgaben durch das simultane Laute Denken beeinflusst wird (Schooler et al., 1993; Russo et al., 1989). Da es in der vorliegenden Untersuchung insbesondere um die Prozesse und nicht um die Leistungen der Studierenden geht, wird davon ausgegangen, dass durch den Einsatz der Methode die Ergebnisse nicht beeinflusst werden. Weiterhin birgt die Methode des simultanen Lauten Denkens die Gefahr, dass die Daten durch *soziale Erwünschtheit* und die ungewohnte Situation verfälscht werden. Diesbezüglich wurde, wie von Sandmann (2014) empfohlen (siehe Kapitel 7.4.2), in der vorliegenden Untersuchung zum einen eine Instruktion mit einer Beispielaufgabe als Eingewöhnung in die ungewohnte Methode genutzt (siehe Kapitel 7.4.2). Zum anderen wurde die Aufgabenentwicklung und -bearbeitung nicht über aufgestellte Kameras, sondern über die Webcam des Laptops beobachtet und die Untersuchungsleitung schaltete ihr Mikrofon auf stumm (siehe Abbildung 7.7). Die Beeinflussung der Daten durch die oben benannten Aspekte kann trotz der beschriebenen Umsetzung nicht vollends ausgeschlossen werden und wird demnach im Rahmen der Limitationen der Studie (siehe Kapitel 11) kritisch reflektiert.

Nachträgliches Lautes Denken

Das nachträgliche Laute Denken (*Stimulated Recall Interview*) bezeichnet ein intro-
spektives Verfahren, bei dem die Teilnehmenden nachträglich dazu aufgefordert
werden, die kognitiven Prozesse der Aufgabenentwicklung und -bearbeitung zu
rekonstruieren. Gemeinsam mit der Nutzung der Aufzeichnung des eigenes Vorgehens zur Unterstützung der Rekonstruktion eignet sich diese Methode insbesondere
zur Untersuchung der ablaufenden kognitiven Prozesse (Lyle, 2003). In der vorliegenden Studie wurden die Prozesse bei der Aufgabenentwicklung und -bearbeitung
untersucht, indem die Aufzeichnung des Lauten Denkens als Stimulus zur Rekonstruktion der ablaufenden Prozesse genutzt wurde. Das nachträgliche Laute Denken
ermöglicht so die Erfassung der Gedanken, die zunächst eine Rekodierung erfordern
(Konrad, 2020). Das *Stimulated Recall Interview* kann somit neben der Validierung
der Daten auch als Ergänzung und Interpretationshilfe dienen.

Bezüglich der Umsetzung des nachträglichen Lauten Denkens sollten nach Lyle
(2003) einige Aspekte berücksichtigt werden, um die Methode bestmöglich für
die Analyse der Prozesse zu nutzen: Insbesondere sollte die Angst und Scham der
Teilnehmenden während des *Stimulated Recall Interviews* minimiert werden. Dazu
wurde versucht, während der Erhebung durch die Instruktion eine vertrauensvolle
Beziehung zu den Teilnehmenden aufzubauen. Die Instruktion beinhaltete neben
der Aufklärung über die Ziele der Studie auch Phrasen (z. B. *Es ist nicht wichtig,
was für eine Aufgabe du dir ausdenkst. Es geht mir vielmehr darum, zu verstehen,
was du dir dabei denkst.*), um den Teilnehmenden die Angst vor unangemessenen
Antworten zu nehmen. Die Studie von Archibald et al. (2019) hat außerdem gezeigt,
dass auch über *Zoom* eine vertrauensvolle Beziehung zwischen der teilnehmenden
Person und der Untersuchungsleitung aufgebaut werden kann. Die Stimulierung
der Gedanken mit Hilfe des Videos des Lauten Denkens fand unmittelbar nach
der Aufgabenentwicklung und -bearbeitung statt, um den Gedächtnisverlust und
das Erfinden neuer Prozesse zu minimieren. Dies trägt nach DeGrave et al. (1996)
maßgeblich zur Reliabilität und Validität der Daten bei. Für das *Stimulated Recall
Interview* wurde dabei das Video der Aufgabenentwicklung und -bearbeitung über
die Bildschirmfreigabefunktion mit den Teilnehmenden geteilt. Die Versuchspersonen wurden instruiert, dass sie jederzeit das Video stoppen können, wenn sie
ihre Gedanken ergänzen möchten. Zusätzlich konnte die Untersuchungsleiterin das
Video jederzeit stoppen, um die Gedanken der Teilnehmenden durch offene Fragen zu stimulieren. Durch den direkten Bezug zum Videomaterial und damit zu
einer bestimmten Handlung wurde versucht, das Aufzeigen neuer Perspektiven zu
vermeiden. Außerdem wurden vorab im Instruktionsmanual (siehe Anhang I im
elektronischen Zusatzmaterial) mögliche offene Fragen mit Fokus auf die Zielsetzung der Untersuchung erfasst, die von der Untersuchungsleiterin ausgewählt und

verändert werden konnten. Bei Bedarf konnten aber auch weitere Fragen gestellt werden.

7.4.4 Interview

Die Methodentriangulation wurde durch eine Befragung in Form eines Interviews vervollständigt. Nach jedem der sechs *Stimulated Recall Interviews* fand eine kurze Befragung in Form eines Interviews statt (siehe Abbildung 7.8). Die Interviews verfolgten das Ziel, offen gebliebene Aspekte der jeweiligen Aufgabenentwicklung bzw. der Aufgabenbearbeitung zu beleuchten. Zusätzlich fand abschließend ein Interview zu den Vorkenntnissen der Studierenden mit dem *Problem Posing* und Modellieren statt (siehe Abbildung 7.8). Ein Interview ist eine „zielgerichtete, systematische und regelgeleitete Generierung und Erfassung von verbalen Äußerungen einer Befragungsperson […] zu ausgewählten Aspekten ihres Wissens, Erlebens und Verhaltens" (Döring & Bortz, 2016, S. 356). Interviews bieten sich insbesondere zur Erfassung nicht direkt beobachtbarer Prozesse an (Döring & Bortz, 2016, S. 356). Daher bietet diese Methode primär eine Ergänzung zu den mit Hilfe des Lauten Denkens generierten Daten. Da außerdem im Rahmen von Interviews direkt auf die Antworten der Teilnehmenden eingegangen und die Qualität der Antworten durch die Live-Situation besser eingeschätzt werden kann (Döring & Bortz, 2016, S. 357), eignet sich diese Methode ebenfalls besonders zur Erfassung der Vorkenntnisse der Studierenden.

Zur Befragung können verschiedene Formen des Interviews genutzt werden. Für die vorliegende Untersuchung wurde ein semi-strukturiertes Interview ausgewählt. Semi-strukturierte Interviews bieten gegenüber anderen Formen des Interviews den Vorteil, eine vergleichbare Interviewsituation bei gleichzeitiger individueller Anpassung des Interviews an die teilnehmende Person zu gewährleisten. Das zentrale Element dieser Form des Interviews ist ein zuvor festgelegter Interviewleitfaden (Misoch, 2019, S. 65). Der Leitfaden führt die Interviewleitung durch das jeweilige Interview. Um eine vergleichbare Interviewsituation zwischen den einzelnen Interviews zu gewähren, hält der Leitfaden die zentralen Themen fest, die im Rahmen des Interviews angesprochen werden sollen. Für die vorliegende Untersuchung wurden mögliche Fragen zu den einzelnen Themen basierend auf den Pilotierungsdaten von der Autorin der Arbeit entwickelt (siehe Anhang I im elektronischen Zusatzmaterial). Bei der Konstruktion der Fragen wurde in Anlehnung an die Empfehlungen von Patton (2015, S. 428) und Misoch (2019, S. 66) insbesondere auf die Offenheit der Formulierungen geachtet, um eine Beeinflussung der Teilnehmenden möglichst zu vermeiden.

Die Handhabung des Leitfadens blieb offen. So wurden je nach Interviewsituation während der einzelnen Interviews passende Fragen aus dem Leitfaden ausgewählt, die Reihenfolge der Fragen verändert und bei Bedarf neue Fragen passend zu den jeweiligen Antworten der Teilnehmenden hinzugefügt. Für die Durchführung der Interviews in der vorliegenden Untersuchung über die Plattform *Zoom* schalteten die Interviewleiterin und die Teilnehmenden ihre Videos an (siehe Abbildung 7.7). Durch die Face-to-Face Situation konnte auf die Mimik und Gestik des jeweiligen Gegenübers reagiert werden und eine vertrauensvolle, persönliche Atmosphäre geschaffen werden. Die Interviews wurden ebenfalls vollständig über die Aufnahme-Funktion von *Zoom* aufgezeichnet.

Auswertungsmethode

8

Zur Auswertung des im Rahmen der Erhebung entstandenen Videomaterials und der schriftlichen Aufzeichnungen ist eine systematische Auswertungsmethode notwendig, mit der die individuellen Prozesse beschrieben und Zusammenhänge herausgearbeitet werden können. Eine systematische Auswertungsmethode, die sich insbesondere zur Analyse fixierter Kommunikation (z. B. Verbalisierungen und schriftlichen Aufzeichnungen) eignet, ist die qualitative Inhaltsanalyse. Zur Beantwortung der Forschungsfragen wird in der vorliegenden Untersuchung eine inhaltlich-strukturierende qualitative Inhaltsanalyse herangezogen. Zunächst wird die qualitative Inhaltsanalyse und die Variante der inhaltlich-strukturierenden Inhaltsanalyse vorgestellt sowie die Eignung für die vorliegende Untersuchung erörtert (Kapitel 8.1). Anschließend wird die Umsetzung der einzelnen Phasen in der vorliegenden Studie beschrieben (Kapitel 8.1.1 bis Kapitel 8.1.5), bevor die Gütekriterien qualitativer Forschung vorgestellt werden (Kapitel 8.2).

Ergänzende Information Die elektronische Version dieses Kapitels enthält Zusatzmaterial, auf das über folgenden Link zugegriffen werden kann https://doi.org/10.1007/978-3-658-43596-7_8.

8.1   Qualitative Inhaltsanalyse

Bei der qualitativen Inhaltsanalyse handelt es sich um ein systematisches, regel-
und theoriegeleitetes Verfahren zur Analyse fixierter Kommunikation (Mayring,
2015, S. 13). Sie verfolgt das Ziel, mit Hilfe einer zusammenfassenden Beschreibung des Materials, Rückschlüsse auf relevante Aspekte der Kommunikation
zu ziehen (Schreier, 2014). Die fixierte Kommunikation können beispielsweise
Interviewtranskripte, Bilder oder auch Feldnotizen sein (Döring & Bortz, 2016,
S. 535). Wie oben in der Definition bereits angerissen, erhebt die qualitative
Inhaltsanalyse den Anspruch systematisch und regelgeleitet vorzugehen. Dazu
folgt die qualitative Inhaltsanalyse einem bestimmten Ablaufmodell, das die
einzelnen Phasen und die Reihenfolge der Analyse festlegt. Kuckartz (2018,
S. 46) beschreibt den Ablauf einer qualitativen Inhaltsanalyse anhand des in
Abbildung 8.1 dargestellten Modells, das fünf Phasen umfasst.

Die qualitative Inhaltsanalyse kann als zirkulärer Prozess bestehend aus den
fünf Phasen initiierende Textarbeit, Kategorienbildung, Kodierung, Analyse und
Ergebnisdarstellung beschrieben werden. Die einzelnen Phasen bauen aufeinander
auf, können aber auch mehrfach durchlaufen werden. Dabei können die einzelnen Analysephasen nicht strikt voneinander abgetrennt werden, da einzelne
Phasen zum Teil gleichzeitig stattfinden können und sich somit überlappen. Die
Fragestellung stellt das Zentrum des Ablaufschemas dar und steht während des
gesamten Prozesses mit den einzelnen Phasen der Analyse in Wechselwirkung. So
kann die Fragestellung während der gesamten qualitativen Inhaltsanalyse erweitert und spezifiziert werden sowie bei Entdeckung neuer Zusammenhänge weitere
Aspekte in die Fragestellung mit aufgenommen werden (Kuckartz, 2018). Die
qualitative Inhaltsanalyse kann zur Exploration von Hypothesen und Theorien
genutzt werden (Mayring, 2015, S. 22–25). Die vorliegende Studie ist explorativ
angelegt. Aus diesem Grund eignet sich die qualitative Inhaltsanalyse besonders
für den Erkenntnisgewinn in der vorliegenden Studie, da durch das theoriege-
leitete Vorgehen an den bisherigen Stand der Forschung zum *Problem Posing*
und Modellieren angeknüpft werden kann und gleichzeitig durch die Exploration am empirischen Material neue Erkenntnisse, insbesondere bezüglich des
Modellierungsprozesses aus einer *Problem Posing*-Perspektive, gewonnen werden
können. Außerdem gilt die qualitative Inhaltsanalyse als eine adäquate Methode,
um aus der Methode des Lauten Denkens entstehende Transkripte zu analysieren
(Funke & Spering, 2006).

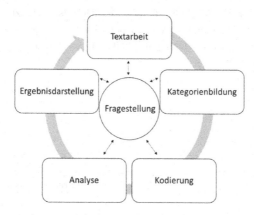

Abbildung 8.1 Ablauf einer qualitativen Inhaltsanalyse nach Kuckartz (2018, S. 46).

Die qualitative Inhaltsanalyse kann je nach Forschungsziel und Schwerpunkt-setzung in unterschiedlichen Varianten durchgeführt werden (für einen Überblick siehe Schreier (2014) und Mayring (2015, S. 67)). Dabei sollte das Verfahren mit Bezug zu den in der Studie verfolgten Zielen und Forschungsfragen ausgewählt werden (Kuckartz, 2018, S. 51). Da sich für explorative Studien insbesondere eine inhaltlich-strukturierende Inhaltsanalyse eignet (Kuckartz, 2018, S. 52), wird diese Variante der qualitativen Inhaltsanalyse für die vorliegende Untersuchung ausgewählt. Im Folgenden soll diese Variante der qualitativen Inhaltsanalyse vor-gestellt und ihre Anwendung in der vorliegenden Studie beschrieben werden. Die inhaltlich-strukturierende qualitative Inhaltsanalyse ist das am häufigsten einge-setzte Verfahren der qualitativen Inhaltsanalyse (Kuckartz, 2018, S. 48). Das Ziel ist eine systematische Beschreibung des Materials bezüglich der forschungsrele-vanten Merkmale (Mayring, 2015, S. 103). Dazu werden anhand des Materials und aus der Theorie inhaltliche Aspekte identifiziert und konzeptualisiert. Die konzeptualisierten Aspekte dienen als Struktur für das Kategoriensystem. Mit Hilfe des Kategoriensystems kann das Material anschließend in Bezug auf diese Aspekte systematisch beschrieben werden (Schreier, 2014). Das Ablaufmodell der qualitativen Inhaltsanalyse kann nicht gleichermaßen für jede Variante genutzt werden. Vielmehr ist es notwendig, das Ablaufmodell an die jeweilige Variante sowie insbesondere an das Forschungsziel und die Gegebenheiten der Studie anzupassen. Der Ablauf einer inhaltlich-strukturierenden qualitativen Inhalts-analyse orientiert sich an dem Ablauf der qualitativen Inhaltsanalyse (siehe Abbildung 8.1). Ergänzt wird der Ablauf durch eine Wechselwirkung zwischen der Kategorienbildung und der Kodierung und der Ausdifferenzierung der Kategorienbildung und Kodierung in verschiedene Phasen. Abbildung 8.2 zeigt den Ablauf der inhaltlich-strukturierenden Inhaltsanalyse, wie er in der vorliegenden Studie umgesetzt wurde.

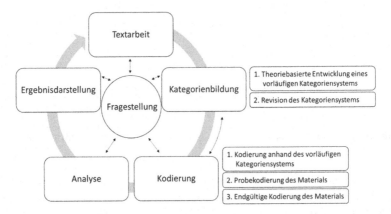

Abbildung 8.2 Ablauf der inhaltlich-strukturierenden Inhaltsanalyse in Anlehnung an Kuckartz (2018, S. 100) und Schreier (2014).

Ausgangspunkt der inhaltlich-strukturierenden Inhaltsanalyse ist wie bei jeder Variante der qualitativen Inhaltsanalyse die fixierte Kommunikation. In der vorliegenden Untersuchung ist die fixierte Kommunikation durch die Transkripte des Videomaterials gegeben. Daher soll im Folgenden zunächst die Aufbereitung des Videomaterials zu Transkripten beschrieben werden (Kapitel 8.1.1), bevor anschließend auf die Umsetzung der einzelnen Phasen der inhaltlich-strukturierenden Inhaltsanalyse in der vorliegenden Untersuchung eingegangen wird (Kapitel 8.1.2 bis Kapitel 8.1.5).

8.1.1 Aufbereitung der Daten

Die auszuwertenden Daten umfassen 960 Minuten Videomaterial und 21 Mitschriften. Das Videomaterial besteht pro teilnehmender Person aus der Entwicklungsphase und der Bearbeitungsphase von drei Aufgaben, den *Stimulated Recall Interviews* und einem Interview. Um das Videomaterial für die Analyse zugänglich zu machen, werden die auf den Videos zu erkennenden Verbalisierungen und Handlungen verschriftlicht. Eine solche Verschriftlichung wird als Transkript bezeichnet und kann je nach Forschungsziel und Verwendungszweck in seiner Ausführlichkeit variieren (Dresing & Pehl, 2018). So können in einem Transkript neben den gesprochenen Worten auch paraverbale (z. B. Tonerhöhung, Akzente, Sprechgeschwindigkeit) und non-verbale Komponenten (z. B. Mimik und Gestik) erfasst werden. Das Ziel eines Transkripts sollte einerseits eine möglichst detailtreue Wiedergabe der Verbalisierungen und Handlungen sein, die andererseits jedoch nicht zu viele Details enthält, um die Lesbarkeit zu gewährleisten. Zur Balancierung dieser beiden Pole muss das Transkriptionssystem passend zum Forschungsziel gewählt werden. Dabei steht insbesondere die Frage im Fokus, welcher Datenverlust durch die Transkription für die Analyse hingenommen werden kann. In der vorliegenden Arbeit wurde sich für ein inhaltlich-semantisches Transkriptionssystem entschieden, wie es bei Dresing und Pehl (2018, S. 21–22) zu finden ist und auch von Rellensmann (2019) verwendet wurde. Dieses System wurde für das vorliegende Forschungsziel leicht modifiziert (siehe Anhang VIII im elektronischen Zusatzmaterial). Dem Transkriptionssystem folgend enthält das Transkript primär verbale Äußerungen und nur wenige para- und nonverbale Komponenten, da für die Analyse der bei den Studierenden stattfindenden Prozesse vor allem die verbalen Äußerungen zentral sind. Diese Äußerungen werden im Transkript in Umgangssprache und Dialekt geglättet dargestellt (z. B. wurde „sin wa" zu „sind wir" geglättet). Zusätzlich wurden paraverbale Komponenten (z. B. *lacht, seufzt*) und non-verbale Handlungen (z. B. *tippt etwas in den Taschenrechner ein*) in kursiver Schrift in Klammern in das Transkript integriert, um die verbalen Äußerungen angemessen zu interpretieren und zu verstehen. Die in der Arbeit abgebildeten Zitate weichen teilweise von den festgelegten Transkriptionsregeln ab, da zur Gewährung einer besseren Lesbarkeit beispielsweise für die Interpretation unrelevante Sprechpausen und Füllwörter in den Zitaten nicht abgebildet werden. Es wurde für jede teilnehmende Person jeweils ein Transkript pro Ausgangssituation für die Entwicklungsphase, ein Transkript für die Bearbeitungsphase sowie ein Transkript des Interviews angefertigt. Das *Stimulated Recall Interview* wurde nicht separat transkribiert, sondern zur Explikation und Verifikation der Interaktionen in das Transkript der jeweiligen Entwicklungs- und Bearbeitungsphase integriert. Dazu wurde in die Transkripte eine separate Spalte *Stimulated Recall* zu den jeweiligen Sequenzen hinzugefügt und mit Hilfe hochgestellter Zahlen die Stelle im Transkript markiert, an dem das Video unterbrochen wurde. Ebenfalls in das Transkript mit aufgenommen wurden Ausschnitte der Mitschriften der Teilnehmenden während der Entwicklungs- und Bearbeitungsphase. Dazu wurden Bildschirmaufnahmen des jeweiligen Ausschnitts erstellt und an entsprechender Stelle in das Transkript in einer separaten Spalte *Handlungen Lösungszettel* mit aufgenommen. Dies erleichtert die Rekonstruktion der stattfindenden Prozesse.

Abbildung 8.3 zeigt exemplarisch die praktische Umsetzung der Integration des *Stimulated Recall Interviews* und der Mitschriften in den Transkripten.

Zeit:	Nr.	Zitate mit nonverbalen Äußerungen	Handlungen Lösungszettel	*Stimulated Recall Interview*
00:00	1	S: Ähm, so dann machen wir erstmal vielleicht eine (*beginnt zu zeichnen*) kurze Zeichnung, weil das ist auch immer gut.		
00:06	2	S: Dann haben wir hier unsere Talstation (*markiert einen Punkt*), hier ist unsere Bergstation (*markiert einen zweiten Punkt*) [.] und wir sagen, [.] (*verbindet die beiden Punkte*) so fährt unsere Bahn.[1] [..] Dann wissen wir/ [..]	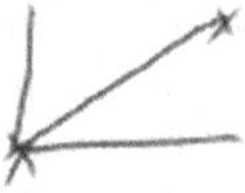	[1]I: Wozu fandst du die Zeichnung gut? S: Ähm, einfach um das [.] einmal kurz zu sehen, wo welcher Punkt ist. [.] Ähm, [.] genau damit ich einmal einzeichnen kann, wie die Punkte sind, [.] wie/ [..] Ja, [.] also einfach, um/ Also man könnte es vielleicht auch ohne Zeichnung lösen, aber es macht einfach vieles einfacher, wenn man sich das einmal irgendwie aufgemalt hat. I: Okay.

Abbildung 8.3   Exemplarischer Transkriptausschnitt.

Mit Hilfe des Transkriptionssystems (siehe Anhang VIII im elektronischen Zusatzmaterial) wurde das Videomaterial vollständig von drei instruierten Hilfskräften und einer Masterkandidatin transkribiert. Anschließend wurden die Transkripte von der Autorin der Arbeit selbst mit dem Videomaterial abgeglichen, gegebenenfalls korrigiert und Stellen im Transkript, die Rückschlüsse auf die Identität der teilnehmenden Person zulassen, wurden anonymisiert. Außerdem wurde dem jeweiligen Code der teilnehmenden Person ein passendes Pseudonym zugeordnet, wobei das Geschlecht der jeweiligen Person berücksichtigt wurde.

Zur Vorbereitung auf die qualitative Inhaltsanalyse wurden die Transkripte sequenziert. Kuckartz (2018, S. 30) unterscheidet bei der Sequenzierung zwischen

Auswahleinheiten, Analyseeinheiten, Kodiereinheiten und Kontexteinheiten. Die *Auswahleinheit* bezeichnet eine Auswahl der Objekte aus der Gesamtheit der zur Verfügung stehenden Daten, die als Grundgesamtheit zur Analyse herangezogen werden (Kuckartz, 2018, S. 30). Die *Analyseeinheit* bezeichnet die Einheit, die der qualitativen Inhaltsanalyse unterzogen wird. Ein bedeutungstragender Textbestandteil in der Analyseeinheit, dem eine bestimmte Kategorie zugeordnet wird, wird von Kuckartz (2018, S. 41) als *Kodiereinheit* definiert. Zur Kategorisierung der Kodiereinheit kann die *Kontexteinheit* herangezogen werden. Sie beschreibt die größte Einheit, die für das Verständnis zur Kategorisierung herangezogen werden darf (Kuckartz, 2018, S. 44). In der vorliegenden Untersuchung umfasst die Auswahleinheit 49 Transkripte und 21 ausgefüllte Bearbeitungsbögen. Pro teilnehmender Person umfasst die Auswahleinheit drei Transkripte der Entwicklungsphase, drei Transkripte der Bearbeitungsphase, ein Transkript des Interviews sowie drei Verschriftlichungen auf den jeweiligen Bearbeitungsbögen der Aufgabe. Zur Kodierung der *Problem Posing*- und Modellierungsaktivitäten beinhaltet eine Analyseeinheit jeweils ein Transkript einer Entwicklungs- oder Bearbeitungsphase. Mit Hilfe von Sequenzierungen wurde die jeweilige Analyseeinheit anschließend in Kodiereinheiten unterteilt. Diese Zuordnung kann sowohl formal als auch inhaltlich vorgenommen werden. Bei einer formalen Sequenzierung werden die Sequenzen anhand formaler Kriterien, wie zum Beispiel der Länge oder des Umfangs gesetzt (z. B. nach Wörtern, Sätzen, Paragraphen oder Time-Sampling (Harrop & Daniels, 1986)). Dagegen wird bei der inhaltlichen Sequenzierung der Umfang der Sequenz anhand thematischer Kriterien, wie zum Beispiel anhand von Personen oder Orten (referentiell), wertenden Äußerungen (propositional) oder bestimmter Themen (thematisch) vorgenommen (Kuckartz, 2018, S. 41). Da in der vorliegenden Arbeit insbesondere die Prozesse und Handlungen der Studierenden von Interesse sind, wurde eine thematische Sequenzierung der Transkripte nach Sinnabschnitten vorgenommen. Dazu wurde eine neue Sequenz immer dann gesetzt, wenn die Teilnehmenden einen neuen thematischen Gedanken aufgriffen oder eine neue Handlung begannen. Beispielsweise beginnt eine neue Sequenz in den Transkripten der Entwicklungsphase, wenn die teilnehmende Person die selbst-entwickelte Fragestellung verschriftlicht hat und zu Gedanken über die Lösung übergeht. Als minimale Kodiereinheit, das heißt die kleinste Einheit, der eine Kategorie zugeordnet wird, wurde dabei ein Wort festgelegt, ein Maximum wurde jedoch nicht festgelegt. Zur Interpretation konnten die gesamten Aufzeichnungen der jeweiligen teilnehmenden Person zu der jeweiligen Ausgangssituation sowie die beiden Transkripte der Entwicklungs- und Bearbeitungsphase herangezogen werden.

8.1.2   Initiierende Textarbeit

Ausgehend von den erstellten Transkripten des Rohmaterials kann die initiierende Textarbeit beginnen. Die initiierende Textarbeit umfasst die intensive Auseinandersetzung mit den Inhalten und dem Material, um ein erstes Gesamtverständnis des Falls im Hinblick auf die Forschungsfragen zu generieren (Kuckartz, 2018, S. 56). In diesem ersten Schritt wurden zunächst die einzelnen Transkripte aufmerksam gelesen. Dabei wurde auch das Videomaterial miteinbezogen. Während des Lesens wurden erste Gedanken, Ideen und Besonderheiten in Form von Memos (d. h. kurzen Notizen, ähnlich wie Post-its) festgehalten. Auf Grundlage der Memos wurden anschließend die zentralen Charakteristika eines Falls resümierend in Bezug auf die Forschungsfragen stichpunktartig zusammengefasst. Diese zusammenfassenden Fallbeschreibungen stellen den Ausgangspunkt der Analysen dar und können dabei helfen, einen analytischen Blick auf die Fälle einzunehmen und Kategorien zu generieren.

8.1.3   Entwicklung des Kategoriensystems

Die Kategorienorientierung ist ein zentrales Merkmal der qualitativen Inhaltsanalyse (siehe Abbildung 8.1). Das Kategoriensystem wird oftmals als das Herzstück der qualitativen Inhaltsanalyse bezeichnet (Schreier, 2014, S. 3). In diesem werden die forschungsrelevanten Aspekte des Materials als Kategorien expliziert, um anschließend den relevanten Ausschnitten des Materials interpretativ die festgehaltenen Ausprägungen der Kategorien zuzuordnen (Schreier, 2014). Mit Hilfe des Kategoriensystems kann die fixierte Kommunikation bezüglich der forschungsrelevanten Aspekte analysiert und sowohl manifeste (unmittelbare Wort- und Bildbedeutungen) als auch latente Bedeutungen (tiefere Bedeutungsebene) des Materials können herausgearbeitet werden (Döring & Bortz, 2016, S. 542). Die Zuordnung der Kategorien ermöglicht die Extraktion der forschungsrelevanten Merkmale aus dem Material und eine anschließende systematische Beschreibung.

Kategoriensysteme können hierarchisch aus verschiedenen Hauptkategorien und Unterkategorien aufgebaut sein. Die Komplexität und Struktur des Kategoriensystems kann sich je nach Anzahl der Hauptkategorien und zugehörigen Unterkategorien sowie der Anzahl der Hierarchiestufen unterscheiden, jedoch sollte jedes Kategoriensystem nach Schreier (2013, S. 175) folgende Anforderungen erfüllen: Jede Hauptkategorie des Kategoriensystems sollte eindimensional sein und somit nur einen Aspekt des Materials abdecken *(requirement of unidimensionality)*, jedoch darf das gesamte Kategoriensystem mit den unterschiedlichen Hauptkategorien auch mehrere Aspekte des Materials abbilden. Die Unterkategorien einer jeden Hauptkategorie sollten disjunkt zueinander sein, das heißt die Unterkategorien einer Hauptkategorie schließen sich gegenseitig aus *(requirement of mutual exclusiveness)*. Demnach kann jeder Kodiereinheit des Materials nur eine Unterkategorie einer jeden Hauptkategorie zugeordnet werden, jedoch kann eine Kodiereinheit gleichzeitig mit Unterkategorien verschiedener Hauptkategorien kodiert werden. Beispielsweise kann einer Kodiereinheit einmal eine Unterkategorie der *Problem Posing*-Aktivitäten und einmal eine Unterkategorie der Modellierungsaktivitäten zugeordnet werden. Außerdem sollte das Kategoriensystem vollständig sein, sodass alle relevanten Aspekte des Materials aus der Perspektive der Forschungsfragen abgedeckt werden *(requirement of exhaustiveness)*. Zur Erfüllung dieses Anspruchs kann bei der Entwicklung des Kategoriensystems jeder Hauptkategorie eine Restkategorie hinzugefügt werden.

Das Kategoriensystem selbst stellt ein zentrales Ergebnis inhaltlich-strukturierender qualitativer Inhaltsanalysen dar und die Ergebnisse hängen von dem entwickelten System entscheidend ab (Mayring, 2015, S. 21). Somit steht die Entwicklung der Kategorien im Fokus der qualitativen Inhaltsanalyse (Kuckartz, 2019, S. 183) und erfolgt in einem interpretativen Prozess (Schreier, 2014). Die einzelnen Kategorien können dabei sowohl *deduktiv* als auch *induktiv* entwickelt werden (Mayring, 2015, S. 85). Die *deduktive Kategorienbildung* kann bereits vor der Auseinandersetzung mit dem Material stattfinden (Kuckartz, 2018, S. 64). Ausgangspunkt für die Entwicklung der Kategorien können dabei sowohl vorliegende Theorien und Forschungsergebnisse zu dem jeweiligen Aspekt *(current state of research)* als auch die Forschungsfragen selbst, Hypothesen zu den Forschungsfragen oder ein Interviewleitfaden darstellen (Kuckartz, 2019, S. 184; Mayring, 2015, S. 85). Bei der *induktiven Kategorienbildung* handelt es sich um eine materialgeleitete Kategorienbildung. Dabei werden die Kategorien aktiv in Auseinandersetzung mit dem Material entwickelt (Mayring, 2015, S. 86). Für die induktive Bildung von Kategorien werden in der Literatur unterschiedliche Strategien beschrieben (für einen Überblick siehe Kuckartz (2018, S. 72–94)). In der vorliegenden Untersuchung wurde die Strategie der *Subsumption* genutzt, bei der das Material basierend auf den Hauptkategorien nach und nach durchgegangen wird (Schreier, 2013). Für jede Kodiereinheit einer Hauptkategorie wird entschieden, ob diese unter eine bereits gebildete Unterkategorie subsummiert werden kann oder ob die Bildung einer neuen Unterkategorie notwendig ist. Dieses Vorgehen wird so lange durchgeführt bis eine Sättigung entsteht. Dies ist der Fall, wenn kaum noch neue Kategorien gebildet werden müssen, sondern die zuvor gebildeten ausreichen (Schreier, 2013).

Über die Art der Kategorienbildung bei der inhaltlich-strukturierenden qualitativen Inhaltsanalyse herrscht in der Forschung Uneinigkeit. Während Mayring
(2015, S. 63) postuliert, dass die Kategorien theoriegeleitet entwickelt werden
sollen, argumentiert Kuckartz (2018), dass zumindest ein Teil der Kategorien in
einer aktiven Auseinandersetzung mit dem Material entwickelt werden sollen, um
durch eine möglichst gute Passung des Kategoriensystems und des Materials, dem
Anspruch der Vollständigkeit des Kategoriensystems gerecht zu werden (Schreier,
2014). Die deduktive und die induktive Kategorienbildung stellen zwei Pole der
Kategorienbildung dar (Kuckartz, 2018, S. 63), jedoch kann auch eine Mischform
der beiden Ansätze zur Bildung des Kategoriensystems herangezogen werden.
Unterschiedliche Kombinationen der beiden Ansätze sind in diesem Zusammenhang denkbar (Schreier, 2014). Eine Möglichkeit stellt die deduktive Bildung
der Hauptkategorien dar, die durch induktiv gebildete Unterkategorien ergänzt
wird. Dabei können jedoch auch Unterkategorien bereits theoriebasiert abgeleitet werden oder Hauptkategorien induktiv ergänzt werden. Insgesamt zeichnet
sich der *induktiv-deduktive* Ansatz zur Kategorienbildung also durch ein anhand
der Theorie entwickeltes Kategoriensystem aus, das durch die Auseinandersetzung mit dem Material induktiv ergänzt und verändert wird (Kuckartz, 2019,
S. 185). Deduktiv gebildete Kategorien können während der Arbeit am Material
induktiv verändert oder ergänzt werden, aber auch induktiv am Material abgeleitete Kategorien können später durch Bezugnahme auf die Theorie verändert
werden. Gläser und Laudel (2013) plädieren im Zusammenhang der qualitativen Inhaltsanalyse für eine induktiv-deduktive Kategorienbildung, da dieser
Ansatz sowohl der Verbindung zur Theorie als auch der Offenheit gegenüber
unerwarteten Informationen im Material gerecht wird.

Die Auswahl des Vorgehens zur Kategorienbildung hängt zum einen von
den Forschungsfragen und Zielen der Untersuchung und zum anderen von dem
Vorwissen über das jeweilige Thema ab (Kuckartz, 2018, S. 63).

> Je stärker die Theorienorientierung, je umfangreicher das Vorwissen, je gezielter
> die Fragen und je genauer die eventuell vorhandenen Hypothesen, desto eher wird
> man bereits vor der Auswertung der erhobenen Daten Kategorien bilden können
> (Kuckartz, 2018, S. 63).

Einerseits orientiert sich die vorliegende Arbeit an dem umfangreichen Vorwissen
über die bei der Bearbeitung von vorgegebenen Modellierungsaufgaben stattfindenden Modellierungsaktivitäten sowie an ersten Erkenntnissen zu den beim
Problem Posing ablaufenden Aktivitäten. Andererseits verfolgt die Arbeit aber
auch das Ziel, die Umsetzung der Prozesse zu beschreiben und eine Verbindung

zwischen den Prozessen zu explorieren. Um die bereits existierenden Erkenntnisse gewinnbringend für die Studie zu nutzen und gleichzeitig eine Anpassung an die Besonderheiten der vorliegenden Untersuchung vorzunehmen, wurde ein induktiv-deduktiver Ansatz zur Entwicklung des Kategoriensystems genutzt. Dazu wurden die Hauptkategorien und einige Unterkategorien zunächst deduktiv aus der Theorie abgeleitet. In der Auseinandersetzung mit dem Material wurden die Kategorien anschließend präzisiert, modifiziert und differenziert. Folglich ist das Kategoriensystem ein zentrales Ergebnis der qualitativen Inhaltsanalyse und wird im Rahmen der Ergebnisse in Kapitel 9 vorgestellt.

Das Kategoriensystem bildet die Gesamtheit aller entwickelten Haupt- und Unterkategorien. Für die Regelgeleitetheit der qualitativen Inhaltsanalyse ist es entscheidend, dass die jeweiligen Kategorien im Kategoriensystem genau definiert werden (Kuckartz, 2018, S. 39). Eine solche Definition sollte neben dem Namen der Kategorie auch eine inhaltliche Beschreibung der Kategorie mit möglichen Indikatoren, Kodierregeln mit notwendigen Abgrenzungen zu anderen Unterkategorien der jeweiligen Hauptkategorie sowie prototypische Beispiele enthalten (Mayring, 2016, S. 118–119). Das Kategoriensystem wird während des Kodierungsprozesses mehrfach getestet und eventuell erweitert (Schreier, 2013, S. 179). Die Entwicklung des Kategoriensystems für die vorliegende Arbeit soll folgend detailliert beschrieben werden.

Problem Posing-Aktivitäten

Die erste Hauptkategorie thematisiert die Aktivitäten, die während der Entwicklung einer eigenen Fragestellung stattfinden (abgekürzt _PP_). Diese wird zur Beantwortung der Forschungsfrage 1 (_Problem Posing_-Aktivitäten in der Entwicklungsphase) und der Forschungsfrage 3 (Verbindung _Problem Posing_- und Modellierungsaktivitäten in der Entwicklungsphase) herangezogen. Zur Entwicklung der Unterkategorien der Hauptkategorie wurde ein induktiv-deduktiver Ansatz ausgewählt. Ausgangspunkt der Entwicklung der deduktiven Kategorien bilden erste Erkenntnisse aus der _Problem Posing_-Forschung (Baumanns & Rott, 2022b; Pelczer & Gamboa, 2009). Auf Grundlage der Theorie und der Ergänzung am Material konnte die Hauptkategorie _Problem Posing_-Aktivitäten mit den Unterkategorien _Verstehen, Explorieren, Generieren, Problemlösen_ und _Evaluieren_ entwickelt werden. Die Unterkategorien _Explorieren, Generieren, Problemlösen_ und _Evaluieren_ konnten deduktiv aus den Forschungsergebnissen der Studien von Baumanns und Rott (2022b) und Pelczer und Gamboa (2009) abgeleitet werden. Dagegen wurde die Kategorie _Verstehen_ induktiv am Material gebildet. Zusätzlich wurde der Hauptkategorie eine Restkategorie _Sonstige_ hinzugefügt, unter die alle Sequenzen fallen, die keiner der anderen Kategorien zugeordnet werden können.

Das Kategoriensystem zu den *Problem Posing*-Aktivitäten sowie eine detaillierte Beschreibung der Realisierung der einzelnen Kategorien in den Daten findet sich in Kapitel 9.1.1.

Modellierungsaktivitäten

Die zweite Hauptkategorie umfasst die Modellierungsaktivitäten (abgekürzt *Mod*) und wird zur Beantwortung der Forschungsfrage 2 (Modellierungsaktivitäten in der Entwicklungsphase), der Forschungsfrage 3 (Verbindung *Problem Posing*- und Modellierungsaktivitäten in der Entwicklungsphase), der Forschungsfrage 4 (Modellierungsaktivitäten in der Bearbeitungsphase) und zur Beantwortung der Forschungsfrage 6 (Verbindung Modellierungsaktivitäten und *Problem Posing* in der Bearbeitungsphase) herangezogen. Die Kategorien wurden deduktiv entwickelt und orientieren sich an den Modellierungsaktivitäten des sieben-schrittigen Modellierungskreislaufs nach Blum und Leiß (2005), der die Prozesse *Verstehen*, *Vereinfachen und Strukturieren*, *Mathematisieren*, *Mathematisch Arbeiten*, *Interpretieren*, *Validieren* und *Vermitteln* umfasst (siehe Kapitel 3.4). In der Auseinandersetzung mit dem Material erwies sich jedoch die Kodierung der Aktivität *Vermitteln* als schwierig, da diese häufig nicht eindeutig von den anderen Kategorien abgrenzbar war. Demnach wurde diese Aktivität nicht in das Kategoriensystem für die vorliegende Arbeit mit aufgenommen. Darüber hinaus zeigte sich, dass das Verstehen in der Entwicklungsphase nicht das Verständnis der Fragestellung beinhaltet sowie in den Entwicklungphasen das Validieren nicht als Aktivität identifiziert werden konnte. Folglich wurden zwei Versionen zur Beschreibung der Modellierungsaktivitäten entwickelt. Die erste Version wird zur Beantwortung der Forschungsfragen 2 (Modellierungsaktivitäten in der Entwicklungsphase) und 3 (Verbindung *Problem Posing*- und Modellierungsaktivitäten in der Entwicklungsphase) verwendet und beinhaltet die fünf Unterkategorien *Verstehen*, *Vereinfachen und Strukturieren*, *Mathematisieren*, *Mathematisch Arbeiten* und *Interpretieren*. Die zweite Version wird zur Beantwortung der Forschungsfragen 4 (Modellierungsaktivitäten in der Bearbeitungsphase) und 6 (Verbindung Modellierungsaktivitäten und *Problem Posing* in der Bearbeitungsphase) herangezogen und beinhaltet die sechs Unterkategorien *Verstehen*, *Vereinfachen und Strukturieren*, *Mathematisieren*, *Mathematisch Arbeiten*, *Interpretieren* und *Validieren*. Zusätzlich wurde auch hier eine Restkategorie *Sonstige* hinzugefügt, der alle Sequenzen zugeordnet werden, die keiner der anderen sechs Unterkategorien zugeordnet werden können. Das Kategoriensystem zu den Modellierungsaktivitäten in der Entwicklungsphase sowie eine detaillierte Beschreibung der Realisierung der einzelnen Kategorien in den Daten findet sich in Kapitel 9.1.2.

Zu den Modellierungsaktivitäten in der Bearbeitungsphase ist das Kategoriensystem sowie eine detaillierte Beschreibung der Realisierung der einzelnen Kategorien in den Daten in Kapitel 9.2.1 abgebildet.

Lösungsinternes Problem Posing

Die dritte Hauptkategorie des Kategoriensystems umfasst das *lösungsinterne Problem Posing* (abgekürzt *LPP*). Diese wird zur Beantwortung der Forschungsfrage 5 (*Problem Posing* in der Bearbeitungsphase) und Forschungsfrage 6 (Verbindung Modellierungsaktivitäten und *Problem Posing* in der Bearbeitungsphase) benötigt. Die Anwendung der Hauptkategorie *Problem Posing*-Aktivitäten erschien für die Analyse des *lösungsinternen Problem Posings* nicht zielführend. Im Rahmen des *lösungsinternen Problem Posings* soll analysiert werden, welche Ausprägungen des *Problem Posings* natürlicherweise im Bearbeitungsprozess vorkommen und nicht, welche Aktivitäten innerhalb dieser Ausprägungen auftreten. Dafür wurde eine eigene Hauptkategorie für das *lösungsinterne Problem Posing* entwickelt, die sich auf das *Problem Posing* während und nach dem Bearbeitungsprozess bezieht (siehe Kapitel 4.2). Für die Entwicklung der Unterkategorien dieser Hauptkategorie wurde ein induktiv-deduktiver Ansatz gewählt. *Problem Posing* während des Modellierens kann in verschiedenen Facetten, wie der Reformulierung der Fragestellung oder der Generierung stattfinden (English et al., 2005; Fukushima, 2021; Mousoulides et al., 2007). Auf Grundlage der theoretischen Überlegungen und erster empirischer Ergebnisse wurden deduktiv die Unterkategorien *Generierung* und *Reformulierung* zur Hauptkategorie *lösungsinternes Problem Posing* gebildet (siehe Kapitel 5.2.2 und Kapitel 5.3.2). Induktiv am Material wurde die Unterkategorie *Evaluation* identifiziert. Darüber hinaus hat die Auseinandersetzung mit dem Material gezeigt, dass mit der Generierung einer Fragestellung während und nach dem Bearbeitungsprozess unterschiedliche Ziele verfolgt werden (abgekürzt *ZP*). Die Generierung von Fragestellungen während der Bearbeitung kann das Ziel verfolgen, weiterführende Fragestellungen zu entwickeln oder als Problemlösestrategie dienen (English et al., 2005; Barquero et al., 2019; Fukushima, 2021). Somit wurde eine weitere Kategorie *Ziele des lösungsinternen Problem Posings* gebildet. Zu dieser Kategorie wurden die Unterkategorien *Weiterentwicklung der Fragestellung* und *Problemlösestrategie* entwickelt. Das Kategoriensystem sowie eine detaillierte Beschreibung der Realisierung der Kategorien in den Daten findet sich in Kapitel 9.2.2.

Das Kategoriensystem[1] stellt die Grundlage für die Kodierung des Datenmaterials in dieser Untersuchung dar. Auf das Vorgehen zur Kodierung des Materials soll im Folgenden näher eingegangen werden.

8.1.4 Kodierung

Bei der Kodierung werden die Kategorien des Kategoriensystems nach festen Regeln den jeweiligen Kodiereinheiten zugeordnet, um das Material systematisch zu bearbeiten. Als Kodierende werden diejenigen bezeichnet, die der jeweiligen Kodiereinheit eine Kategorie zuordnen (Kuckartz, 2018, S. 44). Der Prozess der Zuordnung erfolgt interpretativ und ist anspruchsvoll (Schreier, 2014). Zur angemessenen Interpretation sollten die Kodierenden demnach mit den Fragestellungen, theoretischen Konstrukten sowie Kategorien der Untersuchung vertraut sein und über ein hohes Maß an Interpretationskompetenz verfügen (Kuckartz, 2018, S. 44). In der vorliegenden Arbeit wurde die gesamte Kodierung von der Autorin der Arbeit selbst vorgenommen. Für eine Probekodierung des Pilotierungsmaterials wurden zusätzlich zwei wissenschaftliche Mitarbeiter des IDMI rekrutiert. Auf die Kodierung der Pilotierung soll im Folgenden nicht weiter eingegangen werden. Teile der Hauptstudie wurden neben der Autorin zusätzlich von einer Masterstudentin kodiert, die zu diesem Zeitpunkt ihre Masterarbeit am Institut schrieb. Zur angemessenen Interpretation des Materials wurde mit der Masterkandidatin eine Kodierschulung durchgeführt. Im Rahmen dieser fand aufbauend auf den bereits vorhandenen theoretischen Kenntnissen der Masterkandidatin über das mathematische Modellieren und über das *Problem Posing* eine Besprechung des Kategoriensystems statt und die Anwendung wurde am Material geübt. Der Kodierungsprozess bestand insgesamt aus drei Teilprozessen (siehe Abbildung 8.2), auf die im Folgenden detailliert eingegangen werden soll.

Kodierung anhand des vorläufigen Kategoriensystems
In einem ersten Kodierungsprozess wurde das Material anhand der deduktiv gebildeten Kategorien kodiert. Das Ziel dieses ersten Kodierungsprozesses war die induktive Ergänzung des Kategoriensystems hin zur Entwicklung des endgültigen Kategoriensystems. Dieser Kodierungsprozess wurde in der vorliegenden Studie zunächst für das Pilotierungsmaterial und anschließend für das Material aus der Hauptstudie von der Autorin der Arbeit selbst durchgeführt. Als

---

[1] Zur begründeten Fallauswahl in Abschnitt 9.3.1 enthält das endültige Kategoriensystem in Anhang IXb eine zusätzliche Kategorie zur Analyse der selbst-entwickelten Fragestellungen.

Ergebnis der Kodierung des Pilotierungsmaterials entstand ein vorläufiges ausdifferenziertes Kategoriensystem. Die Ausdifferenzierung betraf insbesondere die induktive Ergänzung der Aktivität *PP1 Verstehen* in der Hauptkategorie *Problem Posing-Aktivitäten* und die Ergänzung der Aktivität *LPP3 Evaluation* in der Hauptkategorie *lösungsinternes Problem Posing*. Anschließend wurde das Material der Hauptstudie mit dem aus der Pilotierung generierten vorläufigen ausdifferenzierten Kategoriensystem kodiert und durch die Auseinandersetzung am Material ergänzt. Die induktiven Ergänzungen betrafen zum einen die Hauptkategorie des *lösungsinternen Problem Posings*. Hierbei wurde eine weitere Ausdifferenzierung der Kategorien vorgenommen, indem dem *Problem Posing* ein Ziel (abgekürzt *ZP*) und eine Funktion (abgekürzt *FP*) zugeordnet wurde. Das resultierende vorläufige Kategoriensystem befindet sich in Anhang IXa im elektronischen Zusatzmaterial.

Probekodierung

Im Rahmen einer Probekodierung wurde das Kategoriensystem anhand von 14 % des Materials auf seine Güte überprüft und gegebenenfalls weiter ausdifferenziert. Die Probekodierung wurde durch die Autorin der Arbeit in Zusammenarbeit mit der Masterstudentin durchgeführt. Bei abweichenden Kodierungen wurde ein prozedurales Vorgehen gewählt, indem die Abweichungen diskutiert wurden und zu Einigungen führten, die im Rahmen des Kategoriensystems festgehalten wurden. Dabei wurden insbesondere Verfeinerungen der Kategorien zur Abgrenzung von anderen Kategorien bei den *Problem Posing*- und Modellierungsaktivitäten vorgenommen. Beispielsweise ergaben sich Schwierigkeiten in der Abgrenzung der *Problem Posing*-Aktivitäten *PP2 Explorieren* und *PP4 Problemlösen*. Zur Abgrenzung wurde in das Kategoriensystem mit aufgenommen, dass es bei *PP2 Explorieren* lediglich um die Exploration mathematischer Verbindungen und noch nicht um einen konkreten Lösungsweg und konkrete mathematische Operationen geht. Bei den Modellierungsaktivitäten wurde eine Ergänzung der Aktivität *Mod1 Verstehen* vorgenommen, indem ergänzt wurde, dass auch die Beschreibung von Abbildungen zu dem Verstehen zählt. Des Weiteren wurde die Modellierungsaktivität *Mod 7 Vermitteln* aus dem Kategoriensystem gestrichen, da diese nicht eindeutig von den anderen Aktivitäten abgrenzbar war. Bezüglich des *lösungsinternen Problem Posings* wurde eine Zusammenfassung der Kategorien Ziele der Generierung von Fragestellungen und Funktionen der lösungsinternen Generierung mit dem Ziel des Problemlösens vorgenommen. Diejenigen Sequenzen in der Bearbeitungsphase, die eine Generierung einer Fragestellung (*LPP1 Generierung*) mit dem Ziel des Problemlösens (*ZP2 Problemlösen*) und der Funktion

Lösungsstrategie (*FPP3 Lösungsstrategie*) kodiert wurden, wurden zur Unterkategorie ZP2 *Problemlösestrategie* der Ziele der Generierung zusammengefasst. Die übrigen Funktionen wurden aus dem Kategoriensystem gestrichen, da sie nicht auf die Generierung von mathematischen Fragestellungen abzielten. Das Ergebnis der Pilotierung war das endgültige Kategoriensystem (siehe Anhang IXb im elektronischen Zusatzmaterial), das für die endgültige Kodierung herangezogen wurde.

Endgültige Kodierung

Im Rahmen der endgültigen Kodierung wurde das Datenmaterial vollständig kodiert. Zunächst wurde das Material der Entwicklungsphase anhand der Hauptkategorie *Problem Posing-Aktivitäten* kodiert. Jeder Sequenz wurde dabei genau ein Code zugewiesen. Anschließend wurde das Material der Entwicklungsphase anhand der Hauptkategorie *Modellierungsaktivitäten* kodiert. Dazu wurde zunächst entschieden, in welchen der Sequenzen Modellierungsaktivitäten auftreten. Diese wurden grau hinterlegt und nur den markierten Sequenzen wurden Modellierungsaktivitäten zugeordnet. Dabei konnten innerhalb einer Sequenz mehrere Modellierungsaktivitäten auftreten. Das Material der Bearbeitungsphase wurde zunächst anhand der Hauptkategorie *Modellierungsaktivitäten* kodiert. Jeder Sequenz wurde dabei genau ein Code zugewiesen. Anschließend wurde das Material der Bearbeitungsphase anhand der Hauptkategorie *lösungsinternes Problem Posing* kodiert. Dazu wurde zunächst entschieden, in welchen der Sequenzen *lösungsinternes Problem Posing* auftritt. Diese wurden grau hinterlegt und nur den markierten Sequenzen wurden Codes des *lösungsinternen Problem Posings* zugeordnet. Auch hier konnte innerhalb einer Sequenz mehrfach *lösungsinternes Problem Posing* auftreten. In einem nächsten Schritt wurden alle Sequenzen, in denen *lösungsinternes Problem Posing* als Generierung stattfand, noch hinsichtlich des Ziels des *Problem Posings* kodiert. Zur Überprüfung der Reproduzierbarkeit der Kodierung (*Intersubjektivität*) wurden etwas mehr als die Hälfte des Materials (57 %) von der geschulten Masterstudentin doppelt kodiert. Die Werte der Übereinstimmungen zwischen den Kodierungen werden in Kapitel 8.2 berichtet.

Die Kodierung und die anschließenden Analysen wurden durch die QDA-Software *(Qualitative Data Analysis Software)* Atlas.ti unterstützt. Dazu wurden die angefertigten Transkripte in Atlas.ti importiert. Die Software kann gewinnbringend für die Auswertung der Daten genutzt werden. Beispielsweise können in der Software die Codes des Kategoriensystems angelegt und den entsprechenden Kodiereinheiten zugeordnet werden. Revisionen des Kategoriensystems, beispielsweise wenn zwei zuvor separat kodierte Kategorien zu einer neuen zusammengefasst werden, können durch Veränderung der angelegten Codes direkt auf das zuvor kodierte Material angewendet werden. Zusätzlich bietet Atlas.ti die Möglichkeit, in einem Intercodermodus eine Doppelkodierung vorzunehmen und die prozentuale Übereinstimmung anschließend automatisiert auszuwerten. Auch zur Analyse der Daten konnte die Software gewinnbringend eingesetzt werden. So können alle zu einem Code zugeordneten Transkriptausschnitte auf einem Blick zusammenfassend dargestellt werden und die Häufigkeiten des simultanen Auftretens verschiedener Codes im Material können automatisiert tabellarisch aufgeführt werden. Insbesondere die Entwicklung von Kreuztabellen konnte so deutlich erleichtert werden. Bei der qualitativen Inhaltsanalyse ist das Ursprungsmaterials von großer Bedeutung (Kuckartz, 2018, S. 47). In der genutzten Software bleibt die vergebene Kategorie mit der Datenquelle verbunden, sodass in den Analysen auf die entsprechenden Quellen leicht Bezug genommen werden kann.

8.1.5 Analyse und Ergebnisdarstellung

Zur Analyse und Darstellung der Ergebnisse einer inhaltlich-strukturierenden qualitativen Inhaltsanalyse bietet sich eine Vielzahl an Verfahren an. Für die vorliegende Untersuchung wurden die in Tabelle 8.1 dargestellten Verfahren in Anlehnung an Kuckartz (2018, S. 118) ausgewählt.

Tabelle 8.1 Übersicht der genutzten Auswertungsverfahren

Verfahren	Hauptkategorie	Phase	Forschungsfragen
Kategorienbasierte Auswertung entlang der Hauptkategorien	*Problem Posing*-Aktivitäten	Entwicklungsphase	Forschungsfrage 1a
	Modellierungsaktivitäten	Entwicklungsphase	Forschungsfrage 2
		Bearbeitungsphase	Forschungsfrage 4
	Lösungsinternes Problem Posing	Bearbeitungsphase	Forschungsfrage 5
Zusammenhangsanalysen zwischen Unterkategorien einer Hauptkategorie	*Problem Posing*-Aktivitäten	Entwicklungsphase	Forschungsfrage 1b

(Fortsetzung)

Tabelle 8.1 (Fortsetzung)

Verfahren	Hauptkategorie	Phase	Forschungsfragen
Zusammenhangsanalysen zwischen zwei Hauptkategorien mittels Kreuztabellen	*Problem Posing*-Aktivitäten – Modellierungsaktivitäten	Entwicklungsphase	Forschungsfrage 3
	Modellierungsaktivitäten – *Lösungsinternes Problem Posing*	Bearbeitungsphase	Forschungsfrage 6

Die Tabelle zeigt eine Übersicht, welche der Verfahren zur Beantwortung welcher Forschungsfragen herangezogen wurden. Im Folgenden sollen die gewählten Verfahren kurz vorgestellt und ihre Anwendung in der vorliegenden Untersuchung beschrieben werden: Die kategorienbasierte Auswertung entlang der Hauptkategorien wird zur Beantwortung der Forschungsfragen 1a, 2, 4 und 5 herangezogen. Dazu werden zu jeder der vier Hauptkategorien *Problem Posing-Aktivitäten, Modellierungsaktivitäten* (aufgegliedert nach Entwicklungs- und Bearbeitungsphase) und *lösungsinternes Problem Posing* zunächst das entwickelte Kategoriensystem und die darin enthaltenen Kategorien vorgestellt und an prototypischen Transkriptausschnitten verdeutlicht. Anschließend werden die quantiativen Daten (Häufigkeiten und Dauer) entlang der Fälle abgebildet. Durch die Darstellung der qualitativen Ergebnisse als quantitative Ergebnisse können die Häufigkeiten der jeweiligen Kategorien analysiert werden (Mayring, 2015, S. 13). Die Darstellung quantitativer und qualitativer Ergebnisse ermöglicht sowohl Häufigkeitsanalysen der einzelnen Kategorien als auch eine Analyse der Ausgestaltung der Kategorien in den Daten.

Die Analyse von Zusammenhängen kann sowohl zwischen Unterkategorien einer Hauptkategorie als auch zwischen den Hauptkategorien stattfinden (Kuckartz, 2018, S. 119). In der vorliegenden Untersuchung ist die Analyse von Zusammenhängen zwischen Unterkategorien einer Hauptkategorie insbesondere zur Beantwortung der Forschungsfrage 1b zielführend. Kreuztabellen können dabei genutzt werden, um die Verbindungen zwischen den Ausprägungen systematisch darzustellen (Kuckartz, 2019, S. 193). Mit Hilfe einer Kreuztabelle wird zur Beantwortung der Forschungsfrage 1b analysiert, inwiefern die jeweiligen Unterkategorien der Hauptkategorie *Problem Posing*-Aktivitäten aufeinander folgen, um eine Analyse der Sequenz der ablaufenden Aktivitäten vorzunehmen. Der Zusammenhang wird mit Hilfe von Häufigkeitsanalysen quantifiziert.

Die Analyse von Zusammenhängen zwischen zwei Hauptkategorien wird zur Beantwortung der Forschungsfragen 3 und 6 genutzt, um die Verbindungen des

Problem Posings und des Modellierens zu beschreiben. Mit Hilfe von Kreuzta-bellen wird dazu das gemeinsame Auftreten der *Problem Posing*-Aktivitäten und Modellierungsaktivitäten in der Entwicklungsphase (Forschungsfrage 3) sowie das gemeinsame Auftreten der Kategorien der Modellierungsaktivitäten und des *lösungsinternen Problem Posings* in der Bearbeitungsphase (Forschungsfrage 6) analysiert. Mit Hilfe von Häufigkeitsanalysen wird der jeweilige Umfang des gemeinsamen Auftretens analysiert. Die quantitativen Daten werden anhand qualitativer Daten ergänzt und durch prototypische Beispiele illustriert.

Die Ergebnisse der Analysen entlang der Hauptkategorien und der Zusam-menhangsanalysen werden durch detaillierte Einzelfallanalysen vertieft (siehe Abschnitt 9.3). Die Einzelfallanalysen repräsentieren keineswegs die Ergebnisse für die Gesamtheit aller Teilnehmenden. Vielmehr kann mit Hilfe der Einzelfall-analysen ein tieferer Einblick in einzelne gezielt ausgewählte Fälle ermöglicht werden, der zur Ergänzung und Überprüfung der Ergebnisse beiträgt. Dazu wer-den systematisch prototypische, interessante Fälle nach bestimmten Kriterien ausgewählt und kontrastierend gegenübergestellt. Der Vergleich und die Kon-trastierung der Fälle kann bei der Entwicklung eines idealisierten Modells der Prozesse helfen (Bikner-Ahsbahs, 2015). Im Rahmen der gesamten Darstellung der Ergebnisse werden Visualisierungen genutzt, um die jeweiligen Prozesse und ihre Verbindungen zueinander adäquat und übersichtlich darzustellen.

8.2   Gütekriterien

Die wissenschaftliche Qualität einer Studie kann über die Einhaltung bestimmter Qualitätskriterien ermittelt und durch bestimmte Qualitätsindikatoren beurteil-bar gemacht werden (Döring & Bortz, 2016, S. 107). Im Folgenden soll die vorliegende Studie hinsichtlich der einschlägigen Qualitätskriterien betrachtet werden, indem die Umsetzung der jeweiligen Kriterien in der vorliegenden Unter-suchung berichtet wird. Dies ermöglicht den Lesenden eine Einschätzung der wissenschaftlichen Qualität der Studie. Es wird zunächst auf die klassischen Gütekriterien zur Beurteilung qualitativer Studien eingegangen (Kapitel 8.2.1), bevor anschließend die ethischen Gütekriterien der Studie betrachtet werden (Kapitel 8.2.2).

8.2.1 Gütekriterien qualitativer Forschung

Zur Beurteilung der Qualität einer Studie sollten die Gütekriterien Validität, Reliabilität und Objektivität überprüft werden. Jedoch hängt die Überprüfung der Kriterien stark von der Forschungsmethode ab. Während die Überprüfung der Gütekriterien in der quantitativen Forschung zumeist auf die Beurteilung der statistischen Verfahren mit Hilfe fester Standards im Sinne von Referenzwerten abzielt (z. B. Döring & Bortz, 2016, S. 93), können diese Standards nicht uneingeschränkt auf die Beurteilung von Textinterpretationen in der qualitativen Forschung übertragen werden. Trotz der übereinstimmenden Ansicht, dass auch die qualitative Forschung normative Standards zur Überprüfung der Qualität einer Studie benötigt, fehlt bislang ein einheitliches System, das zur Überprüfung angewendet werden kann (Flick, 2020). So existieren in der qualitativen Forschung diverse Kriterienkataloge, die zur Überprüfung der Gütekriterien herangezogen werden können (z. B. Steinke, 2000; Lincoln & Guba, 1985; Mayring, 2016; Tracy, 2010). Im Folgenden wird auf den international anerkannten Kriterienkatalog von Lincoln und Guba (1985) Bezug genommen, der auf den testtheoretischen Gütekriterien quantitativer Forschung beruht, jedoch die Benennung eigener Kriterien für die qualitative Forschung vornimmt. Tabelle 8.2 gibt eine Übersicht über die Qualitätskriterien der quantitativen Forschung, die Pendants für die qualitative Forschung und die Techniken, die zur Sicherung der Kriterien in der vorliegenden Arbeit angewendet wurden. Die differenzierten Erläuterungen gliedern sich nach den drei klassischen testtheoretischen Gütekriterien Validität, Reliabilität und Objektivität.

Tabelle 8.2 Übersicht der Gütekriterien und Techniken zur Sicherung der Kriterien

Gütekriterium quantitative Forschung	Gütekriterium-Pendant qualitative Forschung	Technik zur Sicherung der Kriterien in der vorliegenden Arbeit
Validität	Vertrauenswürdigkeit	– Kommunikative Validierung in Form von *Peer Debriefings* – Überprüfung anhand der Rohdaten – Methodentriangulation
	Übertragbarkeit	– Detaillierte Beschreibung der Untersuchungsbedingungen

(Fortsetzung)

Tabelle 8.2 (Fortsetzung)

Gütekriterium quantitative Forschung	Gütekriterium-Pendant qualitative Forschung	Technik zur Sicherung der Kriterien in der vorliegenden Arbeit
Reliabilität	Zuverlässigkeit	– Dokumentation des Forschungsprozesses – Intersubjektivität (Intercoderreliabilität)
Objektivität	Überprüfbarkeit	– Verfahrensdokumentation – Regelgeleitetheit – *Peer Debriefings* – Überprüfung anhand der Rohdaten

Validität

Die *Validität* beschreibt den Grad der Gültigkeit der Daten, das heißt die Passung des Gemessenen zu dem, was gemessen werden soll (Döring & Bortz, 2016, S. 93). Als Pendant für die qualitative Forschung beschreiben Lincoln und Guba (1985) die *Vertrauenswürdigkeit* und die *Übertragbarkeit* der Ergebnisse. Die Vertrauenswürdigkeit der Ergebnisse gründet auf der Vertrauenswürdigkeit der gewählten Methode, des Kategoriensystems sowie der Interpretationen. Zur Vertrauenswürdigkeit der Methode trägt die gewählte Methodentriangulation bei (siehe Kapitel 7). Durch die Methodentriangulation können systematische Fehler, die den einzelnen Methoden geschuldet sind, reduziert werden, was wiederum zur Vertrauenswürdigkeit der Daten beiträgt. Bezüglich der Vertrauenswürdigkeit des entwickelten Kategoriensystems wurde ein *Peer Debriefing* genutzt (Flick, 2020; Kuckartz, 2018; Schreier, 2012), um zu gewährleisten, dass die untersuchten Konstrukte durch das entwickelte Kategoriensystem angemessen repräsentiert werden. Das *Peer Debriefing* fand im Rahmen von Vorträgen, Diskussionen, Beratungen und Kodierungen im Team statt. Insgesamt wurde das Projekt auf einer nationalen (GDM-Tagung) und zwei internationalen Tagungen (CERME, PME) sowie im Rahmen zweier interner Kolloquien mit dem Modellierungsexperten Werner Blum und einem Doktorandenkolloquium vorgestellt. Die jeweiligen Expertinnen und Experten konnten im Rahmen der Vorträge einen Blick von außen auf die Studie einnehmen, wodurch ein forschungspraktisches Bias in Form von Voreingenommenheit der Autorin der Arbeit vermieden werden konnte. Ein Vortrag im Rahmen der internen Kolloquien im März 2021 fokussierte dabei explizit die Vorstellung des entwickelten Kategoriensystems. Aus dem *Peer Debriefing* ergab sich insgesamt eine Übereinstimmung mit dem entwickelten Kategoriensystem.

Darüber hinaus fanden Kodierungen im Team mit einem weiteren Mitarbeiter des IDMI sowie einer Masterkandidatin, die ihre Abschlussarbeit zu diesem Thema verfasste, statt (siehe Kapitel 8.1.4). Im Rahmen dessen wurden Abweichungen diskutiert und resultierende Kriterien im Kategoriensystem festgehalten.

Zur Beurteilung der *Übertragbarkeit* der Ergebnisse wurde insbesondere auf die detaillierte Beschreibung der Untersuchungsbedingungen im Rahmen der Stichprobe (siehe Kapitel 7.2), der verwendeten Ausgangssituationen (siehe Kapitel 7.3) sowie der Durchführung (siehe Kapitel 7.4) geachtet.

Reliabilität

Die *Reliabilität* einer Studie bezieht sich auf die Zuverlässigkeit der Messung, das heißt insbesondere auf die Stabilität und die Genauigkeit der Messung (Döring & Bortz, 2016, S. 83). Dies spiegelt sich auch in dem von Lincoln und Guba (1985) formulierten Pendant der *Zuverlässigkeit* für die qualitative Forschung wider. Die Zuverlässigkeit kann in der qualitativen Forschung zum einen aus der Perspektive des prozeduralen Vorgehens und zum anderen aus der Perspektive der Stabilität der Messungen betrachtet werden. Zur Einschätzung der Zuverlässigkeit aus der prozeduralen Perspektive wurden im Rahmen eines Forschungstagebuchs alle Forschungsprozesse inklusive aller an den Prozessen beteiligten Personen sorgsam dokumentiert. Dies trägt vor allem zur Transparenz des Vorgehens bei.

Die Stabilität der Messungen wurde im Rahmen der vorliegenden Untersuchung mit Hilfe der *Intercoderreliabilität* überprüft. Die *Intercoderreliabilität* prüft die Übereinstimmung der Kodierungen zwischen zwei Kodierenden, die unabhängig voneinander etwas über die Hälfte des Materials (57 %) kodiert haben. Die einfachste Variante der Angabe der *Intercoderreliabilität* ist die prozentuale Übereinstimmung p_0. Diese gibt die relative Häufigkeit der Anzahl der Übereinstimmungen zu der Gesamtanzahl an.

$$p_0 = \frac{Anzahl\ der\ Übereinstimmungen}{Gesamtanzahl}$$

Die Anwendung der prozentualen Übereinstimmung ist jedoch als kritisch einzuschätzen, wenn die Anzahl der Ausprägungen ungleichmäßig verteilt und einige Ausprägungen besonders selten auftreten (Seidel & Prenzel, 2010). Ein weiteres Maß, das häufig zur Angabe der Überstimmung herangezogen wird, ist der Reliabilitätskoeffizient Cohens Kappa (κ). Dieser bezieht neben der relativen Häufigkeit den Standardfehler p_e in die Berechnung mit ein, der von der Anzahl der Ausprägungen der Kategorie abhängt.

$$\kappa = \frac{p_0 - p_e}{1 - p_e}$$

mit $p_0 = \dfrac{Anzahl\ der\ \ddot{U}bereinstimmungen}{Gesamtanzahl}$ und $p_e = \dfrac{1}{Anzahl\ der\ Auspr\ddot{a}gungen}$

Bezüglich der Interpretation der ermittelten Werte werden in der Literatur Referenzwerte angegeben. Demnach können κ-Werte zwischen .60 und .75 als gute Übereinstimmung und Werte über .75 als sehr gute Übereinstimmung interpretiert werden (Wirtz & Caspar, 2002, S. 59). Jedoch sollten niedrige Übereinstimmungsmaße in der qualitativen Forschung keinesfalls als Cut-off-Kriterium dienen, sondern vielmehr Anlass zur detaillierten Betrachtung der Daten und falls notwendig zu einer Überarbeitung der verwendeten Kategoriensysteme geben (Schreier, 2013).

Zur Einschätzung der Übereinstimmungen wurden während der gesamten Untersuchung beide Werte herangezogen, um das Kategoriensystem und die Anwendung zu evaluieren. Eine Übersicht der Übereinstimmungsmaße der Doppelkodierungen anhand des Kategoriensystems findet sich in Tabelle 8.3.

Tabelle 8.3 Übereinstimmungsmaße der Doppelkodierungen

	Essstäbchen	Feuerwehr	Seilbahn	Gesamt
Problem Posing-Aktivitäten				
Cohens Kappa	.895	.954	.809	.886
Prozentual	92 %	97 %	88 %	91 %
Identifizierung Modellierungsaktivitäten Entwicklungsphase				
Cohens Kappa	.916	.820	.852	.871
Prozentual	96 %	92 %	95 %	94 %
Modellierungsaktivitäten Entwicklungsphase				
Cohens Kappa	.909	.965	.842	.908
Prozentual	95 %	98 %	94 %	94 %
Modellierungsaktivitäten Bearbeitungsphase				
Cohens Kappa	.760	.908	.917	.883
Prozentual	82 %	93 %	94 %	91 %
Identifizierung *lösungsinternes Problem Posing* Bearbeitungsphase				
Cohens Kappa	.837	.874	.900	.879

(Fortsetzung)

Tabelle 8.3 (Fortsetzung)

	Essstäbchen	Feuerwehr	Seilbahn	Gesamt
Prozentual	95 %	96 %	97 %	96 %
Lösungsinternes Problem Posing				
Cohens Kappa	1.00	.901	1.00	.955
Prozentual	100 %	97 %	100 %	99 %
Ziele *lösungsinternes Problem Posing*				
Cohens Kappa	1.00	.849	1.00	.942
Prozentual	100 %	93 %	100 %	97 %
Funktionen der Generierung einer Frage mit dem Ziel des Problemlösens				
Cohens Kappa	.846	.921	.852	.878
Prozentual	90 %	95 %	89 %	91 %

Die Übereinstimmung wurde separat für die Hauptkategorien berechnet. Bei den Kategorien *Modellieren Entwicklungsphase* und *lösungsinternes Problem Posing* ergibt sich die Besonderheit, dass nur ein bestimmter Anteil der Sequenzen der Entwicklungsphase Modellierungsaktivitäten bzw. nur ein bestimmter Anteil der Sequenzen der Bearbeitungsphase *lösungsinternes Problem Posing* enthielt. Deshalb war die Identifizierung der jeweiligen Sequenzen, in denen diese Aktivitäten stattfanden, von besonderer Bedeutung und wurde ebenfalls doppelt kodiert (*Identifizierung Modellierungsaktivitäten Entwicklungsphase, Identifizierung lösungsinternes Problem Posing Bearbeitungsphase*). Nachdem eine angemessene Übereinstimmung der Identifizierung erreicht wurde, wurden anschließend den ausgewählten Sequenzen die Unterkategorien der Modellierungsaktivitäten bzw. des *lösungsinternen Problem Posings* zugeordnet. Nach Wirtz und Caspar (2002, S. 59) liegen die Übereinstimmungen in einem sehr guten Bereich. Die Übereinstimmungsmaße der Doppelkodierung beziehen sich auf das vorläufige Kategoriensystem (siehe Anhang IXa im elektronischen Zusatzmaterial). Anhand des Materials fand nachträglich eine Zusammenfassung der Kategorien *Ziele lösungsinternes Problem Posings* und *Funktionen der Generierung einer Frage mit dem Ziel des Problemlösens* statt (siehe Anhang IXb im elektronischen Zusatzmaterial). Für eine detaillierte Beschreibung siehe Kapitel 8.1.4.

Objektivität

Die *Objektivität* beschreibt die Unabhängigkeit der erhaltenen Ergebnisse von externen Bedingungen, wie der Testleitung oder -situation. Dieses Kriterium ist in der qualitativen Forschung nicht umsetzbar, da durch den interpretativen Auswertungsprozess und die Äußerungen der Testpersonen ein gewisses Maß an Subjektivität unvermeidbar ist (Misoch, 2019). Demnach geht es bei dem Pendant der Objektivität für die qualitative Forschung nicht darum, die Subjektivität gänzlich aus dem Forschungsprozess zu eliminieren, sondern diese überprüfbar zu machen. Lincoln und Guba (1985) beschreiben die *Überprüfbarkeit* als Pendant der Objektivität für die qualitative Forschung. Zur Gewährung der Überprüfbarkeit gilt es insbesondere die Vorgehensweise der Studie transparent zu machen (Flick, 2020). In der vorliegenden Studie trägt eine detaillierte Verfahrensdokumentation in Form eines Forschungstagebuches sowie eine detaillierte Beschreibung der Erhebungs- (siehe Kapitel 7) und Auswertungsmethoden (siehe Kapitel 8) zur Überprüfbarkeit bei. Im Rahmen dessen wurden alle Prozesse und Entscheidungen, inklusive der daran beteiligten Personen, dokumentiert, sodass der vollzogene Prozess für Nicht-Beteiligte transparent gemacht wird.

Des Weiteren trägt auch das bereits vorab beschriebene *Peer Debriefing* zur Wahrung der Überprüfbarkeit bei. Insbesondere wurden in einem internen Kolloquium mit Werner Blum sowie in einem Doktorandenkolloquium Interpretationen direkt am Material aus der Studie vorgestellt und im Plenum diskutiert, um die eigene Subjektivität zu reflektieren. Zudem trägt zur Überprüfbarkeit auch das regelgeleitete, systematische Vorgehen in dieser Studie bei. So folgt der Auswertungsprozess dem von Kuckartz (2018, S. 100) festgelegten Vorgehen einer inhaltlich-strukturierenden Inhaltsanalyse und einem festgelegten Transkriptionssystem (siehe Anhang VIII im elektronischen Zusatzmaterial).

8.2.2 Ethische Gütekriterien

Die ethischen Gütekriterien einer Studie lassen sich in Bezug auf forschungsethische und wissenschaftsethische Aspekte aufgliedern. Bezüglich der forschungsethischen Aspekte steht der Umgang mit den Untersuchungspersonen im Vordergrund (Döring & Bortz, 2016, S. 123). Der ethische Umgang mit den Versuchspersonen einer Studie gründet auf der Einhaltung der drei Kriterien Freiwilligkeit und informierte Einwilligung, Schutz vor Beeinträchtigung und Schädigung und Anonymisierung und Vertraulichkeit der Daten (Sales & Folkman, 2000). Zur Beurteilung des ethischen Umgangs mit den Teilnehmenden in der vorliegenden Studie soll im Folgenden auf die jeweiligen Kriterien und Maßnahmen zur Einhaltung eingegangen werden. Zur Wahrung der *Frei-willigkeit und informierten Einwilligung* der Untersuchungspersonen sollten die Versuchspersonen freiwillig an der Studie teilnehmen und ihr Einverständnis auf Grundlage eines detaillierten Briefings über die Ziele und den Ablauf der Studie erteilen (Döring & Bortz, 2016, S. 123). An der vorliegenden Studie nahmen alle Teilnehmenden auf freiwilliger Basis teil (siehe Kapitel 7.2) und wurden für ihre Teilnahme mit einem 10€-Gutschein entschädigt. Zur Aufklä-rung der Teilnehmenden über die Ziele und den Ablauf der Studie wurde eine allgemeine Teilnehmerinformation (siehe Anhang IIIA im elektronischen Zusatz-material) nach den Ethikrichtlinien der Deutschen Gesellschaft für Psychologie (DGP) entwickelt (Deutsche Gesellschaft für Psychologie [DGP], 2004). Zusätz-lich wurde eine detaillierte Information über die Bild- und Tonaufnahmen in der vorliegenden Studie angefertigt (siehe Anhang IIIB im elektronischen Zusatz-material), da solche aus forschungsethischer Sicht nicht unbedenklich sind und demnach die Modalitäten des Umgangs genau festgelegt und transparent gestaltet werden sollten (Döring & Bortz, 2016, S. 124). Während der Auseinandersetzung der Teilnehmenden mit dem Informationsmaterial stand die Versuchsleitung für Rückfragen zur Verfügung. Um das Einverständnis zu dokumentieren, wurden die Teilnehmenden bei Einverständnis um eine Unterschrift gebeten. Zudem wurde den Versuchspersonen eine Version der jeweiligen Informationen ausgehän-digt. Zum *Schutz vor Beeinträchtigung und Schädigung* wurde die Untersuchung detailliert in Bezug auf mögliche physische oder psychische Beeinträchtigungen analysiert. In der vorliegenden Untersuchung ergaben sich weder körperliche Risi-ken für die Teilnehmenden noch Benachteiligung oder Bevorzugung bestimmter Personen, da alle Teilnehmenden den gleichen Bedingungen ausgesetzt waren. Die *Anonymisierung und Vertraulichkeit der Daten* erweist sich bei Face-to-Face Erhebungen im Rahmen von Prozessbeobachtungen oder Interviews oftmals als schwierig und bedarf detaillierter Planung (Döring & Bortz, 2016, S. 128), da sich die Versuchspersonen anhand des Rohmaterials identifizieren lassen. Für die vorliegende Studie wurde für die Datenaufbereitung das Verfahren der Pseud-onymisierung genutzt. Dazu wurden die Teilnehmenden gebeten, nach zuvor festgelegten Regeln ein Codewort zu generieren. Die Daten wurden dann nach der Datenaufbereitung in namentlich nicht gekennzeichneter Form unter die-sem persönlichen Codewort gespeichert. Die dazugehörige Kodierliste sowie das Rohmaterial werden auf einem externen Datenträger sicher und verschlüsselt ver-wahrt und sind nur autorisierten Personen zugänglich. Auch für wissenschaftliche Publikationen und Vorträge werden die Daten nur in pseudonymisierter Form ver-wendet, sodass keine Rückschlüsse auf die teilnehmende Person möglich sind. Zur Sicherstellung der Einhaltung dieser forschungsethischen Richtlinien wurde für die vorliegende Studie vorab ein Ethikantrag (siehe Anhang X im elektronischen Zusatzmaterial) bei der Ethikkommission des Fachbereichs 10 Mathematik und Informatik der WWU eingereicht. Nach einer detaillierten Offenlegung der Datenanalyse sowie der Verwendung und Speicherung der Daten wurde dem Antrag stattgegeben. Auch zielt die transparente Diskussion der forschungsethischen Aspekte an dieser Stelle darauf ab, der Sicherstellung ethischer Kriterien zu entsprechen.

Bezüglich der wissenschaftsethischen Aspekte sollte die Publikation den Regeln guter wissenschaftlichen Praxis folgen (Deutsche Forschungsgemeinschaft [DFG], 2019). Zur Beurteilung der Sicherstellung einer guten wissenschaftlichen Praxis wurden im Rahmen der vorliegenden Arbeit insbesondere die Einhaltung der Gütekriterien qualitativer Forschung beschrieben (siehe Kapitel 8.2.1) und im Rahmen der Stärken und Limitationen der Studie (siehe Kapitel 11) die Methodik und die Ergebnisse kritisch reflektiert. Zur Gewährleistung der Nachvollziehbarkeit werden die Rohdaten für mindestens 10 Jahre aufbewahrt.

Ergebnisse

9

Das Ziel der vorliegenden Untersuchung ist eine ganzheitliche Analyse der Verbindung zwischen dem *Problem Posing* und dem Modellieren aus einer kognitiven Perspektive. Dazu wird zum einen die Entwicklungsphase fokussiert (Kapitel 9.1), um die bei der Entwicklung einer eigenen Fragestellung ablaufenden *Problem Posing* (Forschungsfrage 1) und Modellierungsaktivitäten (Forschungsfrage 2) sowie deren Überschneidungen (Forschungsfrage 3) zu identifizieren. Zum anderen wird die Bearbeitungsphase fokussiert (Kapitel 9.2), um die bei der Bearbeitung einer selbstentwickelten Fragestellung ablaufenden Modellierungsaktivitäten (Forschungsfrage 4) und *Problem Posing*-Ausprägungen (Forschungsfrage 5) sowie deren Überschneidungen (Forschungsfrage 6) zu identifizieren. Ergänzt werden die Ergebnisse durch vertiefende Fallanalysen ausgewählter Fälle (Kapitel 9.3) und einer Zusammenfassung der Ergebnisse.

9.1 Entwicklungsphase

Das erste Themengebiet fokussiert die Entwicklungsphase der Fragestellungen. Insbesondere werden die *Problem Posing*- und Modellierungsaktivitäten, die während dieser Phase ablaufen in den Blick genommen. Tabelle 9.1 stellt die Analysen der Entwicklungsphase dar.

Ergänzende Information Die elektronische Version dieses Kapitels enthält Zusatzmaterial, auf das über folgenden Link zugegriffen werden kann https://doi.org/10.1007/978-3-658-43596-7_9.

L. -M. Hartmann, *Prozesse beim Problem Posing zu gegebenen realweltlichen Situationen und die Verbindung zum Modellieren*, Studien zur theoretischen und empirischen Forschung in der Mathematikdidaktik, https://doi.org/10.1007/978-3-658-43596-7_9

Tabelle 9.1 Schritte der Analyse der Entwicklungsphase

Fokus	Analyse	Vorgehen
Problem Posing-Aktivitäten	*Problem Posing*-Aktivitäten bei der Entwicklung einer eigenen Fragestellung zu gegebenen realitätsbezogenen Situationen	– Kategoriensystem und Realisierung anhand von Transkriptausschnitten – Häufigkeitsverteilung der Aktivitäten – Dauer der Aktivitäten und prozentualer Anteil an der Gesamtdauer
	Reihenfolge der *Problem Posing*-Aktivitäten bei der Entwicklung einer eigenen Fragestellung zu gegebenen realitätsbezogenen Situationen	– Kreuztabelle der *Problem Posing*-Aktivitäten
Modellierungsaktivitäten	Modellierungsaktivitäten bei der Entwicklung einer eigenen Fragestellung zu gegebenen realitätsbezogenen Situationen	– Kategoriensystem und Realisierung anhand von Transkriptausschnitten – Häufigkeitsverteilung der Aktivitäten – Dauer der Aktivitäten
Überschneidung *Problem Posing*- und Modellierungsaktivitäten	Gemeinsames Auftreten der *Problem Posing*- und Modellierungsaktivitäten bei der Entwicklung einer eigenen Fragestellung zu gegebenen realitätsbezogenen Situationen	– Kreuztabelle zwischen *Problem Posing*-Aktivitäten und Modellierungsaktivitäten – Realisierung anhand von Transkriptausschnitten

9.1.1 *Problem Posing*-Aktivitäten in der Entwicklungsphase

Der erste Teil der Ergebnisse zu der Entwicklungsphase beschäftigt sich mit den *Problem Posing*-Aktivitäten, die während der Entwicklungsphase ablaufen. Dazu werden zunächst eine reduzierte Form des Kategoriensystems und die Realisierung der Aktivitäten in der Entwicklungsphase dargestellt (Kapitel 9.1.1.1), um einen Überblick über die identifizierten Aktivitäten zu geben und das Verständnis der Ergebnisse zu ermöglichen. Daran anschließend soll die Dauer und die Häufigkeit der *Problem Posing*-Aktivitäten (Kapitel 9.1.1.2) sowie die Reihenfolge der Aktivitäten in der Entwicklungsphase (Kapitel 9.1.1.3) analysiert werden.

9.1.1.1 Kategoriensystem und Realisierung der *Problem Posing*-Aktivitäten in der Entwicklungsphase

In den Entwicklungsphasen der Teilnehmenden konnten die fünf *Problem Posing*-Aktivitäten Verstehen, Explorieren, Generieren, Problemlösen und Evaluieren identifiziert werden. Tabelle 9.2 zeigt eine Kurzfassung des Kategoriensystems der Hauptkategorie *Problem Posing*-Aktivitäten, das neben den fünf Aktivitäten auch eine Restkategorie Sonstiges enthält.

Tabelle 9.2 Kurzfassung des Kategoriensystems *Problem Posing*-Aktivitäten

Problem Posing-Aktivitäten

PP1	Verstehen	Verstehen/ Nachvollziehen der realweltlichen Situation und der gegebenen Informationen auf Grundlage der Situationsbeschreibung
PP2	Explorieren	Entdecken/ Sammeln relevanter Informationen zur Entwicklung möglicher Fragestellungen und Organisation der Informationen
PP3	Generieren	Entwicklung und Formulierung möglicher Fragestellungen und Festlegung einer Fragestellung
PP4	Evaluieren	Bewertung möglicher Fragestellungen auf der Grundlage individueller Kriterien (lösbar, sinnvoll, vollständig, angemessene Formulierung, Schwierigkeit, geeignet für eine bestimmte Zielgruppe)
PP5	Problemlösen	Planung eines mehr oder weniger konkreten Weges zur Lösung der generierten Fragestellung
N.N.	Sonstige	Sequenzen, die keiner der anderen Kategorien zugeordnet werden können.

Im Folgenden soll auf die Realisierung der einzelnen Aktivitäten in der Entwicklungsphase eingegangen werden, indem die Realisierung der jeweiligen Aktivität anhand fallübergreifender Zusammenfassungen beschrieben und mittels Transkriptausschnitte aus den drei Ausgangssituationen Essstäbchen, Feuerwehr und Seilbahn illustriert wird.

Verstehen

Das Ziel des Verstehens war der Aufbau eines individuellen mentalen Abbilds der gegebenen realweltlichen Situation. Dies umfasste in den Entwicklungsphasen der Studierenden das Lesen der gegebenen Ausgangssituation, die Beschreibung der beigefügten Bilder sowie den Verständnisaufbau der gegebenen Informationen. Zumeist begann der Verstehensprozess mit dem Lesen der gegebenen Ausgangssituation. Im Rahmen dessen wurden zum Teil die beigefügten Bilder von den Teilnehmenden beschrieben. Im folgenden Transkriptausschnitt beschreibt beispielsweise Max das abgebildete Amazon Angebot der Ausgangssituation Essstäbchen.

> *Okay, was sieht man denn hier? Naja ist erstmal eine Abbildung mit Essstäbchen, die anscheinend 28 cm lang sind. Ist ja immer ein Paar von Essstäbchen, was man dann kauft, genau. In schwarz.*
>
> *[Max, Essstäbchen Entwicklung, Seq. 2, 00:05]*

Um ein Verständnis für die Situation und die gegebenen Informationen aufzubauen, stellten die Teilnehmenden Verständnisfragen. Beispielsweise hinterfragt Lina im folgenden Transkriptausschnitt zur Ausgangssituation Seilbahn ihr Verständnis des horizontalen Abstands.

> *Ähm reintheoretisch frage ich mich jetzt gerade, ob der horizontale Abstand wirklich gemeint ist, dass das quasi zwischen der Talstation und der Bergstation ist.*
>
> *[Lina, Seilbahn Entwicklung, Seq. 1, 00:00]*

Zum Teil fassten die Teilnehmenden die gelesenen Informationen in eigenen Worten zusammen, um ihr individuelles Verständnis der Situation zu schildern. Im folgenden Transkriptausschnitt schildert beispielsweise Max sein eigenes Verständnis über die Information aus der Ausgangssituation Feuerwehr, dass das Fahrzeug einen bestimmten Abstand zu Objekten seitlich des Fahrzeugs zum Ausfahren der seitlichen Stützen einhalten muss.

> *1,50 m Abstand zu Objekten seitlich des Fahrzeugs zum Ausfahren der seitlichen Stützen. Ah, okay, das macht Sinn. Also man muss ja immer diese Stützen an den Seiten rausfahren und dann darf natürlich da nicht gerade irgendwie ein Haus stehen, sonst kann man auch die Stützen nicht mehr ausfahren und das Fahrzeug steht dann nicht mehr stabil.*
>
> *[Max, Feuerwehr Entwicklung, Seq. 6, 01:14]*

Zusätzlich wurde das Gelesene von einigen Teilnehmenden mit ihren eigenen Erfahrungen verbunden, um ein Verständnis der Situation aufzubauen. Beispielsweise bringt Theo im folgenden Transkriptausschnitt zur Ausgangssituation Essstäbchen seine eigenen Erfahrungen zum Onlineshopping bei Amazon ein, um ein Verständnis für die in der Ausgangssituation beschriebene Rabattaktion aufzubauen.

> *Bei Amazon gilt folgendes Angebot. Jetzt ist natürlich die Frage, ob dieses Angebot bei Amazon gilt oder allgemein. Also ich kenne das halt nur, dass man bei Amazon irgendwie über 10 oder 20 € kommt, dann kriegt man den Versand umsonst.*
>
> *[Theo, Essstäbchen Entwicklung, Seq. 5, 01:12]*

Explorieren

Das Ziel des Explorierens war die Erkundung der Situation, um Ideen für mögliche Fragestellungen zu generieren. Das Explorieren umfasste in der Entwicklungsphase der Studierenden primär die Identifizierung relevanter und irrelevanter Informationen, die Organisation der identifizierten relevanten Informationen, die Identifizierung fehlender Informationen sowie die Erweiterung der Ausgangssituation. Die Identifizierung relevanter und irrelevanter Informationen fand zum Teil bereits während des Lesens und der Beschreibung der Situation statt. Beispielsweise bemerkt Max im folgenden Transkriptausschnitt zur Ausgangssituation Essstäbchen nach der Beschreibung der abgebildeten Essstäbchen, dass man die Form der Essstäbchen (vorne dünner, hinten breiter) berücksichtigen könnte.

Ähm, naja. Was man auf der Abbildung sieht schonmal, dass die Essstäbchen irgendwie nach vorne hin dünner werden und hinten breiter sind. Könnte man vielleicht auch schonmal im Hinterkopf behalten.

[Max, Essstäbchen Entwicklung, Seq. 2–3, 00:05]

Die Identifizierung relevanter und irrelevanter Informationen fand wiederkehrend während der gesamten Entwicklungsphase statt. Der folgende Transkriptausschnitt zur Ausgangssituation Feuerwehr zeigt wie Leon beispielsweise nach der Entwicklung einer ersten möglichen Fragestellung wieder zurück zum Explorieren geht, um weitere Informationen aus der Aufgabe zu filtern.

So, dann überlegen wir mal weiter. Ähm, also 16 Standorte, 6 km maximal entfernt, 40 km/h. Ja gut, die 16 Standorte/ Also wie viele Standorte das ist ja eigentlich sogar relativ egal. Interessant ist bloß 6 km Entfernung, 40 km/h im Durchschnitt.

[Leon, Feuerwehr Entwicklung, Seq. 11, 04:00]

Wenn relevante Informationen für mögliche Fragestellungen identifiziert wurden, wurden diese im Rahmen des Explorierens häufig miteinander in Verbindung gebracht und organisiert. Beispielsweise hat Lina in der Ausgangssituation Seilbahn die Informationen über die Höhe der Berg- und Talstation sowie die Horizontaldifferenz als relevant identifiziert und versucht diese im folgenden Transkriptausschnitt miteinander in Verbindung zu bringen, indem sie eine Skizze anfertigt (siehe Abbildung 9.1).

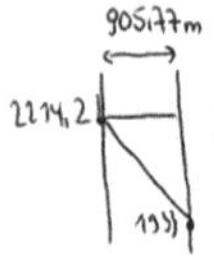

Abbildung 9.1 Linas
Skizze Seilbahn.

> *Also, ich mache mir dazu mal quasi eine Skizze, weil ich weiß, dass ich habe hier, sage ich mal die (zeichnet einen Punkt), die ähm Berg– ach die Talstation und die Talstation hier. (Zeichnet einen zweiten Punkt ein) Und ich weiß, dass die Höhe hier bei der Talstation (beschriftet den einen Punkt) 1933 m ist und die Bergstation (beschriftet den anderen Punkt) 2214,2 m.*
>
> *[Lina, Seilbahn Entwicklung, Seq. 2, 01:51]*

Im Rahmen der Organisation der ausgewählten Informationen wurde die gegebene Situationsbeschreibung zum Teil durch das Treffen von Annahmen erweitert. Diese Annahmen können implizit, wie im obigen Beispiel von Lina (Seil als gerade Strecke skizziert), oder explizit, wie im folgenden Transkriptausschnitt von Max zur Ausgangssituation Seilbahn, getroffen werden.

> *Ähm, mein erster Gedanke wäre natürlich jetzt an die Länge der Strecke der – ähm der Bergbahn. Also diese Länge des Seils eigentlich. Wenn wir davon ausgehen, dass das Seil einfach mal ganz gespannt ist. Also wie eine Strecke sozusagen.*
>
> *[Max, Feuerwehr Entwicklung, Seq. 14, 04:41]*

Auf Basis der Organisation der Informationen wurden zum Teil fehlende quantitative Informationen identifiziert, die als Anlass zur Entwicklung einer Fragestellung genutzt wurden. Beispielsweise identifiziert Lea im folgenden Transkriptausschnitt zur Ausgangssituation Feuerwehr zunächst die Höhe der Drehleiter als wichtige Information, bevor sie erkennt, dass die Höhe, aus der Personen gerettet werden können, in der Situation nicht angegeben ist und sie diese fehlende Information als Anlass zur Entwicklung der Fragestellung nimmt.

> *Also, wir wissen, dass die Leiter 30 m lang ist. Mit Hilfe können Personen aus großen Höhen gerettet werden. Wir wissen aber nicht, wie hoch – aus welcher Höhe Leute maximal gerettet werden können. Die Info gibt es nicht.*
>
> *[Lea, Feuerwehr Entwicklung, Seq. 12, 03:16]*

Vereinzelt fand während des Explorierens auch die Festlegung mathematischer Themenbereiche, einer Adressatengruppe oder mathematischer Aufgabentypen statt, die mit der selbst-entwickelten Fragestellung fokussiert werden sollen. So identifiziert beispielsweise Lea in dem folgenden Transkriptausschnitt die angegebenen Maße aus der Ausgangssituation Feuerwehr als wichtige Informationen und legt fest, dass ihre Aufgabe das Themengebiet Funktionen fokussieren soll.

> *Da kann man auch zum Thema Funktionen viel machen, weil, man hat eine Leiter, die fährt aus, der Brand ist hoch, jetzt kommen auch hier die Maße. Ah, sehr gut.*
>
> *[Lea, Feuerwehr Entwicklung, Seq. 8, 01:02]*

Generieren

Beim Generieren der Fragestellung wurden mögliche Fragestellungen aufgeworfen, eine Fragestellung festgelegt und diese anschließend formuliert. Ideen für mögliche Fragestellungen wurden zunächst auf Grundlage der identifizierten relevanten Informationen generiert. Beispielsweise hat Theo in der Ausgangssituation Seilbahn zunächst das Ziel des Projekts *sitzende Beförderung mit optimaler Aussicht zu ermöglichen* als eine relevante Information identifiziert und generiert im folgenden Transkriptausschnitt daraufhin die Idee, eine Fragestellung zu entwickeln, bei der berechnet werden soll, wie viele Personen pro Stunde transportiert werden können, wenn nur Fensterplätze belegt werden und ob das vom Gewicht einer vollen Kabine passt.

> *Ziel des Projekts ist es, lange Wartezeiten zu vermeiden, sitzende Beförderung mit optimaler Aussicht/ Ok da kann man vielleicht überlegen, wie viele Personen überhaupt realistisch in so eine Kabine passen, sodass jede Person am Fenster sitzt und eine optimale Aussicht hat und dann überlegen, ob man das Gewicht einer vollen Kabine damit überschreitet oder nicht.*
>
> *[Theo, Seilbahn Entwicklung, Seq. 5–6, 01:38]*

Zum Teil entwickelten die Teilnehmenden im Rahmen der Aktivität Generieren eine Vielzahl an möglichen Fragestellungen zu verschiedenen als relevant identifizierten Informationen. Die Festlegung einer Fragestellung wurde dann häufig auf Basis des Interesses, des mathematischen Inhalts oder nicht direkt benannter Motive getroffen. Beispielsweise entwickelte Lina zur Ausgangssituation Essstäbchen zum einen eine Fragestellung zu den Maßen der Essstäbchen und der Box und zum anderen eine Fragestellung zu der Rabattaktion. Im folgenden Transkriptausschnitt wird deutlich, dass sie sich dazu entscheidet, die Rabattaktionen zu thematisieren, da die Fragestellung, die sie zuvor zu einer anderen Ausgangssituation entwickelt hat, schon den Satz des Pythagoras beinhaltet.

> *Ähm und weil ich ja weiß, dass ich jetzt gerade schon Satz des Pythagoras hatte, würde ich jetzt einfach, ähm die Frage stellen, wie viel/ Wie viel Geld sie quasi sparen kann, wenn sie beide Produkte kauft.*
>
> *[Lina, Essstäbchen Entwicklung, Seq. 11–13, 03:17]*

Nachdem die Fragestellung festgelegt wurde, beschäftigten sich die Teilnehmenden im Rahmen der Aktivität Generieren mit der Formulierung der Fragestellung und notierten diese. Beispielsweise hat sich Max zur Ausgangssituation Seilbahn für eine Fragestellung zur maximalen Personenanzahl der alten Gondel entschieden und überlegt im folgenden Transkriptausschnitt, wie er diese Fragestellung formulieren kann.

> *Ähm. Jetzt frage ich mich, wie meine Fragestellung formuliert werden sollte?*
>
> *[Max, Seilbahn Entwicklung, Seq. 18, 06:25]*

Das Generieren endete zumeist mit der Notation der selbst-entwickelten Fragestellung, wie beispielsweise in dem folgenden Transkriptausschnitt von Max zur Ausgangssituation Seilbahn (siehe Abbildung 9.2).

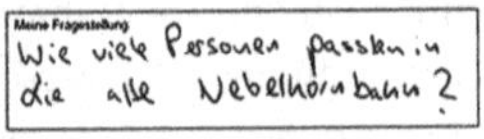

> *Meine Fragestellung*
> Wie viele Personen passten in
> die alte Nebelhornbahn?

Abbildung 9.2 Max selbst-entwickelte Fragestellung Seilbahn.

> *Ähm. Okay. Das heißt die Fragestellung, die ich jetzt formuliere wäre: Wie viele*
> *Personen/ (schreibt) Wie viele Personen ähm passten in die alte Nebelhornbahn?*
>
> *[Max, Seilbahn Entwicklung, Seq. 24, 08:29]*

Evaluieren

Das Evaluieren verfolgte in der Entwicklungsphase der Studierenden primär das
Ziel, die aufgeworfenen Fragestellungen auf Grundlage individueller Kriterien
zu bewerten und fand häufig in Wechselwirkung mit dem Generieren statt. Die
vorgenommenen Evaluationen bezogen sich auf die Bewertung der Angemessenheit in Bezug auf die Ausgangssituation, die Lösbarkeit und die Formulierung
der Fragestellung. Bei der Bewertung der Angemessenheit der Fragestellung
in Bezug auf die Ausgangssituation prüften die Teilnehmenden, ob die Fragestellung in Bezug auf die gegebene realweltliche Situation sinnvoll erscheint.
Beispielsweise wirft Lea im folgenden Transkriptausschnitt zur Ausgangssituation Seilbahn eine Fragestellung zu dem Gewicht einer Gondelkabine der alten
Seilbahn auf. Anschließend evaluiert sie, dass die gewählte Fragestellung nicht
zur Ausgangssituation passt, da somit die Informationen des Textes über den
Umbau der Seilbahn nicht relevant seien.

> *Also man könnte irgendwie was mit dem Gewicht auf jeden Fall fragen. Aber*
> *dann ist ja die Information nicht relevant, dass wir eine neue brauchen.*
>
> *[Lea, Seilbahn Entwicklung, Seq. 5, 01:18]*

Die Prüfung der Lösbarkeit der Fragestellung thematisierte zumeist, ob alle für
die Lösung notwendigen Informationen in der Beschreibung der Ausgangssituation gegeben sind. Zur Ausgangssituation Feuerwehr hat Fabian beispielsweise

eine Fragestellung zur maximalen Rettungshöhe von Personen aufgeworfen. Im folgenden Transkriptausschnitt zeigt sich, dass er daraufhin prüft, ob alle zur Lösung notwendigen Informationen gegeben sind.

> *Also ich überlege gerade, ob man irgendwas machen kann nach dem Motto ähm wie hoch kann das Haus sein, damit man da noch mit der Drehleiter die Leute rausholen kann? Weil ähm/ Ja wir haben ja die Maße der Drehleiter angegeben. Wie hoch/ das sind ja die Maße für das Fahrzeug. Und die Leiter ist aber 20 m das steht ja da auch. Ähm okay.*
>
> *[Fabian, Feuerwehr Entwicklung, Seq. 5–6, 02:55]*

Im Rahmen der Prüfung der Lösbarkeit wurde zum Teil auch die Komplexität der Fragestellung und die Eignung für potenzielle Lernende eingeschätzt. Beispielsweise hat Lea zur Ausgangssituation Seilbahn die Idee, eine Fragestellung zu generieren, in der eine Funktionsgleichung zum Verlauf der Bahn aufgestellt werden soll. Im folgenden Transkriptausschnitt schätzt sie die Schwierigkeit ihrer Fragestellung ein.

> *Das ist eine schöne Frage, die nicht zu einfach ist.*
>
> *[Lea, Seilbahn Entwicklung, Seq. 20, 03:40]*

Die Einschätzung der Eignung für potenzielle Lernende bezog sich auf die Erfolgsaussichten, dass diese Lernenden die Aufgabe lösen können. Beispielsweise evaluiert Lea ihre Fragestellung im folgenden Transkriptausschnitt zur Ausgangssituation Seilbahn dahingehend, ob auch potenzielle Lernende diese Aufgabe bewältigen könnten.

> *Ja, das können die schaffen.*
>
> *[Lea, Seilbahn Entwicklung, Seq. 34, 05:03]*

Insgesamt resultierte das Evaluieren in Bezug auf die Angemessenheit und die Lösbarkeit entweder im Beibehalten der Fragestellung oder im Verwerfen der Fragestellung. Falls die Fragestellung verworfen wurde, folgte die Generierung einer möglichen neuen Fragestellung.

Während der Formulierung der festgelegten Fragestellung fand häufig eine Evaluation der Formulierung statt. Zum Teil wurde die Bewertung auf Basis eines grammatikalischen und orthographischen Bewertungsmaßstabs vorgenommen. Oftmals wurde jedoch auch geprüft, ob die Fragestellung für potenzielle Lernende verständlich und eindeutig formuliert ist. Beispielsweise möchte Leon zur Ausgangssituation Seilbahn eine Frage zur Länge des Seils formulieren. Im folgenden Transkriptausschnitt bemerkt Leon nach einem ersten Versuch der Formulierung, dass die Fragestellung nicht eindeutig formuliert ist und verändert sie.

> *(Schreibt) Wie lang ist das Seil? Und man geht davon aus/ Obwohl wie lang ist der/ Nein warte. Das muss man anders formulieren. Dann kommen so doofe Fragen wie: Geht das nicht auch wieder zurück? Muss das dann nicht doppelt so lang sein? Und und und (löscht die Fragestellung wieder). Nein, das machen wir anders.*
>
> *[Leon, Seilbahn Entwicklung, Seq. 16–17, 04:42]*

Problemlösen

Das Problemlösen beinhaltete einen mehr oder weniger konkreten Plan zur Lösung einer möglichen selbst-entwickelten Fragestellung. In den Entwicklungsphasen der Studierenden wurden dazu häufig mathematische Operationen benannt, die zur Lösung der Fragestellung genutzt werden können. Beispielsweise hat Max zur Ausgangssituation Feuerwehr eine Fragestellung zu einer idealen Standortverteilung der Feuerwehr in Münster aufgeworfen. Bezüglich der Lösung bemerkt er im folgenden Transkriptausschnitt, dass diese Fragestellung mit Hilfe von Mittelsenkrechten gelöst werden könnte.

> *Man könnte zum Beispiel auch überlegen, wo die Standorte der Feuerwehr sein müssten im Stadtplan, damit tatsächlich/ damit tatsächlich jedes Haus, das brennt, in maximal 6 km erreicht werden könnte. Das wäre schonmal ein*

> *geometrisches Problem. Was man ja auch mit Mittelsenkrechten zum Beispiel lösen könnte.*
>
> *[Max, Feuerwehr Entwicklung, Seq. 17–18, 06:34]*

Zum Teil wurde der mögliche Lösungsweg in den Entwicklungsphasen der Studierenden konkreter durch die Benennung möglicher Lösungsschritte beschrieben. Diese fallen unterschiedlich detailliert aus. Ein Beispiel für einen weniger detaillierten Lösungsweg findet sich bei Max zur Ausgangssituation Seilbahn. Max hat eine Fragestellung zur Personenanzahl entwickelt, die in die alte Seilbahn passte. Im folgenden Transkriptausschnitt beschreibt er einen eher weniger detaillierten Lösungsweg, wie man die Aufgabe lösen könnte.

> *Dass man halt verschiedene Schritte nach und nach abarbeiten muss, um das zu lösen, weil ich glaube direkt kommt man jetzt in einer Rechnung nicht sofort auf die Lösung.*
>
> *[Max, Seilbahn Entwicklung, Seq. 24, 08:29]*

Einen detaillierteren Lösungsweg für seine selbst-entwickelte Fragestellung zur Ausgangssituation Essstäbchen beschreibt Fabian. Im folgenden Transkriptausschnitt löst Fabian bereits seine selbst-entwickelte Fragestellung, indem er das Ergebnis überschlägt.

> *Also ähm sozusagen, dass man fragt, wieviel Stäbchen muss sie jetzt zu der Box dazu kaufen, um eben über diese 30 € zu kommen und dann den 20 % Rabatt einzuheimsen. Das wäre jetzt keine besonders schwere Aufgabe, weil man ja quasi nur schonmal/ Die Box kostet schon 21,43€ und dann müsste man jetzt einfach überprüfen ja, wenn ich ein Paar Stäbchen dazu kaufe, dann bin ich irgendwie bei 23 €. Bei 2/ bei, bei 3 Paaren wäre ich bei 26 €. Bei 5 Paaren bei 29 €. Also, wenn ich 6 Paare Stäbchen dazu kaufe dann müsste ich den Rabatt/ müsste Lisa den Rabatt bekommen.*
>
> *[Fabian, Essstäbchen Entwicklung, Seq. 9–10, 03:21]*

Sonstige

Unter die Restkategorie Sonstige fallen alle Sequenzen, die keiner der oben beschriebenen Aktivitäten zugeordnet werden konnten. Durch die Beschreibung der Sequenzen, die unter die Restkategorie Sonstige fallen, soll ein Überblick über die inhaltliche Ausgestaltung dieser Kategorie gegeben werden. Dies hilft bei der Einschätzung, inwiefern diese inhaltlich zum Entwicklungsprozess beitragen. Zum einen umfasste diese Kategorie in den Transkripten der Teilnehmenden Sequenzen zu affektiven Komponenten. Beispielsweise bemerkt Max im folgenden Transkriptausschnitt bezüglich der Ausgangssituation Essstäbchen, dass es schwierig für ihn sei, so viele durcheinander gehende Ideen im Kopf zu haben.

> *Das ist irgendwie richtig schwierig, wenn man so viele Ideen hat und das so durcheinander geht.*
>
> *[Max, Essstäbchen Entwicklung, Seq. 24, 08:40]*

Zum anderen bezogen sich viele der Sequenzen in dieser Kategorie auf den Umgang mit dem Tablet während der Entwicklungsphase. Im folgenden Transkriptausschnitt bemerkt beispielsweise Leon, dass er erst einmal den Text heranzoomen müsse.

> *Okay, also erstmal heranzoomen. Ah okay.*
>
> *[Leon, Feuerwehr Entwicklung, Seq. 1, 00:00]*

Des Weiteren beinhalteten die Sequenzen auch private Kommentare zu der jeweiligen Ausgangssituation. Beispielsweise beschreibt Lina in dem folgenden Transkriptausschnitt bei der Ausgangssituation Essstäbchen, dass ihr die Situation des Onlineshoppings bekannt vorkommt.

> *Das ist lustig, meine Mama hat auch am Sonntag Geburtstag und ich habe auch heute online nach einem Geschenk gesucht.*
>
> *[Lisa, Essstäbchen Entwicklung, Seq. 2, 00:06]*

Zum Teil sind in den Sequenzen der Kategorie Sonstige auch nicht-inhaltstragende Leerformeln enthalten. Diese nutzen die Teilnehmenden beispielsweise, um die Entwicklungsphase zu beginnen oder abzuschließen. Ein Beispiel für den Abschluss der Phase durch eine nicht-inhaltstragende Sequenz stellt der folgende Transkriptausschnitt von Fabian zur Ausgangssituation Essstäbchen dar.

> *Okay. Ja, ich würde sagen ich bin fertig. Gut.*
>
> *[Fabian, Essstäbchen Entwicklung, Seq. 16, 05:03]*

9.1.1.2 Häufigkeit und Dauer der *Problem Posing*-Aktivitäten in der Entwicklungsphase

Mit Hilfe der Häufigkeit und der Dauer der einzelnen Aktivitäten soll analysiert werden, in welchem Umfang die einzelnen *Problem Posing*-Aktivitäten in der Entwicklungsphase der Fragestellung stattfinden. Zur Übersicht sind in Tabelle 9.3 die quantitativen Ergebnisse bezüglich der Anzahl der Sequenzen (*# Seq.*), denen die jeweilige Aktivität zugeordnet wurde, die Dauer der einzelnen Aktivitäten (*Dauer*) sowie der Anteil der Dauer der jeweiligen Aktivität an der Gesamtdauer der Entwicklungsphase (*Anteil*) dargestellt. Die Tabelle ist nach Ausgangssituationen und Teilnehmenden untergliedert, um mögliche Unterschiede auf Kontext- und Individualebene sichtbar zu machen.

In der Übersicht zeigt sich bereits, dass sich die Häufigkeiten der *Problem Posing*-Aktivitäten Verstehen, Explorieren, Generieren, Problemlösen und Evaluieren in den Entwicklungsphasen deutlich voneinander unterscheiden (siehe Tabelle 9.3). Die meisten Sequenzen wurden der Aktivität Generieren (114 Sequenzen) zugeordnet. Etwas weniger häufig konnten die Aktivitäten Explorieren (91 Sequenzen) und Evaluieren (80 Sequenzen) in den Entwicklungsphasen identifiziert werden und am wenigsten Sequenzen wurden den Aktivitäten Verstehen (49 Sequenzen) und Problemlösen (30 Sequenzen) zugeordnet. Auf Kontextebene ergibt sich bezüglich der Ausgangssituation Feuerwehr eine andere Rangfolge der Häufigkeiten, wobei die übergeordnete Tendenz ähnlich bleibt. Bei diesem Kontext wurden die meisten Sequenzen der Aktivität Explorieren (34 Sequenzen) zugeordnet, am zweithäufigsten dem Generieren (29 Sequenzen) und Evaluieren (29 Sequenzen) und am seltensten dem Problemlösen (18 Sequenzen) und Verstehen (16 Sequenzen).

Tabelle 9.3 Übersicht Häufigkeitsverteilung und Dauer der *Problem Posing*-Aktivitäten in der Entwicklungsphase

		Problem Posing-Aktivitäten					
				Essstäbchen			
Name		Verstehen	Explorieren	Generieren	Problemlösen	Evaluieren	Sonstige
Nina	# Seq.	2	3	6	0	5	1
	Dauer	67 s	42 s	194 s	0 s	36 s	10 s
	Anteil	19%	12%	56%	0%	10%	3%
Lea	# Seq.	2	3	8	1	3	1
	Dauer	93 s	16 s	138 s	6 s	22 s	2 s
	Anteil	34%	6%	50%	2%	8%	1%
Lina	# Seq.	2	2	5	1	1	3
	Dauer	106 s	45 s	63 s	2 s	16 s	12 s
	Anteil	43%	18%	26%	1%	7%	5%
Theo	# Seq.	2	6	7	0	2	1
	Dauer	106 s	112 s	84 s	0 s	6 s	2 s
	Anteil	34%	36%	27%	0%	2%	1%
Leon	# Seq.	3	3	9	1	4	8
	Dauer	77 s	80 s	150 s	7 s	39 s	46 s
	Anteil	19%	20%	38%	2%	10%	12%
Max	# Seq.	4	11	15	1	8	6
	Dauer	112 s	335 s	410 s	92 s	10 s	37 s
	Anteil	11%	34%	41%	9%	1%	4%
Fabian	# Seq.	1	1	5	1	4	2
	Dauer	66 s	26 s	119 s	26 s	38 s	10 s
	Anteil	23%	9%	42%	9%	13%	4%
$\Sigma_{Essst.}$	# Seq.	16	29	55	5	27	22
	Dauer	627 s	656 s	1158 s	133 s	167 s	119 s
	Anteil	22%	23%	40%	5%	6%	4%
				Feuerwehr			
Name		Verstehen	Explorieren	Generieren	Problemlösen	Evaluieren	Sonstige
Nina	# Seq.	1	0	2	0	2	0
	Dauer	133 s	0 s	88 s	0 s	34 s	0 s
	Anteil	52%	0%	35%	0%	13%	0%

(Fortsetzung)

Tabelle 9.3 (Fortsetzung)

Name		Verstehen	Explorieren	Generieren	Problemlösen	Evaluieren	Sonstige
Lea	# Seq.	5	5	4	1	3	0
	Dauer	158 s	90 s	64 s	4 s	11 s	0 s
	Anteil	48%	28%	20%	1%	3%	0%
Lina	# Seq.	3	4	2	0	2	1
	Dauer	175 s	88 s	29 s	0 s	14 s	6 s
	Anteil	56%	28%	9%	0%	4%	2%
Theo	# Seq.	1	2	4	0	2	0
	Dauer	84 s	27 s	91 s	0 s	19 s	0 s
	Anteil	38%	12%	41%	0%	9%	0%
Leon	# Seq.	2	7	8	13	14	7
	Dauer	92 s	163 s	151 s	301 s	84 s	67 s
	Anteil	11%	19%	18%	35%	10%	8%
Max	# Seq.	3	13	7	3	5	5
	Dauer	125 s	442 s	211 s	78 s	76 s	74 s
	Anteil	12%	44%	21%	8%	8%	7%
Fabian	# Seq.	1	3	2	1	1	2
	Dauer	99 s	93 s	51 s	13 s	25 s	14 s
	Anteil	34%	32%	17%	4%	8%	5%
$\Sigma_{Feuer.}$	# Seq.	16	34	29	18	29	15
	Dauer	866 s	903 s	685 s	396 s	263 s	161 s
	Anteil	26%	28%	21%	12%	8%	5%

Seilbahn							
Name		Verstehen	Explorieren	Generieren	Problemlösen	Evaluieren	Sonstige
Nina	# Seq.	3	1	3	0	2	3
	Dauer	87 s	104 s	50 s	0 s	25 s	7 s
	Anteil	32%	38%	18%	0%	9%	3%
Lea	# Seq.	4	5	7	2	7	1
	Dauer	88 s	50 s	86 s	13 s	65 s	7 s
	Anteil	28%	16%	28%	4%	21%	2%
Lina	# Seq.	2	2	1	0	1	0
	Dauer	121 s	69 s	38 s	0 s	40 s	0 s
	Anteil	45%	26%	14%	0%	15%	0%
Theo	# Seq.	1	3	3	0	2	0

(Fortsetzung)

Tabelle 9.3 (Fortsetzung)

	Dauer	56 s	46 s	87 s	0 s	19 s	0 s
	Anteil	27%	22%	42%	0%	9%	0%
	# Seq.	1	8	9	2	6	4
Leon	Dauer	83 s	146 s	154 s	24 s	37 s	29 s
	Anteil	18%	31%	33%	5%	8%	6%
	# Seq.	3	7	5	3	5	4
Max	Dauer	103 s	239 s	74 s	97 s	43 s	27 s
	Anteil	18%	41%	13%	17%	7%	5%
	# Seq.	3	2	2	0	1	2
Fabian	Dauer	87 s	141 s	54 s	0 s	4 s	7 s
	Anteil	30%	48%	18%	0%	1%	2%
	# Seq.	17	28	30	7	24	14
ΣSeilb.	Dauer	625 s	795 s	543 s	134 s	233 s	77 s
	Anteil	26%	33%	23%	6%	10%	3%
	# Seq.	49	91	114	30	80	51
ΣGesamt	Dauer	2118 s	2354 s	2386 s	663 s	663 s	357 s
		≈35 min	≈39 min	≈ 40 min	≈ 11 min	≈ 11 min	≈ 6 min
	Anteil	25%	28%	28%	8%	8%	4%

Auch die Dauer unterschied sich deutlich zwischen den einzelnen Aktivitäten. Das Generieren ($\approx$ 40 Minuten, 28 %), das Explorieren ($\approx$ 39 Minuten, 28 %) und das Verstehen ($\approx$ 35 Minuten, 25 %) nahmen den Hauptanteil der Entwicklungsphase ein. Deutlich weniger Zeit wurde für das Problemlösen ($\approx$ 11 Minuten, 8 %) und das Evaluieren ($\approx$ 11 Minuten, 8 %) aufgewendet. Diese Tendenzen ergeben sich für alle drei Ausgangssituationen. Demnach ergibt sich insbesondere bezüglich des Verstehens und des Evaluierens bei der Betrachtung der Dauer eine andere Verteilung als bei der Betrachtung der Häufigkeiten. Insgesamt wurde dem Verstehen eine vergleichsweise geringe Anzahl an Sequenzen (49 Sequenzen), aber eine lange Dauer ($\approx$ 40 Minuten) zugeordnet. Die geringe Anzahl an Sequenzen resultiert aus der geringen Anzahl an Wechseln zwischen der Aktivität Verstehen und anderen Aktivitäten. So fand das Verstehen häufig als eine lange Sequenz statt. Dagegen fand das Evaluieren vermehrt als sehr kurze Sequenz statt, die zwischen anderen Sequenzen eingeschoben wurde. Somit wurden vergleichsweise viele Sequenzen der Aktivität Evaluieren zugeordnet (80

Sequenzen), die hingegen nur eine geringe Zeit in Anspruch nahmen ($\approx$ 11 Minuten).

Auf Individualebene konnten nahezu alle fünf Aktivitäten bei allen Teilnehmenden beobachtet werden. Lediglich das Explorieren fand in der Entwicklungsphase von Nina zur Ausgangssituation Feuerwehr nicht statt. Auch bezüglich der Aktivität Problemlösen ergibt sich ein anderes Bild. Die geringe Anzahl an Sequenzen und die kurze Dauer, die der Aktivität Problemlösen zugeordnet wurden, resultiert insbesondere aus dem geringen Anteil beziehungsweise dem gänzlichen Fehlen der Aktivitäten in den Entwicklungsphasen der Teilnehmenden. Die Aktivität Problemlösen konnte in insgesamt 9 von 21 Entwicklungsphasen nicht beobachtet werden. Bei Nina und Theo konnte das Problemlösen in keiner der Entwicklungsphasen zu den drei Ausgangssituationen identifiziert werden, bei Lina nur zur Ausgangssituation Essstäbchen und bei Fabian zur Ausgangssituation Essstäbchen und Feuerwehr. Insgesamt scheint der Einbezug der Aktivität Problemlösen in die Entwicklungsphase von den Studierenden abhängig zu sein. Während Nina und Theo in keiner der Entwicklungsphasen das Problemlösen thematisierten, war es in allen drei Entwicklungsphasen von Leon, Max und Lea enthalten.

9.1.1.3 Reihenfolge der *Problem Posing*-Aktivitäten in der Entwicklungsphase

Für die ganzheitliche Analyse der *Problem Posing*-Aktivitäten in den Entwicklungsphasen der Teilnehmenden ist neben der Häufigkeit und Dauer der einzelnen Aktivitäten auch die Reihenfolge der Aktivitäten von besonderer Bedeutung. Erste Hinweise auf eine mögliche Reihenfolge werden bereits aus der Beschreibung der Realisierung der Aktivitäten in Kapitel 9.1.1.1 ersichtlich. Im Folgenden soll eine systeamtische Analyse der Reihenfolge vorgenommen werden, indem die Anzahl der Aktivitätswechsel und der Anteil der Aktivitätswechsel an der Gesamthäufigkeit der jeweiligen Aktivität analyisert wird (siehe Tabelle 9.4). Durch die Analyse soll eine Tendenz der Sequenz der ablaufenden Aktivitäten gegeben werden, sodass diese nicht auf Kontext- und Individualebene analysiert wird.

Aus der Übersicht wird direkt ersichtlich, dass alle Aktivitäten mindestens einmal aufeinander folgten, außer das Evaluieren auf das Verstehen. Jedoch ergeben sich deutliche Differenzen zwischen den Häufigkeiten. Betrachtet man die einzelnen Aktivitäten separat nacheinander, zeigt sich, dass das Verstehen insbesondere auf das Explorieren (18 Sequenzen, 37 %) folgte und eher selten auf das Evaluieren (2 Sequenzen, 4 %), auf das Generieren (1 Sequenz, 2 %) und auf das Problemlösen (1 Sequenz, 2 %). Insgesamt ergibt sich für das Verstehen, dass das Verstehen bei weniger als der Hälfte der Sequenzen (37 % + 2 % + 2 % +

Tabelle 9.4 Übersicht über die Anzahl und den Anteil der Aktivitätswechsel

Folgt nach	Verstehen	Explorieren	Generieren	Problemlösen	Evaluieren
Verstehen	–	*18 [37 %]	1 [2 %]	1 [2 %]	2 [4 %]
Explorieren	36 [40 %]	–	22 [24 %]	6 [7 %]	16 [18 %]
Generieren	5 [4 %]	53 [46 %]	–	3 [3 %]	38 [33 %]
Problemlösen	2 [7 %]	6 [20 %]	6 [20 %]	–	12 [40 %]
Evaluieren	0 [0 %]	7 [9 %]	59 [74 %]	12 [15 %]	–

Anmerkung 1: Leserichtung „Zeile folgt nach Spalte" (*Verstehen folgt nach Explorieren in 18 Sequenzen, 37 % aller Verstehensaktivitäten)
Anmerkung 2: Die Häufigkeiten des gemeinsamen Auftretens der Aktivitäten beziehen sich auf die Entwicklungsphasen von 7 Teilnehmenden zu 3 Ausgangssituationen.

4 % = 45 %) auf eine der anderen Aktivitäten folgte, da es vermehrt direkt zu Beginn der Entwicklungsphase stattfand. Das Explorieren schloss sich überwiegend dem Verstehen (36 Sequenzen, 40 %), weniger häufig dem Generieren (22 Sequenzen, 24 %) und dem Evaluieren (16 Sequenzen, 18 %) und nur selten dem Problemlösen (6 Sequenzen, 7 %) an. Das Generieren fand primär im Anschluss an das Explorieren (53 Sequenzen, 46 %), etwas weniger häufig im Anschluss an das Evaluieren (38 Sequenzen, 33 %) und nur selten im Anschluss an das Verstehen (5 Sequenzen, 4 %) und Problemlösen (3 Sequenzen, 3 %) statt. Das Problemlösen folgte primär auf das Evaluieren (12 Sequenzen, 40 %), weniger häufig auf das Explorieren (6 Sequenzen, 20 %) und Generieren (6 Sequenzen, 20 %) und nur selten auf das Verstehen (2 Sequenzen, 7 %). Das Evaluieren fand in erster Linie nach dem Generieren (59 Sequenzen, 74 %), weniger häufig nach dem Problemlösen (12 Sequenzen, 15 %) und nur selten nach dem Explorieren (7 Sequenzen, 9 %) statt.

Zusammenfassend ergibt sich aus den in Tabelle 9.4 dargestellten Häufigkeiten der Aktivitätswechsel das in Abbildung 9.3 dargestellte Prozessschema der *Problem Posing*-Aktivitäten in der Entwicklungsphase, in dem die Häufigkeiten der Aktivitätswechsel mittels unterschiedlich dicker Pfeilstärken dargestellt sind. Betrachtet man die Prozesse, die am häufigsten aufeinander folgten (Anteil größer gleich 40 %, größte Pfeilstärke), ergibt sich eine lineare Sequenz der Aktivitäten. So begann die Entwicklungsphase zumeist mit dem Verstehen der gegebenen realweltlichen Situation. Dem ˌVerstehen folgte das Explorieren der gegebenen realweltlichen Situation und daran anschließend das Generieren. Die aufgeworfene Fragestellung wurde im Anschluss an das Generieren evaluiert, bevor ein erster Problemlöseprozess startete.

Abbildung 9.3
Prozessschema der *Problem Posing*-Aktivitäten in der Entwicklungsphase.

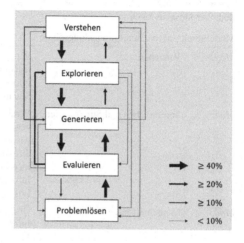

9.1.2 Modellierungsaktivitäten in der Entwicklungsphase

Der zweite Teil der Ergebnisse zu der Entwicklungsphase beschäftigt sich mit den Modellierungsaktivitäten, die bereits während der Entwicklung einer Fragestellung stattfinden. Um einen Überblick über die identifizierten Aktivitäten zu geben und das Verständnis der Ergebnisse zu ermöglichen, soll zunächst eine reduzierte Form des Kategoriensystems sowie die Realisierung der Aktivitäten in der Entwicklungsphase dargestellt werden (siehe Kapitel 9.1.2.1). Darauf aufbauend sollen die Häufigkeit und die Dauer der Modellierungsaktivitäten bei der Entwicklung analysiert werden (Kapitel 9.1.2.2).

9.1.2.1 Kategoriensystem und Ralisierung der Modellierungsaktivitäten in der Entwicklungsphase

In den Entwicklungsphasen der Teilnehmenden konnten alle Modellierungsaktivitäten außer das Validieren identifiziert werden. Folglich umfasst die Version 1 des Kategoriensystems der Hauptkategorie Modellierungsaktivitäten für die

Entwicklungsphase die fünf Modellierungsaktivitäten Verstehen, Vereinfachen und Strukturieren, Mathematisieren, Mathematisch Arbeiten und Interpretieren. Tabelle 9.5 zeigt eine Kurzfassung des Kategoriensystems.

Tabelle 9.5 Kurzfassung der Version 1 (Entwicklungsphase) des Kategoriensystems Modellierungsaktivitäten

Modellierungsaktivitäten Entwicklungsphase

Mod1	Verstehen	Verstehen/ Nachvollziehen der realweltlichen Situation und der gegebenen Informationen auf Grundlage der Situationsbeschreibung
Mod2	Vereinfachen und Strukturieren	Vereinfachung/ Strukturierung der gegebenen Realsituation, indem zwischen wichtigen und unwichtigen Informationen differenziert wird, fehlende Informationen identifiziert, Annahmen bezüglich dieser Informationen getroffen und Lösungsschritte identifiziert werden
Mod3	Mathematisieren	Übersetzung der ausgewählten Informationen in ein mathematisches Modell (z. B. Tabelle, Term, Gleichung, Diagramm)
Mod4	Mathematisch Arbeiten	Ausführen der mathematischen Operationen zur Generierung eines mathematischen Resultats
Mod5	Interpretieren	Rückinterpretation des mathematischen Ergebnisses in Bezug auf die realweltliche Situation und die gegebene Fragestellung

Anhand fallübergreifender Zusammenfassungen soll die Realisierung der jeweiligen Aktivitäten in der Entwicklungsphase beschrieben werden. Dazu werden die einzelnen Aktivitäten entlang der Hauptreihenfolge, in der sie im Modellierungskreislauf beschrieben sind, fokussiert. Transkriptausschnitte aus den drei Ausgangssituationen Essstäbchen, Feuerwehr und Seilbahn dienen der Illustration der Realisierung der jeweiligen Aktivität.

Verstehen

Die Modellierungsaktivität Verstehen ist gleich der *Problem Posing*-Aktivität Verstehen konzeptualisiert. Demnach wird an dieser Stelle auf die Beschreibung

der Realisierung der *Problem Posing*-Aktivität Verstehen in der Entwicklungsphase verwiesen (siehe Kapitel 9.1.1.1) und auf die Vorstellung der Realisierung
verzichtet.

Vereinfachen und Strukturieren
Das Vereinfachen und Strukturieren im Rahmen der Entwicklungsphase zielte
auf die Organisation der gegebenen realweltlichen Situation ab und beinhaltete in erster Linie die Identifizierung relevanter und fehlender Informationen,
die Strukturierung dieser sowie das Aufstellen von Annahmen bezüglich fehlender Informationen und die Identifizierung möglicher Lösungsschritte. Die
Identifizierung relevanter Informationen fokussierte, welche Informationen zur
Entwicklung der Fragestellung genutzt werden können und demnach auch für die
Lösung relevant sind. Beispielsweise unterscheidet Max im folgenden Transkriptausschnitt zur Ausgangssituation Seilbahn zwischen relevanten und irrelevanten
Informationen für seine selbst-entwickelte Fragestellung.

> *Ähm Großkabinenpendelbahn finde ich jetzt eher irrelevant. Gewicht leere
> Kabine 1600 kg und volle Kabine 3900 kg. Ich glaube, ich sollte das nochmal
> mehr eingrenzen, welche Informationen raus sollen und nicht benutzt werden
> sollen.*
>
> *[Max, Seilbahn Entwicklung, Seq. 7, 01:57]*

Des Weiteren wurden während der Entwicklungsphase die relevanten Informationen strukturiert. Beispielsweise bringt Lina im folgenden Transkriptausschnitt
zur Ausgangssituation Seilbahn die Informationen über die Preise und die
Informationen über die Rabattaktion miteinander in Verbindung.

> *Also so bei dem ersten Gedanken würde ich jetzt vielleicht überlegen, ob sie
> nicht sogar dann die Essstäbchen umsonst dazubekommt. Ähm. So vom groben
> Überschlagen her. Genau, weil auf einen 30 € Einkaufswert kommt sie bei den
> beiden Produkten auf keinen Fall.*
>
> *[Lina, Essstäbchen Entwicklung, Seq. 10, 02:56]*

Das Vereinfachen und Strukturieren beinhaltete in der Entwicklungsphase auch die Identifizierung fehlender Informationen beziehungsweise die Identifizierung einer mathematischen Lücke. Im folgenden Transkriptausschnitt zur Ausgangssituation Seilbahn wird deutlich, dass Max beispielsweise bemerkt, dass die Strecke, die von der Seilbahn zurückgelegt werden muss, nicht in der Ausgangssituation zu finden ist.

> *Ähm, das Problem könnte zum Beispiel sein, dass die Länge der eigentlichen Strecke dieser Bahn, also den die Bahn zurücklegen muss, der ist hier ja gar nicht angegeben.*
>
> *[Max, Seilbahn Entwicklung, Seq. 9, 03:53]*

Bezüglich fehlender Informationen, die zur Lösung benötigt werden, wurden im Rahmen der Entwicklungsphase erste Annahmen getroffen. Beispielsweise nimmt Max im folgenden Transkriptausschnitt zur Ausgangssituation Seilbahn an, dass die Förderleistung für voll besetzte Gondelkabinen berechnet wurde.

> *Ähm, ja gut. Die Förderleistung 500 Personen/h. Muss man natürlich dann auch annehmen, dass immer jede Gondel bei dieser Förderleistung voll besetzt ist. Wenn man das annimmt, dann kommt man auf 500 Personen/h.*
>
> *[Max, Seilbahn Entwicklung, Seq. 23, 08:14]*

Das Vereinfachen und Strukturieren trat außerdem im Rahmen der Entwicklungsphase der Studierenden als Identifizierung möglicher Lösungsschritte auf. Beispielsweise hat Leon wichtige Informationen zur Ausgangssituation Seilbahn identifiziert und plant im folgenden Transkriptausschnitt zur Ausgangssituation Seilbahn mögliche Lösungsschritte im Kopf.

> *Das heißt daraus könnte man theoretisch auch die Fahrtdauer dann bestimmen, wenn wir die Länge der Strecke im Prinzip haben. Wie lang die Gondel von einer Station zur nächsten benötigt. Das wäre sozusagen der nächste Schritt.*

> *Können wir aus Länge der Strecke der Seilbahn also dieses Seils und der Fahrtgeschwindigkeit können wir ja auch die Dauer der Fahrt berechnen.*
>
> *[Max, Seilbahn Entwicklung, Seq. 15, 05:20]*

Mathematisieren

Das Mathematisieren beinhaltete die Formulierung eines mehr oder weniger konkreten mathematischen Modells zur Lösung der selbst-entwickelten Fragestellung. So identifizierte Lina im folgenden Transkriptausschnitt zur Ausgangssituation Essstäbchen die Verwendung des Satzes des Pythagoras als mathematisches Modell zur Lösung ihrer selbst-entwickelten Fragestellung.

> *Das wäre dann wieder über den Satz des Pythagoras.*
>
> *[Lina, Essstäbchen Entwicklung, Seq. 7, 02:22]*

Ein konkreteres mathematisches Modell wird von Leon im folgenden Transkriptausschnitt zur Ausgangssituation Seilbahn identifiziert. Er beschreibt, dass die relevanten Informationen ein rechtwinkliges Dreieck abbilden, in dem die fehlende Information die Hypotenuse ist.

> *Daraus kann man eine Hypotenuse berechnen. Das ist ja im Grunde genommen/ Naja, so ein Seil hängt ja auch nicht durch. Dann könnte man daraus ein schönes Dreieck basteln.*
>
> *[Leon, Seilbahn Entwicklung, Seq. 7, 02:40]*

Mathematisch Arbeiten

Das Mathematisch Arbeiten umfasste die Durchführung mathematischer Operationen. Im folgenden Transkriptausschnitt zur Ausgangssituation Seilbahn zeigt sich, dass Leon beispielsweise die Differenz zwischen der Berg- und der Talstation berechnet.

Erstmal ganz kurz, wie groß ist eigentlich die Differenz? Also 3900 – 1600 =
2300.

[Leon, Seilbahn Entwicklung, Seq. 13, 03:37]

Interpretieren

Das Interpretieren zielte darauf ab, das berechnete mathematische Ergebnis mit
der gegebenen realweltlichen Situation zu verbinden, indem überlegt wurde,
was das Ergebnis im Kontext bedeutet. Beispielsweise hat Max im folgenden Transkriptausschnitt zur Ausgangssituation Essstäbchen den Rabatt im Kopf
berechnet und interpretiert das Ergebnis nun im Zusammenhang der gegebenen
Ausgangssituation.

Na gut, es wären dann 2,14 € irgendwie. Ähm, damit hätte sie schonmal ein
Paar Essstäbchen rausgeholt vom Preis auf jeden Fall.

[Max, Essstäbchen Entwicklung, Seq. 9, 02:11]

9.1.2.2 Dauer und Häufigkeit der Modellierungsaktivitäten in der Entwicklungsphase

Die Analyse der Häufigkeit und Dauer der jeweiligen Modellierungsaktivitäten
soll eine Beurteilung des Umfangs der einzelnen Modellierungsaktivitäten in
der Entwicklungsphase der Fragestellung ermöglichen. Tabelle 9.6 zeigt eine
Übersicht der quantitativen Ergebnisse bezüglich der Anzahl der Sequenzen
(#Seq.), denen die jeweilige Modellierungsaktivität zugeordnet wurde, und der
Dauer der jeweiligen Aktivität *(Dauer)*. Die Tabelle ist nach Ausgangssituationen
und Teilnehmenden untergliedert, um mögliche Unterschiede auf Kontext- und
Individualebene sichtbar zu machen.

Die Übersicht zeigt bereits, dass sich bezüglich der Häufigkeiten der einzelnen Modellierungsaktivitäten in den Entwicklungsphasen deutliche Unterschiede
ergeben (siehe Tabelle 9.6). Am häufigsten fand das Vereinfachen und Strukturieren (135 Sequenzen) gefolgt vom Verstehen (49 Sequenzen) statt. Dagegen konnten das Mathematisieren (12 Sequenzen) und insbesondere das Mathematisch

Tabelle 9.6 Übersicht Häufigkeitsverteilung und Dauer der Modellierungsaktivitäten in der Entwicklungsphase

		Modellierungsaktivitäten				
		Essstäbchen				
Name		Verstehen	Vereinfachen/ Strukturieren	Mathematisiere n	Math. Arbeiten	Interpretieren
Nina	#Seq.	2	4	0	0	0
	Dauer	67 s	83 s	0 s	0 s	0 s
Lea	#Seq.	2	4	0	0	0
	Dauer	93 s	19 s	0 s	0 s	0 s
Lina	#Seq.	2	4	1	0	0
	Dauer	106 s	64 s	2 s	0 s	0 s
Theo	#Seq.	2	7	0	0	0
	Dauer	106 s	115 s	0 s	0 s	0 s
Leon	#Seq.	3	4	0	0	0
	Dauer	77 s	70 s	0 s	0 s	0 s
Max	#Seq.	4	14	1	1	1
	Dauer	107 s	329 s	10 s	3 s	6 s
Fabian	#Seq.	1	3	0	1	1
	Dauer	67 s	47 s	0 s	20 s	6 s
$\Sigma_{Essst.}$	#Seq.	16	40	2	2	2
	Dauer	623 s	727 s	12 s	23 s	12 s
		Feuerwehr				
Name		Verstehen	Vereinfachen/ Strukturieren	Mathematisiere n	Math. Arbeiten	Interpretieren
Nina	#Seq.	1	4	0	0	0
	Dauer	133 s	35 s	0 s	0 s	0 s
Lea	#Seq.	5	6	1	0	0
	Dauer	158 s	83 s	4 s	0 s	0 s
Lina	#Seq.	3	5	0	0	0
	Dauer	175 s	70 s	0 s	0 s	0 s
Theo	#Seq.	1	2	0	0	0
	Dauer	84 s	27 s	0 s	0 s	0 s
Leon	#Seq.	2	20	2	1	0
	Dauer	92 s	421 s	12 s	29 s	0 s
Max	#Seq.	3	15	2	0	0
	Dauer	125 s	440 s	16 s	0 s	0 s
Fabian	#Seq.	1	4	1	0	0
	Dauer	99 s	118 s	13 s	0 s	0 s

(Fortsetzung)

Tabelle 9.6 (Fortsetzung)

		Verstehen	Vereinfachen/ Strukturieren	Mathematisieren	Math. Arbeiten	Interpretieren
$\Sigma_{Feuer.}$	#Seq.	16	57	6	1	0
	Dauer	866 s	1194 s	45 s	29 s	0 s
			Seilbahn			
Nina	#Seq.	3	3	0	0	0
	Dauer	87 s	98 s	0 s	0 s	0 s
Lea	#Seq.	4	6	2	0	0
	Dauer	88 s	48 s	13 s	0 s	0 s
Lina	#Seq.	2	3	0	0	0
	Dauer	109 s	61 s	0 s	0 s	0 s
Theo	#Seq.	1	2	0	0	0
	Dauer	56 s	22 s	0 s	0 s	0 s
Leon	#Seq.	1	9	1	1	0
	Dauer	83 s	115 s	3 s	33 s	0 s
Max	#Seq.	3	13	1	0	0
	Dauer	103 s	284 s	20 s	0 s	0 s
Fabian	#Seq.	3	3	0	0	0
	Dauer	87 s	138 s	0 s	0 s	0 s
$\Sigma_{Seilb.}$	#Seq.	17	39	4	1	0
	Dauer	613 s	766 s	36 s	33 s	0 s
Σ_{Gesamt}	#Seq.	49	135	12	4	2
	Dauer	2102 s	2687 s	93 s	85 s	12 s
		$\approx$35 min	$\approx$45 min	$\approx$2 min	$\approx$1 min	$\approx$0 min

Arbeiten (4 Sequenzen) und Interpretieren (2 Sequenzen) in den Entwicklungsphasen eher selten identifiziert werden. Auf Kontextebene ergibt sich für alle drei Ausgangssituationen die gleiche Rangfolge bezüglich der Anzahl der Sequenzen, die den einzelnen Aktivitäten zugeordnet wurden. Auffällig ist hier, dass das Interpretieren nur in den Entwicklungsphasen zur Ausgangssituation Essstäbchen stattfand.

Auch bezüglich der Dauer unterscheiden sich die Aktivitäten deutlich voneinander, jedoch zeigt sich insgesamt ein ähnliches Bild wie bei der Häufigkeit der Aktivitäten. Es fällt auf, dass die Dauer des Verstehens im Vergleich zur Anzahl der Sequenzen deutlich erhöht ist. Demnach umfassen die Sequenzen, denen das Verstehen zugeordnet wurde, eine lange Dauer. Insgesamt ergibt sich, dass insbesondere das Vereinfachen und Strukturieren ($\approx$ 45 Minuten) und das Verstehen ($\approx$ 35 Minuten) bereits in der Entwicklungsphase über eine lange Zeit hinweg thematisiert wurden. Dagegen nahmen die Aktivitäten Mathematisieren ($\approx$ 2 Minuten), Mathematisch Arbeiten ($\approx$ 1 Minuten) und das Interpretieren (12 Sekunden) nur eine sehr geringe Zeitspanne der Entwicklungsphase ein. Auf Kontextebene ergibt sich bezüglich der Dauer die gleiche Rangfolge der Aktivitäten. Lediglich in den Entwicklungsphasen zur Ausgangssituation Essstäbchen wurde das Mathematisieren (12 Sekunden) kürzer thematisiert als das Mathematisch Arbeiten (23 Sekunden).

Auf Individualebene konnten die Modellierungsaktivitäten Verstehen, Vereinfachen und Strukturieren in allen Entwicklungsphasen der Teilnehmenden beobachtet werden. Die Aktivitäten Mathematisieren, Mathematisch Arbeiten und Interpretieren konnten nicht bei allen Teilnehmenden beobachtet werden. Die geringe Anzahl an Sequenzen und die kurze Dauer, die diesen Aktivitäten zugeordnet wurden, resultieren insbesondere aus dem geringen beziehungsweise nicht Vorhandensein der Aktivitäten in den Entwicklungsphasen der Teilnehmenden. Die Aktivität Mathematisieren konnte nur in 9 von 21 Entwicklungsphasen beobachtet werden. Zur Ausgangssituation Essstäbchen wurde diese Aktivität in den Entwicklungsphasen von Lina und Max identifiziert, zur Ausgangssituation Feuerwehr in den Entwicklungsphasen von Lea, Leon, Max und Fabian und zur Ausgangssituation Seilbahn in den Entwicklungsphasen von Lea, Leon und Max. Das Mathematisch Arbeiten konnte nur in 4 von 21 Entwicklungsphasen beobachtet werden. Zur Ausgangssituation Essstäbchen konnte diese bei Max und Fabian identifiziert werden und sowohl zur Ausgangssituation Feuerwehr als auch zur Ausgangssituation Seilbahn nur bei Leon. Das Interpretieren fand nur in 2 von 21 Entwicklungsphasen in den Entwicklungsphasen von Max und Fabian zur Ausgangssituation Essstäbchen statt. Insgesamt scheint der Einbezug der Aktivitäten Mathematisieren, Mathematisch Arbeiten und Interpretieren in die Entwicklungsphase von den Studierenden abhängig. Insbesondere Leon, Max und Fabian und zum Teil auch Lea und Lina fokussierten diese Aktivitäten im Rahmen der Entwicklungsphase, während sie bei den Studierenden Nina und Theo nicht beobachtet werden konnten.

9.1.3 Gemeinsames Auftreten der *Problem Posing*- und Modellierungsaktivitäten in der Entwicklungsphase

Um ein ganzheitliches Bild über die Verbindung zwischen dem *Problem Posing* und dem Modellieren zu erhalten, ist neben der Analyse der Häufigkeit und der Dauer des Auftretens der Modellierungsaktivitäten während der Entwicklungsphase auch die Analyse des gemeinsamen Auftretens der *Problem Posing*- und Modellierungsaktivitäten entscheidend. Um zunächst zu identifizieren, im Rahmen welcher *Problem Posing*-Aktivitäten die Modellierungsaktivitäten auftreten und in welchem Umfang, werden zunächst die Häufigkeiten des gemeinsamen Auftretens der *Problem Posing*- und Modellierungsaktivitäten fokussiert (Kapitel 9.1.3.1), bevor anschließend auf die Realisierung der Modellierungsaktivitäten in den jeweiligen *Problem Posing*-Aktivitäten eingegangen wird (Kapitel 9.1.3.2).

9.1.3.1 Häufigkeit des gemeinsamen Auftretens der Modellierungs- und *Problem Posing*-Aktivitäten

Die Analyse der Häufigkeiten des gemeinsamen Auftretens der Modellierungs- und *Problem Posing*-Aktivitäten findet ganzheitlich und nicht auf Kontext- und Individualebene statt, um eine Tendenz bezüglich des gemeinsamen Auftretens zu geben. Tabelle 9.7 zeigt eine Übersicht über die Häufigkeit des gemeinsamen Auftretens der jeweiligen *Problem Posing*- und Modellierungsaktivitäten als Anzahl der Sequenzen, in denen die *Problem Posing*- und Modellierungsaktivitäten gemeinsam auftreten sowie des Anteils des gemeinsamen Auftretens der beiden Aktivitäten an dem Gesamtauftreten der jeweiligen Modellierungsaktivität.

Insgesamt zeigt sich, dass die Modellierungsaktivität Verstehen ausschließlich gemeinsam mit der *Problem Posing*-Aktivität Verstehen auftrat (49 Sequenzen, 100 %). Das Vereinfachen und Strukturieren fand primär im Rahmen des Explorierens (93 Sequenzen, 69 %) statt, aber auch im Rahmen des Evaluierens (22 Sequenzen, 16 %), des Problemlösens (14 Sequenzen, 10 %) und des Generierens (6 Sequenzen, 4 %). Das Mathematisieren fand ausschließlich während des Problemlösens statt (12 Sequenzen, 100 %). Das Mathematisch Arbeiten und das Interpretieren trat gleichermaßen im Rahmen des Explorierens (2 Sequenzen, 50 % bzw. 1 Sequenz, 50 %) und des Problemlösens (2 Sequenzen, 50 % bzw. 1 Sequenz, 50 %) auf.

Tabelle 9.7 Gemeinsames Auftreten der jeweiligen *Problem Posing*- und Modellierungsaktivitäten in der Entwicklungsphase

Problem Posing Modellieren	Verstehen	Explorieren	Generieren	Problemlösen	Evaluieren	Σ
Verstehen	49 [100 %]	0 [0 %]	0 [0 %]	0 [0 %]	0 [0 %]	49
Vereinfachen/ Strukturieren	0 [0 %]	93 [69 %]	6 [4 %]	14 [10 %]	22 [16 %]	135
Mathematisieren	0 [0 %]	0 [0 %]	0 [0 %]	12 [100 %]	0 [0 %]	12
Math. Arbeiten	0 [0 %]	2 [50 %]	0 [0 %]	2 [50 %]	0 [0 %]	4
Interpretieren	0 [0 %]	1 [50 %]	0 [0 %]	1 [50 %]	0 [0 %]	2
Validieren	0 [0 %]	0 [0 %]	0 [0 %]	0 [0 %]	0 [0 %]	0

Anmerkung: Die Häufigkeiten des gemeinsamen Auftretens der Aktivitäten beziehen sich auf die Entwicklungsphasen von 7 Teilnehmenden zu 3 Ausgangssituationen.

9.1.3.2 Realisierung der Modellierungsaktivitäten in den jeweiligen *Problem Posing*-Aktivitäten

Um einen tieferen Einblick in das gemeinsame Auftreten der Aktivitäten zu erhalten, soll im Folgenden die Realisierung der einzelnen Modellierungsaktivitäten in den jeweiligen *Problem Posing*-Aktivitäten beschrieben werden. Dazu werden die einzelnen Aktivitäten entlang der Hauptreihenfolge, in der sie im Modellierungskreislauf beschrieben sind, fokussiert und das gemeinsame Auftreten mit den jeweiligen *Problem Posing*-Aktivitäten analysiert. Transkriptausschnitte aus den drei Ausgangssituationen Essstäbchen, Feuerwehr und Seilbahn dienen der Illustration des gemeinsamen Auftretens der Aktivitäten.

Verstehen

Die Modellierungsaktivität Verstehen ist gleich der *Problem Posing*-Aktivität Verstehen konzeptualisiert. Demnach tritt die Modellierungsaktivität Verstehen in der Entwicklungsphase trivialerweise ausschließlich mit der *Problem Posing*-Aktivität Verstehen auf. Auf die Beschreibung der Realisierung des gemeinsamen Auftretens wird somit an dieser Stelle verzichtet.

Vereinfachen und Strukturieren

Das Vereinfachen und Strukturieren fand während der Entwicklungsphase im Rahmen des Explorierens, des Generierens und des Problemlösens statt.

Vereinfachen und Strukturieren – Explorieren

Das Vereinfachen und Strukturieren im Rahmen des Explorierens umfasste insbesondere das Filtern zwischen relevanten und irrelevanten Informationen, das Herstellen von Verbindungen zwischen den Informationen, die Identifizierung fehlender Informationen sowie das Treffen von Annahmen. Das Filtern zwischen relevanten und irrelevanten Informationen verfolgte in der Entwicklungsphase das Ziel, wichtige Informationen zur Entwicklung der Fragestellung zu identifizieren. Gleichzeitig trug die Selektion zur Vereinfachung und Strukturierung der Situation bei, um die selbst-entwickelte Fragestellung auf Grundlage der als relevant identifizierten Informationen zu lösen. Der folgende Transkriptausschnitt zur Ausgangssituation Feuerwehr zeigt, dass Leon zum Beispiel die für ihn wichtigsten Informationen, die er zur Aufgabenentwicklung und später auch zur Lösung heranziehen möchte, markiert (siehe Abbildung 9.4).

Abbildung 9.4 Leons Markierungen Feuerwehr.

> Die Münsteraner Feuerwehr hat in der Innenstadt insgesamt 16 Standorte, sodass sie maximal 6 km zu einem brennenden Haus fahren muss. Im Münsteraner Stadtverkehr kann ein Feuerwehrauto durchschnittlich etwa 40 km/h fahren.

> *Also wir haben 16 Standorte (markiert Information im Text). Ähm maximal 6 km Entfernung (markiert Information im Text) und eine Durchschnittsgeschwindigkeit von 40 km/h (markiert Information im Text).*
>
> *[Leon, Feuerwehr Entwicklung, Seq. 4, 01:46]*

Auf Grundlage der als relevant identifizierten Informationen wurden Verbindungen zwischen den Informationen hergestellt. Während der Entwicklung wurde damit das Ziel verfolgt, die Verbindungen zwischen den Informationen zu erkennen, um darauf aufbauend eine Fragestellung zu generieren. Gleichzeitig diente das Herstellen von Verbindungen jedoch auch der Strukturierung der gegebenen Informationen, die insbesondere bei der Lösung der selbst-entwickelten Fragestellung benötigt wird. Beispielsweise hat Fabian zur Ausgangssituation Seilbahn die Erhöhung der Förderleistung und die Reduktion der Wartezeit als wichtige

Informationen identifiziert. Im folgenden Transkriptausschnitt versucht er, eine Verbindung zwischen diesen Informationen herzustellen sowie Möglichkeiten für die Erhöhung der Förderleistung herauszuarbeiten.

Ähm, lange Warte/ Im Grunde ist das ja das Gleiche, weil wenn ich la/ wenn ich wenig/ wenn ich eine hohe Förderleistung habe, dann habe ich wenig Wartezeiten. Ja, ähm, ja ich frage mich jetzt gerade: Wie kann ich die Förderleistung ähm/ Wie kann ich die irgendwie/ wie kann man die erhöhen? Ja, indem man eine größere/ indem man größere Kabinen, ähm, schafft, indem man die Fahrtgeschwindigkeit erhöht.

[Fabian, Seilbahn Entwicklung, Seq. 6, 01:54]

Vereinfachungen und Strukturierungen im Rahmen des Explorierens in der Entwicklungsphase beinhalteten auch die Identifizierung fehlender Informationen. Im Rahmen des Explorierens gaben die fehlenden Informationen Anlass, Annahmen bezüglich dieser Informationen zu treffen oder eine mathematische Fragestellung zu der mathematischen Lücke zu generieren. Das Wissen über die fehlenden Informationen bzw. die gesuchten Größen kann dann wiederum der Vereinfachung und Strukturierung zur Lösung dienen. Beispielsweise identifiziert Max im folgenden Transkriptausschnitt zur Ausgangssituation Seilbahn die Länge des Seils als fehlende Information und entscheidet, diese als gesuchte Größe in seiner Fragestellung zu wählen.

Ähm, das Problem könnte zum Beispiel sein, dass die Länge der eigentlichen Strecke dieser, ähm Bahn, also den die Bahn zurücklegen muss, der ist hier ja gar nicht gegeben.

[Max, Seilbahn Entwicklung, Seq. 9, 03:53]

Bereits während des Explorierens in der Entwicklungsphase trafen die Teilnehmenden Annahmen bezüglich identifizierter fehlender Informationen. Die getroffenen Annahmen trugen zur Vereinfachung und Strukturierung der Informationen für die Lösung bei. Im folgenden Transkriptausschnitt zur Ausgangssituation Seilbahn wird deutlich, dass Max beispielsweise die Förderleistung als relevante

Information identifiziert und annimmt, dass diese die maximal zu transportierende Personenanzahl angibt, wenn jede Gondel voll besetzt ist und man somit immer von voll besetzten Gondeln ausgeht.

> *Ähm, ja gut. Die Förderleistung 500 Personen/h. Muss man natürlich dann auch annehmen, dass immer jede Gondel bei dieser Förderleistung voll besetzt ist. Wenn man das annimmt, dann kommt man auf 500 Personen/h.*
>
> *[Max, Seilbahn Entwicklung, Seq. 23, 08:14]*

Vereinfachen und Strukturieren – Generieren

Vereinfachungen und Strukturierungen im Rahmen des Generierens einer eigenen Fragestellung beinhalteten das Treffen von Annahmen als Erweiterung der Ausgangssituation sowie die Aufnahme relevanter Informationen in die selbst-entwickelte Fragestellung. Die Annahmen wurden von den Teilnehmenden getroffen, um die Fragestellung eindeutig und verständlich formulieren zu können. Beispielsweise entwickelte Nina zur Ausgangssituation Feuerwehr die Frage nach der Länge der ausgefahrenen Drehleiter. Im folgenden Transkriptausschnitt ergänzt sie die Fragestellung durch die Annahme, dass dabei alle Abstände genau eingehalten werden sollen (siehe Abbildung 9.5).

Abbildung 9.5 Ninas Fragestellung Feuerwehr.

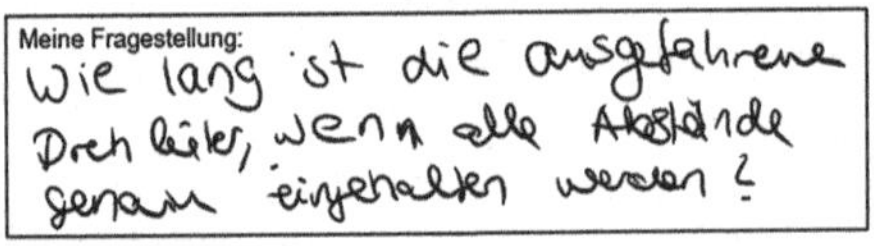

> *(Ergänzt die Fragestellung) Wie lang ist die ausgefahrene Drehleiter Komma, wenn alle Abstände genau eingehalten werden.*
>
> *[Nina, Feuerwehr Entwicklung, Seq. 6, 03:01]*

Die Aufnahme relevanter Informationen in die selbst-entwickelte Fragestellung diente als ein Hinweis für potenziell Lösende der Aufgabe. Beispielsweise hat Nina zur Ausgangssituation Seilbahn eine Fragestellung zur Verkürzung der Wartezeit generiert. Im folgenden Transkriptausschnitt ergänzt Nina ihre selbst-entwickelte Fragestellung durch die Information, dass insbesondere die Personenanzahl und die Geschwindigkeit bei der Lösung beachtet werden sollen (siehe Abbildung 9.6).

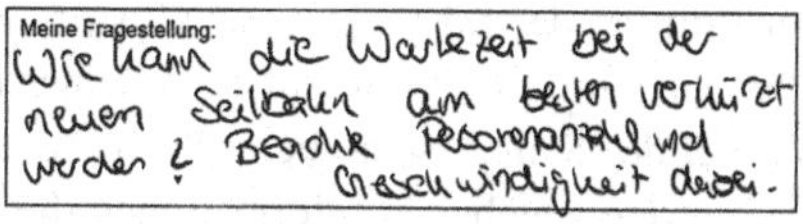

Abbildung 9.6 Ninas Fragestellung Seilbahn.

> *(Ergänzt die Fragestellung) Beachte Personenanzahl und Geschwindigkeit dabei. Irgendwie so.*
>
> *[Nina, Seilbahn Entwicklung, Seq. 11, 04:09]*

Vereinfachen und Strukturieren – Problemlösen
Im Rahmen des Problemlösens wurde das Vereinfachen und Strukturieren als Angabe einer groben Lösungsskizze inklusive der Angabe relevanter Informationen thematisiert, auf die in der späteren Lösung aufgebaut werden kann. Beispielsweise bringt Max im folgenden Transkriptausschnitt zur Ausgangssituation Seilbahn die als relevant identifizierten Informationen miteinander in Verbindung und gibt eine erste Skizze der Lösungssequenz an.

> *Das heißt, daraus könnte man theoretisch ähm auch die Fahrtdauer dann bestimmen, wenn wir die Länge der Strecke im Prinzip haben. Wie lang die Gondel von einer Station zur nächsten benötigt. Das wäre sozusagen der nächste Schritt. Können wir aus Länge der Strecke der Seilbahn also dieses Seils und der Fahrtgeschwindigkeit ähm können wir ja auch die Dauer der Fahrt berechnen. Ähm, was hilft uns das? Damit könnten wir theoretisch, wenn wir wissen 500 Personen/h und wir wissen wie lange eine Fahrt dauert/ Dann wissen wir auch wie viele Leute in die alte Gondel reingepasst haben, in die damalige Gondel. Weil wir könnten dann berechnen ähm/.*
>
> *[Max, Seilbahn Entwicklung, Seq. 15, 05:20]*

Vereinfachen und Strukturieren – Evaluieren
Während des Evaluierens möglicher aufgeworfener Fragestellungen fand das Vereinfachen und Strukturieren als Auswahl relevanter Informationen, als Treffen von Annahmen und als Identifizierung fehlender Werte statt. Die Auswahl relevanter Informationen und das Treffen von Annahmen wurde zumeist während der Prüfung der Lösbarkeit thematisiert. Zur Ausgangssituation Seilbahn hat Lea etwa eine Aufgabe zum Aufstellen einer linearen Funktion aufgeworfen, die den Verlauf des Seils beschreiben soll. Im folgenden Transkriptausschnitt prüft sie, ob sie mit den gegebenen Informationen die Aufgabe lösen kann. Dabei identifiziert sie die relevanten Informationen und trifft Annahmen bezüglich des Verlaufs des Seils.

> *Weil, wir wissen, wie schnell die ist, wir wissen, wo sie anfängt, wir wissen, wie sie fährt und wir können sagen, dass sie einfach gerade quasi, also irgendwie als lineare Funktion nach oben fährt; dann könnte man/ Das ist eine schöne Frage.*
>
> *[Lea, Seilbahn Entwicklung, Seq. 18, 03:18]*

Auch die Identifizierung fehlender Informationen fand im Rahmen der Prüfung der Lösbarkeit statt. Beispielsweise hat Lina eine Fragestellung zur möglichen Rettungshöhe zur Ausgangssituation Feuerwehr entwickelt. Im folgenden Transkriptausschnitt zeigt sich, dass sie im Anschluss die Lösbarkeit evaluiert und bemerkt, dass ihr die Länge der Drehleiter für die Lösung der Aufgabe fehlt.

> *Aber das kann ich jetzt theoretisch mit den gegebenen Angaben nicht machen, weil ich nicht weiß, wie – also wie lang die Drehleiter ist.*
>
> *[Lina, Feuerwehr Entwicklung, Seq. 10, 04:55]*

Mathematisieren

Mathematisieren – Problemlösen
Das Mathematisieren fand im Rahmen der Entwicklungsphase ausschließlich gemeinsam mit dem Problemlösen statt. Dabei wurde ein mehr oder weniger konkretes mathematisches Modell zur Lösung der aufgeworfenen Fragestellung

entwickelt. Ein eher weniger konkretes mathematisches Modell wurde beispielsweise von Max zur Lösung einer möglichen Fragestellung zur Ausgangssituation Feuerwehr gebildet. Die aufgeworfene mögliche Fragestellung thematisiert die ideale Platzierung der Feuerwehrstandorte in Münster. Im folgenden Transkriptausschnitt gibt Max an, dass diese Fragestellung unter anderem mit Hilfe von Mittelsenkrechten gelöst werden könnte.

> *Das wäre schonmal ein geometrisches Problem. Was man ja auch mit, ähm, Mittelsenkrechten zum Beispiel lösen könnte.*
>
> *[Max, Feuerwehr Entwicklung, Seq. 18, 06:55]*

Ein etwas konkreteres mathematisches Modell hat dagegen Leon zu seiner Fragestellung in der Ausgangssituation Seilbahn entwickelt. Er hat die Höhe der Bergstation, die Höhe der Talstation sowie den horizontalen Abstand als relevante Informationen identifiziert. Im folgenden Transkriptausschnitt wählt Leon dann eine gesuchte Größe aus, die als Hypotenuse eines rechtwinkligen Dreiecks berechnet werden kann.

> *Okay, man könnte ja jetzt/ Gucken wir mal. Horizontaler Abstand, Höhe Bergstation, Höhe Talstation. Daraus kann man eine Hypotenuse berechnen. Das ist ja im Grunde genommen/ Naja, so ein– so ein Seil hängt ja auch nicht durch. Dann könnte man daraus ein schönes Dreieck basteln.*
>
> *[Leon, Seilbahn Entwicklung, Seq. 6–7, 01:52]*

Mathematisch Arbeiten

Das Mathematisch Arbeiten trat in der Entwicklungsphase sowohl während des Explorierens als auch während des Problemlösens auf.

Mathematisch Arbeiten – Explorieren

Im Rahmen des Explorierens dienten mathematische Berechnungen der Exploration der Ausgangssituation. Leon identifizierte zum Beispiel zur Ausgangssituation Seilbahn das Gewicht einer vollen und einer leeren Gondel als relevante Informationen. Im folgenden Transkriptausschnitt bildet er daraufhin zunächst die

Differenz der beiden Gewichte einer vollen und einer leeren Gondel und sucht nach einer passenden Zahl, durch die diese Differenz teilbar ist.

> *Erstmal ganz kurz, wie groß ist eigentlich die Differenz? Also 3900 – 1600 = 2300. Lässt sich das durch irgendwas Schönes teilen? 23 nicht so wirklich. Ähm. (tippt etwas in den Taschenrechner ein) 2300 geteilt durch. Ähm, obwohl/ Ich suche gerade irgendein schönes Gewicht, wo man sagen könnte, man kommt auf eine gute Anzahl an Leuten, die auf einmal in der Kabine hoch- und runterfahren dürfen.*
>
> *[Leon, Seilbahn Entwicklung, Seq. 13, 03:37]*

Mathematisch Arbeiten – Problemlösen

Im Rahmen des Problemlösens wurde das Mathematisch Arbeiten genutzt, um die Lösung zur aufgeworfenen Fragestellung mit Hilfe mathematischer Berechnungen zu überschlagen. Beispielsweise hat Fabian zur Ausgangssituation Essstäbchen folgende Fragestellung aufgeworfen: *Wie viele Stäbchen muss Lisa kaufen, um den 20 % Rabatt zu erhalten?* Im folgenden Transkriptausschnitt zeigt sich, dass er die Lösung seiner aufgeworfenen Fragestellung anschließend überschlägt.

> *Die Box kostet schon 21,43 € und dann müsste man jetzt einfach überprüfen ja, wenn ich ein Paar Stäbchen dazu kaufe, dann bin ich irgendwie bei 23 €. Bei 2/ bei, bei 3 Paaren wäre ich bei 26 €. Bei 5 Paaren bei 29 €.*
>
> *[Fabian, Essstäbchen Entwicklung, Seq. 10, 03:48]*

Interpretieren

Auch das Interpretieren fand in der Entwicklungsphase im Rahmen der Aktivitäten Explorieren und Problemlösen statt.

Interpretieren – Explorieren

Im Rahmen des Explorierens wurden mathematische Berechnungen zur Exploration der Ausgangssituation durchgeführt und die ermittelten Resultate zurück auf den gegebenen Kontext bezogen. Beispielsweise hat sich Max bei der Exploration der Ausgangssituation Essstäbchen gefragt, wie viel ein 10 % Rabatt überhaupt ausmacht. Im folgenden Transkriptausschnitt interpretiert er nach grobem Überschlagen, dass durch den Rabatt ein Essstäbchen umsonst wäre.

> *Na gut, es wären dann 2,14 € irgendwie. Ähm, damit hätte sie schonmal ein Paar Essstäbchen rausgeholt vom Preis auf jeden Fall.*
>
> *[Max, Essstäbchen Entwicklung, Seq. 10, 02:11]*

Auch im Rahmen des Problemlösens fand eine Interpretation eines überschlagenen mathematischen Resultats statt. Im folgenden Transkriptausschnitt zur Ausgangssituation Essstäbchen interpretiert Fabian sein aus der oben beschriebenen Überschlagsrechnung erhaltenes mathematisches Resultat.

> *Also, wenn ich 6 Paare Stäbchen dazu kaufe, dann müsste ich den Rabatt – müsste Lisa den Rabatt bekommen.*
>
> *[Fabian, Essstäbchen Entwicklung, Seq. 10, 03:48]*

9.2 Bearbeitungsphase

Das zweite Themengebiet fokussiert die Bearbeitungsphase der Fragestellungen. Insbesondere werden die Modellierungs- und *Problem Posing*-Aktivitäten, die während dieser Phase ablaufen, in den Blick genommen. Tabelle 9.8 gibt einen Überblick über die Analysen der Bearbeitungsphase:

9.2.1 Modellierungsaktivitäten in der Bearbeitungsphase

Der erste Teil der Ergebnisse zur Bearbeitungsphase beschäftigt sich mit den Modellierungsaktivitäten, die während der Bearbeitungsphase ablaufen. Dazu wird zunächst eine reduzierte Form des Kategoriensystems und die Realisierung der Aktivitäten in der Bearbeitungsphase fokussiert (Kapitel 9.2.1.1), um einen Überblick über die identifizierten Aktivitäten zu geben und das Verständnis der

Tabelle 9.8 Schritte der Analyse der Bearbeitungsphase

Fokus	Analyse	Vorgehen
Modellierungsaktivitäten	Modellierungsaktivitäten bei der Bearbeitung einer eigenen Fragestellung zu gegebenen realitätsbezogenen Situationen	– Kategoriensystem und Realisierung anhand von Transkriptausschnitten – Häufigkeitsverteilung der Aktivitäten – Dauer der Aktivitäten und prozentualer Anteil an der Gesamtdauer
Lösungsinternes Problem Posing	*Lösungsinterne Problem Posing*-Ausprägungen bei der Bearbeitung einer eigenen Fragestellung zu gegebenen realitätsbezogenen Situationen	– Kategoriensystem und Realisierung anhand von Transkriptausschnitten – Häufigkeitsverteilung der Aktivitäten
Überschneidung Modellierungsaktivitäten und *lösungsinternes Problem Posing*	Gemeinsames Auftreten der Modellierungsaktivitäten und des *lösungsinternen Problem Posings* bei der Bearbeitung einer eigenen Fragestellung zu gegebenen realitätsbezogenen Situationen	– Kreuztabelle zwischen Modellierungsaktivitäten und *lösungsinternen Problem Posing*-Ausprägungen – Realisierung anhand von Transkriptausschnitten

Ergebnisse zu ermöglichen. Daran anschließend sollen die Dauer und die Häufigkeit der Modellierungsaktivitäten analysiert werden (Kapitel 9.2.1.2). Auf die Analyse der Reihenfolge der Modellierungsaktivitäten in der Bearbeitungsphase wird verzichtet, da in der Modellierungsforschung bereits idealisierte Prozessmodelle bezüglich des Ablaufs der Modellierungsaktivitäten existieren und bekannt ist, dass die Prozesse individuell verschieden ablaufen (siehe Kapitel 3.4).

9.2.1.1 Kategoriensystem und Realisierung der Modellierungsaktivitäten in der Bearbeitungsphase

In den Bearbeitungsphasen der Teilnehmenden konnten alle Modellierungsaktivitäten identifiziert werden. Folglich umfasst die Version 2 des Kategoriensystems der Hauptkategorie Modellierungsaktivitäten für die Bearbeitungsphase die sechs

Modellierungsaktivitäten Verstehen, Vereinfachen und Strukturieren, Mathematisieren, Mathematisch Arbeiten, Interpretieren und Validieren sowie eine Restkategorie Sonstiges. Tabelle 9.9 zeigt eine Kurzfassung des Kategoriensystems.

Tabelle 9.9 Kurzfassung der Version 2 (Bearbeitungsphase) des Kategoriensystems Modellierungsaktivitäten

Modellierungsaktivitäten Bearbeitungsphase

Mod1	Verstehen	Verstehen/ Nachvollziehen der realweltlichen Situation und der gegebenen Informationen auf Grundlage der Situationsbeschreibung und der selbst-entwickelten Fragestellung
Mod2	Vereinfachen und Strukturieren	Vereinfachung/ Strukturierung der gegebenen Realsituation, indem zwischen wichtigen und unwichtigen Informationen differenziert wird, fehlende Informationen identifiziert, Annahmen bezüglich dieser Informationen getroffen und Lösungsschritte identifiziert werden
Mod3	Mathematisieren	Übersetzung der ausgewählten Informationen in ein mathematisches Modell (z. B. Tabelle, Term, Gleichung, Diagramm)
Mod4	Mathematisch Arbeiten	Ausführen der mathematischen Operationen zur Generierung eines mathematischen Resultats
Mod5	Interpretieren	Rückinterpretation des mathematischen Ergebnisses in Bezug auf die realweltliche Situation und die gegebene Fragestellung
Mod6	Validieren	Überprüfung des Modells und des Resultats auf Plausibilität und Angemessenheit durch Rückbezug auf die realweltliche Situation
N.N.	Sonstige	Sequenzen, die keiner der anderen Kategorien zugeordnet werden können.

Um einen tieferen Einblick in das Auftreten der einzelnen Modellierungsaktivitäten zu erhalten, die während der Bearbeitungsphasen der selbst-entwickelten Fragestellungen stattfanden, soll im Folgenden die Realisierung der einzelnen Modellierungsaktivitäten in den Bearbeitungsphasen fokussiert werden. Dazu werden die einzelnen Aktivitäten entlang der im Modellierungsprozess beschriebenen idealisierten Reihenfolge thematisiert. Anhand fallübergreifender Zusammenfassungen soll die Realisierung der jeweiligen Aktivität beschrieben werden. Transkriptausschnitte aus den drei Ausgangssituationen Essstäbchen, Feuerwehr und Seilbahn dienen der Illustration der Realisierung der jeweiligen Aktivität.

Verstehen
In den Bearbeitungsphasen fand das Verstehen nur selten statt. In den Sequenzen, die dem Verstehen zugeordnet wurden, wurde entweder die Fragestellung wiederholt oder ein Verständnis bezüglich der als relevant identifizierten Informationen aufgebaut. Im folgenden Transkriptausschnitt zur Ausgangssituation Essstäbchen zeigt sich beispielsweise, dass Fabian zu Beginn der Bearbeitungsphase die von ihm entwickelte Fragestellung wiederholt.

> *Ja. Ähm, genau meine Frage war ja, Ähm (liest vor) „Wieviele Stäbchen muss sie kaufen, um den 20 % Rabatt zu bekommen?"*
>
> *[Fabian, Essstäbchen Bearbeitung, Seq. 2, 00:13]*

Der Verständnisaufbau bezüglich der gegebenen Informationen fokussierte zumeist die Informationen, die zuvor als relevant identifiziert wurden. Max hat zum Beispiel die Förderleistung als wichtige Information zur Lösung seiner Fragestellung zur Ausgangssituation Seilbahn identifiziert und fragt sich im folgenden Transkriptausschnitt, was genau mit der angegebenen Förderleistung gemeint ist.

> *Ähm, 500 Personen/h Förderleistung bedeutet ja eigentlich – Ah, okay – bedeutet, ähm, dass in einer Stunde 500 Personen damit gefahren sind überhaupt, nicht hin und zurück, also das ist jetzt die Frage, aber vermutlich eine Strecke wahrscheinlich.*

Vereinfachen und Strukturieren

Die Aktivität Vereinfachen und Strukturieren umfasste in den Bearbeitungsphasen der Teilnehmenden das Treffen von Annahmen, die Strukturierung der gegebenen Informationen sowie die Identifizierung von Lösungsschritten. Zum Teil wurden im Rahmen der Aktivität auch relevante von irrelevanten Informationen gefiltert. Im Rahmen des Vereinfachens und Strukturierens wurden sowohl Annahmen bezüglich fehlender Informationen getroffen als auch Annahmen, um die gegebene realweltliche Situation zu vereinfachen. Eine Annahme, die Theo bezüglich fehlender Informationen der Ausgangssituation Seilbahn trifft, ist im folgenden Transkriptausschnitt dargestellt.

> *Ähm und dann würde ich sagen, dass sie mit Ein- und Ausstieg/ Vielleicht sagen mindestens eine Minute/ Ja, mindestens eigentlich 2 Minuten für Ein- und 2 Minuten für Ausstieg.*
>
> *[Theo, Seilbahn Bearbeitung, Seq. 30, 07:56]*

Zur Vereinfachung der gegebenen realweltlichen Situation Seilbahn nimmt Max im folgenden Transkriptausschnitt zur Ausgangssituation Seilbahn beispielsweise an, dass das Seil nicht durchhängt und für die Berechnung seiner Länge als gerade Strecke angenommen werden kann.

> *Und zwar gehört da auf jeden Fall zu, dass, wenn ich die Seilbahn als – ähm, naja, die Seilbahn irgendwie als eine Strecke, also das Seil als eine Strecke modellieren will. Dann muss ich davon ausgehen, dass das Seil auch keine Dellen hat oder irgendwie durchhängt, weil die Gondel daran hängt oder dass zum Beispiel/ ähm, dass wir irgendwelche Stützen haben, sodass das Seil dann keine Strecke mehr ist, keine gerade Linie mehr.*
>
> *[Max, Seilbahn Bearbeitung, Seq. 2, 00:05]*

Bei der Strukturierung wurden die gegebenen Informationen herausgeschrieben und miteinander in Verbindung gebracht. Die Informationen wurden dabei zum Teil auch im Rahmen einer Skizze strukturiert. Lina fertigt im folgenden Transkriptausschnitt zur Ausgangssituation Feuerwehr eine Skizze mit den gegebenen

(Länge Leiter, Abstand Feuerwehrauto zum Haus) und gesuchten Informationen
(Höhe Haus) an (siehe Abbildung 9.7).

Abbildung 9.7 Linas
Skizze Feuerwehr.

> *Und dann kann ich mir erstmal (fängt an zu zeichnen) quasi eine Zeichnung
> machen, ähm, und weiß, dass (beschriftet die Hypotenuse) diese Seite 30 m lang
> ist, (beschriftet die eine Kathete) diese Seite 7 m und (beschriftet die andere
> Kathete) diese Seite möchte ich gerne wissen, weil hier mein Haus ist quasi.*
>
> *[Lina, Feuerwehr Bearbeitung, Seq. 6, 00:48]*

Bei der Identifizierung der Lösungsschritte wurde die selbst-entwickelte Fragestellung in mehrere Teilfragestellungen unterteilt. Beispielsweise möchte Max
zur Ausgangssituation Essstäbchen herausfinden, ob Lisa beim Kauf von zwei
Paar Essstäbchen und einer Aufbewahrungsbox ein Paar Essstäbchen umsonst
bekommt. Dazu teilt er die Fragestellung im folgenden Transkriptausschnitt in
zwei Teilfragestellungen (Preis Einkauf, Rabatt) auf.

> *Gut, dann können wir ja schonmal/ Erstmal kommt mir da natürlich in den
> Kopf, jetzt erstmal den Preis letztlich auszurechnen und dann zu gucken, wie
> viel Rabatt sie bekommt, ähm, mit der Rabattaktion, die in dem unteren Abschnitt
> erklärt wird.*
>
> *[Max, Essstäbchen Bearbeitung, Seq. 2, 00:18]*

Bei der Trennung zwischen relevanten und irrelevanten Informationen wurden
die für die Lösung benötigten Informationen ausgewählt und die irrelevanten
Informationen ausgeblendet. Dies fand entweder direkt zu Beginn der Bearbeitungsphase oder im Rahmen der Strukturierung der gegebenen Informationen
statt. Beispielsweise geht Theo im folgenden Transkriptausschnitt zu Beginn

der Bearbeitungsphase seiner selbst-entwickelten Fragestellung zur Ausgangssituation Seilbahn die gegebenen Informationen noch einmal durch und filtert
zwischen den relevanten und den irrelevanten Informationen.

> *Ok. Also, dann würde ich/ Ich geh mal noch einmal kurz die Daten durch,
> ob ich davon überhaupt irgendwas brauche. Die Art ist egal, Gewicht ist jetzt
> auch nicht relevant für mich; die Höhe von Talstation und Bergstation auch
> nicht, horizontaler Abstand auch nicht, Fahrtgeschwindigkeit nicht, Förder-
> leistung muss ich gucken, dass ich am Ende nicht die 500 Personen pro Stunde
> überschreite und der Antrieb ist auch egal.*
>
> *[Theo, Seilbahn Bearbeitung, Seq. 1, 00:00]*

Mathematisieren

Die Aktivität Mathematisieren umfasste im Rahmen der Bearbeitungsphasen
sowohl die Identifizierung mathematischer Objekte oder Operationen, die zur
Lösung der selbst-entwickelten Fragestellung herangezogen werden können, als
auch das konkrete Aufstellen einer mathematischen Formel zur Lösung. Bei der
Identifizierung mathematischer Objekte wurden Situationen der realen Welt mittels mathematischer Objekte modelliert, um durch die Anwendung geeigneter
mathematischer Operationen eine mathematische Lösung für die Fragestellung
zu generieren. Beispielsweise hat Max zur Lösung seiner selbst-entwickelten
Fragestellung zur Ausgangssituation Feuerwehr die ausgefahrene Drehleiter, die
gesuchte Haushöhe sowie den Abstand zwischen dem Drehleiter-Fahrzeug und
dem Haus als rechtwinkliges Dreieck identifiziert. Im folgenden Transkriptausschnitt beschriftet er entsprechend die einzelnen Seiten des Dreiecks (siehe
Abbildung 9.8), um anschließend eine Gleichung zur Berechnung der gesuchten
Haushöhe aufzustellen.

Abbildung 9.8 Max
Skizze Feuerwehr.

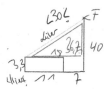

> *Ähm dazu könnte man jetzt im Prinzip das Dreieck nehmen (zeichnet Dreieck ein) und mithilfe des Satzes des Pythagoras, ähm, die fehlende Strecke- die fehlende Hypotenuse aus den gegebenen Katheten berechnen. Die eine Kathete ist im Prinzip 40–3,3 m. Das heißt ähm 26,7 ach Quatsch 36,7 m lang (beschriftet die Skizze). Und die andere Kathete – hier ist der rechte Winkel – (zeichnet rechten Winkel ein) haben wir, ähm 18 m (beschriftet die Skizze) Länge.*
>
> *[Max, Feuerwehr Bearbeitung, Seq. 3, 05:12]*

Im Rahmen der Identifizierung mathematischer Operationen wurden mathematische Verfahren identifiziert, die zur Lösung der selbst-entwickelten Fragestellung genutzt werden können. Beispielsweise wählt Lina im folgenden Transkriptausschnitt zur Ausgangssituation Essstäbchen den Dreisatz zur Lösung ihrer selbst-entwickelten Fragestellung, wie viel Geld Lisa spart.

> *Also ich lös das jetzt dann einfach im Dreisatz.*
>
> *[Lina, Essstäbchen Bearbeitung, Seq. 7, 01:34]*

Das Aufstellen mathematischer Formeln umfasste die Generierung einer mathematischen Gleichung, die zur Lösung der selbst-entwickelten Fragestellung herangezogen werden kann. Im folgenden Transkriptausschnitt zur Ausgangssituation Essstäbchen zeigt sich, wie Fabian zum Beispiel eine Ungleichung zur Berechnung der benötigten Stäbchenanzahl für den 20 %-Rabatt aufstellt (siehe Abbildung 9.9).

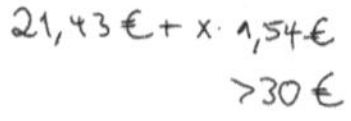

$$21,43 \text{€} + x \cdot 1,54 \text{€}$$
$$> 30 \text{€}$$

Abbildung 9.9 Fabians aufgestellte Formel Essstäbchen.

> *Ähm, ja. Das heißt im Grunde ist das eine Gleichung. Also sie will ja eine Box kaufen, das macht (schreibt) 21,43 € + x • 1,54 €. Ja, soll jetzt größer als 30 € sein.*
>
> *[Fabian, Essstäbchen Bearbeitung, Seq. 4, 00:35]*

Mathematisch Arbeiten

Im Rahmen der Aktivität Mathematisch Arbeiten wurde in dem zuvor festgelegten mathematischen Modell gearbeitet. Dazu wurden mathematische Operationen ausgeführt, die entweder zu einem Zwischenresultat oder zu dem gesamten mathematischen Resultat führten. Im Rahmen dieser Aktivität wurden auch mathematische Resultate noch einmal nachgerechnet. Die Berechnungen wurden sowohl im Kopf als auch mit dem Taschenrechner durchgeführt. Bei der Berechnung von Zwischenresultaten wurden mathematische Operationen genutzt, um Resultate zu generieren, mit denen anschließend weiter gerechnet wurde. Beispielsweise berechnet Nina im folgenden Transkriptausschnitt zur Ausgangssituation Seilbahn zunächst die Differenz zwischen dem Gewicht einer vollen und einer leeren Kabine, um anschließend auf die Personenanzahl einer Gondelkabine zu schließen. Zur Ausführung der mathematischen Operation nutzt sie den Taschenrechner.

> *Und zwar der Gewichtunterschied ist, könnte ich jetzt auch im Kopf berechnen (gibt etwas in den Taschenrechner ein), 3900 – 1600, also 2300 kg ist Gewichtunterschied.*
>
> *[Nina, Seilbahn Bearbeitung, Seq. 3, 00:08]*

Ein Beispiel für eine Berechnung des Gesamtresultats findet sich bei Fabian zur Ausgangssituation Essstäbchen. Zur Berechnung der Anzahl der Stäbchen, die benötigt werden, um den 20 %-Rabatt zur erhalten, hat er eine Ungleichung aufgestellt. Im folgenden Transkriptausschnitt löst er die Ungleichung systematisch (siehe Abbildung 9.10). Dabei rechnet er teilweise im Kopf und teilweise mit dem Taschenrechner.

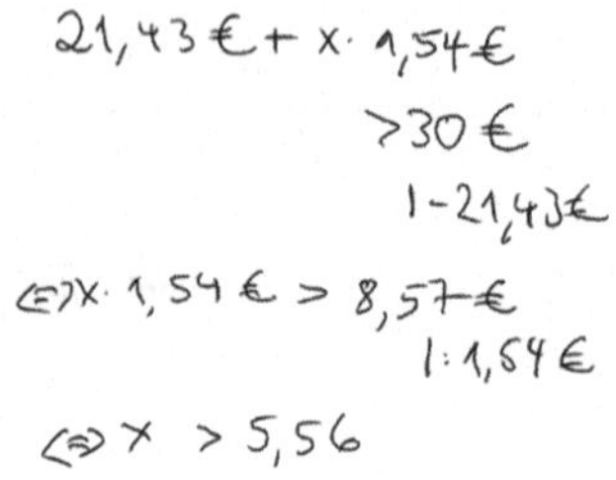

Abbildung 9.10 Fabians
Rechnung Essstäbchen.

$$21{,}43 \text{€} + x \cdot 1{,}54\text{€}$$
$$> 30 \text{€}$$
$$| -21{,}43\text{€}$$
$$\Leftrightarrow) x \cdot 1{,}54\text{€} > 8{,}57\text{€}$$
$$| : 1{,}54\text{€}$$
$$\Leftrightarrow x > 5{,}56$$

Zu der Ausgangssituation Seilbahn zeigt sich bei Lina ein Beispiel für das erneute Überprüfen des mathematischen Resultats mit Hilfe mathematischer Operationen. Im folgenden Transkriptausschnitt zur Ausgangssituation Seilbahn berechnet sie zunächst mit Hilfe einer schriftlichen Subtraktion die Differenz der Höhe der Bergstation und der Talstation (siehe Abbildung 9.11) und prüft anschließend mit Hilfe des Taschenrechners, ob ihre Berechnung stimmt.

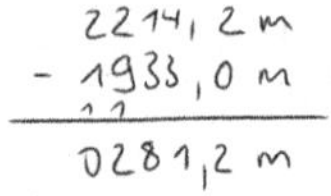

Abbildung 9.11 Linas
Rechnung Seilbahn.

$$2214{,}2 \text{ m}$$
$$- 1933{,}0 \text{ m}$$
$$\overline{0281{,}2 \text{ m}}$$

> *Das heißt, ich habe (rechnet und schreibt) 2 1 8 2 0. Das heißt, ich habe 281,2 m. Ich guck nochmal eben im Taschenrechner nach, ob das stimmt. (Tippt etwas in den Taschenrechner ein) Gebe das ein. Genau, ähm, das passt.*
>
> *[Lina, Seilbahn Bearbeitung, Seq. 5, 00:58]*

Interpretieren

Das Interpretieren fand entweder direkt im Anschluss an die Berechnung des mathematischen Resultats statt oder als Abschluss der Bearbeitungsphase, um die selbst-entwickelte Fragestellung zu beantworten. Bei der Interpretation direkt im Anschluss an die Berechnung des mathematischen Resultats wurden sowohl Zwischenresultate als auch das Gesamtresultat mit der gegebenen realweltlichen Situation in Verbindung gebracht. So hat Max zum Beispiel zur Ausgangssituation Seilbahn die Hypotenuse des rechtwinkligen Dreiecks als Zwischenschritt

zur Beantwortung seiner Fragestellung berechnet. Im folgenden Transkriptausschnitt bezieht er dann das berechnete mathematische Resultat für die Länge der
Hypotenuse zurück auf die gegebene realweltliche Situation.

> *Genau das wäre jetzt die Länge der Strecke zwischen Teil – Talstation und*
> *Bergstation, also im Prinzip nochmal rückgeschlossen auf den Inhalt die Länge*
> *des benötigten Drahtseils auf der die Bergbahn fährt – auf dem die Bergbahn*
> *fährt.*
>
> *[Max, Seilbahn Bearbeitung, Seq. 7, 07:54]*

Die Interpretation als Beantwortung der selbst-entwickelten Fragestellung fand
sowohl schriftlich in Form eines festgehaltenen Antwortsatzes als auch münd-
lich statt. Beispielsweise hält Lina im folgenden Transkriptausschnitt die Antwort
auf ihre Fragestellung zur Ausgangssituation Seilbahn schriftlich in Form eines
Antwortsatzes (siehe Abbildung 9.12) fest.

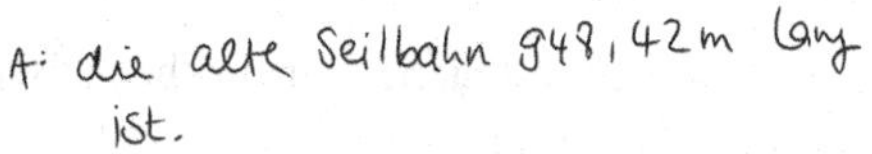

Abbildung 9.12 Linas
Antwortsatz Seilbahn.

A: die alte Seilbahn 948,42 m lang
ist.

> *Ähm, und kann jetzt meine Aufgabe oder meine Frage beantworten und sagen,*
> *dass die alte Seilbahn (schreibt) 948,42 m lang ist.*
>
> *[Lina, Seilbahn Bearbeitung, Seq. 11, 03:42]*

Eine mündliche Beantwortung der selbst-entwickelten Fragestellung nimmt Lea
im folgenden Transkriptausschnitt zur Ausgangssituation Feuerwehr vor.

> *Also wäre meine Antwort: Aus maximal 29,17 m kann eine Person gerettet*
> *werden.*
>
> *[Lea, Feuerwehr Bearbeitung, Seq. 13, 06:35]*

Validieren

Im Rahmen des Validierens wurde sowohl das mathematische Modell als auch das mathematische Resultat auf Angemessenheit bezüglich der realweltlichen Situation geprüft. Die Überprüfung des mathematischen Modells fand entweder direkt im Anschluss an die Entwicklung des mathematischen Modells statt oder nach der Berechnung des mathematischen Resultats gegen Ende der Bearbeitungsphase. Beispielsweise hat Fabian zur Ausgangssituation Feuerwehr ein mathematisches Modell zur Berechnung der maximalen Höhe, aus der Personen gerettet werden können, entwickelt. Im folgenden Transkriptausschnitt überprüft er sein mathematisches Modell im Anschluss auf dessen Angemessenheit in der realweltlichen Situation und behält sein entwickeltes Modell schließlich bei.

> *Ne x + / Entschuldigung, x + 3,3, nicht x-, weil ich kann ja/ ähm das Haus kann ja dann noch höher sein. Ne, quatsch, ich ziehe ja die Höhe wieder ab, also x- war richtig.*
>
> *[Fabian, Feuerwehr Bearbeitung, Seq. 10, 05:43]*

Max hingegen validierte sein mathematisches Modell beispielsweise nach der Berechnung des mathematischen Resultats. Nachdem er zur Ausgangssituation Feuerwehr die maximale Höhe berechnet hat, aus der eine Person gerettet werden kann, validiert er im folgenden Transkriptausschnitt sein mathematisches Modell. Dabei bemerkt er, dass in Bezug auf die Situation die Länge der Kathete nicht unbedingt 18 m, sondern auch nur 10 m betragen könnte und revidiert sein mathematisches Modell.

> *Ähm, ja. Na gut. Theoretisch könnte es/ Theoretisch könnte der Abstand zwischen dem hinteren Ende des Fahrzeugs und der Hauswand auch 10 m betragen, wenn man das Auto sozusagen rückwärts dranfährt. Dann würde die Regel, ähm, mit dem Abstand zum brennenden Haus noch gewährt sein und theoretisch die dritte Regel mit 10 m Abstand zu Objekten am Fahrzeugende eigentlich auch, weil dann haben wir ja die 10 m Abstand, das heißt, wir brauchen gar nicht unbedingt die 18 m Abstand, sondern 10 m würde auch gehen.*
>
> *[Max, Feuerwehr Bearbeitung, Seq. 9, 09:31]*

Die Validierung des mathematischen Resultats bezüglich der gegebenen real-weltlichen Situation fand zumeist direkt im Anschluss an die Berechnung des mathematischen Resultats statt. Beispielsweise hat Fabian zur Ausgangssituation Feuerwehr die maximale Höhe, aus der Personen gerettet werden können, mit Hilfe des Satzes des Pythagoras und einer quadratischen Gleichung gelöst. Im folgenden Transkriptausschnitt prüft er anschließend die Angemessenheit der bei-den möglichen mathematischen Resultate im realweltlichen Kontext und kommt zu dem Schluss, dass er das positive Ergebnis nutzen muss.

> *Aber wenn man jetzt – rechnen würde, dann würde ein negatives Ergebnis rauskommen, das macht im Sachzusammenhang überhaupt keinen Sinn, deshalb ähm.*
>
> *[Fabian, Feuerwehr Bearbeitung, Seq. 17, 09:27]*

Sonstige

Der Kategorie Sonstige wurden alle Sequenzen des Bearbeitungsprozesses zuge-ordnet, die keiner der oben beschriebenen Aktivitäten zugeordnet werden konn-ten. Durch die Beschreibung der Sequenzen, die unter die Restkategorie Sonstige fallen, soll ein Überblick über die inhaltliche Ausgestaltung dieser Kategorie gegeben werden und Hinweise geliefert werden, inwiefern diese inhaltlich zur Bearbeitungsphase beitragen. Zum einen umfasste die Kategorie Sonstige in den Bearbeitungsphasen der Teilnehmenden Sequenzen zu affektiven Komponenten. Beispielsweise bemerkt Leon im folgenden Transkriptausschnitt zur Ausgangssi-tuation Feuerwehr, dass es peinlich für ihn wäre, wenn er bei der Lösung Fehler machen würde.

> *Hoffentlich vertue ich mich jetzt da nicht. Das wäre super peinlich.*
>
> *[Leon, Feuerwehr Bearbeitung, Seq. 33, 10:51]*

Zum anderen bezogen sich viele der Sequenzen in der Kategorie Sonstige auf die Verschriftlichung des Lösungsprozesses und dabei insbesondere auf den Umgang

mit dem Tablet. Im folgenden Transkriptausschnitt zur Ausgangssituation Feuerwehr zeigt sich beispielsweise wie Lea bemerkt, dass sie zum Aufschreiben der
Lösung zunächst den Stift aktivieren müsse.

> *Oh Moment, ich muss den Stift aktivieren. Ähm, oh. (Hat aus Versehen einen*
> *schwarzen Strich gemalt, lacht) Schon kompliziert.*
>
> *[Lea, Feuerwehr Bearbeitung, Seq. 3, 00:15]*

Zum Teil enthielten die Sequenzen der Kategorie Sonstige auch nicht-
inhaltstragende Leerformeln. Diese nutzten die Teilnehmenden unter anderem,
um die Bearbeitungsphase zu beginnen oder abzuschließen. Ein Beispiel für
den Beginn der Bearbeitungsphase durch eine Leerformel stellt der folgende
Transkriptausschnitt zur Ausgangssituation Essstäbchen von Theo dar.

> *Dann würde ich einmal anfangen, die Fragestellung zu lösen.*
>
> *[Theo, Essstäbchen Bearbeitung, Seq. 1, 00:00]*

Einige Sequenzen der Kategorie Sonstige thematisierten die Entwicklung von
mathematischen Fragestellungen (*Problem Posing*). Beispielsweise entwickelt
Lea im folgenden Transkriptausschnitt zur Ausgangssituation Essstäbchen eine
weiterführende Fragestellung.

> *Man könnte vielleicht noch fragen, wie viel sie bezahlen muss.*
>
> *[Lea, Essstäbchen Bearbeitung, Seq. 17, 02:19]*

Auf die *Problem Posing*-Ausprägungen im Rahmen der Bearbeitungsphase soll in
Kapitel 9.2.2 detailliert eingegangen werden.

9.2.1.2 Dauer und Häufigkeit der auftretenden Aktivitäten

Mit Hilfe der Häufigkeit und der Dauer der einzelnen Aktivitäten soll analysiert werden, in welchem Umfang die jeweiligen Modellierungsaktivitäten in den Bearbeitungsphasen stattfanden. Zur Übersicht sind in Tabelle 9.10 die quantitativen Ergebnisse bezüglich der Anzahl der Sequenzen *(#Seq.)*, denen die jeweilige Aktivität zugeordnet wurde, die Dauer der einzelnen Aktivitäten *(Dauer)* sowie der Anteil der Dauer der jeweiligen Aktivität an der Gesamtdauer der Bearbeitungsphase *(Anteil)* dargestellt. Die Tabelle ist nach Ausgangssituationen und Teilnehmenden untergliedert, um mögliche Unterschiede auf Kontext- und Individualebene sichtbar zu machen.

In der Übersicht zeigt sich bereits, dass sich die einzelnen Aktivitäten deutlich in der Häufigkeit des Auftretens unterscheiden (siehe Tabelle 9.10). Die meisten Sequenzen wurden der Aktivität Mathematisch Arbeiten (115 Sequenzen) zugeordnet. Etwas weniger häufig konnten in der Bearbeitungsphase das Vereinfachen und Strukturieren (109 Sequenzen) sowie das Mathematisieren (100 Sequenzen) identifiziert werden und am seltensten das Interpretieren (61 Sequenzen), Validieren (39 Sequenzen) und Verstehen (23 Sequenzen). Auf Kontextebene ergeben sich bezüglich der Ausgangssituationen Feuerwehr und Seilbahn andere Rangfolgen der Häufigkeiten. Dies betrifft insbesondere die Aktivitäten Mathematisch Arbeiten, Mathematisieren und Vereinfachen und Strukturieren. Bei der Ausgangssituation Feuerwehr wurden die meisten Sequenzen dem Mathematisieren (35 Sequenzen) und dem Mathematisch Arbeiten (35 Sequenzen) zugeordnet. Die Rangfolge der übrigen Aktivitäten entspricht der Gesamtrangfolge. Zur Ausgangssituation Seilbahn wurden die meisten Sequenzen dem Vereinfachen und Strukturieren (45 Sequenzen) zugeordnet und etwas weniger Sequenzen den Aktivitäten Mathematisch Arbeiten (44 Sequenzen) und Mathematisieren (39 Sequenzen). Die Rangfolge der übrigen Aktivitäten entspricht auch hier der Gesamtrangfolge. Trotz der Abweichungen ergeben sich übergeordnet ähnliche Tendenzen.

Auch bezüglich der Dauer ergeben sich deutliche Unterschiede zwischen den Aktivitäten. Bezüglich der Dauer der einzelnen Aktivitäten in der Bearbeitungsphase nahmen das Vereinfachen und Strukturieren ($\approx$ 63 Minuten, 34 %), das Mathematisch Arbeiten ($\approx$ 42 Minuten, 22 %) sowie das Mathematisieren ($\approx$ 33 Minuten, 17 %) den Hauptanteil der Bearbeitungszeit ein. Deutlich weniger Zeit wurde für das Interpretieren ($\approx$ 18 Minuten, 10 %), Validieren ($\approx$ 15 Minuten, 8 %) und Verstehen ($\approx$ 3 Minuten, 2 %) aufgewendet. Auf Kontextebene ergeben sich für die Ausgangssituationen Essstäbchen und Seilbahn insbesondere bezüglich der drei Aktivitäten, die in der Bearbeitungsphase am meisten Zeit

Tabelle 9.10 Übersicht der Häufigkeitsverteilung und Dauer der Modellierungsaktivitäten in der Bearbeitungsphase

Name		Verstehen	Vereinfachen/ Strukturieren	Mathematisieren	Math. Arbeiten	Interpretieren	Validieren	Sonstige
				Modellierungsaktivitäten				
				Essstäbchen				
Nina	# Seq.	0	3	2	6	2	0	5
	Dauer	0 s	27 s	37 s	127 s	63 s	0 s	16 s
	Anteil	0%	10%	14%	47%	23%	0%	6%
Lea	# Seq.	0	3	3	4	2	1	4
	Dauer	0 s	17 s	46 s	43 s	11 s	5 s	26 s
	Anteil	0%	11%	31%	29%	7%	3%	18%
Lina	# Seq.	0	2	4	4	3	1	3
	Dauer	0 s	66 s	59 s	56 s	39 s	24 s	26 s
	Anteil	0%	24%	22%	21%	14%	9%	10%
Theo	# Seq.	1	11	7	12	8	2	4
	Dauer	11 s	114 s	67 s	107 s	163 s	102 s	85 s
	Anteil	2%	18%	10%	16%	25%	16%	13%
Leon	# Seq.	3	6	6	6	1	3	7
	Dauer	10 s	113 s	69 s	148 s	5 s	58 s	65 s
	Anteil	2%	24%	15%	32%	1%	12%	14%
Max	# Seq.	1	4	3	3	3	1	2
	Dauer	18 s	71 s	59 s	52 s	82 s	13 s	5 s
	Anteil	6%	24%	20%	17%	27%	4%	2%
Fabian	# Seq.	1	1	1	1	1	1	2
	Dauer	8 s	14 s	34 s	78 s	28 s	12 s	15 s
	Anteil	4%	7%	18%	41%	15%	6%	8%
$\Sigma_{Ess.}$	# Seq.	6	30	26	36	20	9	27
	Dauer	47 s	422 s	371 s	611 s	391 s	214 s	238 s
	Anteil	2%	18%	16%	27%	17%	9%	10%
Name		Verstehen	Vereinfachen/ Strukturieren	Mathematisieren	Math. Arbeiten	Interpretieren	Validieren	Sonstige
				Feuerwehr				
Nina	# Seq.	0	7	5	6	1	1	10
	Dauer	0 s	214 s	66 s	103 s	20 s	17 s	91 s
	Anteil	0%	42%	13%	20%	4%	3%	18%
Lea	# Seq.	0	4	1	2	1	0	6
	Dauer	0 s	278 s	20 s	60 s	8 s	0 s	49 s
	Anteil	0%	67%	5%	14%	2%	0%	12%
Lina	# Seq.	0	3	5	2	1	1	5
	Dauer	0 s	50 s	91 s	63 s	68 s	10 s	25 s
	Anteil	0%	16%	30%	21%	22%	3%	8%
Theo	# Seq.	1	9	7	9	4	0	2
	Dauer	8 s	507 s	126 s	134 s	115 s	0 s	16 s
	Anteil	1%	56%	14%	15%	13%	0%	2%
Leon	# Seq.	3	6	9	9	3	4	12
	Dauer	22 s	60 s	239 s	409 s	20 s	61 s	105 s
	Anteil	2%	7%	26%	45%	2%	7%	11%
Max	# Seq.	0	4	3	4	3	2	5
	Dauer	0 s	443 s	93 s	79 s	67 s	97 s	34 s
	Anteil	0%	54%	11%	10%	8%	12%	4%

(Fortsetzung)

Tabelle 9.10 (Fortsetzung)

		Verstehen	Vereinfachen/Strukturieren	Mathematisieren	Math. Arbeiten	Interpretieren	Validieren	Sonstige
Fabian	# Seq.	1	3	5	3	2	3	2
	Dauer	5 s	219 s	194 s	114 s	32 s	106 s	12 s
	Anteil	1%	32%	28%	17%	5%	16%	2%
$\Sigma_{Feuer.}$	# Seq.	5	34	35	35	15	11	42
	Dauer	35 s	1771 s	829 s	962 s	330 s	291 s	332 s
	Anteil	0%	39%	18%	21%	7%	6%	7%
Seilbahn								
Name		Verstehen	Vereinfachen/Strukturieren	Mathematisieren	Math. Arbeiten	Interpretieren	Validieren	Sonstige
Nina	# Seq.	0	10	7	9	6	2	6
	Dauer	0 s	191 s	45 s	131 s	99 s	29 s	44 s
	Anteil	0%	35%	8%	24%	18%	5%	8%
Lea	# Seq.	2	7	5	3	0	2	9
	Dauer	31 s	155 s	126 s	38 s	0 s	26 s	88 s
	Anteil	7%	33%	27%	8%	0%	6%	19%
Lina	# Seq.	0	2	3	2	2	0	2
	Dauer	0 s	27 s	90 s	88 s	41 s	0 s	5 s
	Anteil	0%	11%	36%	35%	16%	0%	2%
Theo	# Seq.	1	8	6	9	4	6	3
	Dauer	7 s	239 s	51 s	171 s	35 s	90 s	12 s
	Anteil	1%	40%	8%	28%	6%	15%	2%
Leon	# Seq.	6	5	5	5	3	0	9
	Dauer	62 s	170 s	100 s	124 s	46 s	0 s	121 s
	Anteil	10%	27%	16%	20%	7%	0%	19%
Max	# Seq.	2	4	5	7	5	5	1
	Dauer	25 s	477 s	146 s	174 s	101 s	146 s	4 s
	Anteil	2%	44%	14%	16%	9%	14%	0%
Fabian	# Seq.	1	9	8	9	6	4	5
	Dauer	2 s	343 s	192 s	203 s	47 s	79 s	32 s
	Anteil	0%	38%	21%	23%	5%	9%	4%
$\Sigma_{Seil.}$	# Seq.	12	45	39	44	26	19	35
	Dauer	127 s	1602 s	750 s	929 s	369 s	370 s	306 s
	Anteil	3%	36%	17%	21%	8%	8%	7%
Σ_{Gesamt}	# Seq.	23	109	100	115	61	39	104
	Dauer	209 s ≈3 min	3795 s ≈63 min	1950 s ≈33 min	2502 s ≈ 42 min	1090 s ≈18 min	875 s ≈15 min	876 s ≈15 min
	Anteil	2%	34%	17%	22%	10%	8%	8%

einnehmen, Unterschiede. Bei der Bearbeitung selbst-entwickelter Fragestellungen zur Ausgangssituation Essstäbchen nahm das Mathematisch Arbeiten ($\approx$ 10 Minuten, 27 %) den Hauptanteil der Bearbeitungszeit ein, gefolgt vom Vereinfachen und Strukturieren ($\approx$ 7 Minuten, 18 %), Interpretieren ($\approx$ 6 Minuten, 17 %) und Mathematisieren ($\approx$ 6 Minuten, 16 %). Das Validieren und das Verstehen nahmen auch bei dieser Ausgangssituation am wenigsten Zeit in Anspruch. Bei der Ausgangssituation Seilbahn wurde am meisten Zeit für das Vereinfachen und Strukturieren ($\approx$ 26 Minuten, 36 %) aufgewendet, gefolgt vom Vereinfachen und Strukturieren ($\approx$ 15 Minuten, 21 %) und Mathematisieren ($\approx$ 12 Minuten, 17 %).

Das Validieren, Interpretieren und Verstehen machten auch hier den geringsten Anteil der Bearbeitungsphase aus.

Auf Individualebene konnten alle Aktivitäten außer das Verstehen bei den Teilnehmenden in mindestens einer Sequenz beobachtet werden. Das Verstehen konnte in den Bearbeitungsphasen von Nina und Lina zu keiner der Ausgangssituationen beobachtet werden. Bei Lea konnte das Verstehen lediglich in der Bearbeitungsphase zur Ausgangssituation Seilbahn beobachtet werden und bei Max in den Bearbeitungsphasen zur Ausgangssituation Essstäbchen und Seilbahn. Insgesamt scheint der Einbezug der Aktivität Verstehen in die Bearbeitungsphase von den jeweiligen Studierenden individuell abhängig zu sein.

9.2.2 *Problem Posing* in der Bearbeitungsphase

Der zweite Teil der Ergebnisse zu der Bearbeitungsphase beschäftigt sich mit dem *lösungsinternen Problem Posing*, das während und nach der Bearbeitung der selbst-entwickelten Fragestellung stattfindet. Um einen Überblick über die Ausprägungen zu geben und das Verständnis der Ergebnisse zu ermöglichen, soll zunächst eine reduzierte Form des Kategoriensystems sowie die Realisierung des *lösungsinternen Problem Posings* in der Bearbeitungsphase dargestellt werden (Kapitel 9.2.2.1). Darauf aufbauend soll die Häufigkeit der jeweiligen *lösungsinternen Problem Posing*-Ausprägungen analysiert werden (Kapitel 9.2.2.2).

9.2.2.1 Kategoriensystem und Realisierung des *lösungsinternen Problem Posings* in der Bearbeitungsphase

In den Bearbeitungsphasen der Teilnehmenden konnte das *lösungsinterne Problem Posing* als Generierung einer Fragestellung mit dem Ziel der Weiterentwicklung, als Generierung mit dem Ziel Problemlösestrategie sowie als Evaluation und Reformulierung der selbst-entwickelten Fragestellung identifiziert werden. Tabelle 9.11 zeigt eine Kurzfassung des Kategoriensystems der Hauptkategorie *lösungsinternes Problem Posing*. Die Realisierung der einzelnen *lösungsinternen Problem Posing*-Ausprägungen in der Bearbeitungsphase soll im Folgenden fokussiert werden. Dazu werden die einzelnen Ausprägungen entlang der Reihenfolge Generierung, Evaluation und Reformulierung fokussiert. Anhand fallübergreifender Zusammenfassungen soll die Realisierung der jeweiligen Ausprägung in der Bearbeitungsphase beschrieben werden. Transkriptausschnitte aus den drei Ausgangssituationen Essstäbchen, Feuerwehr und Seilbahn dienen der Illustration der Realisierung der jeweiligen *lösungsinternen Problem Posing*-Ausprägung.

Tabelle 9.11 Kurzfassung des Kategoriensystems *Lösungsinternes Problem Posing*

Lösungsinternes Problem Posing		
LPP1	Generierung	Entwicklung von Fragestellungen (Teilfragestellungen, weiterführende Fragestellungen, Kontrollfragen, Fragen zur Strukturierung)
ZP1	*Weiterentwicklung*	Das Ziel ist die entwickelte Fragestellung zu verbessern bzw. zu erweitern.
ZP2	*Problemlösestrategie*	Das Ziel ist die Lösung der entwickelten Fragestellung.
LPP2	Evaluation	Bewertung der Fragestellung auf der Grundlage individueller Kriterien (lösbar, sinnvoll, vollständig, angemessen formuliert, Schwierigkeit, geeignet für eine bestimmte Zielgruppe)
LPP3	Reformulierung	Umformulierung der selbst-entwickelten Fragestellung

Generierung

Das *lösungsinterne Problem Posing* als Generierung umfasste die Entwicklung von mathematischen Fragestellungen. Diese dienten entweder der Weiterentwicklung der selbst-entwickelten Fragestellung oder als Problemlösestrategie. Die generierten Fragestellungen mit dem Ziel der Weiterentwicklung beinhalteten weiterführende mathematische Fragestellungen, die auf Grundlage des berechneten Resultats entwickelt werden konnten. Lea generiert zum Beispiel im folgenden Transkriptausschnitt zur Ausgangssituation Essstäbchen nach der Berechnung des Rabatts zur Beantwortung ihrer selbst-entwickelten Fragestellungen eine weiterführende Fragestellung bezüglich des zu zahlenden Preises.

> *Man könnte vielleicht noch fragen, wie viel sie bezahlen muss.*
>
> *[Lea, Essstäbchen Bearbeitung, Seq. 17, 02:19]*

Bei der Generierung von Fragestellungen, die als Problemlösestrategie dienten, wurden mathematische Fragestellungen generiert, die zur Lösung der Gesamtfragestellung beitrugen. Beispielsweise entwickelt Fabian im folgenden Transkriptausschnitt zur Ausgangssituation Seilbahn eine Teilfragestellung, um die

übergeordnete Fragestellung bezüglich der Fahrtgeschwindigkeit zum Transport
von 700 Personen pro Stunde zu beantworten.

> *Also vielleicht ist der erste Schritt, mal zu überlegen, wie lange braucht diese/*
> *Wie lange braucht die Seilbahn für einen Weg hin und her?*
>
> *[Fabian, Seilbahn Bearbeitung, Seq. 3, 00:11]*

Evaluation
In den Bearbeitungsphasen der Teilnehmenden fand die Evaluation als Bewertung
der selbst-entwickelten Fragestellung auf Grundlage individueller Kriterien, wie
beispielsweise Lösbarkeit oder Eignung für eine bestimmte Zielgruppe, statt. Die
Evaluation der selbst-entwickelten Fragestellung führte entweder zum Beibehalten oder zur Reformulierung der Fragestellung. Eine Bewertung der Lösbarkeit
fand beispielsweise in der Bearbeitungsphase von Nina zur Ausgangssituation
Feuerwehr statt. Im folgenden Transkriptausschnitt zeigt sich wie sie bemerkt,
dass eine andere Formulierung der Fragestellung notwendig gewesen wäre, um
diese angemessen lösen zu können.

> *Die Frage hätte man anders stellen müssen, ja egal.*
>
> *[Nina, Feuerwehr Bearbeitung, Seq. 5, 01:51]*

Die Angemessenheit der Fragestellung in Bezug auf ihre potenzielle Schülerschaft reflektiert beispielsweise Lea zur Ausgangssituation Feuerwehr.

> *Och Gott, wenn ich das selber schon nicht kann, wie sollen das denn dann meine*
> *(löscht Teile der Zeichnung wieder) Schüler schaffen. Vielleicht muss ich das*
> *doch nochmal/ Oder ich muss einfach selber nochmal genauer/ Aber nein, das*
> *können die schaffen.*
>
> *[Lea, Feuerwehr Bearbeitung, Seq. 4, 03:42]*

Reformulierung

Im Rahmen der Bearbeitungsprozesse der selbst-entwickelten Fragestellung resultierte die Reformulierung aus der Evaluation der Fragestellung. Nachdem die Fragestellung als ungeeignet eingeschätzt wurde, wurde sie im Rahmen der Reformulierung umformuliert. Eine etwas weniger umfangreiche Reformulierung fand zum Beispiel bei Theo zur Ausgangssituation Essstäbchen statt. Im folgenden Transkriptausschnitt geht er seine Fragestellung noch einmal durch. Dabei bemerkt er, dass er seine Fragestellung weiter eingrenzen muss und ergänzt, dass Lisa für den Einkauf nur 25 € zur Verfügung hat.

Warte, was war nochmal die Ausgangsfrage? Wie viele Stäbchen pro Box sollte Lisa kaufen, um möglichst viele Stäbchen für wenig Geld zu bekommen? Das heißt, ich würde an dieser Stelle ähm/ Ja vielleicht sollte man das noch eingrenzen? Wir grenzen nochmal ihr Budget ein. Also ich würde nochmal meine Fragestellung korrigieren. So und dann Lisa hat nur 25 € zur Verfügung.

[Theo, Essstäbchen Bearbeitung, Seq. 38, 06:37]

Als Grund für die Reformulierung gibt Theo im folgenden Transkriptausschnitt des *Stimulated Recall Interviews* an, dass die Fragestellung ohne die Eingrenzung nicht sinnvoll lösbar gewesen wäre.

I: Wieso wolltest du deine Fragestellung nochmal korrigieren?

S: Weil man sonst jetzt weiterhin rechnen könnte, wie viel sie für 9, 10, 11 und so weiterbekommen würde und deshalb macht es keinen Sinn zu fragen, wie viel sie – wie viele Stäbchen sie für möglichst wenig Geld bekommen wird, weil ich dann nicht wüsste, was ist für sie das wenige Geld, wo ist da die Grenze? Dann habe ich ja gesagt, dann machen wir irgendwas Realistisches und 25 € war für mich so eine realistische Eingrenzung.

[Theo, SRI Essstäbchen Bearbeitung, Seq. 38[4], 06:37]

Eine umfangreichere Reformulierung nimmt Nina im folgenden Transkriptausschnitt zur Ausgangssituation Feuerwehr vor. Nachdem sie bemerkt, dass sie ihre selbst-entwickelte Fragestellung nicht lösen kann, da die Lösung bereits in der Situationsbeschreibung gegeben ist, formuliert sie ihre Fragestellung um.

> *Hä da steht, dass es eine 30 m lange Leiter ist! (Lacht) Wie schlecht ist das denn jetzt. Ja dann meinte derjenige in der A/ in der Dings bestimmt, wenn ich eine 30 m lange Leiter habe, wie hoch kann dann maximal mein Haus sein.*
>
> *[Nina, Feuerwehr Bearbeitung, Seq. 8–9, 03:32]*

9.2.2.2 Häufigkeit des *lösungsinternen Problem Posings* in der Bearbeitungphase

Die Analyse der Häufigkeit der jeweiligen *lösungsinternen Problem Posing*-Ausprägungen soll eine Beurteilung des Umfangs des *lösungsinternen Problem Posings* in der Bearbeitungsphase der selbst-entwickelten Fragestellung ermöglichen. Tabelle 9.12 zeigt eine Übersicht der quantitativen Ergebnisse bezüglich der Anzahl der Sequenzen, denen das jeweilige *lösungsinterne Problem Posing* zugeordnet wurde. Die Tabelle ist nach Ausgangssituationen und Teilnehmenden untergliedert, um mögliche Unterschiede auf Kontext- und Individualebene sichtbar zu machen. Im Gegensatz zu den Analysen der *Problem Posing*- und Modellierungsaktivitäten ist die Analyse des *lösungsinternen Problem Posings* keine Prozessanalyse. Auf eine Analyse der Dauer wird demnach an dieser Stelle verzichtet, da Anfang und Ende des *lösungsinternen Problem Posings* nur schwer identifizierbar sind.

Die Übersicht zeigt bereits, dass bezüglich der Häufigkeiten der einzelnen Ausprägungen deutliche Unterschiede zu verzeichnen sind (siehe Tabelle 9.12). Insgesamt fand die Generierung von Fragen am häufigsten statt (31 Sequenzen), wobei die Generierung zumeist als Problemlösestrategie (28 Sequenzen) und nur selten als Weiterentwicklung der selbst-entwickelten Fragestellung (3 Sequenzen) fungierte. Deutlich seltener konnte dagegen das *lösungsinterne Problem Posing* als Evaluation (16 Sequenzen) und Reformulierung (7 Sequenzen) der zuvor entwickelten Fragestellung identifiziert werden. Auf Kontextebene ergibt sich die gleiche Rangfolge der Häufigkeiten.

Auf Individualebene konnte die Generierung bei allen Teilnehmenden mindestens einmal beobachtet werden. Die Generierung als Weiterentwicklung der selbst-entwickelten Fragestellung konnte nur bei Leon und Lea mindestens einmal identifiziert werden. Bei den anderen fünf Teilnehmenden fand die Generierung als Weiterentwicklung der selbst-entwickelten Fragestellung nicht statt. Die Generierung als Problemlösestrategie konnte dagegen bei allen Teilnehmenden

Tabelle 9.12 Übersicht der Häufigkeitsverteilung des *lösungsinternen Problem Posings* in der Bearbeitungsphase

	Essstäbchen			
	Generierung		Evaluation	Reformulierung
Name	Weiterentwicklung	Problemlösestrategie		
Nina	0	1	0	0
Lea	1	2	1	0
Lina	0	0	0	0
Theo	0	6	2	3
Leon	1	0	0	0
Max	0	1	0	0
Fabian	0	0	0	0
$\Sigma_{Essst.}$	2	10	3	3
	Feuerwehr			
	Generierung		Evaluation	Reformulierung
Name	Weiterentwicklung	Problemlösestrategie		
Nina	0	0	4	1
Lea	0	1	3	0
Lina	0	0	0	0
Theo	0	4	0	0
Leon	0	1	0	0
Max	0	1	0	0
Fabian	0	0	0	0
$\Sigma_{Feuer.}$	0	7	7	1
	Seilbahn			
	Generierung		Evaluation	Reformulierung
Name	Weiterentwicklung	Problemlösestrategie		
Nina	0	2	2	0
Lea	0	1	3	0
Lina	0	1	0	0
Theo	0	3	0	0
Leon	1	1	1	3
Max	0	0	0	0
Fabian	0	3	0	0
$\Sigma_{Seilb.}$	1	11	6	3
Σ_{Gesamt}	3	28	16	7

Anmerkung: Die Häufigkeiten beziehen sich auf die Anzahl der Sequenzen, in denen die jeweilige Ausprägung identifiziert werden konnte.

mindestens einmal beobachtet werden, jedoch bei Lina und Fabian nur zur Ausgangssituation Seilbahn, bei Nina nur zu den Ausgangssituationen Essstäbchen
und Seilbahn und bei Max nur zu den Ausgangssituationen Essstäbchen und Feuerwehr. Die Evaluation konnte nur in den Bearbeitungsphasen von Lea zu allen
drei Ausgangssituationen identifiziert werden und bei Nina, Theo und Leon in
mindestens einer der Bearbeitungsphasen zu den jeweiligen Ausgangssituationen.
Bei drei der Teilnehmenden konnte die Evaluation gar nicht identifiziert werden. Die Reformulierung der selbst-entwickelten Fragestellung konnte bei keinem
bzw. keiner der Teilnehmenden in den Bearbeitungsphasen zu allen drei Ausgangssituationen beobachtet werden. Bei Nina, Theo und Leon fand sie jedoch in
der Bearbeitungsphase zu jeweils einer Ausgangssituation statt. Demnach scheint
die Existenz des *lösungsinternen Problem Posings* in den Bearbeitungsprozessen nicht nur von der Individualität der Studierenden, sondern auch von den
unterschiedlichen Ausgangssituationen abzuhängen.

9.2.3 Gemeinsames Auftreten der Modellierungsaktivitäten und des *lösungsinternes Problem Posings* in der Bearbeitungsphase

Um ein ganzheitliches Bild über die Verbindung zwischen dem *Problem Posing*
und dem Modellieren zu erhalten, ist neben der Analyse der Häufigkeit des
lösungsinternen Problem Posings während der Bearbeitungsphase auch die Analyse des gemeinsamen Auftretens der Modellierungsaktivitäten und des *lösungsinternen Problem Posings* entscheidend. Um einen Überblick zu erhalten, im
Rahmen welcher Modellierungsaktivitäten das *lösungsinterne Problem Posing*
stattfindet und in welchem Umfang es im Rahmen der Modellierungsaktivitäten stattfindet, sollen zunächst die Häufigkeiten des gemeinsamen Auftretens
in den Blick genommen (Kapitel 9.2.3.1) werden, bevor anschließend auf die
Realisierung eingegangen wird (Kapitel 9.2.3.2).

9.2.3.1 Häufigkeit des gemeinsamen Auftretens der Modellierungsaktivitäten und des *lösungsinternen Problem Posings* in der Bearbeitungsphase

Die Analyse der Häufigkeiten des gemeinsamen Auftretens der Modellierungsaktivitäten und des *lösungsinternen Problem Posings* findet ganzheitlich und nicht
auf Kontext- und Individualebene statt, um eine Tendenz bezüglich des gemeinsamen Auftretens geben zu können. Tabelle 9.13 gibt einen Überblick über die
Häufigkeit des gemeinsamen Auftretens der jeweiligen *lösungsinternen Problem*

Posing-Ausprägung und Modellierungsaktivitäten sowie des Anteils des gemeinsamen Auftretens der Modellierungsaktivität und der *lösungsinternen Problem Posing*-Ausprägungen an dem Gesamtauftreten der jeweiligen *lösungsinternen Problem Posing*-Ausprägung an.

Insgesamt zeigt sich, dass die Generierung von Fragestellungen als Problemlösestrategie primär während der Modellierungsaktivität Vereinfachen und Strukturieren auftrat (22 Sequenzen, 79 %). Eher selten fand diese dagegen während des Mathematisierens (2 Sequenzen, 7 %), Mathematisch Arbeitens (2 Sequenzen, 7 %) und Interpretierens (2 Sequenzen, 7 %) statt. Die Generierung von Fragestellungen als Weiterentwicklung der selbst-entwickelten Fragestellung sowie die Evaluation und Reformulierung der selbst-entwickelten Fragestellung konnten nicht im Rahmen einer der sechs Modellierungsaktivitäten identifiziert werden, sondern fanden außerhalb der Modellierungsaktivitäten in Sequenzen der Kategorie Sonstige statt. Um das *lösungsinterne Problem Posing* trotzdem im Modellierungsprozess der selbst-entwickelten Fragestellungen verorten zu können, soll im Folgenden betrachtet werden, durch welche Modellierungsaktivitäten das *lösungsinterne Problem Posing* ausgelöst wurde. Dazu wird analysiert, nach welchen Modellierungsaktivitäten das jeweilige *lösungsinterne Problem Posing* stattfand (siehe Tabelle 9.14).

Die Generierung als Weiterentwicklung fand gleichermaßen nach dem Vereinfachen und Strukturieren (1 Sequenz, 33 %), dem Mathematisch Arbeiten (1 Sequenz, 33 %) und dem Interpretieren (1 Sequenz, 33 %) statt. Die Evaluation wurde primär durch das Vereinfachen und Strukturieren (9 Sequenzen, 56 %) und eher selten durch das Interpretieren (3 Sequenzen, 19 %), das Verstehen (2 Sequenzen, 13 %), das Mathematisieren (1 Sequenz, 6 %) und das Validieren (1 Sequenz, 6 %) ausgelöst. Bei der Reformulierung ergab sich eine ähnliche Tendenz: Sie fand primär im Anschluss an das Vereinfachen und Strukturieren (4 Sequenzen, 57 %) und eher selten nach dem Verstehen (1 Sequenzen, 14 %), dem Mathematisch Arbeiten (1 Sequenz, 14 %) und dem Interpretieren (1 Sequenz, 14 %) statt.

9.2.3.2 Realisierung des *lösungsinternen Problem Posings* innerhalb der jeweiligen Modellierungsaktivitäten

Um einen tieferen Einblick in das gemeinsame Auftreten der Aktivitäten zu erhalten, soll im Folgenden die Realisierung der jeweiligen *lösungsinternen Problem Posing*-Ausprägungen in den jeweiligen Modellierungsaktivitäten beschrieben werden. Dazu wird nur die Generierung mit Ziel Problemlösestrategie fokussiert, da diese als einzige Ausprägung innerhalb der sechs Modellierungsaktivitäten identifiziert werden konnte. Im Folgenden wird das gemeinsame Auftreten

Tabelle 9.13 Gemeinsames Auftreten der jeweiligen Modellierungsaktivitäten und *Problem Posing*-Ausprägungen

Modellieren *Problem Posing*	Verstehen	Vereinfachen/ Strukturieren	Mathematisieren	Math. Arbeiten	Interpretieren	Validieren	Sonstige	Σ
Generierung								
Problemlösestrategie	0 [0 %]	22 [79 %]	2 [7 %]	2 [7 %]	2 [7 %]	0 [0 %]	0 [0 %]	8
Weiterentwicklung	0 [0 %]	0 [0 %]	0 [0 %]	0 [0 %]	0 [0 %]	0 [0 %]	3 [100 %]	3
Evaluation	0 [0 %]	0 [0 %]	0 [0 %]	0 [0 %]	0 [0 %]	0 [0 %]	16 [100 %]	16
Reformulierung	0 [0 %]	0 [0 %]	0 [0 %]	0 [0 %]	0 [0 %]	0 [0 %]	7 [100 %]	7

Anmerkung: Die Häufigkeiten des gemeinsamen Auftretens beziehen sich auf die Bearbeitungsphasen von 7 Teilnehmenden zu 3 Ausgangssituationen.

Tabelle 9.14 Übersicht über die dem *Problem Posing* vorangeschalteten Modellierungsaktivitäten

Folgt nach	Verstehen	Vereinfachen/ Strukturieren	Mathematisieren	Math. Arbeiten	Interpretieren	Validieren	Σ
Generierung Weiterentwicklung	0 [0 %]	1* [33 %]	0 [0 %]	1 [33 %]	1 [33 %]	0 [0 %]	3
Evaluation	2 [13 %]	9 [56 %]	1 [6 %]	0 [0 %]	3 [19 %]	1 [6 %]	16
Reformulierung	1 [14 %]	4 [57 %]	0 [0 %]	1 [14 %]	1 [14 %]	0 [0 %]	7

*Anmerkung: Leserichtung: „Zeile folgt nach Spalte" (*Generierung mit Ziel Weiterentwicklung folgt nach Vereinfachen und Strukturieren in 1 Sequenz, 33 % aller Generierungsaktivitäten mit dem Ziel Weiterentwicklung.)*
Anmerkung: Die Häufigkeiten beziehen sich auf die Bearbeitungsphasen von 7 Teilnehmenden zu 3 Ausgangssituationen.

mit den jeweiligen Modellierungsaktivitäten analysiert. Transkriptausschnitte aus den drei Ausgangssituationen Essstäbchen, Feuerwehr und Seilbahn dienen der Illustration des gemeinsamen Auftretens.

Generierung als Problemlösestrategie – Vereinfachen und Strukturieren
Die Generierung von Fragestellungen während des Vereinfachens und Strukturierens beinhaltete die Entwicklung von Teilfragestellungen. Bei der Entwicklung von Teilfragestellungen wurden Fragestellungen entwickelt, die schrittweise zur Lösung der selbst-entwickelten Fragestellung beitrugen. Beispielsweise hat Fabian zur Ausgangssituation Seilbahn die Fragestellung entwickelt, wie hoch die Fahrtgeschwindigkeit sein müsste, sodass eine Förderleistung von 700 Personen/ h erreicht werden kann. Im folgenden Transkriptausschnitt entwickelt er daraufhin eine Teilfragestellung zu seiner selbst-entwickelten Fragestellung, indem er zunächst nach der benötigten Zeit für einen Weg fragt. Die Teilfragestellung wird im Anschluss gelöst.

> *Also vielleicht ist der erste Schritt mal zu überlegen, wie lange braucht diese/ Wie lange braucht die Seilbahn für einen Weg hin und her?*
>
> *[Fabian, Seilbahn Bearbeitung, Seq. 3, 00:11]*

Generierung als Problemlösestrategie – Mathematisieren
Die Generierung mathematischer Fragestellungen während des Mathematisierens beinhaltete die Entwicklung von mathematisch handhabbaren Fragestellungen sowie die Entwicklung von Teilfragestellungen im mathematischen Modell. Bei der Entwicklung einer mathematisch handhabbaren Fragestellung wurde basierend auf der realweltlichen Fragestellung eine innermathematische Fragestellung formuliert, um sie mit Hilfe mathematischer Operationen zu lösen. Max hat zum Beispiel zur Ausgangssituation Feuerwehr die Fragestellung entwickelt, ob eine Familie aus einer 40 m hohen Dachgeschosswohnung mit Hilfe des Drehleiter-Fahrzeugs gerettet werden kann. Im folgenden Transkriptausschnitt entwickelt er anschließend eine innermathematische Fragestellung, die er dann löst.

> *Jetzt ist halt die Frage, ob diese Strecke unter 30 m liegt, weil dann wäre es möglich.*
>
> *[Max, Feuerwehr Bearbeitung, Seq. 2, 00:03]*

Bei der Entwicklung von Teilfragestellungen wurden im mathematischen Modell Teilfragestellungen zur Lösung entwickelt. Lea entwickelt beispielsweise im folgenden Transkriptausschnitt zur Ausgangssituation Essstäbchen ein mathematisches Modell mit Hilfe des Dreisatzes (siehe Abbildung 9.13) und formuliert im Rahmen dessen die Teilfragestellung, wie viel Euro 10 % entsprechen. Die Teilfragestellung wird im Anschluss gelöst.

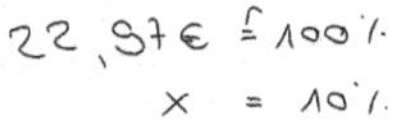

Abbildung 9.13 Leas
Rechnung Essstäbchen.

$$22{,}97 € \; \hat{=} \; 100 \,\%$$
$$x \; = \; 10 \,\%$$

> *Und wieviel Euro entsprechen dann 10 %? (schreibt Rechnung auf). Also ist das unser X.*
>
> *[Lea, Essstäbchen Bearbeitung, Seq. 12, 01:27]*

Generierung als Problemlösestrategie – Mathematisch Arbeiten
Im Rahmen des Mathematisch Arbeitens beinhaltete die Generierung von Fragestellungen die Entwicklung von mathematischen Fragestellungen bezüglich weiterführender Rechnungen. So entwickelt Leon etwa im folgenden Transkriptausschnitt zur Ausgangssituation Feuerwehr eine Fragestellung zur Umrechnung des mathematischen Resultats in eine andere Einheit und löst diese anschließend.

> *Das heißt, wir müssen jetzt noch einmal kurz herausfinden, was das Ganze in Minuten ist, weil mit 0,15 Stunden kann ja kein Mensch etwas anfangen.*
>
> *[Leon, Feuerwehr Bearbeitung, Seq. 7, 01:42]*

Generierung mit Ziel Problemlösestrategie – Interpretieren
Beim Interpretieren wurden mathematische Fragestellungen generiert, um die selbst-entwickelte Fragestellung zu beantworten. Beispielsweise hat Theo zur Ausgangssituation Feuerwehr die Fragestellung entwickelt, ob alle Personen in Münster mit Hilfe des Drehleiter-Fahrzeugs gerettet werden können und generiert zur Beantwortung der Frage eine mathematische Fragestellung bezüglich der Höhe der Häuser der Stadt, die er anschließend löst.

> *Kurz gucken, wie hoch so ein Haus ist, wenn jede Etage (schaut sich im Raum um). Ähm, so eine Tür ist 2 m. Maximal sagen wir mal 3 m hat. 10 Etagen mindestens, sagen wir so 8 Etagen. Also für die ganz normale Stadt sollte es reichen, um alle Münsteraner retten zu können.*
>
> *[Theo, Feuerwehr Bearbeitung, Seq. 32, 13:24]*

9.3   Fallanalysen

Mit Hilfe der Fallanalysen sollen die bisher beschriebenen Ergebnisse validiert und erweitert werden. Dazu ist eine begründete Fallauswahl notwendig.

9.3.1   Übersicht der Fälle und Fallauswahl

Die Fallauswahl basiert auf der Einteilung der selbst-entwickelten Fragestellungen der Studierenden in Modellierungsaufgaben und Textaufgaben, um die Ergebnisse verschiedener selbst-entwickelter Fragestellungen zu kontrastieren. Die entwickelten Fragestellungen der Studierenden zu den drei Ausgangssituationen sind in Tabelle 9.15 dargestellt.

Zur Kategorisierung der selbst-entwickelten Fragestellungen wurden die Charakteristika Offenheit, Authentischer Realitätsbezug und Komplexität (siehe Kapitel 3.3.2) herangezogen. Das zugrundeliegende Kategoriensystem befindet sich in Anhang IXb im elektronischen Zusatzmaterial. Die selbst-entwickelte Fragestellung wird gemeinsam mit dem realweltlichen Kontext als Modellierungsaufgabe eingestuft, wenn die zentralen Charakteristika einer Modellierungsaufgabe erfüllt sind und als Textaufgabe, wenn nicht alle der zentralen Charakteristika erfüllt

Tabelle 9.15 Übersicht über die selbst-entwickelten Fragestellungen der Studierenden

	Essstäbchen	Feuerwehr	Seilbahn
Nina	Lisa kauft noch zusätzliche Essstäbchen, um auf einen Bestellwert über 30 € zu kommen. Gibt sie am Ende trotzdem weniger Geld aus?	Wie lang ist die ausgefahrene Drehleiter, wenn alle Abstände genau eingehalten werden?	Wie kann die Wartezeit bei der neuen Seilbahn am besten verkürzt werden? Beachte Personenanzahl und Geschwindigkeit dabei.
Lea	Wie viel Geld spart Lisa?	Aus welcher maximalen Höhe kann eine Person gerettet werden?	Stelle eine Funktion auf, die den Verlauf der Bahn beschreibt.
Lina	Wie viel Geld kann Lisa sparen, wenn sie beide Produkte kauft?	Wie hoch darf sich eine Person in einem brennenden Haus höchstens befinden, damit sie mit dem Drehleiter-Fahrzeug gerettet werden kann?	Wie lang war/ ist die alte Seilbahn?
Theo	Wie viele Stäbchen pro Box sollte Lisa kaufen, um möglichst viele Stäbchen für wenig Geld zu bekommen, wenn Lisa 25 € hat?	Reicht die Leiter aus, um alle Münsteraner retten zu können?	Wie viele Personen werden pro Stunde transportiert, wenn nur Fensterplätze belegt werden?
Leon	Wie teuer ist der Kauf von 1 × S und 1 × B? Wie viel Stäbchen muss Lisa kaufen, um 20 % Rabatt zu erhalten? Wobei spart Lisa mehr Geld?	Wie lange braucht ein Auto maximal zur Einsatzstelle? Wie hoch darf das Haus sein? In welchem Winkel steht die Leiter zur Straße?	Wie groß ist der Abstand zwischen Tal- und Bergstation? Wie lange dauert ein Weg? Wie oft pro h fährt die Bahn max? Wie viele Leute wären im Schnitt in der Kabine?

(Fortsetzung)

Tabelle 9.15 (Fortsetzung)

	Essstäbchen	Feuerwehr	Seilbahn
Max	Lisa möchte für ihre Mutter 2 Paare Essstäbchen bestellen und kauft dazu eine Aufbewahrungsbox. Erhält sie bei diesem Einkauf – finanziell gesehen – eines der beiden Paare umsonst?	Ist es problemlos möglich, eine Familie aus ihrer 40 m hohen Dachgeschosswohnung mithilfe des Drehleiter-Fahrzeugs zu retten?	Wie viele Personen passten in die alte Nebelhornbahn?
Fabian	Lisa möchte eine Box kaufen. Wie viele Stäbchen muss sie kaufen, um den 20 % Rabatt zu bekommen?	Aus welcher Höhe können Personen maximal gerettet werden?	Wie hoch müsste die Fahrtgeschwindigkeit sein, sodass eine Förderleistung von 700 Personen/h erreicht wird?

sind. Eine Übersicht über die Kategorisierung der selbst-entwickelten Fragestellungen befindet sich in Tabelle 9.16. Für die Fallanalysen soll für jeden
Aufgabentyp (Textaufgabe, Modellierungsaufgabe) mindestens eine exemplarische Fragestellung betrachtet werden. Demnach wurden die Teilnehmenden für
die Fallanalysen so ausgewählt, dass alle entwickelten Aufgabentypen mindestens einmal abgedeckt sind. Da sich die Entwicklungs- und Bearbeitungsprozesse
aufgrund der Komplexität der jeweiligen Ausgangssituation (siehe Kapitel 7.3.2)
stark unterscheiden können, soll im Folgenden auch die Fallanalyse nach
Ausgangssituationen aufgegliedert durchgeführt werden. Um Unterschiede zwischen den Ausgangssituationen einschätzen zu können, werden zu allen drei
Ausgangssituationen die gleichen Teilnehmenden analysiert.

Im Folgenden sollen die Entwicklungs- und Bearbeitungsphasen der Studierenden Lea und Theo fokussiert werden. Durch die Betrachtung der
Entwicklungs- und Bearbeitungsphasen von Lea und Theo werden alle vor-
kommenden Aufgabentypen der jeweiligen Ausgangssituation beleuchtet. Zur
Ausgangssituation Essstäbchen wurden sechs Textaufgaben und eine Modellierungsaufgabe entwickelt (siehe Tabelle 9.16). Hierbei repräsentiert Lea die
Entwicklungs- und Bearbeitungsphasen einer Textaufgabe und Theo einer Modellierungsaufgaben. Basierend auf der Ausgangssituation Feuerwehr wurden nur
Modellierungsaufgaben entwickelt und zur Ausgangssituation Seilbahn eine Textaufgabe und sechs Modellierungsaufgaben (siehe Tabelle 9.16). Lea repräsentiert

Tabelle 9.16 Übersicht der Kategorisierung der selbst-entwickelten Fragestellungen

Name	Essstäbchen		Feuerwehr		Seilbahn	
	Textaufgabe	Modellierungsaufgabe	Textaufgabe	Modellierungsaufgabe	Textaufgabe	Modellierungsaufgabe
Nina	x			x		x
*Lea	x			x	x	
Lina	x			x		x
*Theo		x		x		x
Leon	x			x		x
Max	x		x			x
Fabian	x			x		x

*Anmerkung: Die ausgewählten Fälle sind mit einem * markiert.*
Anmerkung: Zur Bestimmung der Interrater-Reliabilität wurden mehr als 50 % der selbst-entwickelten Fragestellungen doppelt kodiert. Die Interrater-Reliabilitäten waren akzeptabel ($\kappa = .71$ bis $\kappa = 1.00$).

für die Ausgangssituation Seilbahn die Entwicklungs- und Bearbeitungsphasen einer Textaufgabe und Theo einer Modellierungsaufgabe. Die Beschreibung
der Fälle gliedert sich nach den Ausgangssituationen. Zunächst werden die
Entwicklungs- und Bearbeitungsphasen der beiden Teilnehmenden zur Ausgangssituation Essstäbchen (siehe Kapitel 9.3.2) präsentiert, anschließend zur Ausgangssituation Feuerwehr (siehe Kapitel 9.3.3) und zuletzt zur Ausgangssituation
Seilbahn (siehe Kapitel 9.3.4).

9.3.2   Ausgangssituation Essstäbchen

9.3.2.1   Lea

Entwickelte Fragestellung:	Textaufgabe
Dauer Entwicklungsphase:	04:37 Minuten
Dauer Bearbeitungsphase:	02:28 Minuten
Reihenfolge:	2. Ausgangssituation

Basierend auf der Ausgangssituation Essstäbchen hat Lea die Fragestellung
entwickelt: *Wie viel Geld spart Lisa?* Diese Fragestellung spricht relevante Aspekte
der realweltlichen Situation an und ist eine mögliche Fragestellung, mit der sich
Lisa in der Onlineshopping Situation auseinandersetzen würde. Demnach kann
die Fragestellung als authentisch eingeschätzt werden. Darüber hinaus ist sie
offen, da der Anfangszustand durch fehlende Informationen, wie beispielsweise
die gekauften Produkte von Lisa, unklar ist. Die Komplexität der Fragestellung
kann als gering eingestuft werden, da das Modell zur Lösung direkt auf der Hand
liegt und sowohl die Addition als auch die Prozentrechnung standardisierte Algorithmen der Sekundarstufe I darstellen. Insgesamt kann die selbst-entwickelte
Fragestellung von Lea gemeinsam mit der Ausgangssituation Essstäbchen eher als
eine Textaufgabe eingestuft werden. Abbildung 9.14 stellt Leas Aufzeichnungen
zur Ausgangssituation Essstäbchen dar.

Entwicklungsphase von Lea (Ausgangssituation Essstäbchen)
Die Entwicklungsphase beginnt mit dem Vorlesen der Beschreibung der gege-
benen realweltlichen Situation. Währenddessen identifiziert sie erste irrelevante
Informationen.

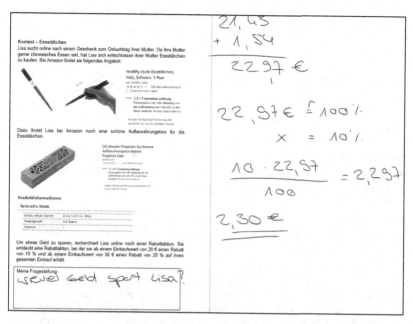

Abbildung 9.14 Leas Aufzeichnungen zur Ausgangssituation Essstäbchen.

> *Alles andere ist vermutlich dann irrelevant, wie das heißt.*
>
> *[Lea, Essstäbchen Entwicklung, Seq. 2, 00:29]*

Anschließend wirft Lea direkt eine Fragestellung auf.

> *Jetzt wäre die Frage ist ja erstmal, wie viel zahlt Lisa überhaupt?*
>
> *[Lea, Essstäbchen Entwicklung, Seq. 4, 01:38]*

Diese Fragestellung wird von Lea daraufhin als nicht so relevant in Bezug auf die gegebene realweltliche Situation eingestuft und verworfen.

> *Aber das muss man nicht als Frage stellen.*
>
> *[Lea, Essstäbchen Entwicklung, Seq. 5, 01:44]*

Als Grund für das Verwerfen der Fragestellung gibt Lea im folgenden Transkriptausschnitt des *Stimulated Recall Interviews* an, dass die Fragestellung sowieso im Rahmen anderer Fragestellungen beantwortet werden müsse.

> *I: Wieso meintest du, muss man es nicht als Frage stellen, wieviel sie insgesamt zahlt?*
>
> *S: Weil ich dachte, jede Aufgabe, die ich jetzt vermutlich mir überlege, sowieso die Info braucht, wie viel sie ingesamt bezahlt und dann dachte ich, muss man das nicht explizit als Frage stellen, sondern weil das was ist, wo die von selber drauf kommen sollen, dass sie erstmal ausrechnen sollen, wieviel sie dann überhaupt bezahlt, um dann vielleicht zu rechnen, wie viel sie spart auf ihren Einkauf.*
>
> *[Lea, SRI Essstäbchen Entwicklung, Seq. 5^2, 01:44]*

Anschließend fokussiert sie die Rabattaktion und bringt die Informationen der Preise und der Rabattaktion miteinander in Verbindung und entwickelt darauf aufbauend eine weitere Fragestellung bezüglich des Sparfaktors, die sie jedoch direkt wieder verwirft.

> *Ab 20 €. Da ist sie ja auf jeden Fall drüber. Weil das kostet ja schon 21 €. Ok, also wäre die Frage: Ist es schlauer/ Spart sie mehr Geld, wenn sie noch etwas dazu kauft? Was kostet das? 1,54 € und ja sie kommt auf jeden Fall nicht auf 30 €.*
>
> *[Lea, Essstäbchen Entwicklung, Seq. 7–9, 02:01]*

Nachdem sie die Fragestellung verworfen hat, wirft sie eine weitere Fragestellung auf. Nach einem kurzen Anriss der benötigten Lösungsschritte und einer kurzen Evaluation bezüglich der Passung zur gegebenen realweltlichen Situation notiert sie ihre Fragestellung.

> *Ich frage einfach nur, wie viel Geld spart Lisa. Und dann müssen sich die Kinder halt ausrechnen, wie viel/ Wie viel Geld kann Lisa mit diesem Einkauf sparen – das frage ich. Sonst würde das viel zu weit gehen. Dann würden die sich fragen: Ist es denn schlau noch etwas dazuzukaufen, weil das was die dann kauft, um auf 30 € zu kommen, das will sie ja eigentlich gar nicht, das ist ja/ Da kann man sich so viele Fragen/ Schüler stellen sonst so viele Fragen noch mehr. Ich frage einfach nur (schreibt) Wie viel Geld spart Lisa?*
>
> *[Lea, Essstäbchen Entwicklung, Seq. 16–18, 04:09]*

In Abbildung 9.15 ist Leas Entwicklungsphase schematisch dargestellt.

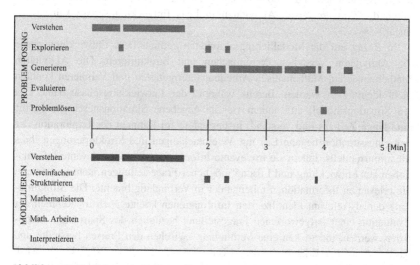

Abbildung 9.15 Schematische Darstellung der Entwicklungsphase von Lea zur Ausgangssituation Essstäbchen.

Leas Entwicklungsphase zur Ausgangssituation Essstäbchen enthielt die *Problem Posing*-Aktivitäten Verstehen, Explorieren, Generieren, Evaluieren und Problemlösen. Sie begann mit einer langen Phase des Verstehens, während der Lea bereits erste Informationen im Rahmen des Explorierens als irrelevant identifizierte. Basierend auf dem Verständnisaufbau begann Lea direkt mit einer langen Phase des Generierens. Diese wurde sowohl durch das Evaluieren und Explorieren als auch durch erste Problemlöseaktivitäten unterbrochen. Nach dem Generieren einer ersten Fragestellung verwarf Lea diese durch eine Evaluation bezüglich ihrer Relevanz. Im *Stimulated Recall Interview* zur Evaluation wurde deutlich, dass Lea bereits währenddessen erste Lösungsschritte bezüglich der selbst-entwickelten Fragestellungen im Kopf hatte und dadurch feststellte, dass ihre Fragestellung bereits implizit in anderen Fragestellungen enthalten ist. Darauf deutet auch der Anriss erster Lösungsschritte zwischen den Generierungsphasen im späteren Verlauf hin. Während weiterer Explorationen fokussierte Lea weitere relevante Informationen über die Preise und die Rabattaktion und brachte diese miteinander in Verbindung. Basierend auf diesen Verbindungen wurde anschließend eine neue Fragestellung generiert, deren Angemessenheit wiederum durch Evaluationen und Problemlöseaktivitäten überprüft wurde. Insgesamt verliefen die *Problem Posing*-Aktivitäten in Leas Entwicklungsphase keineswegs linear.

In Bezug auf die Modellierungsaktivitäten enthielt Leas Entwicklungsphase die Aktivitäten Verstehen, Vereinfachen und Strukturieren. Die Aktivitäten Mathematisieren, Mathematisch Arbeiten, Interpretieren und Validieren konnten nicht identifiziert werden. Bereits während der Entwicklungsphase baute Lea ein Situationsmodell auf, indem sie die gegebene Situationsbeschreibung für eine lange Zeit las und verstand. Insbesondere im Rahmen der Exploration der Ausgangssituation begann Lea mit Vereinfachungen und Strukturierungen ihres Situationsmodells, indem sie irrelevante Informationen sowie relevante Informationen zur Entwicklung und Lösung möglicher Fragestellungen identifizierte und die relevanten Informationen miteinander in Verbindung brachte. Die Strukturierung der als relevant identifizierten Informationen konnte auch im Rahmen der Evaluation einer aufgeworfenen Fragestellung bezüglich des Sparfaktors identifiziert werden, indem Lea eine Verbindung zwischen den Preisen herstellte und basierend auf der Erkenntnis, dass Lisas Einkauf nicht über 30 € kosten wird, die Fragestellung als unangemessen einschätzte. Folglich scheint Lea im Rahmen der Entwicklungsphase ein Situationsmodell und Teile ihres Realmodells bereits entwickelt zu haben.

Bearbeitungsphase von Lea (Ausgangssituation Essstäbchen)
Die Bearbeitungsphase startet direkt mit der Identifizierung der relevanten Informationen, die für die Lösung der selbst-entwickelten Fragestellung benötigt werden.

> *So, dann haben wir wieviel? 21,43 € und 1,54 €.*
>
> *[Lea, Essstäbchen Bearbeitung, Seq. 1, 00:00]*

Darauf aufbauend berechnet Lea zunächst den Gesamtpreis der beiden Produkte mit Hilfe einer schriftlichen Addition.

> *Also wäre die erste Rechnung (schreibt) Ähm. Ja gucken wir mal, wie das mit dem Kopfrechnen noch geht. 7 9, 2 – ja das schaffe ich noch so gerade. (ergänzt die Rechnung). Ok, also zahlt sie 22,97 €.*
>
> *[Lea, Essstäbchen Bearbeitung, Seq. 2–4, 00:06]*

Anschließend bezieht sie die Rabattaktion mit ein und berechnet den Preis nach Abzug des Rabatts mit Hilfe eines Dreisatzes.

> *(Setzt die Rechnung fort) € entsprechen 100 %. Und wie viel Euro entsprechen dann 10 % (schreibt die Rechnung auf). Also ist das unser X. Dann machen wir unseren wunderbaren Dreisatz (ergänzt die Rechnung).*
>
> *[Lea, Essstäbchen Bearbeitung, Seq. 10–12 01:18]*

Das Ergebnis bezieht Lea dann zurück auf die realweltliche Situation und bemerkt, dass damit ihre Fragestellung bereits beantwortet ist. Abschließend entwickelt sie basierend auf ihrem Ergebnis eine weiterführende Fragestellung und evaluiert diese bezüglich der Lösbarkeit für eine potenzielle Schülerschaft.

Man könnte vielleicht noch fragen, wie viel sie bezahlen muss. Aber das abziehen, das ja auch noch. Das kriegen die auch noch hin.

[Lea, Essstäbchen Bearbeitung, Seq. 17, 02:19]

Abbildung 9.16 präsentiert eine schematische Darstellung der Bearbeitungsphase von Lea.

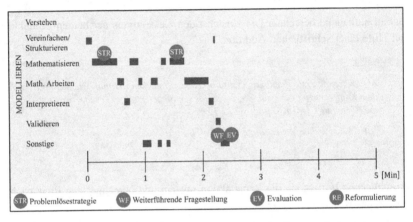

Abbildung 9.16   Schematische Darstellung der Bearbeitungsphase von Lea zur Ausgangssituation Essstäbchen.

In Leas Bearbeitungsphase waren die Modellierungsaktivitäten Vereinfachen und Strukturieren, Mathematisieren, Mathematisch Arbeiten, Interpretieren und Validieren enthalten. Das Verstehen konnte in Leas Bearbeitungsphase nicht identifiziert werden. Leas Bearbeitungsphase begann direkt mit einer kurzen Phase der Vereinfachung und Strukturierung des Situationsmodells, indem die relevanten Informationen zur Lösung noch einmal herausgeschrieben wurden. Außerdem kennzeichnet sich Leas Bearbeitungsphase durch ein nahezu lineares Durchlaufen zweier kleiner Modellierungskreisläufe bestehend aus den Aktivitäten Vereinfachen und Strukturieren, Mathematisieren, Mathematisch Arbeiten und Interpretieren und einer finalen Validierung. Zwischen den beiden kleinen Modellierungskreisläufen fanden abwechselnd das Mathematisieren und das Mathematisch Arbeiten statt.

Die beiden kleinen Modellierungskreisläufe resultieren aus dem *lösungsinternen Problem Posing* als Problemlösestrategie, indem Lea ihre selbst-entwickelte Fragestellung in eine explizit benannte (Preis der beiden gekauften Produkte) und eine implizite Teilfragestellung (erhaltener Rabatt) im Rahmen des Vereinfachens und Strukturierens aufteilte. Die Teilfragestellungen löste Lea anschließend, indem sie jeweils ein mathematisches Modell aufstellte (Addition, Dreisatz) und in diesem mathematischen Modell arbeitete. Im Rahmen des Mathematisierens generierte Lea eine weitere Teilfragestellung (10 % des Preises), die sie im Rahmen des Mathematisch Arbeiten anschließend löste. Am Ende der Bearbeitungsphase interpretierte Lea ihr Gesamtresultat, generierte basierend auf ihrem realen Resultat eine weiterführende Fragestellung und evaluierte diese bezüglich der Lösbarkeit. In Leas Bearbeitungsphase konnte das *lösungsinterne Problem Posing* folglich als Generierung von Teilfragestellungen, die als Problemlösestrategie dienten, als Generierung einer weiterführenden Fragestellung sowie als Evaluation einer selbst-entwickelten Fragestellung identifiziert werden.

Leas Entwicklungs- und Bearbeitungsphase zur Ausgangssituation Essstäbchen ist durch eine starke Interaktion des *Problem Posings* und des Modellierens gekennzeichnet. Bereits in der Entwicklungsphase baute Lea ein Situationsmodell auf, indem sie die gegebene Situationsbeschreibung las und die darin enthaltenen Informationen verstand. Die Konstruktion des Situationsmodells konnte vollständig in die Entwicklungsphase ausgelagert werden, sodass die Bearbeitungsphase direkt mit der Vereinfachung und Strukturierung begann. Auch Vereinfachungen und Strukturierungen konnten bereits in Leas Entwicklungsphase beobachtet werden, indem irrelevante und relevante Informationen identifiziert und miteinander in Verbindung gebracht wurden. Diese Modellierungsaktivität fand im Rahmen der Bearbeitungsphase nur noch für eine kurze Zeit statt und beinhaltete insbesondere die Wiederholung der relevanten Informationen. Es ist daher möglich, dass Lea während der Entwicklungsphase basierend auf ihrem Situationsmodell ein Realmodell zur Lösung der selbst-entwickelten Fragestellung gebildet hat. Im Rahmen des Vereinfachens und Strukturierens in der Bearbeitungsphase prüfte sie dieses dann erneut durch das Wiederholen der Informationen und baute ihr mathematisches Modell auf die bereits vorhandenen Vereinfachungen und Strukturierungen auf. Die Bildung des mathematischen Modells konnte ausschließlich in der Bearbeitungsphase von Lea beobachtet werden und die Bildung gelang Lea direkt. Demnach kann es sein, dass Lea bereits im Rahmen des Problemlösens in der Entwicklungsphase mögliche Lösungsschritte inklusive mathematischer Operationen antizipierte, wodurch bereits ein Teilmodell des mathematischen Modells entwickelt werden konnte. Darauf deutet auch hin, dass sie im Rahmen der Entwicklungsphase bemerkte, dass die Fragestellung *Wie viel Geld zahlt*

Lisa? implizit im Rahmen ihrer generierten Fragestellung beantwortet wird. Die Lösung der selbst-entwickelten Fragestellung wurde durch die Generierung explizit verbalisierter und impliziter Teilfragestellungen geleitet. Durch die Lösung ihrer selbst-entwickelten Fragestellung wurde bei Lea die Generierung einer weiterführenden Fragestellung ausgelöst, die auf ihre bereits gelöste Fragestellung aufbaute und im Anschluss evaluiert wurde.

9.3.2.2 Theo

Entwickelte Fragestellung:	Modellierungsaufgabe
Dauer Entwicklungsphase:	05:10 Minuten
Dauer Bearbeitungsphase:	10:49 Minuten
Reihenfolge:	2. Ausgangssituation

Basierend auf der Ausgangssituation Essstäbchen hat Theo die Fragestellung entwickelt: *Wie viele Stäbchen pro Box sollte Lisa kaufen, um möglichst viele Stäbchen für wenig Geld zu bekommen, wenn Lisa 25€ hat?*. Die generierte Fragestellung beschäftigt sich mit relevanten Aspekten der realweltlichen Situation und stellt eine Fragestellung dar, die sich Lisa möglicherweise in der Onlineshopping Situation selbst stellen würde. Folglich kann die Fragestellung als authentisch klassifiziert werden. Darüber hinaus ist sie offen, da sowohl der Anfangszustand durch fehlende Informationen, wie beispielsweise die Lage der Essstäbchen in der Aufbewahrungsbox, als auch die Transformation unklar ist, da verschiedene Lösungswege (z. B. mehrfache Anwendung des Satzes des Pythagoras, Extremwertberechnung) zu einer Lösung der Fragestellung führen. Die Komplexität der Fragestellung kann als hoch eingestuft werden, da die Lösung über den Satz des Pythagoras und das dazugehörige Modell nicht direkt auf der Hand liegen. Insgesamt kann die selbst-entwickelte Fragestellung von Theo gemeinsam mit der Ausgangssituation Essstäbchen eher als eine Modellierungsaufgabe eingestuft werden. Abbildung 9.17 zeigt Theos Aufzeichnungen zur Ausgangssituation Essstäbchen.

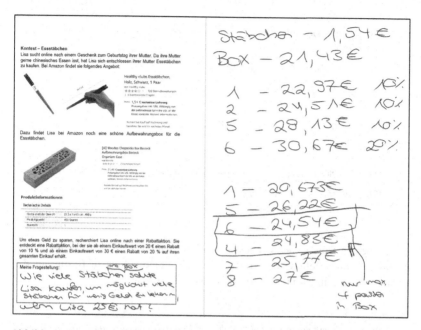

Abbildung 9.17 Theos Aufzeichnungen zur Ausgangssituation Essstäbchen.

Entwicklungsphase von Theo (Ausgangssituation Essstäbchen)

Theos Entwicklungsphase beginnt mit dem Lesen der Beschreibung der gegebenen realweltlichen Situation. Anschließend geht er erneut die Informationen durch, die für ihn am relevantesten scheinen.

> *Da gehe ich mir noch einmal die Informationen durch. Also wir haben hier die „Healthy Club Essstäbchen". Ja, das eigentlich entscheidende ist vor allem der Preis 1,54 €. Kostenlose Lieferung und da ist die Länge 28 cm und eine Box kostet 21,43 €, kostenlose Lieferung.*
>
> *[Theo, Essstäbchen Entwicklung, Seq. 2, 00:47]*

Die als wichtig identifizierten Informationen bringt er dann mathematisch miteinander in Verbindung.

Also relativ offensichtlich, dass die ungefähr 22 € 7/ Sagen wir, 23 € bezahlen müsste.

[Theo, Essstäbchen Entwicklung, Seq. 6, 02:11]

Anschließend entwickelt er eine erste Fragestellung.

Das heißt, man könnte jetzt gucken, wie viele Stäbchen passen in diese Box rein.

[Theo, Essstäbchen Entwicklung, Seq. 5, 02:20]

Beim erneuten Durchgehen der relevanten Informationen zur Lösung dieser aufgeworfenen Fragestellung bemerkt er, dass die Fragestellung in Bezug auf die Situationsbeschreibung nicht sinnvoll ist und verwirft sie.

28 cm lang und die Box hat eine Höhe von 27,5. Oh, das ist schon doof. Ähm, 27,5 ist die Länge der Box. Meine ich nicht die Höhe, also die Länge der Box ist 27,5, aber so ein Essstäbchen ist 28. Das heißt ein Essstäbchen würde da schonmal nicht reinpassen. Ähm es sei denn natürlich, man legt es quer.

[Theo, Essstäbchen Entwicklung, Seq. 6, 02:29]

Anschließend fokussiert er die Informationen über die Rabattaktion und nimmt an, dass die Rabattaktion gilt.

Sie entdeckt eine Rabattaktion, bei der sie ab einem Einkaufswert von 20 € einen Rabatt von 10 % erhält. Doch beim Einkaufswert von 30 € einen Rabatt von 20 % erhält. [...]. Also ich sage mal, dass diese Rabattaktion bei Amazon gilt.

[Theo, Essstäbchen Entwicklung, Seq. 10–12, 03:35]

Basierend auf den neuen als relevant identifizierten Informationen und der Annahme, dass die Rabattaktion gelte, generiert er eine weitere Fragestellung.

> *Dann würde ich sagen, ob es/ Wie viele Stäbchen sollte Lisa kaufen?*
>
> *[Theo, Essstäbchen Entwicklung, Seq. 13, 04:00]*

Anschließend evaluiert er diese Fragestellung bezüglich der Angemessenheit und schreibt seine Fragestellung auf. Zum Schluss der Entwicklungsphase evaluiert er seine Fragestellung erneut bezüglich der Eindeutigkeit der Formulierung und überarbeitet diese darauf aufbauend.

> *Ja, wobei. Man muss noch ein bisschen genauer erklären. Ähm, um möglichst (schreibt) um möglichst viele Stäbchen für wenig Geld zu bekommen.*
>
> *[Theo, Essstäbchen Entwicklung, Seq. 16–17, 04:39]*

Den Grund für die Eingrenzung erläutert Theo näher im folgenden Transkriptausschnitt des *Stimulated Recall Interviews*.

> *I: Wie bist du darauf gekommen, dass man das noch näher erläutern muss?*
>
> *S: Ja, weil sonst die Frage: Wie viele Stäbchen sollte Lisa kaufen? Ja, so nicht beantwortbar ist. Also ist halt nicht eindeutig beantwortbar, wonach Lisa jetzt genau guckt.*
>
> *[Theo, SRI Essstäbchen Entwicklung, Seq. 16³, 04:39]*

Theos Entwicklungsphase zur Ausgangssituation Essstäbchen ist schematisch in Abbildung 9.18 dargestellt.

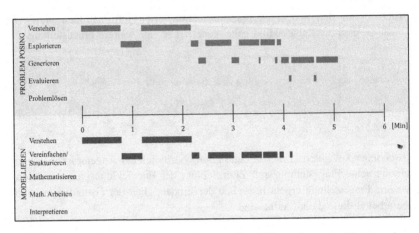

Abbildung 9.18 Schematische Darstellung der Entwicklungsphase von Theo zur Ausgangssituation Essstäbchen.

Theos Entwicklungsphase zur Ausgangssituation Essstäbchen beinhaltete die *Problem Posing*-Aktivitäten Verstehen, Explorieren, Generieren und Evaluieren. Die Aktivität Problemlösen konnte nicht identifiziert werden. Die beteiligten Aktivitäten verliefen keineswegs linear. Theos Entwicklungsphase startete mit einer langen Phase des Verstehens. Im Rahmen dieser schob er erste Explorationen ein, indem er die für ihn relevanten Informationen (Preise und Maße) aus der Ausgangssituation herausfilterte. Anschließend ging er erneut die Ausgangssituation durch und brachte die als relevant identifizierten Informationen miteinander in Verbindung, indem er die Preise addierte. Daran schloss sich ein Wechsel der Aktivitäten Explorieren und Generieren an. Während des Explorierens identifizierte er potenziell relevante Informationen und deren Verbindungen, traf erste Annahmen bezüglich fehlender Informationen (z. B. bezüglich der Rabattaktion) und generierte basierend auf diesen Informationen Fragestellungen. Während der Generation der finalen Fragestellung wurde häufig zwischen dem Generieren der Fragestellung und dem Evaluieren gewechselt, um die Fragestellung angemessen und eindeutig formulieren zu können. Folglich verlief die Entwicklungsphase von Theo keineswegs linear.

Bezüglich der an der Entwicklungsphase beteiligten Modellierungsaktivitäten fanden die Aktivitäten Verstehen, Vereinfachen und Strukturieren statt. Die Modellierungsaktivitäten Mathematisieren, Mathematisch Arbeiten, Interpretieren und Validieren konnten nicht identifiziert werden. Insbesondere das Verstehen fand für eine lange Zeit zu Beginn der Entwicklungsphase statt, indem die Situationsbeschreibung gelesen und die darin enthaltenen Informationen verstanden wurden. Folglich bildete Theo bereits während der Entwicklungsphase ein Situationsmodell. Außerdem wurden im Rahmen des Explorierens erste Vereinfachungen und Strukturierungen vorgenommen, indem relevante Informationen zur Entwicklung und Bearbeitung der Fragestellung identifiziert, diese miteinander in Verbindung gebracht und erste Annahmen getroffen wurden. Erste Annahmen (z. B. bezüglich der Lage der Stäbchen in der Box) wurden auch im Rahmen des Evaluierens der selbst-entwickelten Fragestellung getroffen, um die Angemessenheit und Lösbarkeit der selbst-entwickelten Fragestellung zu prüfen.

Bearbeitungsphase von Theo (Ausgangssituation Essstäbchen)
Die Bearbeitungsphase startet direkt mit der Identifizierung der relevanten Informationen, die für die Lösung der selbst-entwickelten Fragestellung benötigt werden.

Und zwar ähm kostet ein Stäbchen/ Also ein Paar Stäbchen kostet 1,54 €. Eine Box braucht sie auf jeden Fall.
[Theo, Essstäbchen Bearbeitung, Seq. 2, 00:08]

Dabei bemerkt Theo, dass er seine Fragestellung weiter eingrenzen sollte, um sie angemessen lösen zu können (siehe Abbildung 9.19).

Abbildung 9.19 Theos umformulierte selbst-entwickelte Fragestellung Essstäbchen.

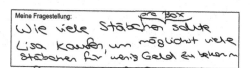

Meine Fragestellung:
Wie viele Stäbchen sollte Lisa kaufen, um möglichst viele Stäbchen für' wenig Geld zu kaufen

Ah, wie viele Stäbchen, ja sollte sie kaufen? Eigentlich, wie viele Stäbchen pro Box. Äh, das schreiben wir einmal dazu. Wie viele Stäbchen pro Box (ergänzt Fragestellung). So ist das besser.
[Theo, Essstäbchen Bearbeitung, Seq. 3, 00:27]

Als Lösungsverfahren nutzt Theo das systematische Ausprobieren. Im Rahmen dessen berechnet er die Preise unterschiedlicher Stäbchenanzahlen und bezieht die Rabattaktion in seine Überlegungen mit ein.

> *Dann bei 5 Stäbchen könnte man gucken, ob sie dann schon bei den 30 % drüber ist.*
>
> *[Theo, Essstäbchen Bearbeitung, Seq. 9, 01:48]*

Er vergleicht die berechneten Preise, um eine Antwort auf seine Fragestellung zu erhalten.

> *So, jetzt gucken wir uns einmal die Preise an. Das heißt, man sieht, es macht so gesehen schonmal keinen Sinn 5 Stäbchen zu holen, weil sie mit 7 unter dem ursprünglichen Preis (unterstreicht Preis für 5 und 7 Stäbchen) wäre.*
>
> *[Theo, Essstäbchen Bearbeitung, Seq. 32, 05:27]*

Anschließend fokussiert er erneut seine selbst-entwickelte Fragestellung und bemerkt, dass er diese erneut weiter eingrenzen muss, um sie angemessen lösen zu können.

> *Warte, was war nochmal die Ausgangsfrage? Wie viele Stäbchen pro Box sollte Lisa kaufen, um möglichst viele Stäbchen für wenig Geld zu bekommen? Das heißt, ich würde an dieser Stelle, ähm/ Ja, vielleicht sollte man das noch eingrenzen. Wir grenzen nochmal ihr Budget ein. Also ich würde nochmal meine Fragestellung korrigieren. So und dann Lisa hat nur 25 € zur Verfügung.*
>
> *[Theo, Essstäbchen Bearbeitung, Seq. 37–28, 06:26]*

Darauf aufbauend beantwortet er seine selbst-entwickelte Fragestellung und prüft sein Ergebnis bezüglich der Plausibilität in der gegebenen realweltlichen Situation.

> *Jetzt könnte man als nächstes gucken, ob 6 Pärchen überhaupt realistisch sind. Ähm also von der Länge sagt man, passen die übereinander. Diese Box hat aber nur eine Höhe von 4,5 cm. Das heißt, von einem Geodreieck von 0 bis 4,5. Unsere Stäbchen, wenn die so breit sind wie der Stift passen da 1, 2, 3/ Passen da sowieso keine 6 Stäbchen rein, weil wenn wir 6/ Sagen wir, dass ein Stäbchen ist dann 1 cm hoch so wie der Stift hier. Das hieße, wenn sie 6/ Dadurch, dass sie die sowieso querlegen muss, kann sie die eigentlich gar nicht, muss sie die übereinanderstapeln. Aber dann bräuchte sie eine 6 cm hohe Box, die Box ist aber nur 4,5 cm, sagen wir maximal 4 cm an Platz.*
>
> *[Theo, Essstäbchen Bearbeitung, Seq. 40–41, 08:07]*

Abschließend validiert er seine gesamte Lösung und beantwortet seine selbst-entwickelte Fragestellung mit einem Antwortsatz.

> *Dann wäre meine Antwort: Lisa sollte 4 Stäbchen kaufen.*
>
> *[Theo, Essstäbchen Bearbeitung, Seq. 45, 10:43]*

Abbildung 9.20 zeigt eine schematische Darstellung der Bearbeitungsphase von Theo zur Ausgangssituation Essstäbchen.

In Theos Bearbeitungsphase zur Ausgangssituation Essstäbchen waren die Modellierungsaktivitäten Verstehen, Vereinfachen und Strukturieren, Mathematisieren, Mathematisch Arbeiten, Interpretieren und Validieren enthalten. Die Bearbeitungsphase begann direkt mit der Vereinfachung und Strukturierung des in der Entwicklungsphase gebildeten Situationsmodells, indem die relevanten Informationen zur Lösung herausgeschrieben wurden. In der kurzen Sequenz des Verstehens, die im Rahmen der Interpretation auftrat, wiederholte Theo lediglich erneut seine selbst-entwickelte Fragestellung. Außerdem verliefen die Aktivitäten in Theos Bearbeitungsphase keineswegs linear. Stattdessen lassen sich kleine Minikreisläufe bestehend aus den Aktivitäten Vereinfachen und Strukturieren,

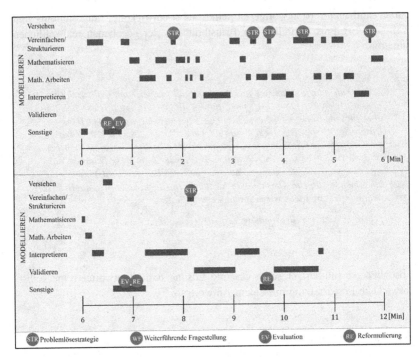

Abbildung 9.20 Schematische Darstellung der Bearbeitungsphase von Theo zur Ausgangssituation Essstäbchen.

Mathematisieren und Mathematisch Arbeiten und zum Teil auch Interpretieren identifizieren. In einer langen Validierungsphase prüfte er sein generiertes Ergebnis in Bezug auf die Angemessenheit in der realweltlichen Situation und berücksichtigte dabei weitere realweltliche Aspekte (z. B. Passung der Stäbchenanzahl in die Box). Abschließend interpretierte er sein generiertes mathematisches Resultat in Bezug auf die realweltliche Situation in Form eines Antwortsatzes.

Die Minikreisläufe resultieren aus dem gewählten Lösungsverfahren über das systematische Ausprobieren. Im Rahmen des systematischen Ausprobierens generierte Theo Teilfragestellungen, die er nacheinander löste. Theos Bearbeitungsphase kennzeichnet sich insbesondere durch mehrfache Einschübe der Evaluation und Reformulierung der selbst-entwickelten Fragestellung, da er im Rahmen seiner Bearbeitung feststellte, dass er die ursprünglich entwickelte Fragestellung nicht angemessen lösen kann. Folglich beinhaltete Theos Bearbeitungsphase das *lösungsinterne Problem Posing* als Generierung von Teilfragestellungen, die als Problemlösestrategie diente und das *lösungsinterne Problem Posing* als Evaluation und Reformulierung.

Insgesamt zeigt sich in Theos Entwicklungs- und Bearbeitungsphase zur Ausgangssituation Essstäbchen eine starke Interaktion des *Problem Posings* und des Modellierens. Bereits in der Entwicklungsphase baute Theo ein Situationsmodell auf, indem er die gegebene Situationsbeschreibung las und die darin enthaltenen Informationen verstand. Die Bearbeitungsphase begann direkt mit der Vereinfachung und Strukturierung. Demnach ist davon auszugehen, dass die Konstruktion des Situationsmodells vollständig in die Entwicklungsphase ausgelagert wurde, auch wenn im Rahmen der Bearbeitungsphase die Fragestellung in der langen Phase des Interpretierens kurz wiederholt wurde. Im Rahmen des Explorierens und Evaluierens in der Entwicklungsphase vereinfachte und strukturierte Theo sein Situationsmodell bereits, indem er relevante Informationen identifizierte, Verbindungen zwischen ihnen herstellte und Annahmen traf. Vereinfachungen und Strukturierungen fanden jedoch auch im Rahmen der Bearbeitungsphase über eine lange Zeit hinweg statt. Es ist daher möglich, dass Theo während der Entwicklungsphase bereits einen Teil seines Realmodells entwickelt hat und auf dieses in der Bearbeitungsphase aufbaute. Im Rahmen des Evaluierens seiner selbstentwickelten Fragestellung in der Entwicklungsphase traf Theo eine Annahme bezüglich der Platzierung der Stäbchen in der Box. Auf diese Annahme baute er in der Bearbeitungsphase auf und validierte sein mathematisches Resultat durch die Hinzunahme des realweltlichen Aspekts, ob die Stäbchen realistisch in die Box passen. Demnach ist es möglich, dass die Annahme über die Position der Stäbchen in der Box den Validierungsprozess in der Bearbeitungsphase ausgelöst hat. Das *lösungsinterne Problem Posing* in der Bearbeitungsphase diente als Problemlösestrategie, indem die selbst-entwickelte Fragestellung in Teilfragestellungen im Rahmen des Vereinfachens und Strukturierens aufgeteilt wurde, die den Lösungsprozess leiteten. Darüber hinaus wurden durch Schwierigkeiten im Lösungsprozess die Evaluation und Reformulierung der selbst-entwickelten Fragestellung ausgelöst.

9.3.3 Ausgangssituation Feuerwehr

9.3.3.1 Lea

Entwickelte Fragestellung:	Modellierungsaufgabe
Dauer Entwicklungsphase:	05:27 Minuten
Dauer Bearbeitungsphase:	06:55 Minuten
Reihenfolge:	3. Ausgangssituation

Basierend auf der Ausgangssituation Feuerwehr hat Lea die Fragestellung entwickelt: *Aus welcher maximalen Höhe kann eine Person gerettet werden?*. Diese Fragestellung spricht relevante Aspekte der realweltlichen Situation an und ist eine Fragestellung, mit der sich Fachleute der Feuerwehr auseinandersetzen würden. Demnach kann die Fragestellung als authentisch eingeschätzt werden. Darüber hinaus ist sie offen, da der Anfangszustand durch fehlende Informationen, wie beispielsweise die Parkposition, unklar ist. Die Komplexität der Fragestellung kann als eher hoch eingeschätzt werden, da das Modell zur Lösung zwar auf dem algorithmischen Standardverfahren der Anwendung des Satzes des Pythagoras beruht, aber das mathematische Modell (Modellierung der Situation als Dreieck) inklusive der zu berücksichtigenden Angaben bezüglich der Höhen und der Parkposition nicht auf der Hand liegt. Insgesamt kann die selbst-entwickelte Fragestellung von Lea gemeinsam mit der Ausgangssituation Feuerwehr eher als eine Modellierungsaufgabe kategorisiert werden. Abbildung 9.21 zeigt Leas Aufzeichnungen zur Ausgangssituation Feuerwehr.

Entwicklungsphase von Lea (Ausgangssituation Feuerwehr)
Die Entwicklungsphase beginnt mit dem Lesen der Beschreibung der gegebenen realweltlichen Situation. Bereits im ersten Abschnitt der Situationsbeschreibung identifiziert Lea relevante Informationen.

> *Ok, also 16 Standorte, 6 km maximal zu einem brennenden Haus. Das sind schonmal Sachen, da kann man viel mit machen.*
>
> *[Lea, Feuerwehr Entwicklung, Seq. 2, 00:12]*

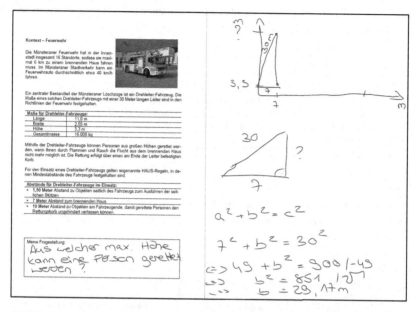

Abbildung 9.21 Leas Aufzeichnungen zur Ausgangssituation Feuerwehr.

Basierend auf den als relevant identifizierten Informationen generiert sie eine erste Fragestellung.

> *So dann wäre ja auch schonmal/ Könnte man sich jetzt schonmal fragen. Wenn die maximal 6 km brauchen. Könnte man fragen, wie viel die durchschnittlich vielleicht ungefähr zu einem Brand brauchen.*
>
> *[Lea, Feuerwehr Entwicklung, Seq. 4, 00:25]*

Diese verwirft sie jedoch zunächst, um den Rest der Situationsbeschreibung zu lesen.

> *Aber da kommen bestimmt noch mehr Informationen.*
>
> *[Lea, Feuerwehr Entwicklung, Seq. 5, 00:37]*

Basierend auf den Informationen über das Drehleiter-Fahrzeug identifiziert sie
die Drehleiter als eine lineare Funktion.

> *Ok. (Liest) „Die Maße eines solchen Drehleiter-Fahrzeugs mit einer 30 Meter
> langen Leiter sind in den Richtlinien der Feuerwehr festgelegt." Oh ja, jetzt
> haben wir ja schon wieder hier unsere lineare Funktion das ist/ Da kann man
> auch zum Thema Funktionen viel machen, weil man hat eine Leiter, die fährt
> aus, der Brand ist hoch, jetzt kommen auch hier die Maße. Ah, sehr gut.*
>
> *[Lea, Feuerwehr Entwicklung, Seq. 6–8, 00:41]*

Anschließend liest sie die restliche Situationsbeschreibung und stellt sich die Ret-
tungssituation mental vor. Dabei identifiziert sie die Rettungshöhe als fehlende
Information.

> *Ok, da müssten wir uns jetzt mal überlegen, wie das ganze aussieht, um dann
> eine Frage zu stellen. Welche Infos ich alle habe, muss ich mir ja auch erstmal
> überlegen. Aber das Ganze würde ja auch wieder/ Wissen wir, aus welcher Höhe
> Leute gerettet werden können? Wir wissen, wie/ Nein wissen wir nicht.*
>
> *[Lea, Feuerwehr Entwicklung, Seq. 12, 03:16]*

Nach weiteren Ideen bezüglich möglicher Fragestellungen und Evaluierungen
dieser, entwickelt sie eine Fragestellung, die auf die Berechnung der fehlenden
Information fokussiert und schreibt diese auf.

> *Man könnte auf jeden Fall fragen: Aus welcher Höhe eine Person maximal
> gerettet werden kann. Oder: Aus welcher maximalen Höhe kann eine Person
> gerettet werden? (Schreibt).*
>
> *[Lea, Feuerwehr Entwicklung, Seq. 17, 04:47]*

In Abbildung 9.22 ist Leas Entwicklungsphase zur Ausgangssituation Feuerwehr
schematisch dargestellt.

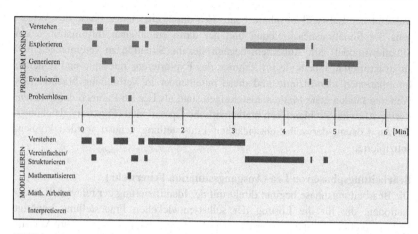

Abbildung 9.22 Schematische Darstellung der Entwicklungsphase von Lea zur Ausgangssituation Feuerwehr.

Leas Entwicklungsphase zur Ausgangssituation Feuerwehr beinhaltete die *Problem Posing*-Aktivitäten Verstehen, Explorieren, Generieren, Evaluieren und Problemlösen. Die beteiligten Aktivitäten verliefen nicht linear. Leas Entwicklungsphase begann mit einer kurzen Phase des Verstehens, auf Basis dessen direkt relevante Informationen fokussiert und erste Fragestellungen generiert wurden. Basierend auf der Erwartung, dass weitere relevante Informationen folgen müssen, wurde die erste Idee während des Evaluierens verworfen und es folgte eine erneute lange Phase des Verstehens. Im Rahmen dieser fand eine erste Problemlöseaktivität statt, in der die lineare Funktion als mathematische Struktur zur Darstellung der Situation antizipiert wurde. Darauf aufbauend versuchte Lea sich im Rahmen des Explorierens die relevanten Informationen der Situation und die Struktur dieser vorzustellen. Während des Explorierens wurden auch fehlende Informationen identifiziert, die als Anlass zum Generieren einer Fragestellung dienten. Die aufgeworfenen Fragestellungen wurden im Anschluss evaluiert. Die Einschätzung der Fragestellung als unangemessen oder nicht lösbar führte dann erneut zur Exploration, indem weitere relevante Informationen fokussiert wurden. Auf Basis der Exploration wurden dann wieder Fragestellungen generiert, bis Lea schließlich zu ihrer finalen Fragestellung gelang.

In Leas Entwicklungsphase waren die Modellierungsaktivitäten Verstehen, Vereinfachen und Strukturieren sowie Mathematisieren enthalten. Die Aktivitäten Mathematisch Arbeiten, Interpretieren und Validieren kamen nicht vor. Bereits während der Entwicklungsphase baute Lea durch eine lange Phase des Verstehens der Situationsbeschreibung und der darin enthaltenen Informationen ein Situationsmodell auf. Außerdem begann sie, die Situation zu vereinfachen und zu strukturieren, indem sie im Rahmen des Explorierens relevante und fehlende Informationen identifizierte und diese miteinander in Verbindung brachte. Des Weiteren fanden erste Mathematisierungen statt, als Lea im Rahmen der *Problem Posing*-Aktivität Problemlösen mathematische Operationen (Funktionsgleichung), die zur Lösung der selbst-entwickelten Fragestellung genutzt werden können, antizipierte.

Bearbeitungsphase von Lea (Ausgangssituation Feuerwehr)

Die Bearbeitungsphase beginnt direkt mit der Identifizierung der relevanten Informationen, die für die Lösung der selbst-entwickelten Fragestellung benötigt werden, und der Strukturierung dieser in Form einer Skizze. Nach dem Anfertigen einer ersten Skizze bemerkt Lea, dass die Lösung der Fragestellung über das Aufstellen einer linearen Funktion nicht zielführend ist und identifiziert in ihrer Skizze ein rechtwinkliges Dreieck.

> *Man berechnet das gar nicht mit der Funktion, ich habe ja ein Dreieck, was sich jetzt hier bildet. So, ich will wissen: Aus welcher maximalen Höhe kann eine Person gerettet werden. Ja, das/ So, das kriegt man ja immer noch hin, aber das mache ich ja jetzt, weil ich mein schönes (beginnt eine weitere Zeichnung) Dreieck hier habe, da hätte ich auch mal/ So, wir haben 7 m, 30 m und das ist die Seite, die wir suchen.*
>
> *[Lea, Feuerwehr Bearbeitung, Seq. 7, 04:44]*

Basierend auf ihren Schwierigkeiten bei der Lösung der selbst-entwickelten Fragestellung evaluiert sie die Lösbarkeit für ihre potenzielle Schülerschaft.

> *Och Gott, wenn ich das selbst schon nicht kann, wie sollen das denn dann meine Schüler schaffen.*
>
> *[Lea, Feuerwehr Bearbeitung, Seq. 4, 03:42]*

Mit Hilfe des Satzes des Pythagoras berechnet sie anschließend die gesuchte Haushöhe. Die Höhe des Drehleiter-Fahrzeugs wird dabei vernachlässigt, wodurch ein unangemessenes mathematisches Modell gebildet wird.

> *So und für ein Dreieck, für ein rechtwinkliges, wissen wir. Wir haben a und b – äh, a und c gegeben, wir wissen (schreibt)* $7^2 + b^2 = 30^2$*. Ja, jetzt muss ich noch ein bisschen was umformen. (Schreibt)* 7^2*, ja das sind 7 ● 7 sind 49 + b²= (lacht)/Sind 900. Dann rechnen wir minus 49. Wäre* $b^2 = 900 - 49 = 851$ *(schreibt). Daraus ziehen wir noch die Wurzel (schreibt) Das wären 851 (gibt in den Taschenrechner ein) und die Wurzel daraus sind 29/ (schreibt) Äh, das kann ich ja wegmachen. Das ist dann b = 29,171. Ja das runden wir mal auf 1 7 m.*
>
> *[Lea, Feuerwehr Bearbeitung, Seq. 9–12, 05:13]*

Die Bearbeitungsphase endet mit dem Rückbezug des mathematischen Resultats auf die gegebene realweltliche Situation.

> *Also wäre meine Antwort: Aus maximal 29,17 m kann eine Person gerettet werden.*
>
> *[Lea, Feuerwehr Bearbeitung, Seq. 13, 06:35]*

In Abbildung 9.23 ist eine schematische Darstellung der Bearbeitungsphase von Lea zur Ausgangssituation Feuerwehr abgebildet.

In Leas Bearbeitungsphase zur Ausgangssituation Feuerwehr waren die Modellierungsaktivitäten Vereinfachen und Strukturieren, Mathematisieren, Mathematisch Arbeiten und Interpretieren enthalten. Die Modellierungsaktivitäten Verstehen und Validieren konnten nicht identifiziert werden. Die Bearbeitungsphase begann direkt mit dem Vereinfachen und Strukturieren. Diese Aktivität nahm den Hauptanteil der Bearbeitungsphase ein. Die lange Zeit des Vereinfachens und Strukturierens resultierte insbesondere aus dem falschen mathematischen Modell, das von Lea im Rahmen der Entwicklungsphase antizipiert wurde. Insgesamt verliefen die Aktivitäten der Bearbeitungsphase linear in der Reihenfolge Vereinfachen und Strukturieren, Mathematisieren, Mathematisch Arbeiten und Interpretieren. Bezüglich des *lösungsinternen Problem Posings*

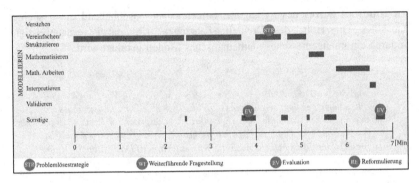

Abbildung 9.23 Schematische Darstellung der Bearbeitungsphase von Lea zur Ausgangssituation Feuerwehr.

beinhaltete Leas Bearbeitungsphase Evaluationen der Lösbarkeit der selbstentwickelten Fragestellung, die basierend auf den Schwierigkeiten im Lösungsprozess zwischen Phasen des Vereinfachens und Strukturierens und nach dem Interpretieren stattfanden. Des Weiteren wurde im Rahmen des Vereinfachens und Strukturierens eine Teilfragestellung generiert, die als Problemlösestrategie diente.

In Leas Entwicklungs- und Bearbeitungsphase zur Ausgangssituation Feuerwehr konnte insgesamt eine starke Interaktion des *Problem Posings* und des Modellierens beobachtet werden. Bereits in der Entwicklungsphase baute Lea ein Situationsmodell auf, indem sie die gegebene Situationsbeschreibung las und die darin enthaltenen Informationen verstand. Die Bearbeitungsphase begann direkt mit der Vereinfachung und Strukturierung des Situationsmodells. Demnach ist davon auszugehen, dass die Konstruktion des Situationsmodells vollständig in die Entwicklungsphase ausgelagert wurde. In Leas Entwicklungsphase konnten außerdem Vereinfachungen und Strukturierungen des Situationsmodells im Rahmen der Exploration beobachtet werden, indem relevante Informationen von irrelevanten Informationen getrennt und fehlende Informationen identifiziert wurden. Vereinfachungen und Strukturierungen fanden jedoch auch in der Bearbeitungsphase für eine lange Zeit statt, was primär aus der Antizipation eines falschen mathematischen Modells zur Lösung während der Entwicklungsphase resultierte. Es ist daher möglich, dass Lea während der Entwicklungsphase bereits ein Realmodell entwickelt hat, dieses aber aufgrund der Antizipation eines falschen mathematischen Modells für die Lösung nicht zielführend war und demnach in der Bearbeitungsphase überarbeitet werden musste. Die Generierung einer

Teilfragestellung diente als Problemlösestrategie und leitete Lea durch ihren eigenen Lösungsprozess. Darüber hinaus wurde durch die Schwierigkeiten in der Bearbeitungsphase die Evaluation der selbst-entwickelten Fragestellung in Bezug auf die Lösbarkeit ausgelöst.

9.3.3.2 Theo

Entwickelte Fragestellung:	Modellierungsaufgabe
Dauer Entwicklungsphase:	03:31 Minuten
Dauer Bearbeitungsphase:	15:06 Minuten
Reihenfolge:	3. Ausgangssituation

Basierend auf der Ausgangssituation Feuerwehr hat Theo die Fragestellung entwickelt: *Reicht die Leiter aus, um alle Münsteraner retten zu können?*. Diese Fragestellung spricht relevante Aspekte der realweltlichen Situation an und ist eine Fragestellung, mit der sich auch Fachleute der Feuerwehr auseinandersetzen würden. Demnach kann die Fragestellung als authentisch eingestuft werden. Sie kann darüber hinaus als offen charakterisiert werden, da der Anfangszustand durch fehlende Informationen, wie beispielsweise die Parkposition, unklar ist. Bei der Lösung über den Satz des Pythagoras handelt es sich um ein algorithmisches Standardverfahren. Allerdings liegt das mathematische Modell zur Lösung (Modellierung der Situation als Dreieck) inklusive der zu berücksichtigenden Angaben bezüglich der Höhen und der Parkposition nicht auf der Hand. Insgesamt kann die selbst-entwickelte Fragestellung von Theo gemeinsam mit der Ausgangssituation Feuerwehr eher als eine Modellierungsaufgabe eingestuft werden. Abbildung 9.24 präsentiert Theos Aufzeichnungen zur Ausgangssituation Feuerwehr.

Entwicklungsphase von Theo (Ausgangssituation Feuerwehr)
Theos Entwicklungsphase beginnt mit dem Lesen der gegebenen Situationsbeschreibung. Anschließend geht er erneut die Informationen durch, die für ihn am interessantesten erscheinen und entscheidet, das Drehleiter-Fahrzeug zu fokussieren. Das Drehleiter-Fahrzeug wird im folgenden Transkriptausschnitt dabei von ihm fälschlicherweise als Polizei-Fahrzeug benannt.

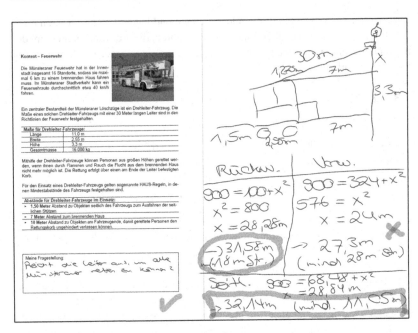

Abbildung 9.24 Theos Aufzeichnungen zur Ausgangssituation Feuerwehr.

> *Also das heißt, ich würde mir mal die also entweder, dass die maximal 6 km fahren muss und 60 km/h kann ich durchschnittlich fahren. Ja, aber interessanter wäre wahrscheinlich, wenn man davon ausgeht, dass alle Polizei-Fahrzeuge gleich sind.*
>
> *[Theo, Feuerwehr Entwicklung, Seq. 2, 01:24]*

Basierend auf der Annahme, dass alle Drehleiter-Fahrzeuge gleich sind, beginnt er mit dem Generieren einer ersten Fragestellung.

> *Ähm, wie hoch die Person überhaupt sein können. Also ob das für so ein durchschnittliches Münsteraner Haus reicht.*
>
> *[Theo, Feuerwehr Entwicklung, Seq. 3, 01:47]*

Anschließend evaluiert er seine selbst-entwickelte Fragestellung, ob sie bezüglich der gegebenen Situationsbeschreibung angemessen erscheint und beschließt, die Fragestellung zu überarbeiten, indem er sie stärker auf die gegebene Situationsbeschreibung bezieht. Abschließend generiert er seine Fragestellung und schreibt diese auf.

> *Nein. Andersherum. Ich frage es ein bisschen/ Wobei ich kann/ Also ich würde es wahrscheinlich eher nochmal auf den Kontext beziehen (beginnt die Fragestellung wieder zu löschen), weil es ein Unterschied ist, ob wir jetzt hier in Münster sind oder in einer großen, größeren Stadt.*
>
> *[Theo, Feuerwehr Entwicklung, Seq. 6, 02:20]*

In Abbildung 9.25 ist die Entwicklungsphase von Theo zur Ausgangssituation Feuerwehr schematisch dargestellt.

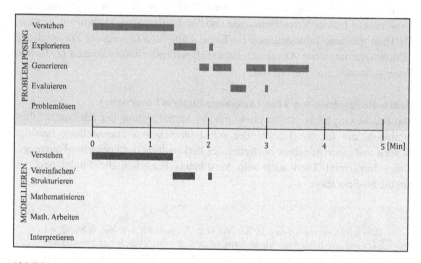

Abbildung 9.25 Schematische Darstellung der Entwicklungsphase von Theo zur Ausgangssituation Feuerwehr.

Theos Entwicklungsphase zur Ausgangssituation Feuerwehr beinhaltete die *Problem Posing*-Aktivitäten Verstehen, Explorieren, Generieren und Evaluieren. Das Problemlösen konnte in der Entwicklungsphase von Theo nicht identifiziert werden. Theos Entwicklungsprozess begann mit einer langen Phase des Verstehens. Daran schloss sich das Explorieren der realweltlichen Situation an, um Informationen zu identifizieren, auf Basis derer er eine Fragestellung entwickeln kann. Dabei traf er auch erste Annahmen. Das Explorieren fand in Wechselwirkung mit dem Generieren von Fragestellungen statt, da er basierend auf den als relevant identifizierten Informationen Fragestellungen generierte. Nach Festlegung auf eine Fragestellung unterbrach Theo die Phase des Generierens immer wieder durch Evaluationen, um seine Fragestellung angemessen und in Bezug auf die gegebene Situation zu formulieren.

Theos Entwicklungsphase beinhaltete die Modellierungsaktivitäten Verstehen sowie Vereinfachen und Strukturieren. Die Aktivitäten Mathematisieren, Mathematisch Arbeiten, Interpretieren und Validieren konnten nicht identifiziert werden. Theo baute bereits während der Entwicklungsphase ein Situationsmodell auf, indem er in einer langen Phase die gegebene Situationsbeschreibung las und die darin enthaltenen Informationen verstand. Außerdem konnten im Rahmen des Explorierens bereits Vereinfachungen und Strukturierungen identifiziert werden, als Theo relevante Informationen zur Entwicklung und Lösung der Fragestellung identifizierte und erste Annahmen bezüglich fehlender Informationen (z. B. alle Feuerwehrautos sind gleich) traf.

Bearbeitungsphase von Theo (Ausgangssituation Feuerwehr)

Die Bearbeitungsphase startet direkt mit der Identifizierung der relevanten Informationen, die für die Lösung der selbst-entwickelten Fragestellung benötigt werden und einer Annahme bezüglich der Parkposition des Drehleiter-Fahrzeugs. Dabei hinterfragt Theo auch sein Verständnis bezüglich der Funktionen des Drehleiter-Fahrzeugs.

> *Also ich würde einmal eine Sk/ Also der erste Teil ist irrelevant. Wo die Standorte sind und wie schnell sie fahren kann, ist an sich egal. Okay. Ich nehme mal an- und dann kann ich hinterher gucken, ob das realistisch ist, dass ein Fahrzeug, wenn das brennende Haus hier ist (skizziert). So das hat Feuer. Ähm, wenn das brennt, wie stehen die Fahrzeuge denn davor? Seitlich? Nein, das macht keinen Sinn? Stehen die so davor? (skizziert das Auto). Wenn das, dann ist das die Fahrerkabine und dann/. Das ist glaube ich/ Das ist das einfachste für den Fahrer oder rückwärts dran. Steht vielleicht da irgendwas zu, wie– ob*

> *man die noch drehen kann? Dann müssen wir im Stadtverkehr. (Überfliegt die*
> *Aufgabe). Ein zentraler Bestandteil ist ein Drehleiterfahrzeug. Ah, das heißt,*
> *ich kann unten drehen.*
>
> *[Theo, Feuerwehr Bearbeitung, Seq. 2–4, 00:07]*

Theo unterscheidet dabei bezüglich der Parkposition drei verschiedene Annahmen, die er in einer Tabelle miteinander vergleicht. Basierend auf der ersten Annahme beginnt er die relevanten Informationen in der Ausgangssituationen zu identifizieren und diese im Rahmen der Skizze zu strukturieren. Anschließend erkennt er den Satz des Pythagoras als mathematische Operation zur Lösung und ein rechtwinkliges Dreieck mit fehlender Hypotenuse in seiner Skizze. Darauf aufbauend stellt er für die Lösung der Aufgabe eine mathematische Gleichung auf.

> *So, jetzt könnten wir wieder mit dem Satz des Pythago/ Das heißt ähm die Leiter,*
> *wie lang war die? 30 m (schreibt) ist unsere Hypotenuse. Die eine Kathete ist*
> *10 m (zeichnet) und die Höhe möchte ich berechnen. So, die Höhe ist x. Das*
> *heißt (schreibt).*
>
> *[Theo, Feuerwehr Bearbeitung, Seq. 5–7, 04:09]*

Aufbauend auf der entwickelten Gleichung berechnet Theo die gesuchte Haushöhe und interpretiert das Resultat in Bezug auf die gegebene realweltliche Situation.

> *Das heißt (schreibt). Das heißt x ist irgendwie Wurz/ Ähm (tippt etwas in*
> *den Taschenrechner ein). (Schreibt) Das heißt, das Haus kann hier/ x kann*
> *28,28 m sein plus die Höhe vom Fahrzeug. Also + 3,30 m (tippt etwas in den*
> *Taschenrechner ein). Macht (schreibt) 31,58. So, das ist rückwärts.*
>
> *[Theo, Feuerwehr Bearbeitung, Seq. 8–12, 04:55]*

Dieses Verfahren wiederholt er für die beiden anderen Annahmen bezüglich der Parkposition und bezieht anschließend die benötigte Straßenlänge in seine Überlegungen mit ein.

> *Aber muss noch mindestens. Wie lang muss mindestens die Straße sein? Abstand zu Objekten, egal zu welchen Objekten. Also 10, 21, 28 m Straße.*
>
> *[Theo, Feuerwehr Bearbeitung, Seq. 19, 08:33]*

Abschließend vergleicht er alle Ergebnisse bezüglich der zu erreichenden Haushöhe und der benötigten Straßenlänge miteinander, um die optimale Parkposition zu identifizieren und basierend auf dem Ergebnis seine Fragestellung zu beantworten. Um die Fragestellung zu beantworten, trifft er zusätzlich eine Annahme bezüglich der Haushöhe eines normalen Hauses in Münster. Zur angemessenen Lösung hätte jedoch die maximale Haushöhe betrachtet werden müssen.

> *Das heißt, wenn wir uns jetzt die Ergebnisse angucken, wenn ich mit/ Also wenn ich/ Ja, vorwärts parken macht keinen wirklichen Sinn, weil ich brauche eine richtig große Straße von mindestens 28 m und schaffe dann nur 27,3 m als Leiter (markiert Berechnung für Vorwärts mit Kreuz). Wenn ich rückwärts daran gehe (markiert Ergebnis für Rückwärts) kann meine Straße kleiner sein 19 m und schaffe ich 31,58 m und wenn ich seitlich, muss sie deutlich, kann sie deutlich kleiner sein, kann sie 7 m kleiner sein und dafür ist die Leiter sogar noch/ Nein, doch. Seitlich (markiert Ergebnis für Seitlich) kann sie kleiner sein und die Leiter ist sogar am höchsten. Das heißt, am pfiffigsten ist es, wenn das Auto ähm seitlich steht. Dann muss die Straße nur 11,05 m lang sein und 32, 14/ Kurz gucken, wie hoch so ein Haus ist, wenn jede Etage/ (schaut sich im Raum um) Ähm, so eine Tür ist 2 m. Maximal sagen wir mal 3 m hat. 10 Etagen mindestens, sagen wir so. 8 Etagen. Also für die ganz normale Stadt sollte es reichen, um alle Münsteraner zu retten.*
>
> *[Theo, Feuerwehr Bearbeitung, Seq. 32, 13:24]*

Abbildung 9.26 zeigt eine schematische Darstellung der Bearbeitungsphase von Theo zur Ausgangssituation Feuerwehr.

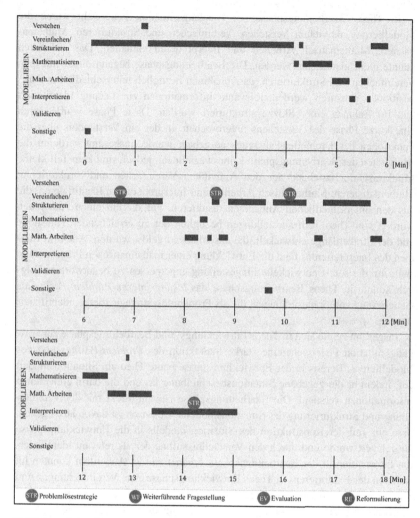

Abbildung 9.26 Schematische Darstellung der Bearbeitungsphase von Theo zur Ausgangssituation Feuerwehr.

In Theos Bearbeitungsphase zur Ausgangssituation Feuerwehr waren die Modellierungsaktivitäten Verstehen, Vereinfachen und Strukturieren, Mathematisieren, Mathematisch Arbeiten und Interpretieren enthalten. Das Validieren konnte nicht identifiziert werden. Die Bearbeitungsphase begann direkt mit dem Vereinfachen und Strukturieren, da Annahmen bezüglich unterschiedlicher Parkpositionen getroffen wurden, relevante Informationen zur Lösung identifiziert und im Rahmen einer Skizze strukturiert wurden. Diese Phase wurde durch eine kurze Phase des Verstehens unterbrochen, in der ein Verständnis über die Funktionen des Drehleiter-Fahrzeugs aufgebaut wurde. Insgesamt verliefen die Aktivitäten der Bearbeitungsphase keineswegs linear, jedoch sind zum Teil kleine Minikreisläufe bestehend aus den Aktivitäten Vereinfachen und Strukturieren, Mathematisieren, Mathematisch Arbeiten und Interpretieren zu identifizieren, die aus den unterschiedlichen Annahmen resultieren. Für die einzelnen Annahmen wurden von Theo Teilfragestellungen bezüglich der zu erreichenden Haushöhe und der Straßenlänge entwickelt, die anschließend gelöst wurden. Auch im Rahmen des Interpretierens fand die Entwicklung einer mathematischen Fragestellung statt, um die selbst-entwickelte Fragestellung angemessen zu beantworten. Folglich konnte in Theos Bearbeitungsphase das *lösungsinterne Problem Posing* als Generierung von Fragestellungen, die als Problemlösestrategie diente, identifiziert werden.

Insgesamt zeigte sich in Theos Entwicklungs- und Bearbeitungsphase zur Ausgangssituation Feuerwehr eine starke Interaktion des *Problem Posings* und des Modellierens. Bereits in der Entwicklungsphase baute Theo ein Situationsmodell auf, indem er die gegebene Situationsbeschreibung las und die darin enthaltenen Informationen verstand. Die Bearbeitungsphase begann direkt mit der Vereinfachung und Strukturierung des Situationsmodells. Demnach ist davon auszugehen, dass ein Teil der Konstruktion des Situationsmodells in die Entwicklungsphase ausgelagert wurde und durch den Verständnisaufbau der als relevant identifizierten Information in der Bearbeitungsphase ergänzt wurde. Außerdem konnten im Rahmen des Explorierens in Theos Entwicklungsphase erste Vereinfachungen und Strukturierungen seines Situationsmodells identifiziert werden, indem relevante Informationen zur Generierung der Fragestellung und zur Lösung identifiziert und erste Annahmen getroffen wurden. Das Vereinfachen und Strukturieren fand in der Bearbeitungsphase erneut für eine lange Zeit statt und beinhaltete neben der Identifizierung der relevanten Informationen insbesondere die Strukturierung dieser in Form einer Skizze. Es ist daher möglich, dass Theo während der Entwicklungsphase bereits einen Teil seines Realmodells entwickelt hat, auf das in der Bearbeitungsphase aufgebaut wurde. Das Treffen der Annahmen bezüglich unterschiedlicher Parkpositionen löste in Theos Bearbeitungsphase im Rahmen des Vereinfachens und Strukturierens das *lösungsinterne Problem Posing* als Generierung von Teilfragestellungen aus, die Theo als Problemlösestrategie diente und ihn durch seinen Lösungsprozess leitete.

9.3.4 Ausgangssituation Seilbahn

9.3.4.1 Lea

Entwickelte Fragestellung:	Textaufgabe
Dauer Entwicklungsphase:	05:09 Minuten
Dauer Bearbeitungsphase:	07:47 Minuten
Reihenfolge:	1. Ausgangssituation

Basierend auf der Ausgangssituation Seilbahn hat Lea die Aufgabe entwickelt: *Stelle eine Funktion auf, die den Verlauf der Bahn beschreibt.* Diese Fragestellung bezieht sich auf Aspekte der realweltlichen Situation, verfolgt jedoch primär das Ziel, eine mathematische Aufgabe zu generieren. Demnach kann die Fragestellung als eher weniger authentisch eingestuft werden. Sie ist offen, da sowohl der Anfangszustand durch fehlende Informationen, wie beispielsweise den Verlauf der Seilbahn, unklar ist und basierend auf unterschiedlichen Annahmen Transformationen mit unterschiedlichen Lösungswegen (z. B. lineare Funktion, Funktion 3. Grades) genutzt werden können. Das Modell zur Lösung der Aufgabe ist bereits teilweise in der Aufgabe vorgegeben und die Entwicklung einer Funktion beruht, je nach gewähltem Lösungsweg, auf einem standardisierten algorithmischen Verfahren der Sekundarstufe I. Folglich kann die Komplexität der Fragestellung als eher gering eingestuft werden. Insbesondere wegen des fehlenden authentischen Realitätsbezugs kann die selbst-entwickelte Fragestellung von Lea gemeinsam mit der Ausgangssituation Seilbahn eher als eine Textaufgabe kategorisiert werden. Abbildung 9.27 zeigt Leas Aufzeichnungen zur Ausgangssituation Seilbahn.

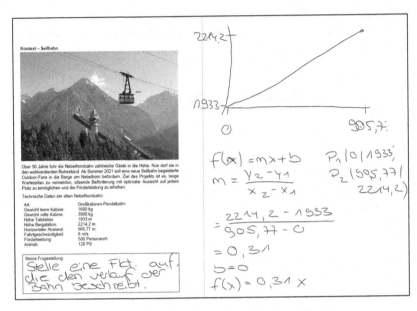

Abbildung 9.27 Leas Aufzeichnungen zur Ausgangssituation Seilbahn.

Entwicklungsphase von Lea (Ausgangssituation Seilbahn)

Die Entwicklungsphase beginnt mit dem Lesen der Situationsbeschreibung. Dabei filtert Lea bereits erste relevante Informationen heraus.

> *Ok, 2021, merke ich mir schonmal, weil vielleicht ist ja wichtig.*
>
> *[Lea, Seilbahn Entwicklung, Seq. 2, 02:22]*

Anschließend geht sie die Informationen weiter durch und identifiziert zusätzliche relevante Informationen, wirft mögliche Fragestellungen bezüglich dieser Informationen auf und evaluiert sie.

> *Also man könnte irgendwie was mit dem Gewicht auf jeden Fall fragen. Aber dann ist ja die Information nicht relevant, dass wir eine neue brauchen (lacht).*
>
> *[Lea, Seilbahn Entwicklung, Seq. 4–5, 01:14]*

Basierend auf den als relevant identifizierten Informationen beginnt Lea eine Fragestellung zu entwickeln und entwirft direkt einen groben Lösungsplan, indem sie ein mathematisches Modell antizipiert.

> *Aber ich glaube, ich würde erstmal einfach/ Oh man könnte auch eine/ Man könnte fragen, wie hoch/ Wenn man jetzt eine Funktionsgleichung dazu aufstellen würde.*
>
> *[Lea, Seilbahn Entwicklung, Seq. 15–16, 02:56]*

Zur Evaluierung der Lösbarkeit der aufgeworfenen Fragestellung geht sie die relevanten Informationen der Situationsbeschreibung erneut durch und trifft bereits erste Annahmen.

> *Weil wir wissen, wie schnell die ist, wir wissen, wo sie anfängt, wir wissen, wie sie fährt und wir können sagen, dass sie einfach gerade quasi, also irgendwie als lineare Funktion nach oben fährt dann könnte man/.*
>
> *[Lea, Seilbahn Entwicklung, Seq. 18, 03:18]*

Basierend auf der Kontrolle der Lösbarkeit entwickelt Lea erste Lösungsschritte.

> *Man könnte sagen, dass man/ Oh, man hat zwei Punkte, dann kann man die Steigung berechnen, das kriegen die auf jeden Fall hin.*
>
> *[Lea, Seilbahn Entwicklung, Seq. 19, 03:30]*

Abschließend formuliert Lea die Fragestellung und evaluiert währenddessen immer wieder ihre Formulierung.

> *(Schreibt) Stelle eine Funktion – ich kürze das mal ab – auf, die Komma, die/ (hört auf zu schreiben und überlegt), die die/ Nicht den Verlauf der Bahn. Wie*

sagt man das denn? (Lacht) Stelle eine Funktion auf, die näherungsweise ja doch den Verlauf der Bahn beschreibt.

[Lea, Seilbahn Entwicklung, Seq. 23–25, 04:15]

Abbildung 9.28 stellt die Entwicklungsphase von Lea zur Ausgangssituation Seilbahn schematisch dar.

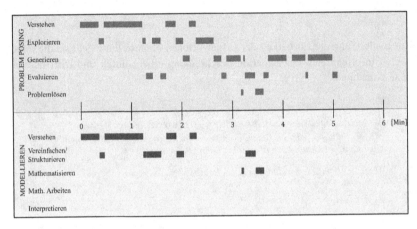

Abbildung 9.28 Schematische Darstellung der Entwicklungsphase von Lea zur Ausgangssituation Seilbahn.

Leas Entwicklungsphase zur Ausgangssituation Seilbahn beinhaltete die *Problem Posing*-Aktivitäten Verstehen, Explorieren, Generieren, Evaluieren und Problemlösen. Leas Entwicklungsphase begann mit einer langen Phase des Verstehens, die durch erste Explorationen unterbrochen wurde. Im Rahmen des Explorierens wurden bereits einige Informationen als relevant für potenzielle Fragestellungen identifiziert. Anschließend fand das Explorieren in Wechselwirkung mit dem Evaluieren statt. Dazu wurden relevante Informationen fokussiert, auf Basis derer dann implizit Fragestellungen generiert wurden und im Anschluss von Lea als unangemessen in Bezug auf die realweltliche Situation evaluiert wurden, weil beispielsweise nicht alle Informationen relevant seien. Anschließend nahm Lea weitere Explorationen vor, indem sie relevante Informationen identifizierte. Diese Informationen nutzte sie zur Generierung und evaluierte die aufgeworfenen Fragestellungen anschließend in Bezug auf Angemessenheit und Lösbarkeit. Das Evaluieren der Lösbarkeit beinhaltete insbesondere die Überprüfung, ob alle Informationen zur Lösung gegeben sind. Im Rahmen dessen plante sie erste Lösungsschritte und antizipierte eine mathematische Operation (lineare Funktionsgleichung) zur Lösung. Jedoch erscheint die Nutzung einer linearen Funktionsgleichung zur Beschreibung der Situation unrealistisch. Durch die ständigen Wechsel zwischen dem Explorieren, Generieren und Evaluieren verlief Leas Entwicklungsphase keineswegs linear.

In der Entwicklungsphase waren die Modellierungsaktivitäten Verstehen, Vereinfachen und Strukturieren sowie Mathematisieren enthalten. Die Aktivitäten Mathematisch Arbeiten, Interpretieren und Validieren konnten nicht identifiziert werden. Während der Entwicklungsphase entwickelte Lea bereits ein Situationsmodell, indem sie die gegebene Situationsbeschreibung las und die darin enthaltenen Informationen verstand. Außerdem konnten bereits erste Vereinfachungen im Rahmen des Explorierens und Evaluierens in der Entwicklungsphase beobachtet werden, da Lea irrelevante und relevante Informationen sowie Annahmen (z. B. bezüglich des Verlaufs der Seilbahn) zur Entwicklung und Lösung der Fragestellung identifizierte. Im Rahmen des Problemlösens generierte Lea eine erste Idee der Lösung der selbst-entwickelten Fragestellung, indem sie die mathematische Operation (Funktionsgleichung) und erste Schritte zur Berechnung der Lösung (Berechnung der Steigung) benannte, was zur Mathematisierung der selbst-entwickelten Fragestellung beitrug.

Bearbeitungsphase von Lea (Ausgangssituation Seilbahn)
Die Bearbeitungsphase startet direkt mit der Strukturierung der relevanten Informationen in einer Skizze. Dies inkludiert die Annahme, dass die Seilbahn linear verläuft.

> *Ähm, so dann machen wir erstmal vielleicht eine (beginnt zu zeichnen) kurze Zeichnung, weil das ist auch immer gut. Dann haben wir hier unsere Talstation (markiert einen Punkt), hier ist unsere Bergstation (markiert einen zweiten Punkt) und wir sagen (verbindet die beiden Punkte) so fährt unsere Bahn. Dann wissen wir/*
>
> *[Lea, Seilbahn Bearbeitung, Seq. 1, 00:00]*

Dabei hinterfragt Lea, was mit dem horizontalen Abstand gemeint sei.

Oder jetzt ist die Fr/ Horizontalabstand. Aber das wird ja nicht/ Hm. [...] Oder ist mein horizon/ Ergibt das Sinn? Horizon/ Horizontaler Abstand.

[Lea, Seilbahn Bearbeitung, Seq. 4–6, 00:30]

Aufbauend auf den Schwierigkeiten bezüglich des Verständnisses der Information hinterfragt sie die Lösbarkeit ihrer selbst-entwickelten Fragestellung.

Ja vielleicht kann ich meine Aufgabe auch nicht lösen (lacht). Ähm.

[Lea, Seilbahn Bearbeitung, Seq. 7, 01:06]

Anschließend beginnt sie erneut die relevanten Informationen in einer Skizze zu strukturieren und identifiziert den horizontalen Abstand in ihrer Skizze.

So, ich habe/ Also hier habe ich 0 und hier ist noch die Frage, was ich hier habe und hier habe ich 1933 (beschriftet die Skizze) und meine Bergstation ist auf 2214,2 m (beschriftet die Skizze). Das ist der horizont/ Ich bin/ Das muss der horizontale/ ja, das sind 905,77 m (beschriftet die Skizze).

[Lea, Seilbahn Bearbeitung, Seq. 11–13, 01:51]

Basierend auf der Skizze stellt sie die allgemeine Funktionsgleichung einer linearen Funktion auf und beginnt zunächst die Steigung zu berechnen.

So und dann wäre meine Funktionsgleichung (schreibt) $f(x) = mx + b$ und m ist meine Steigung, da habe ich $(y_2 - y_1):(x_2 - x_1)$. Meine Punkte wären: (schreibt) P1 ist 0 und 1933. Mein Punkt 2 wäre (schreibt) 905,77 und 2214,2. Ok, dann habe ich für mein (schreibt) m y_2 wären 2214,2 – 1933 geteilt durch, ähm, 9/ Äh, (schreibt) 905,77 – 0.

[Lea, Seilbahn Bearbeitung, Seq. 14–20, 03:57]

Die Plausibilität des berechneten Resultats für die Steigung hinterfragt sie anschließend aus einer mathematischen Perspektive.

> *(Betrachtet das Ergebnis auf dem Taschenrechner) Äh, ja, macht das jetzt Sinn für meine Steigung? Irgendwie/ Hä? Kann das sein? Was ist das denn für eine Stei/ Habe ich irgendetwas falsch hier gemacht? Aber eine Steigung kleiner/ Ja doch, das kann sein.*
>
> *[Lea, Seilbahn Bearbeitung, Seq. 22–26, 06:00]*

Nach Bestätigung der Plausibilität des Resultats berechnet sie noch den y-Achsenabschnitt für ihre Funktionsgleichung.

> *Und dann haben wir unser m. Und jetzt ist noch die Frage, was ist b? Dafür setze ich einfach einen Punkt von den beiden ein.*
>
> *[Lea, Seilbahn Bearbeitung, Seq. 27, 06:33]*

Abschließend bewertet sie die Angemessenheit ihrer selbst-entwickelten Fragestellung für eine potenzielle Schülerschaft.

> *Ja, dafür habe ich jetzt ganz schön lange gebraucht – ob Schüler das/ Aber die sind ja mehr im Thema als ich, also vielleicht würden sie sich nicht ganz so doof anstellen oder ich muss meine Aufgabenstellung irgendwie noch ein bisschen umformulieren, damit das einfacher ist. Aber so bin ich erstmal zufrieden.*
>
> *[Lea, Seilbahn Bearbeitung, Seq. 29, 07:28]*

Abbildung 9.29 stellt die Bearbeitungsphase von Lea zur Ausgangssituation Seilbahn schematisch dar.

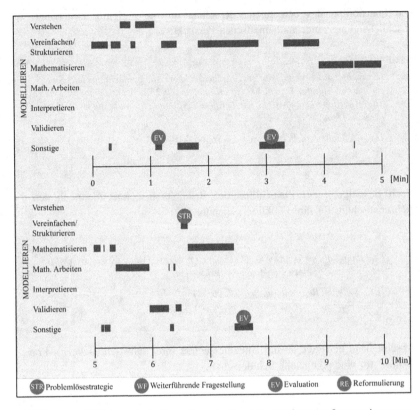

Abbildung 9.29 Schematische Darstellung der Bearbeitungsphase von Lea zur Ausgangssituation Seilbahn.

In Leas Bearbeitungsphase zur Ausgangssituation Seilbahn waren die Modellierungsaktivitäten Verstehen, Vereinfachen und Strukturieren, Mathematisieren, Mathematisch Arbeiten und Validieren enthalten. Die Modellierungsaktivität Interpretieren konnte nicht identifiziert werden. Die Bearbeitungsphase begann direkt mit einer langen Phase des Vereinfachens und Strukturierens, in der Lea relevante Informationen identifizierte und diese im Rahmen einer Skizze strukturierte. Sie unterbrach ihre Vereinfachungen und Strukturierungen immer wieder durch Phasen des Verstehens, da sie die relevante Information des horizontalen Abstands nicht verstand. Die Strukturierung der übrigen Informationen half ihr, ein Verständnis bezüglich dieser Information aufzubauen. Insgesamt verliefen die

Aktivitäten der Bearbeitungsphase nicht linear. Es fanden vor allem Wechsel zwischen dem Vereinfachen und Strukturieren und dem Verstehen sowie zwischen dem Mathematisch Arbeiten und Validieren statt. Im Rahmen der Validierung hinterfragte Lea das generierte Resultat in Bezug auf die realweltliche Situation. Die Validierung resultiert bei ihr aus der Vermutung, dass eine Steigung, die kleiner als eins ist, im realweltlichen Kontext nicht sinnvoll sei. Dies ist auf ein fehlendes mathematisches Wissen zurückzuführen.

Bezüglich des *lösungsinternen Problem Posings* generierte Lea im Rahmen des Vereinfachens und Strukturierens Teilfragestellungen, die ihren Lösungsprozess als Problemlösestrategie strukturierten. Darüber hinaus wurde Leas Bearbeitungsphase immer wieder durch die Evaluation der selbst-entwickelten Fragestellung in Bezug auf die Lösbarkeit und Angemessenheit für eine potenzielle Schülerschaft unterbrochen. Folglich beinhaltete Leas Bearbeitungsphase das *lösungsinterne Problem Posing* als Generierung von Fragestellungen, die als Problemlösestrategie dienten, sowie *lösungsinternes Problem Posing* als Evaluation ihrer selbst-entwickelten Fragestellung.

In Leas Entwicklungs- und Bearbeitungsphase zur Ausgangssituation Seilbahn zeigte sich insgesamt eine starke Interaktion zwischen dem *Problem Posing* und dem Modellieren. Bereits in der Entwicklungsphase baute Lea ein Situationsmodell auf, indem sie die gegebene Situationsbeschreibung las und die darin enthaltenen Informationen verstand. Die Bearbeitungsphase begann direkt mit der Vereinfachung und Strukturierung des Situationsmodells. Demnach ist davon auszugehen, dass die Konstruktion des Situationsmodells in die Entwicklungsphase ausgelagert wurde und das bereits gebildete Situationsmodell durch die Verstehens-Aktivitäten in der Bearbeitungsphase ergänzt wurde. Im Rahmen des Explorierens und Evaluierens in der Entwicklungsphase begann Lea außerdem bereits ihr entwickeltes Situationsmodell zu vereinfachen, indem sie relevante und irrelevante Informationen für die Entwicklung und Lösung ihrer selbst-entwickelten Fragestellung identifizierte und erste Annahmen bezüglich des Verlaufs der Seilbahn traf. Die Modellierungsaktivität Vereinfachen und Strukturieren konnte auch in der Bearbeitungsphase erneut für eine lange Zeit identifiziert werden und beinhaltete neben der Identifizierung der relevanten Informationen insbesondere die Strukturierung dieser. Folglich ist es möglich, dass Lea während der Entwicklungsphase bereits einen Teil ihres Realmodells, auf das sie in der Bearbeitungsphase aufbaute, entwickelt hat. Die Generierung einer Teilfragestellung im Rahmen des Vereinfachens und Strukturierens in der Bearbeitungsphase diente als Problemlösestrategie und strukturierte Leas

Lösungsprozess. Leas Schwierigkeiten in der Bearbeitungsphase lösten Evaluationen ihrer selbst-entwickelten Fragestellung in Bezug auf die Lösbarkeit aus.

9.3.4.2 Theo

Entwickelte Fragestellung:	Modellierungsaufgabe
Dauer Entwicklungsphase:	03:18 Minuten
Dauer Bearbeitungsphase:	10:05 Minuten
Reihenfolge:	1. Ausgangssituation

Basierend auf der Ausgangssituation Seilbahn hat Theo die Fragestellung entwickelt: *Wie viele Personen werden pro Stunde transportiert, wenn nur Fensterplätze belegt werden?*. Diese Fragestellung spricht relevante Aspekte der realweltlichen Situation an und ist eine Fragestellung, mit der sich Fachleute bei den Umbauarbeiten der Seilbahn auseinandersetzen würden. Folglich kann die Fragestellung als authentisch eingestuft werden. Darüber hinaus ist sie offen, da sowohl der Anfangszustand durch fehlende Informationen, wie beispielsweise die Anzahl der Fensterplätze in einer Kabine, als auch die Transformation unklar ist, weil verschiedene Lösungswege zu einer Lösung der Fragestellung führen. Die Lösung der Fragestellung basiert auf der Anwendung von Problemlösestrategien, wie beispielsweise der Anwendung von Heurismen, da der Lösungsweg sowie die Modelle zur Lösung nicht direkt auf der Hand liegen und eine Strategie zur Lösung zunächst entwickelt werden muss. Folglich kann die Fragestellung als eine eher komplexe Fragestellung charakterisiert werden. Insgesamt kann die selbst-entwickelte Fragestellung von Theo gemeinsam mit der Ausgangssituation Seilbahn eher als eine Modellierungsaufgabe kategorisiert werden. Abbildung 9.30 präsentiert Theos Aufzeichnungen zur Ausgangssituation Seilbahn.

Entwicklungsphase von Theo (Ausgangssituation Seilbahn)
Theos Entwicklungsphase beginnt mit dem Lesen der gegebenen Situationsbeschreibung. Anschließend geht er erneut die Informationen durch, die für ihn am relevantesten erscheinen.

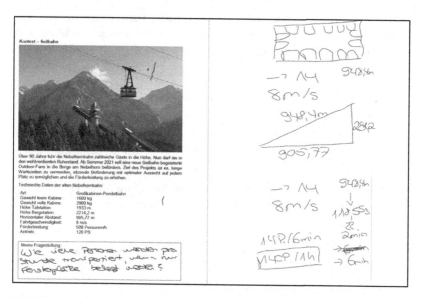

Abbildung 9.30 Theos Aufzeichnungen zur Ausgangssituation Seilbahn.

Ok, das waren einmal der Daten auf einmal, ähm deswegen gehe ich sie nochmal einmal die wichtigsten Daten durch: Also die Art ist mir jetzt persönlich erstmal egal. Das Gewicht einer leeren Kabine ist 1600 kg und das Gewicht einer vollen Kabine 3900 kg.

[Theo, Seilbahn Entwicklung, Seq. 2, 00:56]

Basierend auf den als wichtig identifizierten Informationen entwickelt er eine erste Fragestellung.

Das heißt, man könnte sich die Frage stellen, wie viel Gewicht kann überhaupt eine Kabine transportieren.

[Theo, Seilbahn Entwicklung, Seq. 3, 01:12]

Aufbauend auf der generierten Fragestellung versucht Theo zu identifizieren, was er mit Hilfe der Antwort auf die Fragestellung als nächstes berechnen könnte und entwickelt weitere Fragestellungen.

> *Und dann abschätzen, wie viel eine Person wiegt und entsprechend berechnen, wie viele Personen pro Stunde/*
>
> *[Theo, Seilbahn Entwicklung, Seq. 3, 01:12]*

Anschließend evaluiert er, dass die Antwort auf die aufgeworfene Fragestellung bereits in der Beschreibung der realweltlichen Situation gegeben ist.

> *Naja, wobei nein, das steht da ja, die Personenanzahl pro Stunde, ähm, transportiert werden können. Deswegen, das haben wir schon gegeben.*
>
> *[Theo, Seilbahn Entwicklung, Seq. 4, 01:29]*

Folglich liest er die gegebene realweltliche Situation erneut und fokussiert dabei die Information, dass das Ziel des Projekts ist, lange Wartezeiten zu vermeiden und sitzende Beförderung mit optimaler Aussicht zu ermöglichen. Basierend auf dieser Information entwickelt er eine neue Fragestellung und schreibt diese auf.

> *Also wie viele Personen werden pro Stunde, ähm (schreibt) transportiert, wenn nur Fensterplätze belegt werden?*
>
> *[Theo, Seilbahn Entwicklung, Seq. 9, 02:49]*

Gegen Ende der Entwicklungsphase evaluiert er, dass seine selbst-entwickelte Fragestellung zu der gegebenen realweltlichen Situation passt, da so jede Person eine optimale Aussicht haben würde.

Abbildung 9.31 präsentiert eine schematische Darstellung der Entwicklungsphase von Theo zur Ausgangssituation Seilbahn.

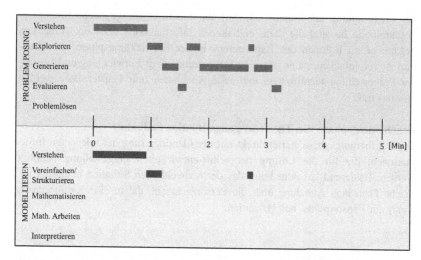

Abbildung 9.31 Schematische Darstellung der Entwicklungsphase von Theo zur Ausgangssituation Seilbahn.

In Theos Entwicklungsphase konnten die *Problem Posing*-Aktivitäten Verstehen, Explorieren, Generieren und Evaluieren identifiziert werden. Die *Problem Posing*-Aktivität Problemlösen konnte nicht beobachtet werden. Theos Entwicklungsphase begann mit einer langen Phase des Verstehens. Basierend auf seinem aufgebauten Verständnis für die Situation identifizierte er im Rahmen des Explorierens erste relevante Informationen, die er für die anschließende Generierung fokussierte. An das Generieren einer ersten Fragestellung zum Gewicht schloss sich das Evaluieren an, das zum Verwurf der Fragestellung führte, da die Antwort bereits in der Realsituation enthalten war. Daraufhin begann eine erneute Exploration, in der er eine neue Information fokussierte und als Anlass zur Generierung einer Fragestellung nahm. Der Entwicklungsprozess endete mit dem Evaluieren der selbst-entwickelten Fragestellung in Bezug auf die Angemessenheit in der realweltlichen Situation. Die Entwicklungsphase von Theo verlief nicht linear. Insbesondere durch den Verwurf der ersten Fragestellung im Rahmen des Evaluierens wurden erneute Explorationen und Generierungen ausgelöst.

In der Entwicklungsphase konnten die Modellierungsaktivitäten Verstehen sowie Vereinfachen und Strukturieren identifiziert werden. Die Modellierungsaktivitäten Mathematisieren, Mathematisch Arbeiten, Interpretieren und Validieren wurden hingegen nicht beobachtet. Theo baute bereits während der Entwicklung

der Fragestellung ein Situationsmodell auf, indem er die gegebene Situationsbeschreibung las und die darin enthaltenen Informationen verstand. Außerdem
begann er im Rahmen des Explorierens in der Entwicklungsphase, die Situation zu vereinfachen, da er relevante Informationen zur Entwicklung und Lösung
der Fragestellung identifizierte und erste Annahmen (nur Fensterplätze werden
besetzt) traf.

Bearbeitungsphase von Theo (Ausgangssituation Seilbahn)
Die Bearbeitungsphase startet direkt mit der Identifizierung der relevanten Informationen, die für die Lösung der selbst-entwickelten Fragestellung benötigt
werden. Basierend auf dem Foto, das der realweltlichen Situation beigefügt ist,
macht Theo eine Annahme über die Personenanzahl, die in eine Kabine passt,
wenn nur Fensterplätze belegt werden.

> *Die Art ist egal, Gewicht ist jetzt auch nicht relevant für mich, die Höhe von
> Talstation und Bergstation auch nicht, horizontaler Abstand auch nicht, Fahrt-
> geschwindigkeit nicht, Förderleistung muss ich gucken, dass ich am Ende nicht
> die 500 Personen pro Stunde überschreite und der Antrieb ist auch egal. Das
> heißt, ich guck mir das Bild genauer an und sehe, dass da ungefähr – ja würde
> ich mal schätzen – 5 Leute pro Seite sitzen. Also, wenn ich mir eine Skizze
> mache (skizziert), könnte ich sagen, dass die Leute mit Abstand/ Hier passen
> 5 Leute hin, auf der anderen Seite genau das gleiche, 5 Leute links und rechts
> würde ich mal zwei machen (skizziert), wobei bei einer ein Einstieg ist, also
> auch wirklich maximal zwei Stück. Ähm das heißt, das ergibt 4 links und rechts
> plus 10 insgesamt macht 14 Personen (schreibt).*
>
> *[Theo, Seilbahn Bearbeitung, Seq. 1–2, 00:00]*

Nachdem er zwei mathematische Modelle entwickelt hat und feststellt, dass diese
für die Lösung seiner Fragestellung nicht geeignet sind, entwickelt Theo ein
mathematisches Modell, bei dem er zunächst die Länge des Seils mit Hilfe
des Satzes des Pythagoras bestimmt und anschließend die Förderleistung mit
einbezieht, um die benötigte Zeit zu berechnen.

> *Horizontaler Abstand (skizziert) ist 905,77; Höhe Bergstation minus (tippt
> etwas in den Taschenrechner ein) Höhe Talstation 2214.2 − 1133 = 281.2 m.
> Also mit dem Satz des Pythagoras ist Wurzel aus $905,77^2 + 281,2^2$ (tippt etwas*

> *in den Taschenrechner ein). Also muss sie (schreibt) 948,4 m (beschriftet die Hypotenuse in der Skizze). Und zwar fährt sie – schafft sie 8 Meter in einer Sekunde. 948,4 m: 8 (tippt etwas in den Taschenrechner ein). Also schafft sie 948,4 m in (schreibt) 118,55 s. Das rechne ich mal um (nimmt Taschenrechner). Durch 60 und das ist ungefähr (schreibt) 2 Minuten.*
>
> *[Theo, Seilbahn Bearbeitung, Seq. 21–27, 05:12]*

Nach Abschluss der Rechnung validiert er, ob sein berechnetes Resultat in Bezug auf die gegebene realweltliche Situation angemessen ist und trifft eine weitere Annahme bezüglich der in der Berg- und Talstation benötigten Zeit.

> *Unten kommen alle Menschen rein, das dauert 2 Minuten. Dann fährt sie 2 Minuten und oben steigen wieder alle aus. 6 Minuten. Und das gleiche auch für unten (schreibt). So, also 6 braucht sie pro Durchgang und sie kann 14 Leute mitnehmen immer.*
>
> *[Theo, Seilbahn Bearbeitung, Seq. 30, 07:56]*

Anschließend berechnet er, wie viele Personen pro Stunde transportiert werden können und validiert sein Ergebnis basierend auf der realweltlichen Situation. Abschließend beantwortet er seine selbst-entwickelte Fragestellung.

> *Und ich kann einmal kurz gucken: Förderleistung ist 500 Personen pro Stunde, also ist ziemlich stark darunter, aber wahrscheinlich hätte man auch den Zwischenraum füllen können. Wenn alle Personen stehen, ist dann nochmal – passen da nochmal viel mehr Personen rein. Von daher würde ich sagen, dass das so realistisch.*
>
> *[Theo, Seilbahn Bearbeitung, Seq. 35, 09:01]*

Abbildung 9.32 zeigt eine schematische Darstellung der Bearbeitungsphase von Theo.

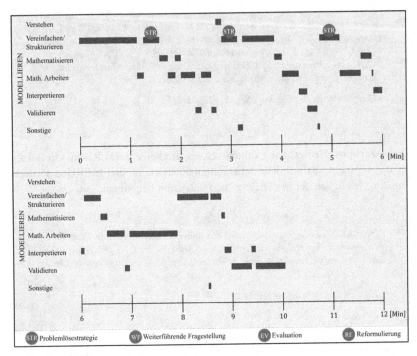

Abbildung 9.32 Schematische Darstellung der Bearbeitungsphase von Theo zur Ausgangssituation Seilbahn.

In Theos Bearbeitungsphase waren die Modellierungsaktivitäten Vereinfachen und Strukturieren, Mathematisieren, Mathematisch Arbeiten, Interpretieren und Validieren enthalten. Das Verstehen konnte in seiner Bearbeitungsphase nicht identifiziert werden. Die Bearbeitungsphase begann mit einer langen Phase des Vereinfachens und Strukturierens, in der relevante und irrelevante Informationen identifiziert wurden und eine Annahme bezüglich der zur Verfügung stehenden Sitzplätze auf Grundlage einer Skizze getroffen wurde. Die Bearbeitungsphase kennzeichnete sich insbesondere durch ein Hin- und Herspringen zwischen den einzelnen Modellierungsaktivitäten. Vor allem die falschen mathematischen Modelle und die daraus resultierenden mathematischen Resultate führten zu Validierungen seiner Modelle. Auf Basis der Einschätzung des zuvor gewählten Modells als unangemessen begann Theo dann erneut mit Vereinfachungen und Strukturierungen, Mathematisierungen und dem Mathemtisch Arbeiten in diesen Modellen. Besonders an der Bearbeitungsphase von Theo ist die lange Zeit des Validierens, die primär durch unplausible Ergebnisse in Bezug auf die gegebene realweltliche Situation ausgelöst wurde. Bezüglich des *lösungsinternen Problem Posings* entwickelte Theo in seiner Bearbeitungsphase drei Teilfragestellungen seiner selbst-entwickelten Fragestellung als Problemlösestrategie, die seinen Lösungsprozess führten.

In der Entwicklungs- und Bearbeitungsphase von Theo zur Ausgangssituation Seilbahn zeigte sich eine starke Interaktion zwischen dem *Problem Posing* und dem Modellieren. Bereits in der Entwicklungsphase baute Theo ein Situationsmodell auf, indem er die gegebene Situationsbeschreibung las und die darin enthaltenen Informationen verstand. Da die Bearbeitungsphase direkt mit der Vereinfachung und Strukturierung begann, konnte die Konstruktion des Situationsmodells vollständig in die Entwicklungsphase ausgelagert werden. In Theos Entwicklungsphase konnten im Rahmen des Explorierens außerdem erste Vereinfachungen des Situationsmodells identifiziert werden, da relevante Informationen zur Entwicklung und Lösung herausgefiltert und Annahmen getroffen wurden. Die Modellierungsaktivität Vereinfachen und Strukturieren konnte jedoch auch für eine lange Zeit in der Bearbeitungsphase identifiziert werden. Es ist daher möglich, dass Theo während der Entwicklungsphase bereits ein Teilmodell des Realmodells entwickelt hat, auf das er in der anschließenden Bearbeitungsphase aufbaute. In der Bearbeitungsphase hat Theo sein mathematisches Modell mehrfach verworfen. Demnach scheint er während der Entwicklungsphase noch nicht über eine mögliche Lösungsstrategie nachgedacht zu haben. In der Bearbeitungsphase entwickelte Theo im Rahmen des Vereinfachens und Strukturierens Teilfragestellungen, die als Problemlösestrategie dienten und ihn Schritt für Schritt durch seinen Lösungsprozess leiteten.

9.4 Zusammenfassung der Ergebnisse

Im Folgenden sollen die Ergebnisse der Fallanalysen im Hinblick auf die Forschungsfragen der vorliegenden Studie zusammengefasst werden. Zunächst wird die Entwicklungsphase fokussiert (Kapitel 9.4.1), bevor anschließend die Bearbeitungsphase (Kapitel 9.4.2) und die Verbindung zwischen dem *Problem Posing* und dem Modellieren (Kapitel 9.4.3) in den Blick genommen wird. Im Rahmen der Zusammenfassungen sollen Gemeinsamkeiten zwischen den Fällen herausgearbeitet und Unterschiede kontrastierend einander gegenübergestellt werden. Die Befunde der Fallanalysen sollen darüber hinaus mit den Ergebnissen der Häufigkeits- und Zusammenhangsanalysen aus Kapitel 9.1 und 9.2 in Verbindung gebracht werden.

9.4.1 Entwicklungsphase

Problem Posing-Aktivitäten in der Entwicklungsphase (Forschungsfrage 1) – In den Entwicklungsphasen der Teilnehmenden konnten die *Problem Posing*-Aktivitäten Verstehen, Explorieren, Generieren, Evaluieren und Problemlösen identifiziert werden. Insbesondere die Aktivitäten Verstehen, Explorieren und Generieren wurden für eine lange Zeit thematisiert. In den Entwicklungsphasen von Lea konnte darüber hinaus die Planung erster Lösungsschritte im Rahmen der Aktivität Problemlösen identifiziert werden. Die Aktivität Problemlösen beinhaltete insbesondere die Benennung und Antizipation mathematischer Operationen zur Lösung der selbst-entwickelten Fragestellung. Die Befunde der Fallanalysen decken sich mit den Ergebnissen der Häufigkeitsanalysen in Kapitel 9.1.1.2. Man kann vermuten, dass die Planung möglicher Lösungsschritte (Aktivität Problemlösen) nicht notwendigerweise in der Entwicklungsphase stattfinden muss, um eine Fragestellung basierend auf einer gegebenen realweltlichen Situation zu entwickeln. Das Vorhandensein des Problemlösens in der Entwicklungsphase scheint jedoch primär von dem Individuum und weniger von der jeweiligen Ausgangssituation abhängig zu sein. Auf Kontext- und Aufgabenebene deuten sich keine deutlichen Unterschiede zwischen den am *modellierungsbezogenen Problem Posing* beteiligten Aktivitäten an.

Die an der Entwicklungsphase beteiligten Aktivitäten verliefen weder bei Lea noch bei Theo linear und waren durch einen Wechsel zwischen den Aktivitäten gekennzeichnet. Die Abfolge der Aktivitäten variierte stark, wodurch individuelle *Problem Posing*-Routen beobachtet werden konnten. Insgesamt zeigte sich jedoch in den Zusammenhangsanalysen (siehe Kapitel 9.1.1.3), dass die Aktivitäten am häufigsten in der Reihenfolge Verstehen – Explorieren – Generieren – Evaluieren – Problemlösen aufeinander folgten. Der nicht-lineare Verlauf in den einzelnen Entwicklungsphasen wird durch ein Hin- und Herwechseln zwischen den einzelnen Aktivitäten und insbesondere zwischen den Aktivitäten Explorieren und Generieren sowie Generieren und Evaluieren verursacht. Bezüglich der Reihenfolge deuten sich weder auf Kontext- noch auf Aufgaben- und Individualebene deutliche Unterschiede an.

Modellierungsaktivitäten in der Entwicklungsphase (Forschungsfrage 2) – Bezüglich der in den Entwicklungsphasen enthaltenen Modellierungsaktivitäten ergab sich, dass insbesondere die Modellierungsaktivitäten Verstehen sowie das Vereinfachen und Strukturieren in den Entwicklungsphasen der Teilnehmenden identifiziert werden konnten. Das Verstehen beinhaltete den Aufbau eines Situationsmodells, indem die Situationsbeschreibung gelesen und die darin enthaltenen Informationen verstanden wurden. Die Vereinfachungen und Strukturierungen in der Entwicklungsphase betrafen die Identifizierung relevanter Informationen zur Entwicklung und Lösung der Fragestellungen. In den Entwicklungsphasen einiger Teilnehmenden konnte zudem im Rahmen des Vereinfachens und Strukturierens die Strukturierung der als relevant identifizierten Informationen (Lea – Essstäbchen; Theo – Essstäbchen) sowie das Treffen erster Annahmen (Lea – Seilbahn; Theo – alle Entwicklungsphasen) beobachtet werden. Demzufolge fanden in allen Entwicklungsphasen Vereinfachungen und Strukturierungen statt. Der Umfang, in dem diese stattfanden, war dabei jedoch vom Individuum abhängig. Es kann darüber hinaus vermutet werden, dass insbesondere die Essstäbchen Situation die Teilnehmenden dazu anregte, bereits während der Entwicklungsphase Strukturierungen vorzunehmen. Zum Teil konnte darüber hinaus auch die Modellierungsaktivität Mathematisieren in den Entwicklungsphasen identifiziert werden. Dabei wurden mathematische Operationen (Lea – Feuerwehr; Lea – Seilbahn) und Schritte zur Lösung der selbst-entwickelten Fragestellung (Lea – Seilbahn) antizipiert. Dies scheint – wie das Problemlösen – auch von den Individuen abhängig. Das primäre Vorhandensein der Modellierungsaktivitäten Verstehen, Vereinfachen und Strukturieren sowie die teilweise Inklusion des Mathematisierens in den Entwicklungsphasen spiegelt sich auch in den Häufigkeitsanalysen wider.

Gemeinsames Auftreten der Problem Posing- und Modellierungsaktivitäten (Forschungsfrage 3) – In den Entwicklungsphasen der Teilnehmenden trat die Modellierungsaktivität Verstehen ausschließlich mit der *Problem Posing*-Aktivität Verstehen auf, indem die gegebene realweltliche Situation gelesen und die darin enthaltenen Informationen verstanden wurden. Vereinfachungen und Strukturierungen kamen gemeinsam mit dem Explorieren und in einigen Entwicklungsphasen gemeinsam mit dem Evaluieren vor, indem geprüft wurde, ob alle relevanten Informationen zur Lösung gegeben sind (Lea – Essstäbchen; Theo – Essstäbchen; Lea – Seilbahn). Wenn das Mathematisieren im Rahmen der Entwicklungsphase beobachtet werden konnte, trat es in den Fallanalysen bei Lea im Rahmen der *Problem Posing*-Aktivität Problemlösen auf. Die Beobachtungen der Fallanalysen decken sich mit den Ergebnissen der Zusammenhangsanalysen in Kapitel 9.1.3, in denen sich zeigte, dass das Verstehen ausschließlich im Rahmen der *Problem Posing*-Aktivität Verstehen auftrat, das Vereinfachen und Strukturieren primär während des Explorierens und Evaluierens und das Mathematisieren ausschließlich gemeinsam mit dem Problemlösen.

9.4.2 Bearbeitungsphase

Modellierungsaktivitäten in der Bearbeitungsphase (Forschungsfrage 4) – Die Bearbeitungsphasen der Teilnehmenden beinhalteten primär die Aktivitäten Vereinfachen und Strukturieren, Mathematisieren, Mathematisch Arbeiten und Interpretieren. Zum Teil konnte in den Bearbeitungsphasen auch die Modellierungsaktivität Verstehen (Theo – Essstäbchen; Theo – Feuerwehr; Lea – Seilbahn) identifiziert werden. Die Phasen des Verstehens beinhalteten entweder die Wiederholung der selbst-entwickelten Fragestellung (Theo – Essstäbchen) oder den Verständnisaufbau einer als relevant identifizierten Information (Theo – Feuerwehr; Lea – Seilbahn). Des Weiteren konnten zum Teil Validierungen in den Bearbeitungsphasen identifiziert werden (Theo – Essstäbchen; Lea – Seilbahn; Theo – Seilbahn). Die Validierungen beinhalteten die Plausibilitätsprüfung in Bezug auf die realweltliche Situation. Die Aktivitäten innerhalb der Bearbeitungsphasen liefen keineswegs linear ab und variierten stark. In einigen Bearbeitungsphasen konnten kleine Minikreisläufe bestehend aus den Aktivitäten Vereinfachen und Strukturieren, Mathematisieren, Mathematisch Arbeiten und Interpretieren identifiziert werden (Theo – Essstäbchen; Theo – Feuerwehr). Insgesamt zeigen sich individuelle Modellierungsrouten in den Bearbeitungsphasen. Die Beobachtungen der Fallanalysen spiegeln sich auch in den Häufigkeitsanalysen in Kapitel 9.2.1 wider, die zeigen, dass insbesondere die Modellierungsaktivitäten Vereinfachen und Strukturieren, Mathematisieren, Mathematisch Arbeiten sowie Interpretieren an den Bearbeitungsphasen beteiligt waren und Verstehens- und Validierungsaktivitäten nur selten vorkamen. Auf Individual-, Kontext- und Aufgabenebene deuten sich keine Unterschiede an.

Lösungsinternes Problem Posing in der Bearbeitungsphase (Forschungsfrage 5) – Die Bearbeitungsphasen der Teilnehmenden beinhalteten die Entwicklung von Teilfragestellungen zu der selbst-entwickelten Fragestellung als Problemlösestrategie. Auch wurden in einzelnen Bearbeitungsphasen nach der Lösung der selbst-entwickelten Fragestellung weiterführende mathematische Fragestellungen entwickelt (Lea – Essstäbchen). Leas Bearbeitungsphasen beinhalteten die Evaluation der selbst-entwickelten Fragestellung in Bezug auf die Lösbarkeit und auch bei Theo konnten zum Teil Evaluationen in Bezug auf die Angemessenheit der Formulierung identifiziert werden (Theo – Essstäbchen). Bei Theo führten die Evaluationen der selbst-entwickelten Fragestellung zur Reformulierung (Theo – Essstäbchen). Auch in den Häufigkeitsanalysen in Kapitel 9.2.2 zeigt sich in Einklang mit den Beobachtungen der Fallanalysen, dass im Rahmen der Bearbeitungsphase vor allem Teilfragestellungen generiert und die selbst-entwickelten Fragestellungen evaluiert werden und zum Teil auch die Generierung weiterführender Fragestellungen und Reformulierungen in den Bearbeitungsphasen enthalten sind. Darüber hinaus zeigte sich in den Analysen in Kapitel 9.2.2, dass basierend auf der selbst-entwickelten Fragestellung mathematisch handhab-bare Fragestellungen als Problemlösestrategie entwickelt wurden. Systematische Unterschiede des Auftretens von *lösungsinternem Problem Posing* deuten sich auf Individual-, Kontext- und Aufgabenebene nicht an.

Gemeinsames Auftreten der Modellierungsaktivitäten und des lösungsinternen Problem Posings im Rahmen der Bearbeitungsphase (Forschungsfrage 6) – In den Bearbeitungsphasen wurden die Fragestellungen als Problemlösestrategie primär im Rahmen des Vereinfachens und Strukturierens generiert, um den Lösungspro-zess zu strukturieren. In einzelnen Bearbeitungsphasen wurden Fragestellungen auch im Rahmen des Mathematisierens (Lea – Essstäbchen) und Interpretie-rens (Theo – Feuerwehr) generiert. Diese Beobachtungen decken sich mit den Befunden der Zusammenhangsanalysen in Kapitel 9.2.3, die gezeigt haben, dass Fragestellungen als Problemlösestrategie insbesondere im Rahmen des Verein-fachens und Strukturierens und nur selten im Rahmen des Mathematisierens, Mathematisch Arbeiten und Interpretierens generiert wurden. Die Entwicklung einer weiterführenden Fragestellung fand losgelöst von den Modellierungsak-tivitäten am Ende der Bearbeitungsphase statt (Lea – Essstäbchen). Auch die Evaluationen und Reformulierungen traten nicht gemeinsam mit einer der Model-lierungsaktivitäten auf, wurden aber durch das Vereinfachen und Strukturieren (Theo – Essstäbchen; Lea – Feuerwehr), Verstehen (Theo – Essstäbchen; Lea – Seilbahn) oder Interpretieren (Theo – Essstäbchen; Lea – Feuerwehr) ausgelöst. Auch diese Beobachtungen spiegeln sich in den Zusammenhangsanalysen in Kapitel 9.2.3 wider. Diese haben gezeigt, dass die Generierung weiterführender Fragestellungen sowie die Evaluation und Reformulierung der Fragestellungen nicht gemeinsam mit den Modellierungsaktivitäten auftreten und Evaluationen und Reformulierungen insbesondere durch Vereinfachungen und Strukturierun-gen ausgelöst werden. Systematische Unterschiede auf Individual-, Kontext- oder Aufgabenebene deuten sich nicht an.

9.4.3 Verbindung *Problem Posing* und Modellieren

Insgesamt konnte in den Entwicklungs- und Bearbeitungsphasen der Teil-nehmenden eine starke Verbindung zwischen dem *Problem Posing* und dem Modellieren beobachtet werden. Bereits im Rahmen der Entwicklungsphase fan-den Verstehens-Aktivitäten statt, in denen die gegebene Situationsbeschreibung gelesen und die darin enthaltenen Informationen verstanden wurden. Darauf auf-bauend konnte ein Situationsmodell gebildet werden. Die Bearbeitungsphasen starteten dann direkt mit Vereinfachungen und Strukturierungen des im Rah-men der Entwicklungsphase gebildeten Situationsmodells. Folglich kann vermutet werden, dass die Entwicklung des Situationsmodells vollständig in die Entwicklungsphase der Teilnehmenden ausgelagert wurde, auch wenn in vereinzelten Bearbeitungsphasen Verstehens-Aktivitäten identifiziert werden konnten (Theo – Essstäbchen; Theo – Feuerwehr; Lea – Seilbahn). Darüber hinaus enthielten die Entwicklungsphasen der Teilnehmenden bereits Vereinfachungen und Strukturierungen im Rahmen des Explorierens und Evaluierens. Diese beinhalteten primär die Identifizierung relevanter Informationen sowie zum Teil die Strukturierung dieser (Lea – Essstäbchen; Theo – Essstäbchen) und das Treffen erster Annahmen (Theos Entwicklungsphasen). Die Modellierungsaktivität Vereinfachen und Strukturieren war jedoch ebenfalls für eine lange Zeit in den Bearbeitungsphasen der Teilnehmenden zu beobachten. Folglich kann vermutet werden, dass die Teilnehmenden im Rahmen der Entwicklungsphase erste Teile des Realmodells entwickelten, auf die sie in der anschließenden Bearbeitungsphase aufbauten. Auch Teile des mathematischen Modells wurden vereinzelt bereits im Rahmen des Problemlösens in den Entwicklungsphasen gebildet (Lea – Feuerwehr; Lea – Seilbahn), indem mathematische Operationen und erste Schritte zur Lösung der selbst-entwickelten Fragestellung antizipiert wurden. Bei Lea konnten insgesamt kürzere Bearbeitungsprozesse beobachtet werden als bei Theo. Folglich kann vermutet werden, dass die Antizipation mathematischer Strukturen und Operationen im Rahmen des Problemlösens in der Entwicklungsphase möglicherweise zu einem verkürzten Bearbeitungsprozess führen kann.

Die Lösungsprozesse der Studierenden lösten die Generierung von Teilfragestellungen und mathematisch handhabbaren Fragestellungen als Problemlösestrategie, die Generierung von weiterführenden Fragestellungen sowie die Evaluation und Reformulierung der selbst-entwickelten Fragestellungen aus. Die Generierung von Teilfragestellungen, die primär im Rahmen des Vereinfachens und Strukturierens stattfand, diente als Heurismus und leitete die Teilnehmenden durch den Lösungsprozess. Die Generierung weiterführender Fragestellungen sowie die Evaluation und Reformulierung der selbst-entwickelten Fragestellung fand außerhalb der Modellierungsaktivitäten statt. Die Lösung der selbst-entwickelten Fragestellungen initiierte zum Teil die Entwicklung weiterführender mathematischer Fragestellungen (Lea – Essstäbchen). Schwierigkeiten in den Bearbeitungsphasen der Teilnehmenden – vor allem im Rahmen des Vereinfachens und Strukturierens – lösten Evaluationen der selbst-entwickelten Fragestellungen (Theo – Essstäbchen; Lea – Feuerwehr; Lea – Seilbahn) und basierend auf den Evaluationen zum Teil Reformulierungen der Fragestellungen (Theo – Essstäbchen) aus. Systematische Unterschiede auf Individual-, Kontext- oder Aufgabenebene deuten sich bezüglich der Verbindung des *Problem Posings* und des Modellierens nicht an.

Diskussion 10

Mathematisches Modellieren ist eine zentrale und zugleich mit großen Schwierigkeiten verbundene Fähigkeit, die im Rahmen des Mathematikunterrichts erlangt werden soll (Blum, 2015; Cevikbas et al., 2022; Schukajlow et al., 2018, 2021). Die Schwierigkeiten sind insbesondere auf eine unzureichende Analyse und einen unzureichenden Einbezug der realweltlichen Situation zurückzuführen (Blum, 2015; Krawitz et al., 2022). Die Entwicklung eigener Aufgaben basierend auf gegebenen realweltlichen Situationen hat das Potential das mathematische Modellieren gewinnbringend zu unterstützen. Um erste Hinweise auf das Potential des *Problem Posings* für das Modellieren zu erhalten und darauf aufbauend konkrete Anhaltspunkte für entsprechende Interventionen zu generieren, wurde in der vorliegenden Untersuchung unter Verwendung eines qualitativ-explorativen Forschungsansatzes die Verbindung zwischen dem *Problem Posing* und dem Modellieren aus einer kognitiven Perspektive betrachtet.

Im Folgenden sollen die in Kapitel 9 vorgestellten Ergebnisse der Untersuchung entlang der Forschungsfragen diskutiert werden (Kapitel 10.1 bis Kapitel 10.2). Dazu werden die Ergebnisse zusammengefasst sowie in die in Kapitel 2 bis Kapitel 5 vorgestellte Theorie und den aktuellen Forschungsstand eingeordnet. Das Ziel ist, die zentralen Erkenntnisse der Untersuchung herauszuarbeiten und basierend auf diesen Erkenntnissen Hypothesen zu generieren, auf die in zukünftigen Studien aufgebaut werden kann. Das Kapitel endet mit der Beschreibung eines hypothetischen theoretischen Modells zum Modellierungsprozess aus einer *Problem Posing*-Perspektive (Kapitel 10.3).

© Der/die Autor(en), exklusiv lizenziert an Springer Fachmedien Wiesbaden   263
GmbH, ein Teil von Springer Nature 2023
L. -M. Hartmann, *Prozesse beim Problem Posing zu gegebenen realweltlichen Situationen und die Verbindung zum Modellieren*, Studien zur theoretischen und empirischen Forschung in der Mathematikdidaktik,
https://doi.org/10.1007/978-3-658-43596-7_10

10.1   Entwicklungsphase

Zunächst sollen die Ergebnisse bezüglich der identifizierten Aktivitäten in den Entwicklungsphasen diskutiert werden. Dazu werden zunächst die Ergebnisse bezüglich der identifizierten *Problem Posing*-Aktivitäten in der Entwicklungsphase diskutiert (Kapitel 10.1.1), bevor anschließend die Diskussion der identifizierten Modellierungsaktivitäten (Kapitel 10.1.2) und der Verbindung der *Problem Posing*- und Modellierungsaktivitäten (Kapitel 10.1.3) folgt.

10.1.1   *Problem Posing*-Aktivitäten in der Entwicklungsphase

Das *modellierungsbezogene Problem Posing* beinhaltete in der vorliegenden Untersuchung die Aktivitäten Verstehen, Explorieren, Generieren, Evaluieren und Problemlösen. Die Identifizierung der fünf Aktivitäten stimmt teilweise mit den Ergebnissen vorangegangener Studien zum *Problem Posing* basierend auf strukturierten Aufforderungen mit innermathematischen Problemen und Textaufgaben als Ausgangssituationen überein (Baumanns & Rott, 2022b; Pelczer & Gamboa, 2009). Die *Problem Posing*-Aktivitäten Explorieren, Generieren und Evaluieren konnten sowohl in der vorliegenden Untersuchung als auch in den Studien von Baumanns und Rott (2022b) und Pelczer und Gamboa (2009) identifiziert werden. Dieses Ergebnis deutet auf die Gemeinsamkeiten des *modellierungsbezogenen Problem Posings* und anderen *Problem Posing*-Prozessen hin. Darüber hinaus konnte in der vorliegenden Untersuchung die Aktivität Problemlösen im Rahmen des *modellierungsbezogenen Problem Posings* identifiziert werden, in der mögliche Lösungsschritte geplant wurden. Problemlösen als Teil des *Problem Posing*-Prozesses ist auch aus der Forschung zum *Problem Posing* basierend auf strukturierten innermathematischen und künstlich-realweltlichen Stimuli bekannt (Baumanns & Rott, 2022b). Die Identifizierung des Problemlösens im Rahmen des *modellierungsbezogenen Problem Posings* und im Rahmen anderer *Problem Posing*-Prozesse stützt die Annahme von Chen et al. (2007) sowie Cai und Hwang (2002), dass beim *Problem Posing* bereits über mögliche Lösungen der selbstentwickelten Fragestellungen nachgedacht wird. Das Problemlösen konnte in der vorliegenden Untersuchung jedoch nicht in allen Entwicklungsphasen identifiziert werden. Demnach kann es sein, dass das Problemlösen eine Aktivität im Rahmen des *modellierungsbezogenen Problem Posings* darstellt, die nicht notwendigerweise stattfinden muss. Planungsaktivitäten, wie die Formulierung eines Lösungsplans, stellen eine metakognitive Strategie dar, die den Lösungsprozess unterstützen können (siehe Abschnitt 2.3). Folglich kann die Einbindung des

Problemlösens in den *Problem Posing*-Prozess zur Entwicklung einer angemessenen Fragestellung insbesondere bezüglich der Lösbarkeit beitragen und den anschließenden Bearbeitungsprozess unterstützen. Diese Vermutung wird auch durch die geringere Bearbeitungszeit von Lea, bei der in den Entwicklungsphasen das Problemlösen vorhanden war, im Vergleich zu Theo, bei dem in den Entwicklungsphasen das Problemlösen nicht vorhanden war, unterstützt.

Trotz der zahlreichen Gemeinsamkeiten konnten auch Unterschiede des Prozesses des *modellierungsbezogenen Problem Posings* im Vergleich zu anderen *Problem Posing*-Prozessen identifiziert werden. In der vorliegenden Untersuchung konnte im Gegensatz zu Studien zum *Problem Posing* mit strukturierten Aufforderungen basierend auf innermathematischen Problemen und Textaufgaben (Baumanns & Rott, 2022b; Pelczer & Gamboa, 2009) keine Aktivität identifiziert werden, in der eine Transformation oder Variation stattfand. Eine mögliche Erklärung ist, dass die verwendeten Aufforderungen zum *Problem Posing* unterschiedliche Strukturen aufweisen. Während dem *Problem Posing* basierend auf strukturierten Aufforderungen ein Ausgangsproblem zu Grunde liegt, basiert das *modellierungsbezogene Problem Posing* auf einer realweltlichen Situation mit einer unstrukturierten Aufforderung. Demnach ist es beim *modellierungsbezogenen Problem Posing* nicht notwendig, ein Ausgangsproblem für die Entwicklung einer Fragestellung zu transformieren. Darüber hinaus konnte beim *modellierungsbezogenen Problem Posing* eine Aktivität identifiziert werden, in der ein Verständnis bezüglich der gegebenen Ausgangssituation aufgebaut wird. Das Verstehen ist eine essentielle Aktivität in den etablierten Modellen zur Lösung von Modellierungsaufgaben und scheint somit auch für das *modellierungsbezogene Problem Posing* von zentraler Bedeutung zu sein (Niss & Blum, 2020, S. 7). In Studien zum *Problem Posing* mit strukturierten Aufforderungen konnte die Aktivität des Verstehens jedoch nicht identifiziert werden (Baumanns & Rott, 2022b; Pelczer & Gamboa, 2009). Eine mögliche Erklärung dafür könnte sein, dass *Problem Posing* basierend auf strukturierten Aufforderungen mit der Lösung eines Ausgangsproblems beginnt (siehe Kapitel 4.2.1), in dessen Rahmen das Ausgangsproblem bereits verstanden werden muss, bevor der Prozess des *Problem Posings* starten kann. Des Weiteren konnten in der vorliegenden Untersuchung zwei Aktivitäten – Explorieren und Evaluieren – identifiziert werden, die auch Teil von Wallas (1926) Modell zum kreativen mathematischen Denken sind. Demnach scheint das *Problem Posing* ein kreativer Prozess zu sein (Bonotto & Santo, 2015). Allerdings konnten die Aktivitäten Inkubation und Illumination beim *modellierungsbezogenen Problem Posing* nicht beobachtet werden. Eine mögliche Erklärung könnte im Untersuchungsdesign begründet sein. Zur Rekonstruktion der Prozesse wurden die Teilnehmenden instruiert, ihre Überlegungen mit Hilfe der Methode des Lauten Denkens umfassend zu verbalisieren (siehe Kapitel 7.4.3). Aus der Kreativitätsforschung ist jedoch bekannt, dass die Aktivitäten Inkubation und Illumination häufig unterbewusst ablaufen (Pitta-Pantazi et al., 2018). Daher ist es möglich, dass diese Aktivitäten unterbewusst in den Entwicklungsphasen abliefen, jedoch mit Hilfe der Methode des Lauten Denkens nicht erfasst werden konnten. Über die Existenz dieser Aktivitäten in den Entwicklungsphasen kann folglich keine Aussage getroffen werden.

Vor dem Hintergrund der Theorie und des aktuellen Forschungsstandes kann die folgende Hypothese bezüglich der Aktivitäten beim *modellierungsbezogenen Problem Posing* generiert werden:

Hypothese 1: Modellierungsbezogenes Problem Posing beinhaltet die Problem Posing-Aktivitäten Verstehen, Explorieren, Generieren und Evaluieren sowie teilweise Problemlösen.

Bezüglich der Reihenfolge der ablaufenden *Problem Posing*-Aktivitäten im Rahmen des *modellierungsbezogenen Problem Posings* konnte in den Entwicklungsphasen der Teilnehmenden eine Sequenz identifiziert werden, in der die Aktivitäten am häufigsten aufeinander folgten. Diese stimmt mit den theoretischen Überlegungen bezüglich der Sequenz der ablaufenden Aktivitäten überein. Basierend auf dieser Sequenz und den theoretischen Überlegungen kann die idealtypische Reihenfolge der *Problem Posing*-Aktivitäten – Verstehen, Explorieren, Generieren, Evaluieren, Problemlösen – abgeleitet werden. Allerdings verlaufen die individuellen *Problem Posing*-Prozesse (z. B. in den Entwicklungsphasen von Lea und Theo) keineswegs linear und sind durch ein Hin- und Herspringen zwischen den einzelnen Aktivitäten gekennzeichnet. Dies ist auch aus der Modellierungsforschung (Blum & Leiß, 2005) und aus vorherigen Studien zum *Problem Posing* (Baumanns & Rott, 2022b; Pelczer & Gamboa, 2009) bekannt. Das Hin- und Herspringen fand insbesondere zwischen den Aktivitäten Explorieren und Generieren statt, in denen neue Informationen für eine potenzielle Fragestellung fokussiert wurden und eine mögliche Fragestellung anschließend generiert wurde, sowie zwischen den Aktivitäten Generieren und Evaluieren, in denen basierend auf der Einschätzung der aufgeworfenen Fragestellung als unangemessen eine neue Fragestellung aufgeworfen wurde. Diese Wechsel konnten auch in vorherigen Studien identifiziert werden (Baumanns & Rott, 2022b; Pelczer & Gamboa, 2009). Folglich kann in Anlehnung an die Modellierungsforschung (Borromeo Ferri, 2011) bei der Entwicklung von Fragestellungen zu gegebenen realitätsbezogenen Situationen von *individuellen Problem Posing-Routen* gesprochen werden.

Die Einordnung der Ergebnisse zu der Reihenfolge der *modellierungsbezogenen Problem Posing*-Aktivitäten in die Theorie und den aktuellen Forschungsstand führt zur Generierung der folgenden Hypothese:

> *Hypothese 2: Die Problem Posing-Aktivitäten in den Entwicklungsphasen verlaufen in individuellen Problem Posing-Routen, die durch ein Hin- und Herspringen zwischen den Aktivitäten gekennzeichnet sind. Die Aktivitäten des modellierungsbezogenen Problem Posings folgen einander am häufigsten in der Reihenfolge Verstehen – Explorieren – Generieren – Evaluieren – Problemlösen.*

10.1.2 Modellierungsaktivitäten in der Entwicklungsphase

Beim *modellierungsbezogenen Problem Posing* konnten alle von Blum und Leiß (2005) beschriebenen Modellierungsaktivitäten außer das Validieren identifiziert werden. Somit werden bereits einzelne Bestandteile des Lösungsprozesses in der Entwicklungsphase angerissen. Die Modellierungsaktivitäten Verstehen sowie Vereinfachen und Strukturieren konnten in allen Entwicklungsphasen beobachtet werden und fanden über einen längeren Zeitraum hinweg statt. Im Rahmen dieser Aktivitäten wurden insbesondere relevante Informationen fokussiert, erste Annahmen getroffen und die semantische Struktur der Ausgangssituationen in den Blick genommen. Dies konnte auch in den Entwicklungsphasen von Lea und Theo beobachtet werden. Ein möglicher Grund für das Vorhandensein dieser Aktivitäten könnte sein, dass diese auf der tiefgehenden Analyse der gegebenen realweltlichen Situation basieren. Auch das *modellierungsbezogene Problem Posing* startet mit einer realweltlichen Situation, die zunächst verstanden und exploriert werden muss, indem potenzielle Informationen für die Entwicklung einer Fragestellung fokussiert werden und die semantische Struktur der Situation exploriert wird. Dies führt zu der Vermutung, dass bereits während der Entwicklungsphase ein Situationsmodell und Teile des Realmodells entwickelt werden, auf die in der anschließenden Bearbeitungsphase aufgebaut werden kann.

Die Modellierungsaktivität Mathematisieren konnte nicht in allen Entwicklungsphasen identifiziert werden und fand für eine kürzere Zeit statt. Insbesondere beinhaltete das Mathematisieren die Identifizierung mathematischer Strukturen und die Benennung einer mathematischen Operation zur Lösung, wie beispielsweise bei Lea zur Ausgangssituation Seilbahn. Ein möglicher Grund für das Vorhandensein des Mathematisierens im Rahmen der Entwicklungsphasen könnte sein, dass für die Entwicklung mathematisch lösbarer Fragestellungen mathematische Operationen und Strukturen antizipiert werden müssen. Die Identifizierung mathematischer Strukturen zur Darstellung der gegebenen realweltlichen Situation kann dazu dienen, begründete Entscheidungen bezüglich der Entwicklung einer mathematisch lösbaren Fragestellung zu treffen. Mathematische Operationen können für eine begründete Evaluation der Lösbarkeit sowie zur Planung eines möglichen Lösungswegs antizipiert werden. Aufbauend auf diesen Antizipationen können dann unter Berücksichtigung der im weiteren Verlauf notwendigen Mathematik Entscheidungen getroffen werden. Die Antizipation mathematischer Strukturen und Operationen (*Implemented Anticipation*) ist auch aus der Modellierungsforschung als Gelingensfaktor zur erfolgreichen Modellierung bekannt (Jankvist & Niss, 2020). Ein möglicher Grund für das Fehlen des Mathematisierens in einigen Entwicklungsphasen könnte – wie in der Modellierungsforschung vermutet wird – sein, dass die antizipierten Schritte zumeist unterbewusst im Kopf geplant werden (Stillman & Brown, 2014). Folglich ist es möglich, dass in den Entwicklungsphasen weitere Antizipationen stattgefunden haben, die mit Hilfe der Methode des Lauten Denkens nicht erfasst werden konnten. Die anderen Modellierungsaktivitäten – Mathematisch Arbeiten, Interpretieren, Validieren – fanden nur selten oder gar nicht in den Entwicklungsphasen statt. Demnach kann vermutet werden, dass das *modellierungsbezogene Problem Posing* diese Aktivitäten nicht auslöst.

Insgesamt wurden durch das *modellierungsbezogene Problem Posing* Modellierungsaktivitäten ausgelöst, die im Rest der Welt angesiedelt sind. Beim Lösen einer Modellierungsaufgabe sind gerade diese Aktivitäten bekanntermaßen schwierig (Krawitz et al., 2018; Verschaffel et al., 2020). Daher kann *modellierungsbezogenes Problem Posing* ein tieferes Verständnis und eine Auseinandersetzung mit der gegebenen Situation insbesondere in Bezug auf relevante Informationen und dessen Verbindungen anregen, was zur Überwindung potenzieller kognitiver Barrieren führen kann. Dies unterstützt die Ergebnisse der Studie von Cankoy und Darbaz (2010), dass durch *Problem Posing* ein besseres Verständnis aufgebaut werden kann sowie die Ergebnisse der Studie von Bonotto (2006), dass *Problem Posing* Lernende dazu anregt, realweltliche Aspekte in ihren Lösungen zu berücksichtigen. Darüber hinaus könnte das *modellierungsbezogene Problem Posing Implemented Anticipation* beinhalten. Unzureichende oder fehlende Antizipationen mathematischer Strukturen und Operationen spielen eine große Rolle im Rahmen der Schwierigkeiten beim Mathematisieren (Jankvist & Niss, 2020). Daher könnte *modellierungsbezogenes Problem Posing* in den Lösungsprozessen *Implemented Anticipation* anregen und zur Überwindung potenzieller kognitiver Barrieren beim Mathematisieren beitragen. Dies ist vor allem bezüglich der Herausforderungen, die mit dem Mathematisieren einhergehen (Jankvist & Niss, 2020), ein zentrales Ergebnis.

Vor dem Hintergrund der Theorie und des aktuellen Forschungsstandes kann die folgende Hypothese bezüglich der *modellierungsbezogenen Problem Posing* beteiligten Modellierungsaktivitäten generiert werden:

Hypothese 3: Modellierungsbezogenes Problem Posing beinhaltet insbesondere die Modellierungsaktivitäten, die im Modellierungskreislauf zu Beginn im Rest der Welt verortet sind (d. h. Verstehen, Vereinfachen und Strukturieren) sowie erste Antizipationen mathematischer Operationen und Strukturen. Dadurch können bereits während der Entwicklung das Situationsmodell und Teile des Realmodells entwickelt und die Mathematisierung vorbereitet werden.

10.1.3 Verbindung *Problem Posing* und Modellieren in der Entwicklungsphase

Um Hinweise auf die Verbindung zwischen dem *Problem Posing* und dem Modellieren zu generieren, wurde zudem das gemeinsame Auftreten der Aktivitäten in der Entwicklungsphase analysiert. Insgesamt konnte in den Entwicklungsphasen der Teilnehmenden eine starke Verbindung zwischen den *Problem Posing*- und Modellierungsprozessen identifiziert werden. Die Modellierungsaktivitäten Verstehen, Vereinfachen und Strukturieren traten in den Entwicklungsphasen der Teilnehmenden typischerweise im Rahmen der *Problem Posing*-Aktivitäten Verstehen und Explorieren auf. Das gemeinsame Auftreten der beiden Verstehens-Aktivitäten kann durch die gleiche Konzeptualisierung der Aktivitäten erklärt werden. Ein möglicher Grund für das Auftreten der Modellierungsaktivität Vereinfachen und Strukturieren im Rahmen der *Problem Posing*-Aktivität Explorieren ist, dass beide Aktivitäten auf eine tiefergehende Analyse der Situation und semantischer Strukturen abzielen.

Die Modellierungsaktivitäten Mathematisieren, Mathematisch Arbeiten und Interpretieren traten primär im Rahmen der *Problem Posing*-Aktivität Problemlösen auf. Im Rahmen des Problemlösens können zur Planung möglicher Lösungsschritte potenziell alle von Blum und Leiß (2005) beschriebenen Modellierungsaktivitäten angerissen werden. Insbesondere scheint das Problemlösen im Rahmen der Entwicklungsphase aber die Aktivitäten zu fokussieren, die am Übergang zwischen der außermathematischen und der mathematischen Welt (Mathematisieren, Interpretieren) oder in der mathematischen Welt (Mathematisch Arbeiten) verortet sind. Unter Betrachtung der Verbindung des Problemlösens und Modellierens im weiteren Sinne (siehe Abschnitt 5.1) knüpft dies an die Ergebnisse von Baumanns und Rott (2022b) an, dass das Problemlösen im Rahmen des *Problem Posings* primär die Planung und Ausführung der Problemlöseschritte enthält und nicht das Verstehen nach Pólya (1949). Ein möglicher Grund hierfür könnte sein, dass die Modellierungsaktivitäten, die in der außermathematischen Welt verortet sind (Verstehen, Vereinfachen und Strukturieren), bereits während des Verstehens und des Explorierens fokussiert wurden, wodurch diese Aktivitäten bei der Planung nicht mehr notwendig waren. Vorwiegend fand im Rahmen des Problemlösens jedoch das Mathematisieren statt. Dies stellt eine Besonderheit für das *modellierungsbezogene Problem Posing* dar, da der *Problem Posing*-Prozess in der realen Welt startet und anspruchsvolle Übersetzungsprozesse zur Entwicklung eines mathematischen Problems notwendig sind, die beim *Problem Posing* basierend auf innermathematischen Situationen nicht benötigt werden. Dies lässt vermuten, dass bei der Einbindung der Aktivität Problemlösen beim *modellierungsbezogenen Problem Posing* bereits Teile des mathematischen Modells entwickelt werden, auf die dann in der Bearbeitungsphase aufgebaut werden kann. Diese Vermutung wird durch die kürzere Bearbeitungszeit von Lea (Problemlösen im Entwicklungsprozess vorhanden) im Vergleich zu Theo (Problemlösen im Entwicklungsprozess nicht vorhanden) unterstützt. Allerdings kann die Antizipation eines falschen mathematischen Modells im Rahmen der Entwicklungsphase auch den Bearbeitungsprozess erschweren. Dies ist auch aus der Modellierungsforschung bekannt (Stillman & Brown, 2014) und zeigte sich beispielsweise in der Bearbeitungsphase von Lea zur Ausgangssituation Feuerwehr.

Die Einordnung der Ergebnisse zum gemeinsamen Auftreten der *Problem Posing*- und Modellierungsaktivitäten im Rahmen der Entwicklungsphase führt zur Generierung folgender Hypothese:

Hypothese 4: Die Modellierungsaktivität Verstehen geht beim modellierungsbezogenen Problem Posing mit der Aktivität Verstehen einher. Erste Vereinfachungen und Strukturieren finden während des Explorierens statt und erste Mathematisierungen im Rahmen des Problemlösens.

10.2 Bearbeitungsphase

Neben der Entwicklung eigener Aufgaben war die Aufforderung, die selbst-entwickelten Aufgaben anschließend zu lösen, ein zentraler Bestandteil der Untersuchung. Im Folgenden sollen die Ergebnisse bezüglich der in den Bearbeitungsphasen identifizierten Aktivitäten diskutiert werden. Dazu werden zunächst die Ergebnisse bezüglich der identifizierten Modellierungsaktivitäten in der Bearbeitungsphase diskutiert (Kapitel 10.2.1). Im Anschluss folgt die Diskussion der identifizierten *lösungsinternen Problem Posing*-Ausprägungen (Kapitel 10.2.2) und der Verbindung der Modellierungsaktivitäten und des *Problem Posings* (Kapitel 10.2.3).

10.2.1 Modellierungsaktivitäten in der Bearbeitungsphase

Die Analyse der Bearbeitungsphasen zeigte die Beteiligung aller von Blum und Leiß (2005) beschriebenen Modellierungsaktivitäten (Verstehen, Vereinfachen und Strukturieren, Mathematisieren, Mathematisch Arbeiten, Interpretieren, Validieren) an der Lösung selbst-entwickelter Aufgaben. Allerdings nahm die Modellierungsaktivität Verstehen in den Bearbeitungsphasen der Teilnehmenden nur 2 % der benötigten Zeit ein. Dieses Ergebnis knüpft nicht an die Ergebnisse einer Studie von Leiß et al. (2019) zur Lösung vorgegebener Modellierungsaufgaben an. Die Ergebnisse der Studie zeigten, dass bei der Bearbeitung vorgegebener Modellierungsaufgaben 40 % der Bearbeitungszeit für das Verstehen aufgewendet wird. Ein möglicher Grund für die Abweichung könnte sein, dass die Modellierungsaktivität Verstehen bereits während der Entwicklungsphase für eine lange Zeit fokussiert wird und demnach in der Bearbeitungsphase selbst-entwickelter Fragestellungen lediglich dazu dient, sich die generierte Fragestellung durch eine Wiederholung dieser erneut in das Gedächtnis zu rufen oder vereinzelte als relevant identifizierte Informationen vertieft zu verstehen. Diese Erklärung wird auch durch den empirischen Befund gestützt, dass das Verstehen in der Entwicklungsphase über einen langen Zeitraum hinweg stattfand und etwa 26 % der Zeit auf das Verstehen der gegebenen Situation verwendet wurde. Auch in den Fallanalysen konnte das Verstehen über einen langen Zeitraum identifiziert werden. Es scheint also in erster Linie in die Entwicklungsphase ausgelagert worden zu sein, sodass das Situationsmodell bei der Lösung der selbst-entwickelten Fragestellung bereits entwickelt wurde und nur noch ein kurzes Abrufen des Situationsmodells erforderlich war. Die Bearbeitungsphasen starteten direkt mit Vereinfachungen und Strukturierungen des im Rahmen der Entwicklungsphase gebildeten Situationsmodells. Dies konnte auch in den Fallanalysen beobachtet werden. Das Vereinfachen und Strukturieren war für eine lange Zeit in den Bearbeitungsphasen der Teilnehmenden zu beobachten. Demnach scheinen trotz der Vereinfachungen und Strukturierungen im Rahmen des Explorierens in den Entwicklungsphasen, umfassende Vereinfachungen und Strukturierungen zur Lösung der selbst-entwickelten Fragestellung notwendig zu sein. Folglich kann vermutet werden, dass die Teilnehmenden im Rahmen der Entwicklungsphase erste Teile des Realmodells entwickelten, auf die sie in der anschließenden Bearbeitungsphase aufbauten. Das Mathematisieren und Mathematisch Arbeiten konnte ebenfalls besonders häufig und für eine lange Dauer in den Bearbeitungsphasen identifiziert werden. Folglich kann vermutet werden, dass in der Entwicklungsphase im Rahmen des Problemlösens zum Teil mathematische Operationen zur Lösung bereits antizipiert wurden, jedoch die eigentliche Mathematisierung sowie die damit einhergehende Bildung des mathematischen Modells und das Mathematisch Arbeiten in dem entwickelten Modell erst in der Bearbeitungsphase stattfanden. Auch das Interpretieren und Validieren konnte in nahezu allen Bearbeitungsphasen beobachtet werden. Das Interpretieren fehlte lediglich bei einer Studierenden in einer Entwicklungsphase (Lea – Seilbahn). Die angemessene Interpretation der generierten mathematischen Resultate ist insbesondere aufgrund der mit dem Interpretieren einhergehenden Schwierigkeiten (Schukajlow, 2011; Wijaya et al., 2014) und der häufigen Ignoranz des Interpretierens bei der Bearbeitung vorgegebener Modellierungsaufgaben (Galbraith & Stillman, 2006) ein wichtiges Ergebnis. Das Validieren konnte bei allen Teilnehmenden in mindestens zwei von drei Bearbeitungsphasen identifiziert werden. Die Beobachtung von Validierungsaktivitäten im Rahmen der Bearbeitung selbst-entwickelter Fragestellungen steht im Kontrast zu Ergebnissen aus der Modellierungsforschung zur Lösung vorgegebener Modellierungsaufgaben (Blum & Leiß, 2007; Vorhölter, 2021). Im Rahmen der Lösung vorgegebener Modellierungsaufgaben konnten nur selten Validierungsaktivitäten beobachtet werden. Dies ist insbesondere aufgrund der Herausforderungen, die mit der Validierungsaktivität einhergehen (Galbraith & Stillman, 2006; Niss & Blum, 2020, S. 120; Stillman et al., 2010) und der gleichzeitigen Bedeutsamkeit der Validierungsaktivität für einen erfolgreichen Modellierungsprozess (Czocher, 2018) ein wichtiges Ergebnis. Durch die Entwicklung einer eigenen Aufgabe kann die Rolle der Lehrkraft eingenommen werden (Voica et al., 2020). Folglich ist eine mögliche Erklärung für das Vorhandensein des Validierens in den Modellierungsprozessen bei der Lösung selbst-entwickelter Aufgaben, dass sich die Teilnehmenden durch die Entwicklung der eigenen Aufgabe für die Verifikation und Kontrolle ihrer Ergebnisse verantwortlich fühlen. Dies unterstützt auch die Vermutung von Niss und Blum

(2020), dass Validierungen der entwickelten Modelle und berechneten Resultate erst stattfinden, wenn die Aufgabe selbst von den Modellierenden entwickelt wurde, da Lernende bei der Bearbeitung vorgegebener Aufgaben die Verantwortung für die Validierung der Richtigkeit und Angemessenheit des Ergebnisses bei der Lehrkraft sehen (Blum & Borromeo Ferri, 2009; Jankvist & Niss, 2020). Eine weitere Erklärung könnte sein, dass durch die intensive Auseinandersetzung mit der realweltlichen Situation im Rahmen des Entwicklungsprozesses realweltlichen Aspekten der Situation mehr Aufmerksamkeit geschenkt wird und dies Validierungsprozesse der Ergebnisse auslöst. Diese Vermutung wird auch durch die Ergebnisse aus der Studie von Bonotto (2006) bestärkt, dass *Problem Posing* Lernende dazu anregt, realweltliche Aspekte in ihren Lösungen zu berücksichtigen. Auch die beobachteten Validierungsaktivitäten bezüglich der Passung der gekauften Stäbchen in die dazugehörige Box in Theos Bearbeitungsphase zur Ausgangssituation Essstäbchen deuten auf diese Erklärung hin. Dies ist eine besonders wichtige Erkenntnis, da die Schwierigkeiten im Modellierungsprozess häufig auf eine unzureichende und unangemessene Berücksichtigung der realweltlichen Situation zurückzuführen sind und durch fehlende Validierungen nicht erkannt werden (Dewolf et al., 2014; Krawitz et al., 2018; Niss & Blum, 2020, S. 117; Verschaffel et al., 2020).

Die Einordnung der Ergebnisse zu den Modellierungsaktivitäten im Rahmen der Bearbeitungsphase in die Theorie und empirischen Ergebnisse mündet in der Generierung folgender Hypothese:

Hypothese 5: Die Bearbeitung selbst-entwickelter Modellierungsaufgaben beinhaltet die Modellierungsaktivitäten Vereinfachen und Strukturieren, Mathematisieren, Mathematisch Arbeiten, Interpretieren und Validieren. Das Verstehen inklusive der Entwicklung eines Situationsmodells ist vollständig in die Entwicklungsphase ausgelagert.

10.2.2 *Problem Posing* in der Bearbeitungsphase

Bei der Bearbeitung selbst-entwickelter Aufgaben konnte *Problem Posing* als Generierung, Evaluation und Reformulierung identifiziert werden. Das Ergebnis deutet darauf hin, dass die Bearbeitung selbst-entwickelter Aufgaben einen natürlichen Stimulus für das *Problem Posing* darstellt. Die Generierung diente zum einen als Problemlösestrategie und zum anderen der Entwicklung weiterführender Fragestellungen. Im Rahmen der Generierung als Problemlösestrategie wurden

primär Teilfragestellungen entwickelt. Dies stimmt mit Ergebnissen aus der Problemlöseforschung zur Lösung innermathematischer Probleme (Xie & Masingila,
2017) und aus der Modellierungsforschung zur Lösung vorgegebener Modellierungsaufgaben (Barquero et al., 2019) überein. Das *lösungsinterne Problem
Posing* dient dabei als Heurismus, um die selbst-entwickelte Fragestellung zu
lösen. Ausgangspunkt der Anwendung des Heurismus ist das Stellen geeigneter
Fragen, die beim Lösungsprozess helfen (siehe Kapitel 2.3). Die Generierung von
Teilfragestellungen ist ein Heurismus, um die Komplexität des Ausgangsproblems
zu reduzieren (siehe Kapitel 2.3). Darüber hinaus wurde die Generierung als
Problemlösestrategie genutzt, um das realweltliche Problem in ein mathematisch
handhabbares Problem zu übersetzen. Dies kann insbesondere bei anspruchsvollen Übersetzungsprozessen, die beim Modellieren zur Findung angemessener
Modelle notwendig sind, hilfreich sein (Niss, 2010; Stillman, 2015). Folglich
kann *Problem Posing* natürlicherweise als Problemlösestrategie den Lösungsprozess unterstützen und zum erfolgreichen Modellieren beitragen, was insbesondere
in Bezug auf die mit dem Modellieren einhergehenden Schwierigkeiten (Blum,
2015; Schukajlow et al., 2018) eine zentrale Erkenntnis ist.

   Im Einklang mit der Modellierungsforschung zu vorgegebenen Aufgaben
(Barquero et al., 2019) lösten die Bearbeitungsprozesse der selbst-entwickelten
Aufgaben die Entwicklung weiterführender Fragestellungen aus. Die Generierung
weiterführender Fragestellungen basierend auf der Lösung selbst-entwickelter
Aufgaben stützt die Annahme, dass die rekursiven Eigenschaften des *Problem
Posings* und innermathematischen Problemlösens (Carlson & Bloom, 2005; Cifarelli & Cai, 2005) auf das Modellieren übertragbar sind. Das Modellieren als
Stimulus zur Entwicklung weiterführender Fragestellungen ist vor allem mit
Blick auf eines der Ziele des Mathematikunterrichts, die Lernenden zu befähigen, Mathematik in ihrer Umwelt wahrzunehmen und anzuwenden (Winter,
1995), ein wichtiges Ergebnis. Die Entwicklung weiterführender Fragestellungen
ist auch als Variation oder Transformation aus der Forschung zum strukturierten
Problem Posing bekannt (Baumanns & Rott, 2022b; Pelczer & Gamboa, 2009).
Zur Entwicklung weiterführender Probleme basierend auf innermathematischen
Problemen postulieren Brown und Walter (2005) die *What-if-not*-Strategie, bei
der ausgehend von den Eigenschaften der in der Aufgabe gegebenen Elemente die
Frage gestellt wird, was wäre, wenn eine gewisse Eigenschaft nicht gegeben wäre.
Diese Strategie konnte in der vorliegenden Untersuchung nicht identifiziert werden. Ein möglicher Grund könnte sein, dass die Lernenden durch die realweltliche
Situation und das damit einhergehende Erkenntnisinteresse zur Entwicklung weiterführender Fragestellungen angeregt wurden und die Anwendung der Strategie

nicht notwendig war. Ob die Anwendung der *What-if-not*-Strategie zur Entwicklung weiterführender Probleme basierend auf selbst-entwickelten realweltlichen Aufgaben zielführend ist, bedarf weiterer Forschung.

Zusätzlich zu den *Problem Posing*-Ausprägungen, die bereits aus der Modellierungsforschung zu vorgegebenen Aufgaben bekannt sind, konnten bei der Bearbeitung selbst-entwickelter Aufgaben die *Problem Posing*-Ausprägungen Evaluation und Reformulierung identifiziert werden. Die Eingebundenheit dieser *Problem Posing*-Ausprägungen in den Modellierungsprozess scheint eine Besonderheit für die Bearbeitung selbst-entwickelter Modellierungsaufgaben zu sein. Die Evaluation der selbst-entwickelten Fragestellung stellt eine metakognitive Strategie dar (siehe Abschnitt 2.3) und kann zu einer Reformulierung der selbst-entwickelten Fragestellung führen. Ein möglicher Grund für das Vorhandensein dieser Aktivitäten im Rahmen der Bearbeitung selbst-entwickelter Fragestellungen ist möglicherweise, dass durch die Entwicklung eigener Aufgaben die Rolle der Lehrkraft eingenommen wird (Voica et al., 2020) und sich die Studierenden folglich für die Angemessenheit und Lösbarkeit ihrer Aufgabe verantwortlich fühlten. Ein weiterer Grund könnte die fehlende Antizipation mathematischer Strukturen im Rahmen der Entwicklungsphasen sein, wodurch die Lösbarkeit nicht ausreichend evaluiert wurde und es im Rahmen der Bearbeitungsphase zu Schwierigkeiten kommt, wie es beispielsweise bei Theo zur Ausgangssituation Seilbahn der Fall war. Auch der Einbezug der Evaluation und Reformulierung der selbst-entwickelten Fragestellungen stützt die Annahme, dass es sich beim *Problem Posing* und Modellieren wie auch beim *Problem Posing* und innermathematischen Problemlösen um rekursive Prozesse handelt, die sich gegenseitig bestärken (Carlson & Bloom, 2005; Cifarelli & Cai, 2005). Durch die Evaluation und Reformulierung während der Bearbeitungsphase können die selbst-entwickelten Fragestellungen verbessert werden.

Die Einordnung der Ergebnisse zu den *Problem Posing*-Ausprägungen im Rahmen der Bearbeitungsphase in die Theorie und empirischen Ergebnisse mündet in der Generierung folgender Hypothese:

Hypothese 6: Die Bearbeitung selbst-entwickelter Modellierungsaufgaben beinhaltet die Generierung von Fragestellungen als Problemlösestrategie und weiterführenden Fragestellungen sowie die Evaluation und Reformulierung der selbst-entwickelten Fragestellungen.

10.2.3   Verbindung Modellieren und *Problem Posing* in der Bearbeitungsphase

Um Hinweise auf die Verbindung zwischen dem *Problem Posing* und Modellieren zu generieren, wurde zudem das gemeinsame Auftreten der Aktivitäten in der Bearbeitungsphase analysiert. Entgegen der Vermutung von Hansen und Hana (2015), dass jede Modellierungsaktivität *Problem Posing* enthält, trat das *lösungsinterne Problem Posing* primär im Rahmen des Vereinfachens und Strukturierens auf. Der Grund für die Diskrepanz der Ergebnisse ist die unterschiedliche Konzeptualisierung des Begriffs *Problem Posing*. In der vorliegenden Untersuchung wird das *Problem Posing* als Entwicklung von mathematischen Fragestellungen, die mit Hilfe der Mathematik gelöst werden können, konzeptualisiert (siehe Kapitel 4.1), während in der Definition von Hansen und Hana (2015) auch die Entwicklung nicht-mathematischer Fragestellungen als *Problem Posing* aufgefasst wird. Dies betrifft zum Beispiel das Stellen kritischer Fragen zur Analyse der genutzten Modelle und Resultate.

Die Generierung als Problemlösestrategie trat primär im Rahmen der Modellierungsaktivität Vereinfachen und Strukturieren auf, in der Teilfragestellungen generiert wurden. Im Rahmen des Vereinfachens und Strukturierens werden Lösungsschritte identifiziert (Blum & Leiß, 2005). Das gemeinsame Auftreten des Vereinfachens und Strukturierens und der Generierung kann durch die Nutzung der Entwicklung von Teilfragestellungen als Heurismus erklärt werden, die als Problemlösestrategie zur Strukturierung des Lösungsprozesses eingesetzt wurde (siehe Kapitel 2.3). Dies konnte auch in den Bearbeitungsphasen von Lea und Theo beobachtet werden. Die Generierung von Teilfragestellungen diente beiden als Problemlösestrategie und leitete sie durch den Lösungsprozess. Dabei wurde im Rahmen des Vereinfachens und Strukturierens die Teilfragestellungen als Ausgangspunkt zur Nutzung des Heurismus entwickelt und anschließend im Rahmen der weiteren Modellierungsaktivitäten bearbeitet. Folglich kann vermutet werden, dass *Problem Posing* auf natürliche Weise durch Vereinfachungen und Strukturierungen ausgelöst wird und gewinnbringend als Problemlösestrategie bei der Bearbeitung selbst-entwickelter Aufgaben dient. Inwiefern die Entwicklung von Teilfragestellungen gewinnbringend für den Bearbeitungsprozess ist, hängt jedoch zusätzlich von der Qualität der entwickelten Teilfragestellungen ab. Darüber hinaus wurde im Rahmen des Mathematisierens die realweltliche Fragestellung in eine mathematisch handhabbare Fragestellung übersetzt. Dies ist insbesondere in Bezug auf die Schwierigkeiten im Modellierungsprozess, die auf den anspruchsvollen Übersetzungsprozessen basieren (Jankvist & Niss, 2020; Niss, 2010), ein zentrales Resultat der Untersuchung.

Die weiteren *Problem Posing*-Ausprägungen traten nicht im Rahmen einer der Modellierungsaktivitäten auf. Demnach kann vermutet werden, dass die Bearbeitung selbst-entwickelter Aufgaben neben den aus der Modellierungsforschung bekannten Modellierungsaktivitäten bei der Lösung vorgegebener Aufgaben (Blum & Leiß, 2005) auch solche Aktivitäten beinhaltet, die auf die Weiterentwicklung, Evaluation und Reformulierung der Fragestellung abzielen. Diese fanden zwar nicht im Rahmen der Modellierungsaktivitäten statt, wurden jedoch durch diese ausgelöst. Die Entwicklung einer weiterführenden Fragestellung fand primär am Ende der Bearbeitungsphase statt. Demnach scheinen die Erkenntnisse, die aus der Lösung der selbst-entwickelten Aufgabe resultieren, die Entwicklung weiterführender Fragestellungen anzuregen und ein erneutes Durchlaufen des Modellierungskreislaufs zur Lösung dieser zu initiieren. Die Evaluation und Reformulierung wurden primär durch Vereinfachungen und Strukturierungen ausgelöst. Ein möglicher Grund dafür könnte sein, dass die Teilnehmenden im Rahmen der Vereinfachungen und Strukturierungen bemerkten, dass ihre selbst-entwickelte Fragestellung nicht lösbar und eine Reformulierung notwendig war. Dies lässt die Vermutung zu, dass diese Aktivitäten insbesondere durch Schwierigkeiten in den Bearbeitungsphasen ausgelöst werden.

Die Einordnung der Ergebnisse zum gemeinsamen Auftreten der Modellierungsaktivitäten und des *Problem Posings* im Rahmen der Bearbeitungsphase führt zur Generierung folgender Hypothese:

Hypothese 7: Im Rahmen des Vereinfachens und Strukturierens werden Teilfragestellungen entwickelt. Im Rahmen des Mathematisierens wird die realweltliche Fragestellung in eine mathematisch handhabbare Fragestellung übersetzt. Die Generierung der Fragestellungen und deren anschließende Bearbeitung leiten den Lösungsprozess als Problemlösestrategie. Die Generierung weiterführender Fragestellungen und die Evaluation und Reformulierung der selbst-entwickelten Fragestellungen finden nicht im Rahmen der Modellierungsaktivitäten statt, werden jedoch durch den Bearbeitungsprozess ausgelöst.

10.3 Hypothetisches Modell zur Beschreibung des *modellierungsbezogenen Problem Posing-* und des nachfolgenden Modellierungsprozesses

Problem Posing stellt sowohl eine notwendige Voraussetzung als auch einen zentralen Bestandteil des mathematischen Modellierens dar. Durch die vorliegende Untersuchung soll das Forschungsfeld des mathematischen Modellierens aus einer *Problem Posing*-Perspektive ergänzt werden. Das Ziel der qualitativ-explorativen Studie war die Aufdeckung der beim *modellierungsbezogenen Problem Posing* enthaltenen Aktivitäten und der Verbindung zwischen dem *Problem Posing* und dem Modellieren. Dazu wurden die *Problem Posing*- und Modellierungsaktivitäten sowie deren Verbindung im Rahmen der Entwicklungs- und Bearbeitungsphase analysiert. Durch die Einordnung der durch die Untersuchung gewonnenen Ergebnisse in die Theorie und die bereits vorhandenen empirische Erkenntnisse konnten die in Tabelle 10.1 noch einmal abgebildeten Hypothesen generiert werden.

Basierend auf den Hypothesen soll im Folgenden ein theoretisches integrales Modell zur Beschreibung des *modellierungsbezogenen Problem Posing*-Prozesses und des nachfolgenden Modellierungsprozesses generiert werden. Der Modellierungskreislauf von Blum und Leiß (2005) dient dabei als Ausgangspunkt und wurde durch die generierten Hypothesen der vorliegenden Untersuchung ergänzt. Das idealisierte Modell für den Prozess des *modellierungsbezogenen Problem Posings* und des anschließenden Modellierungsprozesses (MoPP-Modell) ist in Abbildung 10.1 dargestellt.

Das Modell ist in eine Entwicklungs- und eine Bearbeitungsphase aufgeteilt, die sich in der Mitte überlappen. Zur Beschreibung der Entwicklungsphase wurden die identifizierten *Problem Posing*-Aktivitäten (Hypothese 1) und die idealtypische Sequenz der *Problem Posing*-Aktivitäten (Hypothese 2) herangezogen, die in der vorliegenden Untersuchung identifiziert werden konnten. Ausgangspunkt der Entwicklungsphase ist eine realweltliche Situation, die zunächst verstanden werden muss. Durch den Aufbau eines Verständnisses wird eine mentale Repräsentation der gegebenen Situation gebildet, das sogenannte Situationsmodell. Es folgt das Explorieren der Situation, indem potenziell relevante Informationen und deren Strukturen für die Entwicklung einer Fragestellung fokussiert werden. Dadurch wird das Situationsmodell auf mögliche relevante Aspekte zur Generierung einer Fragestellung eingeschränkt und es entsteht ein fokussiertes Situationsmodell. Basierend auf dem fokussierten Situationsmodell wird eine mögliche Fragestellung generiert. Dies resultiert in einer realweltlichen Situation inklusive Fragestellung. Durch das Evaluieren wird die selbst-entwickelte Fragestellung bezüglich ihrer Angemessenheit und Lösbarkeit beurteilt. Wird die Fragestellung als unangemessen oder nicht lösbar beurteilt, muss die Generierung erneut beginnen oder die selbst-entwickelte Fragestellung reformuliert werden. Wird die Fragestellung dagegen als angemessen und lösbar beurteilt, kann die Entwicklungsphase in die Bearbeitungsphase übergehen, die auf Grundlage des Modellierungskreislaufs nach Blum und Leiß (2005) idealisiert beschrieben werden kann. Zur Beschreibung der Bearbeitungsphase wurden die identifizierten

Tabelle 10.1 Übersicht der generierten Hypothesen

Generierte Hypothesen

Entwicklungsphase

1	*Modellierungsbezogenes Problem Posing* beinhaltet die *Problem Posing*-Aktivitäten Verstehen, Explorieren, Generieren und Evaluieren sowie teilweise Problemlösen.
2	Die *Problem Posing*-Aktivitäten in den Entwicklungsphasen verlaufen in individuellen *Problem Posing*-Routen, die durch ein Hin- und Herspringen zwischen den Aktivitäten gekennzeichnet sind. Die Aktivitäten des *modellierungsbezogenen Problem Posings* folgen einander am häufigsten in der Reihenfolge Verstehen – Explorieren – Generieren – Evaluieren – Problemlösen.
3	*Modellierungsbezogenes Problem Posing* beinhaltet insbesondere die Modellierungsaktivitäten, die im Modellierungskreislauf zu Beginn im Rest der Welt verortet sind (d. h. Verstehen, Vereinfachen und Strukturieren) sowie erste Antizipationen mathematischer Operationen und Strukturen. Dadurch können bereits während der Entwicklung das Situationsmodell und Teile des Realmodells entwickelt und die Mathematisierung vorbereitet werden.
4	Die Modellierungsaktivität Verstehen geht beim *modellierungsbezogenen Problem Posing* mit der Aktivität Verstehen einher. Erste Vereinfachungen und Strukturieren finden während des Explorierens statt und erste Mathematisierungen im Rahmen des Problemlösens.

Bearbeitungsphase

5	Die Bearbeitung selbst-entwickelter Modellierungsaufgaben beinhaltet die Modellierungsaktivitäten Vereinfachen und Strukturieren, Mathematisieren, Mathematisch Arbeiten, Interpretieren und Validieren. Das Verstehen inklusive der Entwicklung eines Situationsmodells ist vollständig in die Entwicklungsphase ausgelagert.
6	Die Bearbeitung selbst-entwickelter Modellierungsaufgaben beinhaltet die Generierung von Fragestellungen als Problemlösestrategie und weiterführenden Fragestellungen sowie die Evaluation und Reformulierung der selbst-entwickelten Fragestellungen.
7	Im Rahmen des Vereinfachens und Strukturierens werden Teilfragestellungen entwickelt. Im Rahmen des Mathematisierens wird die realweltliche Fragestellung in eine mathematisch handhabbare Fragestellung übersetzt. Die Generierung der Fragestellungen und deren anschließende Bearbeitung leiten den Lösungsprozess als Problemlösestrategie. Die Generierung weiterführender Fragestellungen und die Evaluation und Reformulierung der selbst-entwickelten Fragestellungen finden nicht im Rahmen der Modellierungsaktivitäten statt, werden jedoch durch den Bearbeitungsprozess ausgelöst.

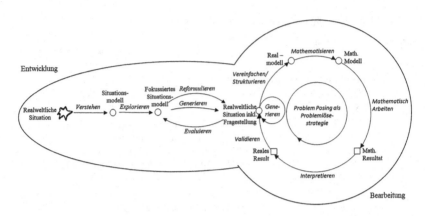

Abbildung 10.1 MoPP-Modell.

Modellierungsaktivitäten (Hypothese 5) sowie *lösungsinterne Problem Posing-Ausprägungen* (Hypothese 6) herangezogen. Da die Aktivität Verstehen primär in die Entwicklungsphase ausgelagert wurde (Hypothese 3), beginnt die Bearbeitungsphase direkt mit der Vereinfachung und Strukturierung der gegebenen realweltlichen Situation inklusive Fragestellung. Die Vereinfachungen und Strukturierungen basieren auf dem im Rahmen der Entwicklungsphase entwickelten fokussierten Situationsmodell und enden in einem Realmodell. Anschließend muss das Realmodell mathematisiert werden, was in einem mathematischen Modell resultiert. Durch das Mathematisch Arbeiten wird ein mathematisches Resultat berechnet und auf die gegebene realweltliche Situation zurückinterpretiert, was zu einem realen Resultat führt. Abschließend werden die generierten Modelle und Resultate validiert, um die Plausibilität in Bezug auf die gegebene realweltliche Situation und Fragestellung zu prüfen. Werden die Modelle und Resultate als unangemessen eingeschätzt, müssen sie überarbeitet werden und die Bearbeitungsphase beginnt erneut. Die Bearbeitung selbst stellt einen natürlichen Stimulus für das *lösungsinterne Problem Posing* dar. Während der Bearbeitungsphase ist es möglich, dass die Modellierenden erkennen, dass die selbst-entwickelte Fragestellung nicht angemessen oder lösbar ist und daher evaluiert und reformuliert werden muss (Hypothese 7). Dann beginnt die Entwicklungsphase von Neuem. Darüber hinaus kann die Bearbeitungsphase zur Generierung weiterführender Fragestellungen anregen (Hypothese 7), für deren

Lösung die Bearbeitungsphase dann von Neuem beginnt. *Problem Posing* als Problemlösestrategie kann während des gesamten Bearbeitungsprozesses auftreten und den Lösungsprozess leiten (Hypothese 7).

In Anlehnung an den von Blum und Leiß (2005) beschriebenen Modellierungskreislauf stellt das hypothetische Modell ein idealisiertes Modell der Entwicklungs- und Bearbeitungsphase dar. Es verfolgt das Ziel, die kognitiven Prozesse zu beschreiben und dient nicht als Beschreibung der Reihenfolge der in den Entwicklungs- und Bearbeitungsphasen tatsächlich ablaufenden Aktivitäten.

Stärken und Limitationen der Untersuchung

11

Um den Geltungsbereich der in Kapitel 10 generierten Hypothesen abzuschätzen, werden im Folgenden die Stärken und Limitationen der Untersuchung thematisiert. Die vorliegende Studie verfolgte das Ziel, den Modellierungsprozess aus einer *Problem Posing*-Perspektive zu ergänzen sowie die Verbindung zwischen dem *Problem Posing* und dem Modellieren ganzheitlich zu beschreiben. Das qualitativ-explorative Forschungsdesign ermöglichte eine tiefe und detailreiche Beschreibung der Prozesse des *modellierungsbezogenen Problem Posings* und des nachfolgenden Modellierungsprozesses sowie der Verbindung zwischen den Prozessen, zwei Aspekte, die in quantitativen Studien nicht erfasst werden können (für eine detaillierte Begründung siehe Kapitel 7). Aufgrund des qualitativen Forschungsdesigns konnten Hypothesen sowie erste Hinweise über die Verbindung der Prozesse und damit einhergehend über das Potential des *Problem Posings* zur Förderung des mathematischen Modellierens generiert werden, die in zukünftigen Studien überprüft werden müssen. Wie jedes Forschungsdesign bringt jedoch auch das in der Studie gewählte Design Stärken und Limitationen mit sich, die bei der Interpretation der Ergebnisse beachtet werden sollten, um eine vorschnelle Generalisierung der Ergebnisse zu vermeiden. Das qualitative Forschungsdesign ermöglicht eine präzise Beschreibung der am *modellierungsbezogenen Problem Posing* und Modellieren beteiligten Aktivitäten sowie der Verbindung zwischen diesen Prozessen. Im Rahmen der Analysen konnten Unterschiede zwischen den Teilnehmenden und den realweltlichen Situationen herausgearbeitet und diskutiert werden. Durch die sehr zeitaufwändige Durchführung und Auswertung der qualitativen Untersuchung konnte jedoch nur eine kleine Stichprobe in der Studie untersucht werden. Dies ist eine zentrale Grenze der Studie, der mit Hilfe einer sorgfältigen Stichprobenziehung entgegengewirkt wurde (siehe Kapitel 7.2). Für

L. -M. Hartmann, *Prozesse beim Problem Posing zu gegebenen realweltlichen Situationen und die Verbindung zum Modellieren*, Studien zur theoretischen und empirischen Forschung in der Mathematikdidaktik, https://doi.org/10.1007/978-3-658-43596-7_11

die Untersuchung wurden angehende Lehrkräfte ausgewählt, die bereits Erfahrung mit dem mathematischen Modellieren hatten. Dies war vorteilhaft, um Daten zu generieren, die reichhaltig in Bezug auf die ablaufenden Aktivitäten sind, da aus früheren Studien bekannt ist, dass Schülerinnen und Schüler Schwierigkeiten beim *modellierungsbezogenen Problem Posing* und der anschließenden Lösung der selbst-entwickelten Fragestellungen zeigen (Hartmann et al., 2021). Aufgrund der spezifischen Stichprobengruppe und der kleinen Stichprobengröße der Studie ist eine Verallgemeinerung auf andere Gruppen, wie zum Beispiel Schülerinnen und Schüler, nicht möglich. Zwar sind die in der vorliegenden Untersuchung entwickelten Aufgaben zum Teil ähnlich zu den entwickelten Aufgaben der Schülerinnen und Schüler in der Studie von Hartmann et al. (2021), jedoch wurden von den Studierenden überwiegend Modellierungsaufgaben entwickelt (siehe Kapitel 9.3.1). Die unterschiedlich entwickelten Aufgaben können aus den unterschiedlichen Rollen (z. B. Lehrkraft, Expertinnen und Experten, Protagonistinnen und Protagonisten, Problemlöserinnen und Problemlöser, Schülerinnen und Schüler) resultieren, die *Problem Poser* zur Entwicklung einer Fragestellung einnehmen. Folglich können möglicherweise andere Verbindungen zwischen den Prozessen bei Schülerinnen und Schülern beobachtet werden. In zukünftigen Studien gilt es zu zeigen, ob das Modell des *Problem Posings* und Modellierens auf andere Stichproben (z. B. Schülerinnen und Schüler der Gymnasien oder Sekundarschulen) und andere selbst-entwickelte Fragestellungen übertragbar ist. Darüber hinaus nahmen die Teilnehmenden freiwillig an der Untersuchung teil, sodass gemäß des *Participation Bias* keine Aussage über diejenigen zukünftigen Lehrkräfte getroffen werden kann, die sich nicht freiwillig für die Untersuchung meldeten. Folglich ist eine Verallgemeinerung der Ergebnisse nur bedingt möglich, sodass die Ergebnisse der Untersuchung als Hypothesen zu verstehen sind, die in zukünftigen Studien mit Hilfe quantitativer Forschungsdesigns und größerer Stichproben überprüft werden müssen. Außerdem wurde in der vorliegenden Untersuchung keine Kontrollgruppe zum Vergleich der Prozesse einbezogen. Folglich konnten durch die Untersuchung der Verbindungen zwar erste Hinweise auf eine positive Wirkung des *Problem Posings* auf das Modellieren generiert werden, ob das *Problem Posing* jedoch tatsächlich zu einer Verbesserung des Modellierens beiträgt, muss in zukünftigen Studien geprüft werden.

Durch den qualitativen Zugang konnte darüber hinaus nur eine geringe Anzahl an Ausgangssituationen in die Studie mit einbezogen werden. Es wurde primär eine Perspektive des *Problem Posings* – das *modellierungsbezogene Problem Posing* – fokussiert, im Rahmen dessen Fragestellungen basierend auf gegebenen realweltlichen Situationen generiert werden. Unter dem Begriff *Problem Posing* wird eine Vielzahl von Prozessen gefasst. Es ist daher möglich, dass bei Betrachtung anderer Perspektiven des *Problem Posings* abweichende oder zusätzliche Aktivitäten beobachtet werden können. Die Studie fokussierte drei Beschreibungen realweltlicher Situationen, die verschiedene realweltliche Ereignisse thematisieren (Onlineshopping, Umbau einer Seilbahn, Feuerwehreinsatz). In der Studie wurden bewusst schriftliche Beschreibungen der Situationen verwendet, die jeweils die Generierung zweier Fragestellungen nahelegten, um eine standardisierte Erhebungssituation zu gewährleisten und darüber hinaus Modellierungsaufgaben in ähnlicher Form zu verwenden, wie sie im Mathematikunterricht behandelt werden. Um erste Hinweise auf die Übertragbarkeit auf andere Ausgangssituationen zu generieren, wurden drei realweltliche Situationen unterschiedlicher Komplexität insbesondere in Bezug auf die situationale Komplexität ausgewählt (siehe Kapitel 7.3.2). Darüber hinaus wurde ein Kontext (Ausgangssituation Feuerwehr) ausgewählt, zu dem bereits drei der sieben Teilnehmenden eine Aufgabe bekannt war (siehe Kapitel 7.3.1). Eine Kontrastierung der Ausgangssituationen zeigte, dass zwar im Gegensatz zu den Ausgangssituationen Feuerwehr und Seilbahn zur Ausgangssituation Essstäbchen nur wenige Modellierungsaufgaben entwickelt wurden (siehe Kapitel 9.3.1), sich jedoch die beobachteten Prozesse nicht bemerkenswert unterscheiden. Es ist aber möglich, dass bei Verwendung anderer Stimuli (z. B. Verwendung von Zeitungsartikeln oder Erleben der Situation in der realen Welt) weitere Aktivitäten und Zusammenhänge hätten beobachtet werden können. Die Übertragbarkeit der Ergebnisse auf andere Stimuli muss in zukünftigen Studien überprüft werden.

Darüber hinaus resultieren Stärken und Limitationen der Untersuchung aus der gewählten Erhebungsmethode des Lauten Denkens. Diese Methode ermöglicht als eine von wenigen Erhebungsmethoden Einblicke in die kognitiven Prozesse der Teilnehmenden und ist insbesondere für die Analyse von Problemlöseprozessen von zentraler Bedeutung (Funke & Spering, 2006; Konrad, 2020; Sandmann, 2014). Eine Alternative zur Generierung der Daten wäre die Entwicklung und Bearbeitung der Aufgaben in Kleingruppen und die Analyse der Prozesse basierend auf der Kommunikation zwischen den Gruppenmitgliedern gewesen. Während sich für das mathematische Modellieren die Bearbeitung in Kleingruppen als geeignete Lernumgebung erwiesen hat (Blum, 2011), herrscht über die Wirkung der Bearbeitung in Kleingruppen auf das *Problem Posing* Uneinigkeit (Headrick et al., 2020; Schindler & Bakker, 2020). Für die vorliegende Untersuchung wurde sich bewusst für Einzelarbeit entschieden, um die individuellen Prozesse zu beobachten. Allerdings bringt der Einsatz der Methode des Lauten Denkens neben den oben beschriebenen Stärken auch einige Grenzen mit sich. Insbesondere muss kritisch reflektiert werden, inwiefern eine valide Erfassung der Merkmale mit Hilfe der gewählten Methode möglich war. Die

Entwicklungs- und Bearbeitungsprozesse könnten durch die für das Laute Denken zusätzlich benötigte Arbeitskapazität (siehe Kapitel 7.4.3) erschwert worden sein. Da jedoch in der vorliegenden Untersuchung die kognitiven Prozesse und nicht die Leistung fokussiert wurde, kann dieser Aspekt weitestgehend vernachlässigt werden. Darüber hinaus muss bei der Betrachtung der Ergebnisse kritisch reflektiert werden, ob alle relevanten Prozesse von den Teilnehmenden externalisiert wurden. Insbesondere unterbewusst ablaufende Prozesse können von den Teilnehmenden nicht externalisiert werden (Ericsson & Simon, 1984). Hinweise auf mögliche Diskrepanzen zwischen den tatsächlich stattfindenden und den externalisierten Prozessen liefert unter anderem die Tatsache, dass die in der Kreativitätsforschung beschriebene Illumination (d. h. ein Geistesblitz) (Wallas, 1926) nicht in den Entwicklungsphasen der Teilnehmenden zu beobachten war, auch wenn davon auszugehen ist, dass ein solcher Geistesblitz stattgefunden haben muss. Aus der Modellierungsforschung ist auch bekannt, dass die Antizipation mathematischer Strukturen und Operationen (*Implemented Anticipation*) oft unterbewusst stattfindet (Stillman & Brown, 2014). Demnach kann es sein, dass *Implemented Anticipation* häufiger als beobachtet in den Entwicklungsphasen der angehenden Lehrkräfte stattfand. Darüber hinaus ergaben sich insbesondere bei der Identifizierung des *lösungsinternen Problem Posings* als Problemlösestrategie Schwierigkeiten. Diese Aktivität wurde in den Prozessen der Teilnehmenden identifiziert, wenn konkret eine Teilfragestellung benannt wurde. Die Daten weisen aber darauf hin, dass häufig implizit Teilfragestellungen generiert, diese aber nicht explizit externalisiert wurden. In zukünftigen Studien sollten daher weitere Erhebungsmethoden, wie beispielsweise das *Eye-Tracking*, eingesetzt werden, um mehr Informationen über die unbewussten, automatisch in den Köpfen der Teilnehmenden ablaufenden Prozesse zu erhalten und so die in der vorliegenden Untersuchung gewonnenen Ergebnisse validieren und ergänzen zu können.

Eine weitere Limitation stellt die gewählte Instruktion der Teilnehmenden dar. Es wurde sich bewusst dazu entschieden, die Teilnehmenden zunächst dazu aufzufordern, eine Fragestellung zu generieren und sie erst danach dazu aufzufordern, ihre selbst-entwickelte Fragestellung zu lösen. Dies ermöglichte eine eindeutige Abgrenzung der Prozesse des *Problem Posings* von den Prozessen des Modellierens und verhinderte zudem, dass die Teilnehmenden nur Fragestellungen entwickelten, von denen sie wussten, dass sie sie lösen können würden. Allerdings ist davon auszugehen, dass die Teilnehmenden bei der Entwicklung einer Fragestellung zu der zweiten gegebenen realweltlichen Situation bereits wussten, dass diese anschließend gelöst werden sollte. Demnach kann eine Beeinflussung der *Problem Posing-* und Modellierungsprozesse durch die Entwicklung und Bearbeitung vorangegangener Aufgaben nicht ausgeschlossen werden. Um dieser Schwäche entgegenzuwirken, wurde die Reihenfolge der realweltlichen Situation zwischen den Teilnehmenden bewusst verändert. Eine Limitation dabei ergibt sich jedoch aus der nicht gänzlich systematischen Variation. So fehlte die Reihenfolge Seilbahn – Feuerwehr – Essstäbchen in den Beobachtungen. Des Weiteren kann es sein, dass durch die gewählte Instruktion, natürliche Verbindungen zwischen dem *Problem Posing* und dem Modellieren nicht sichtbar geworden sind. Dies sollte in zukünftigen Studien überprüft werden. Die gewählte Instruktion führte zu einer Differenzierung der Prozesse des *modellierungsbezogenen Problem Posings* und des *lösungsinternen Problem Posings* basierend auf einer zeitlichen Dimension. Die Prozesse wurden dahingehend differenziert, ob sie in der Entwicklungs- oder in der Bearbeitungsphase stattfanden. Mit Hilfe der Kategorie *Problem Posing*-Aktivitäten wurde die Analyse der kognitiven Prozesse bei der Entwicklung eigener Aufgaben zu gegebenen realitätsbezogenen Situationen fokussiert. Die Kategorie *lösungsinternes Problem Posing* zielte dagegen auf die Existenz des *Problem Posings* im Rahmen der Bearbeitungsphase ab. Demzufolge kann das *lösungsinterne Problem Posing* auch die kognitiven Aktivitäten des *modellierungsbezogenen Problem Posings* beinhalten. So ist es auch möglich, dass das *lösungsinterne Problem Posing* bereits im Rahmen der Aktivität Problemlösen in der Entwicklungsphase auftritt. Inwiefern die kognitiven Aktivitäten des *modellierungsbezogenen Problem Posings* auch im Rahmen des *lösungsinternen Problem Posings* identifiziert werden können, bedarf weiterer Untersuchungen.

Darüber hinaus bringt auch die gewählte Analysemethode der inhaltlich-strukturierenden qualitativen Inhaltsanalyse einige Grenzen mit sich. Mit Hilfe der Analysen konnten die Dauer und die Häufigkeiten der jeweiligen Aktivitäten in den Entwicklungs- und Bearbeitungsphasen identifiziert werden, um Rückschlüsse auf die Existenz und den Umfang der jeweiligen Aktivitäten in den Prozessen zu erhalten. Es wurde eine Sequenzierung basierend auf thematischen Kriterien genutzt (siehe Kapitel 8.1.1). Andere Methoden der Sequenzierungen könnten zu anderen Ergebnissen bezüglich der Häufigkeiten führen. Um dieser Schwäche entgegenzuwirken, wurde zusätzlich die Dauer der Aktivitäten als Maß für das Auftreten der Aktivitäten in die Analysen mit einbezogen. Trotzdem können keine Rückschlüsse auf die Qualität der jeweiligen Aktivitäten gezogen werden und es bleibt offen, inwiefern diese zum erfolgreichen *Problem Posing* beigetragen haben. Dies sollte bei der Interpretation der Ergebnisse berücksichtigt werden.

Schließlich ergeben sich aus der genutzten Definition des mathematischen Modellierens gewisse Einschränkungen. Das Ziel der Untersuchung war eine holistische Betrachtung des Modellierens aus einer *Problem Posing*-Perspektive (siehe Kapitel 3.3.2). Um die Verbindungen aus einer kognitiven Perspektive zu analysieren, wurden die Verbindungen aus einer atomistischen Sichtweise (siehe Kapitel 3.3.2) betrachtet, indem das Modellieren mit Hilfe der Modellierungsaktivitäten (siehe Kapitel 3.4.1) analysiert wurde. Die analysierten Aktivitäten der Prozesse spielen eine zentrale Rolle, um die Prozesse abzubilden, beschreiben die Anforderungen an das Modellieren jedoch nicht ganzheitlich, da Modellierungskompetenzen mehr als nur das Durchlaufen der Aktivitäten umfasst (Cevikbas et al., 2022; Maaß, 2006). Zum erfolgreichen Modellieren werden sowohl inner- als auch außermathematisches Wissen sowie angemessene Einstellungen und Überzeugungen bezüglich der Mathematik benötigt (Blum, 2015; Kaiser, 2007). Empirische Studien zeigen beispielsweise einen positiven Zusammenhang zwischen dem Interesse an einer Aufgabe und positiven Emotionen, wie Freude, bei der Aufgabenbearbeitung und der Modellierungsleistung (Czocher et al., 2021; Gjesteland & Vos, 2019; Holenstein et al., 2022; Schukajlow & Krug, 2014; Schukajlow & Rakoczy, 2016). In der *Problem Posing*-Forschung konnte ein positiver Effekt der Entwicklung eigener Aufgaben auf die Motivation, Emotionen, Selbstwirksamkeit, Beliefs und Einstellungen gegenüber Mathematik nachgewiesen werden (Chang et al., 2012; Chen et al., 2013; English, 1998; Grundmeier, 2015; Headrick et al., 2020; Kontorovich, 2020; Silver, 1994; Voica et al., 2020). Demnach kann die enge Verbindung und ein möglicher positiver Effekt des *Problem Posings* auf das Modellieren auch auf affektiv-motivationale Komponenten des Lernens zurückgeführt werden. Dieser Aspekt sollte in zukünftigen Studien fokussiert werden.

Implikationen für Forschung und Praxis

12

Mit Hilfe der qualitativ-explorativen Studie konnte ein Zugang zu den bisher wenig erforschten Prozessen des *Problem Posings* und der Verbindung zum Modellieren geschaffen werden. Aus der Untersuchung resultieren zum einen Erkenntnisse über die am *modellierungsbezogenen Problem Posing* beteiligten Aktivitäten und zum anderen Erkenntnisse über die Verbindungen zum nachfolgenden Modellierungsprozess. Die Untersuchung knüpft an bisherige Forschungen zu den Prozessen beim *Problem Posing* und Modellieren an, indem der Prozess des *Problem Posings* aus einer Modellierungsperspektive betrachtet wird und der Prozess des Modellierens aus einer *Problem Posing*-Perspektive. Insgesamt tragen die Ergebnisse der vorliegenden Untersuchung zum Verständnis des Modellierungsprozesses aus einer *Problem Posing*-Perspektive bei. Unter Berücksichtigung der in Kapitel 11 vorgestellten Stärken und Limitationen der vorliegenden Untersuchung werden im Folgenden vorläufige Implikationen für die Forschung (Kapitel 12.1) und die Praxis (Kapitel 12.2) vorgestellt, die sich aus den generierten Erkenntnissen schlussfolgern lassen.

12.1 Implikationen für die Forschung

Das Forschungsfeld des *Problem Posings* ist ein sehr junges Forschungsfeld in der Mathematikdidaktik und insbesondere *Problem Posing* in Verbindung mit dem mathematischen Modellieren hat bisher nur wenig Aufmerksamkeit erhalten. Daher liefern die Erkenntnisse der vorliegenden Untersuchung erste Ansatzpunkte für zukünftige Studien.

L. -M. Hartmann, *Prozesse beim Problem Posing zu gegebenen realweltlichen Situationen und die Verbindung zum Modellieren*, Studien zur theoretischen und empirischen Forschung in der Mathematikdidaktik,
https://doi.org/10.1007/978-3-658-43596-7_12

Erkenntnisse über die Aktivitäten beim *modellierungsbezogenen Problem Posing*

Die Aktivitäten des *Problem Posings* wurden bislang hauptsächlich für das *Problem Posing* basierend auf strukturierten Aufforderungen sowie primär inner-mathematischen Situationen analysiert (Baumanns & Rott, 2022b; Pelczer & Gamboa, 2009). Im Vergleich zu diesen *Problem Posing*-Prozessen hat das *modellierungsbezogene Problem Posing* die Besonderheit, dass es in der außer-mathematischen Welt startet und demnach Übersetzungen zwischen der außer-mathematischen und der mathematischen Welt notwendig sind. Im Rahmen der vorliegenden Untersuchung konnte ein Kategoriensystem entwickelt werden, mit dem die Prozesse beim *modellierungsbezogenen Problem Posing* untersucht werden können. Mit Hilfe der Analysen der Dauer und Häufigkeiten der Akti-vitäten in den Entwicklungsphasen der Teilnehmenden konnten die Aktivitäten des *modellierungsbezogenen Problem Posings* identifiziert werden. Durch die Identifizierung der fünf Aktivitäten und deren idealisierten Reihenfolge kann somit das vorhandene Wissen über die kognitiven *Problem Posing*-Prozesse aus einer Modellierungsperspektive theoretisch ergänzt und Wissen über das *Problem Posing* selbst als Ziel generiert werden. Das Wissen über die Aktivitäten kann darüber hinaus genutzt werden, um die Qualität von Entwicklungsprozessen ein-zustufen. Die bisherige Forschung zur Qualität der *Problem Posing*-Prozesse stützt sich auf die Analysen der selbst-entwickelten Probleme als Produkte des Prozes-ses (Cai et al., 2013; Ellerton, 1986; Silver & Cai, 1996). Basierend auf den Erkenntnissen zu den ablaufenden Aktivitäten wäre es möglich in zukünftigen Studien Gelingensfaktoren für ein erfolgreiches *Problem Posing* abzuleiten. Mit Hilfe des Kategoriensystems könnten beispielsweise die *Problem Posing*-Prozesse von Expertinnen und Experten und Novizinnen und Novizen verglichen werden oder die Qualität der aufgeworfenen Probleme, beispielsweise in Bezug auf die mathematische Lösbarkeit und Komplexität, in den Blick genommen werden. Dies würde die Identifizierung von *Problem Posing*-Aktivitäten, die zur Entwick-lung qualitativ hochwertiger Fragestellungen besonders erforderlich sind, möglich machen. Aus einer Modellierungsperspektive wäre dabei zudem eine Analyse der Fragestellungen in Bezug auf das Modellierungspotential in Anlehnung an die Studie von Hartmann et al. (2021) sinnvoll, um Erkenntnisse zu generieren, ob der Prozess des *modellierungsbezogenen Problem Posings* bei der Entwick-lung von Modellierungsaufgaben anders verläuft als bei der Entwicklung anderer realitätsbezogener Aufgaben. Das Kategoriensystem kann außerdem zur Iden-tifizierung von Schwierigkeiten beim *modellierungsbezogenen Problem Posing* genutzt werden, um darauf aufbauend gewinnbringende Interventionen zur Förde-rung dieser Fähigkeit zu entwickeln. Beispielsweise könnte der Einsatz digitaler

Werkzeuge beim *modellierungsbezogenen Problem Posing* unterstützend wirken (Behrens, 2018).

Die Ergebnisse der Untersuchung zeigen, dass unterschiedliche Merkmale der Ausgangssituationen, beispielsweise in Bezug auf die Strukturiertheit oder den Realitätsbezug, ein Grund für den Einbezug unterschiedlicher Aktivitäten in den Entwicklungsprozess sein können. Insbesondere der Realitätsbezug stellt eine Besonderheit des *modellierungsbezogenen Problem Posings* dar und grenzt die vorliegende Untersuchung von früheren Untersuchungen zu *Problem Posing*-Prozessen ab (Baumanns & Rott, 2022b; Pelczer & Gamboa, 2009). In zukünftigen Studien sollten aufbauend auf der vorliegenden Untersuchung verschiedene Aspekte realweltlicher Situationen – inklusive unterschiedlicher Repräsentationsarten (siehe Kapitel 3.3.2) – berücksichtigt und die stattfindenden Prozesse miteinander verglichen werden. So kann zum Beispiel in Anlehnung an die PISA-Studien eine Unterteilung der realweltlichen Situationen in persönliche, berufliche, gesellschaftliche und wissenschaftliche Situationen (OECD, 2018, S. 12) vorgenommen werden. Darüber hinaus gibt der Realitätsbezug der Ausgangssituationen den *Problem Posern* die Möglichkeit, unterschiedliche Rollen bei der Entwicklung eigener Aufgaben einzunehmen. So kann eine Aufgabe beispielsweise sowohl aus der Perspektive von Problemlösenden als auch aus der Perspektive von Expertinnen und Experten oder Protagonistinnen und Protagonisten der Situation entwickelt werden. Die dabei stattfindenden Prozesse könnten sich insbesondere in Bezug auf den Einbezug der Mathematik unterscheiden. Zukünftige Studien sollten dies berücksichtigen. Für die Analysen der *modellierungsbezogenen Problem Posing*-Prozesse im Rahmen zukünftiger Studien kann dann das in der vorliegenden Untersuchung entwickelte Kategoriensystem herangezogen werden.

Die Analysen der Entwicklungsphasen liefern des Weiteren erste Hinweise auf die Existenz des aus der Modellierungsforschung bekannten *Implemented Anticipation* im Rahmen des *modellierungsbezogenen Problem Posings*. Zukünftige Studien sollten diese sowie die Existenz weiterer aus der Modellierungsforschung bekannter theoretischer Konstrukte im Rahmen des *modellierungsbezogenen Problem Posings* untersuchen, um mögliche zusätzliche Hinweise auf die enge Verbindung der beiden Prozesse sowie das Potential des *modellierungsbezogenen Problem Posings* zur Förderung des Modellierens zu generieren.

Erkenntnisse über die Verbindungen von *Problem Posing* und Modellieren

Die vorliegende Untersuchung liefert darüber hinaus Erkenntnisse über die Existenz der in den Entwicklungs- und Bearbeitungsphasen enthaltenen *Problem Posing*- und Modellierungsaktivitäten sowie deren Überschneidungen. So konnte die Modellierungsforschung durch die Identifizierung der an der Entwicklung und Bearbeitung eigener Modellierungsaufgaben beteiligten Aktivitäten und deren Verbindungen ergänzt werden. Basierend auf den Erkenntnissen wurde das idealisierte Modell zum mathematischen Modellieren von Blum und Leiß (2005) um eine *Problem Posing*-Perspektive erweitert. Die Entwicklung eines integralen Prozessmodells der beiden Prozesse ist ein theoretischer Beitrag der Studie, der das vorhandene Wissen über die Aktivitäten bei der Entwicklung und Lösung von Modellierungsaufgaben ergänzt. Das idealisierte Modell kann der Kommunikation der bei der Entwicklung und Bearbeitung eigener Modellierungsaufgaben stattfindenden Prozesse dienen (Stillman et al., 2015) und in zukünftigen Studien als Diagnose- und Analyseinstrument zur Identifizierung ablaufender Prozesse und damit einhergehenden Schwierigkeiten genutzt werden.

Darüber hinaus konnte die *Problem Posing*-Forschung aus einer Modellierungsperspektive ergänzt werden. Die bisherige *Problem Posing*-Forschung fokussiert primär *Problem Posing*, das in der mathematischen Welt startet, sowie die Verbindung zum innermathematischen Problemlösen. *Modellierungsbezogenes Problem Posing* startet mit einer realweltlichen Ausgangssituation. Durch die Analyse der Entwicklungs- und Bearbeitungsphasen konnte eine starke Verbindung zwischen den Prozessen des *Problem Posings* und des Modellierens identifiziert werden, die über die Verbindungen zum innermathematischen Problemlösen hinausgehen. *Modellierungsbezogenes Problem Posing* löst insbesondere Aktivitäten aus, die zur Auswahl adäquater Modelle im Modellierungsprozess notwendig sind. Basierend auf den Erkenntnissen kann vermutet werden, dass das *Problem Posing* als Werkzeug gewinnbringend zur Förderung des Modellierens eingesetzt werden kann. Dieses Potential stellt die Grundlage für zukünftige Studien dar. Dazu sollte ein Experimental-Kontrollgruppen-Design genutzt werden, um sowohl die Bearbeitungsprozesse als auch -resultate bei der Lösung selbstentwickelter Aufgaben mit der Lösung vorgegebener Aufgaben zu vergleichen. Dabei könnte insbesondere die Betrachtung des Realmodells eine entscheidende Rolle spielen. Modellierungskompetenz beinhaltet neben dem Wissen und der Fähigkeit zur Anwendung der Teilkompetenzen auch affektiv-motivationale und metakognitive Komponenten (Kaiser, 2007, S. 111; Maaß, 2005; Vorhölter et al., 2020). Folglich kann das Potential des *Problem Posings* für das Modellieren neben der identifizierten engen Verbindung auf kognitiver Ebene auch durch affektiv-motivationale (z. B. Interesse, Wert) und metakognitive Komponenten (Planung, Überwachung und Regulierung) gestärkt und der positive Effekt des *Problem Posings* auf das Modellieren durch diese Komponenten vermittelt werden. Dies sollte in zukünftigen Studien berücksichtigt werden. Vielversprechende Ansätze zur Förderung des Modellierens in Zusammenhang mit der Aufforderung an die

Lernenden, mehrere Lösungen zu entwickeln (Achmetli et al., 2019; Schukajlow, Krug & Rakoczy, 2015) und der Förderung der Metakognition (Vorhölter, 2021) könnten somit durch das *Problem Posing* erweitert und ergänzt werden.

Schließlich konnten die Erkenntnisse der vorliegenden Studie zeigen, dass *Problem Posing* als Problemlösestrategie bei der Bearbeitung selbst-entwickelter Fragestellungen auf natürliche Weise genutzt wird. Für die Wirksamkeit von Problemlösestrategien ist jedoch nicht das Auftreten der Strategie, sondern vielmehr die Qualität der Strategienutzung entscheidend (Rellensmann, 2019, S. 56; Rellensmann et al., 2022). Zukünftige Studien sollten folglich fokussieren, welche Rolle die Art und die Position des *Problem Posings* im Modellierungsprozess zur erfolgreichen Nutzung dieser Strategie spielt.

Für die Unterrichtspraxis stellt sich die Frage, wie *modellierungsbezogenes Problem Posing* vermittelt und das *Problem Posing* zur Förderung des Modellierens gewinnbringend eingesetzt werden kann. Die Verknüpfung der Ergebnisse der vorliegenden Untersuchung mit denen bisheriger Untersuchungen können genutzt werden, um Lernumgebungen und Unterrichtseinheiten zur Förderung des *Problem Posings* und des Modellierens zu entwickeln, die es in folgenden Studien noch zu erproben und evaluieren gilt. Im Folgenden sollen vorläufige Implikationen für die Praxis vorgestellt werden.

12.2 Implikationen für die Praxis

Sowohl die Entwicklung angemessener mathematischer Probleme als auch das mathematische Modellieren ist bei Lernenden und bei Lehrenden mit großen Schwierigkeiten verbunden (Blum, 2015; Chen et al., 2007; English, 1998; Hartmann et al., 2021; S.-K. S. Leung & Silver, 1997; Schukajlow et al., 2018; Silver et al., 1996). Folglich ergibt sich ein dringender Bedarf an Fördermaßnahmen, die diese Prozesse unterstützen. Auf Basis der Erkenntnisse der vorliegenden Untersuchung können wesentliche Implikationen für die Unterrichtspraxis abgeleitet werden.

Erkenntnisse über die Aktivitäten beim *modellierungsbezogenen Problem Posing*

Problem Posing stellt eine wichtige Fähigkeit sowohl für Lehrende als auch für Lernende dar (Cai et al., 2015). Die Ergebnisse können genutzt werden, um das Lehren und Lernen des *modellierungsbezogenen Problem Posings* zu verbessern, indem die *Problem Posing*-Aktivitäten und ihre idealisierte Abfolge berücksichtigt werden. Zum Lehren des mathematischen Modellierens ist es für Lehrende besonders wichtig, qualitativ hochwertige Modellierungsaufgaben zu entwickeln, um das Modellieren angemessen zu fördern (Borromeo Ferri & Blum, 2010; Wess, 2020). Basierend auf den Erkenntnissen zu den stattfindenden Aktivitäten beim *modellierungsbezogenen Problem Posing* können so Lernumgebungen für die Lehrerausbildung entwickelt werden, die bei der Entwicklung angemessener Modellierungsaufgaben unterstützen. Des Weiteren kann die Entwicklung eigener Aufgaben dabei helfen, die potenziellen Hürden der Lernenden zu identifizieren.

Auch für Schülerinnen und Schüler ist *Problem Posing* eine wichtige zu erlernende Fähigkeit. Um mit Hilfe der Mathematik realweltliche Probleme lösen zu können, müssen Lernende diese Probleme zunächst identifizieren und entwickeln können. Trotz der hohen Relevanz des *Problem Posings* im Rahmen des Modellierens, ist das *Problem Posing* in den Bildungsstandards bislang nur im Rahmen des Problemlösens wiederzufinden (KMK, 2003). Eine Integration des *Problem Posings* als eigenständiges Ziel im Bereich der Kompetenz des Modellierens erscheint dringend notwendig. Durch das Wissen über die ablaufenden Denkprozesse können die Lehrenden das Lernen der Schülerinnen und Schüler besser unterstützen (Cai et al., 2015) und Lernumgebungen entwickeln, in denen Schülerinnen und Schüler das *Problem Posing* erlernen. Damit Lernende im Mathematikunterricht zur eigenständigen Entwicklung von Fragestellungen angeregt werden, ist die Verwendung realitätsbezogener Situationen von entscheidender Bedeutung (Pollak, 2015). Ein Ziel des Mathematikunterrichts sollte vor dem Hintergrund der ersten Grunderfahrung nach Winter (1995) sein, Lernende selbstständig zur Generierung von Fragestellungen anzuregen und ihnen Werkzeuge zur begründeten Entscheidung, ob es sich um eine mathematisch lösbare Aufgabe handelt, an die Hand zu geben. Der Einsatz von *Problem Posing* basierend auf realweltlichen Situationen im Mathematikunterricht trägt dazu bei, dass Lernende auch in außerschulischen Situationen ihre Umgebung mit einer mathematischen Brille wahrnehmen und zur Generierung von Fragestellungen angeregt werden. Diskussionen im Unterricht, in denen die Lösbarkeit der selbst-entwickelten Fragestellungen mit Hilfe der Mathematik hinterfragt wird, stellen eine Chance für den realitätsbezogenen Mathematikunterricht dar. Um ein Bewusstsein dafür zu vermitteln, wann eine Fragestellung mit Hilfe der Mathematik lösbar ist, müssen die im Mathematikunterricht entwickelten Fragestellungen und die Entwicklungsprozesse gemeinsam mit den Schülerinnen und Schülern auf einer Metaebene reflektiert werden. Dazu muss das *Problem Posing* im Rahmen des Mathematikunterrichts explizit thematisiert werden. Beispielsweise könnten Schülerinnen und Schüler angeregt werden, vor der Bearbeitung zu gegebenen realitätsbezogenen Situationen Aufgaben zu entwickeln, diese anschließend auf ihre Angemessenheit zu beurteilen und eine Aufgabe zur Bearbeitung auszuwählen. Mit dem Einsatz von *Problem Posing* im Mathematikunterricht sowie der Reflexion auf Metaebene gehen große Herausforderungen für die unterrichtende Lehrkraft einher. Vor allem für den angemessenen Einsatz von *Problem Posing* im Mathematikunterricht ist hinreichendes Wissen über das *modellierungsbezogene Problem Posing* eine notwendige Voraussetzung. Dieses Wissen kann im Rahmen von Lehrveranstaltungen in der Lehrerausbildung oder auf Lehrerfortbildungen erlangt werden. Darüber hinaus sind Handreichungen inklusive entsprechendem Unterrichtsmaterial essenziell.

Erkenntnisse über die Verbindungen von *Problem Posing* und Modellieren
In praktischer Hinsicht deuten die Erkenntnisse über die Verbindungen des *Problem Posings* zum nachfolgenden Modellierungsprozess darauf hin, dass *modellierungsbezogenes Problem Posing* ein innovativer und fruchtbarer Ansatz für das Lehren und Lernen mathematischer Modellierung sein könnte. Für eine förderliche Wirkung des *Problem Posings* auf das Modellieren ist analog zum förderlichen Einsatz anderer Strategien (Rellensmann, 2019, S. 56) insbesondere die Qualität des *Problem Posings* entscheidend. Folglich muss die Anwendung des *Problem Posings* zur Förderung des Modellierens im Unterricht geübt werden. Eine Möglichkeit, das *modellierungsbezogene Problem Posing* und die anschließende Bearbeitung der eigenen Modellierungsaufgabe zu üben, ist der Einsatz eines sogenannten Lösungsplans (Hankeln & Greefrath, 2021; Schukajlow, Kolter & Blum, 2015). Der Lösungsplan stellt ein Hilfsinstrument für die Lernenden dar, indem er die zentralen Aktivitäten des Modellierens beschreibt und auf einer strategischen Ebene Handlungsaufforderungen enthält. Basierend auf dem in der vorliegenden Untersuchung entwickelten Prozessmodell könnte der Lösungsplan basierend auf dem MoPP-Modell ergänzt und zur Förderung des Modellierens durch das *Problem Posing* eingesetzt werden.

Zudem kann die Entwicklung und Bearbeitung eigener Modellierungsaufgaben als eine authentische Aktivität des Modellierens im Mathematikunterricht genutzt werden (Stillman, 2015). Typischerweise bringt die Lehrkraft für den Mathematikunterricht entsprechende Aufgaben zu einem bestimmten mathematischen Themenfeld mit. Dabei werden Mathematikaufgaben generell und auch Modellierungsaufgaben typischerweise im Kontext eines bestimmten mathematischen Inhaltsfelds genutzt, um mathematische Inhalte zu vertiefen oder Realitätsbezüge aufzuzeigen. Zur angemessenen Förderung der Modellierungskompetenz und dem damit einhergehenden Ziel, Lernende auf die Anwendung der Mathematik in der realen Welt vorzubereiten, erscheint ein stärkerer Einsatz von authentischen Modellierungssituationen, wie sie im alltäglichen Leben zu finden sind, erforderlich (Pollak, 2015). Dies beinhaltet neben der Lösung von Modellierungsaufgaben auch die selbstständige Identifizierung und Entwicklung dieser in authentischen mathematischen Situationen unabhängig vom mathematisch behandelten Thema. Das *modellierungsbezogene Problem Posing* stellt hierfür eine gute Möglichkeit dar, da basierend auf den realweltlichen Situationen unterschiedliche Fragestellungen generiert werden können, die im Anschluss bearbeitet werden. Die Thematisierung selbst-entwickelter Modellierungsaufgaben im Mathematikunterricht geht jedoch mit besonderen Herausforderungen einher (Pollak, 2015). Neben der Einschätzung der Lösbarkeit der selbst-entwickelten Fragestellungen sowie eventueller Variationen dieser ist es insbesondere notwendig, dass Lehrkräfte hinreichendes Wissen über die ablaufenden Prozesse bei der Lösung selbst-entwickelter Modellierungsaufgaben besitzen. Es fehlt bislang noch insbesondere an Erkenntnissen bezüglich einer guten Pädagogik, wie mit den durch das *Problem Posing* entstehenden Lernsituationen umzugehen ist (Pollak, 2015).

Eine mögliche Implementierung von *modellierungsbezogenem Problem Posing* in den Mathematikunterricht zum mathematischen Modellieren könnte in Anlehnung an Cai et al. (2022) wie folgt aussehen: Im Rahmen eines Unterrichtseinstiegs werden Schülerinnen und Schüler aufgefordert, basierend auf einer realweltlichen Situation Fragestellungen zu entwickeln. Es resultieren interessengeleitete Fragestellungen unterschiedlicher Anforderungsniveaus (Silver, 1994; Krawitz et al., im Druck). Daraufhin werden die entwickelten Fragestellungen analysiert und klassifiziert sowie eine der Fragestellungen ausgewählt und im Rahmen des Unterrichts bearbeitet. Trotz der Auswahl einer Fragestellung für die gesamte Klasse kann sich der vorgeschaltete *Problem Posing*-Prozess positiv auf das Modellieren bei allen Lernenden auswirken. Vor allem die Modellierungsaktivitäten zu Beginn des Modellierens, die im Rest der Welt verortet sind, stellen für viele Lernende eine große Herausforderung dar (Jankvist & Niss, 2020; Krawitz et al., 2018; Verschaffel et al., 2020). Im Rahmen der Einstiegsphase findet das *modellierungsbezogene Problem Posing* bei allen Lernenden statt, wodurch eine tiefgehende Analyse der Ausgangssituation angeregt wird. Diese kann dann für das anschließende Modellieren gewinnbringend genutzt werden (Bonotto, 2006). Die anderen selbst-entwickelten Fragestellungen können darüber hinaus als Reserve für schnellere Schülerinnen und Schüler dienen, die beispielsweise zusätzlich die eigene entwickelte Aufgabe bearbeiten. Dies kann sich wiederum positiv auf affektiv-motivationale Komponenten, wie die Motivation und Selbstwirksamkeit, auswirken (Headrick et al., 2020; Voica et al., 2020). Darüber hinaus können Lernende auch während der Bearbeitung eigener oder vorgegebener Modellierungsaufgaben aktiv zur Generierung von Teilfragestellungen und weiterführenden Fragestellungen angeregt werden. Die Entwicklung von Teilfragestellungen kann dann als Problemlösestrategie dienen.

Zusammenfassend gilt, dass das *Problem Posing* als Lernziel sowie als Werkzeug zur Förderung des mathematischen Modellierens Einzug in den Mathematikunterricht erhalten sollte. Durch die vorliegende Untersuchung konnte ein Beitrag zum Verständnis der beim *Problem Posing* und Modellieren ablaufenden Aktivitäten und deren Verbindungen geleistet werden, der für weitere Forschungen sowie zur Entwicklung von Lernumgebungen gewinnbringend genutzt werden kann. Die Implikationen sind aufgrund des hypothetischen Charakters der Untersuchung als vorläufige Schlussfolgerungen zu verstehen, die in zukünftigen Studien evaluiert und geprüft werden sollten.

Fazit 13

Problem Posing hat sowohl als Lernziel selbst als auch als Mittel zum Erwerb von Mathematik eine große Bedeutung (Cai & Leikin, 2020). Es kann die Prozesse des Problemlösens sowohl vorab als auch während des Bearbeitungsprozesses unterstützen und hat somit auch ein großes Potential zur Förderung des Modellierens. Da das mathematische Modellieren mit großen Schwierigkeiten einhergeht (z. B. Blum, 2015; Schukajlow et al., 2018), sind Forschungen bezüglich effektiver Ansätze zur Förderung dringend notwendig. Die vorliegende Untersuchung verfolgte das Ziel, Grundlagenforschung bezüglich des Modellierungsprozess aus einer *Problem Posing*-Perspektive zu betreiben, um erste Hinweise auf das Potential des *Problem Posings* zur Förderung des Modellierens zu generieren.

Insgesamt konnte mit Hilfe der qualitativ-explorativen Untersuchung ein zentraler Beitrag zur Forschung bezüglich des *modellierungsbezogenen Problem Posings* und der Verbindung zum Modellieren geleistet werden. Die Ergebnisse bieten neue Einblicke in das *Problem Posing* aus einer Modellierungsperspektive sowie das Modellieren aus einer *Problem Posing*-Perspektive. Basierend auf den Analysen der Entwicklung und Bearbeitung eigener Aufgaben zu gegebenen realweltlichen Situationen von angehenden Lehrkräften konnten die ablaufenden Prozesse beschrieben und die involvierten Aktivitäten identifiziert und miteinander in Verbindung gebracht werden. Das *modellierungsbezogene Problem Posing* umfasst die Aktivitäten Verstehen, Explorieren, Generieren, Evaluieren und Problemlösen und beinhaltet insbesondere Modellierungsaktivitäten, die einen direkten Bezug zur realen Welt haben. Die Lösung selbst-entwickelter Modellierungsaufgaben umfasst die Aktivitäten Vereinfachen und Strukturieren, Mathematisieren, Mathematisch Arbeiten, Interpretieren und Validieren sowie *lösungsinternes Problem Posing*, das auf die Generierung von Fragestellungen als Problemlösestrategie

L. -M. Hartmann, *Prozesse beim Problem Posing zu gegebenen realweltlichen Situationen und die Verbindung zum Modellieren*, Studien zur theoretischen und empirischen Forschung in der Mathematikdidaktik, https://doi.org/10.1007/978-3-658-43596-7_13

zur Lösung der selbst-entwickelten Fragestellung abzielt sowie auf die Weiterentwicklung, Evaluation und Reformulierung der selbst-entwickelten Fragestellung. Die identifizierten Aktivitäten sowie das auf Grundlage der beobachteten Prozesse generierte theoretische Modell liefern Hinweise für die weitere Forschung und können für die Unterrichtspraxis gewinnbringend genutzt werden. Auf Grundlage der Ergebnisse der Studie kann eine enge Verbindung zwischen dem *Problem Posing* und Modellieren angenommen werden, die über die Verbindung zwischen dem *Problem Posing* und dem innermathematischen Problemlösen hinausgeht. Dies liefert erste Hinweise auf das Potential der Entwicklung und Lösung eigener Modellierungsaufgaben zur Förderung des Modellierens. Basierend auf den gewonnenen Erkenntnissen können Folgestudien zur Verbindung der Prozesse und der Wirkung des *Problem Posings* auf das Modellieren geplant werden. Mit Hilfe quantitativer Forschungsdesigns können die Ergebnisse der Untersuchung überprüft und Effekte von Interventionen zur Förderung des Modellierens durch das *Problem Posing* untersucht werden. Die enge Verbindung zwischen den Prozessen sollte beim Lehren und Lernen mathematischen Modellierens durch *modellierungsbezogenes Problem Posing* berücksichtigt werden.

Literaturverzeichnis

Abu-Elwan El Sayed (2002). Effectiveness of problem posing strategies on prospective mathematics teachers' problem solving performance. *Journal of Science and Mathematics in S.E. Asia, 25*(1), 56–69.

Achmetli, K., Schukajlow, S. & Rakoczy, K. (2019). Multiple Solutions for Real-World Problems, Experience of Competence and Students' Procedural and Conceptual Knowledge. *International Journal of Science and Mathematics Education, 17*(8), 1605–1625.

Akay, H. & Boz, N. (2010). The Effect of Problem Posing Oriented Analyses-II Course on the Attitudes toward Mathematics and Mathematics Self-Efficacy of Elementary Prospective Mathematics Teachers. *Australian Journal of Teacher Education, 35*(1), 59–75.

Akben, N. (2020). Effects of the Problem-Posing Approach on Students' Problem Solving Skills and Metacognitive Awareness in Science Education. *Research in Science Education, 50*(3), 1143–1165.

Archibald, M. M., Ambagtsheer, R. C., Casey, M. G. & Lawless, M. (2019). Using Zoom Videoconferencing for Qualitative Data Collection: Perceptions and Experiences of Researchers and Participants. *International Journal of Qualitative Methods, 18*, 1–8.

Barbosa, J. C. (2006). Mathematical modelling in classroom: a socio-critical and discursive perspective. *ZDM Mathematics Education, 38*(3), 293–301.

Barquero, B., Bosch, M. & Wozniak, F. (2019). Modelling praxeologies in teacher education: the cake box. In U. T. Jankvist, M. van den Heuvel-Panhuizen & M. Veldhuis (Hrsg.), *Eleventh Congress of the European Society for Research in Mathematics Education* (S. 1144–1151). ERME.

Baumanns, L. (im Druck). *Mathematical Problem Posing – Conceptual considerations and empirical investigations for understanding the process of problem posing*. Springer.

Baumanns, L. & Rott, B. (2018). Problem Posing – Ergebnisse einer empirischen Analyse zum Prozess des strukturierten Aufwerfens mathematischer Probleme. In B. Rott, A. Kuzle & R. Bruder (Hrsg.), *Herbsttagung des GDM Arbeitskreises Problemlösen 2017* (S. 37–51). WTM-Verlag.

Baumanns, L. & Rott, B. (2022a). Developing a framework for characterising problem-posing activities: a review. *Research in Mathematics Education, 24*(1), 28–50.

© Der/die Herausgeber bzw. der/die Autor(en), exklusiv lizenziert an Springer Fachmedien Wiesbaden GmbH, ein Teil von Springer Nature 2023
L. -M. Hartmann, *Prozesse beim Problem Posing zu gegebenen realweltlichen Situationen und die Verbindung zum Modellieren*, Studien zur theoretischen und empirischen Forschung in der Mathematikdidaktik,
https://doi.org/10.1007/978-3-658-43596-7

Baumanns, L. & Rott, B. (2022b). The process of problem posing: Development of a descriptive process model of problem posing. *Educational Studies in Mathematics, 110*(2), 251–269.

Behrens, R. (2018). *Formulieren und Variieren mathematischer Fragestellungen mittels digitaler Werkzeuge. Studien zur theoretischen und empirischen Forschung in der Mathematikdidaktik.* Springer.

Beswick, K. (2011). Putting Context in Context: An Examination of the evidenve for the benefits of 'contextualised' tasks. *International Journal of Science and Mathematics Education, 9*(2), 367–390.

Betsch, T., Funke, J. & Plessner, H. (2011). *Denken–Urteilen, Entscheiden, Problemlösen.* Springer.

Bicer, A., Lee, Y., Perihan, C., Capraro, M. M. & Capraro, R. M. (2020). Considering mathematical creative self-efficacy with problem posing as a measure of mathematical creativity. *Educational Studies in Mathematics, 105*(3), 457–485.

Bikner-Ahsbahs, A. (2015). Empirically Grounded Building of Ideal Types. A Methodical Principle of Constructing Theory in the Interpretative Research in Mathematics Education. In A. Bikner-Ahsbahs, C. Knipping & N. C. Presmeg (Hrsg.), *Approaches to qualitative research in mathematics education* (S. 105–136). Springer.

Blomhøj, M. & Jensen, T. H. (2003). Developing mathematical modelling competence: conceptual clarification and educational planning. *Teaching Mathematics and its Applications, 22*(3), 123–139.

Blomhøj, M. & Jensen, T. H. (2007). What's all the fuss about competencies? In W. Blum, P. Galbraith, H.-W. Henn & M. Niss (Hrsg.), *Modelling and applications in mathematics education* (S. 45–56). Springer.

Blomhøj, M. & Kjeldsen, T. H. (2018). Interdiciplinary Problem Oriented Project Work – a Learning Environment for Mathematical Modelling. In S. Schukajlow & W. Blum (Hrsg.), *Evaluierte Lernumgebungen zum Modellieren* (S. 11–29). Springer.

Blum, W. (1985). Anwendungsorientierter Mathematikunterricht in der didaktischen Diskussion. *Mathematische Semesterberichte, 32*, 195–232.

Blum, W. (2011). Can Modelling Be Taught and Learnt? Some Answers from Empirical Research. In G. Kaiser, W. Blum, R. Borromeo Ferri & G. Stillman (Hrsg.), *Trends in Teaching and Learning of Mathematical Modelling* (S. 15–30). Springer.

Blum, W. (2015). Quality teaching of mathematical modelling: What do we know, what can we do? In S. J. Cho (Hrsg.), *The Proceedings of the 12th International Congress on Mathematical Education: Intellectual and Attitudinal Challenges* (S. 73–96). Springer.

Blum, W. & Borromeo Ferri, R. (2009). Mathematical Modelling: Can It Be Taught and Learnt? *Journal of Mathematical Modelling and Application, 1*(1), 45–58.

Blum, W., Drüke-Noe, C., Hartung, R. & Köller, O. (2006). *Bildungsstandards Mathematik: konkret.* Cornelsen.

Blum, W. & Kaiser, G. (1984). Analysis of Applications and Conceptions for an Application-Oriented Mathematics Instruction. In J. S. Berry, D. N. Burghes & I. Huntley (Hrsg.), *Teaching and applying mathematical modelling* (S. 201–214). Ellis Horwood.

Blum, W. & Leiß, D. (2005). Modellieren im Unterricht mit der „Tanken"-Aufgabe. *mathematik lehren, 128*, 18–21.

Blum, W. & Leiß, D. (2007). How do students and teachers deal with mathematical modelling problems? The example of Sugerloaf. In C. Haines, P. Galbraith, W. Blum & S. Khan

(Hrsg.), *Mathematical Modelling: Education, Engineering and Economics – ICTMA12* (S. 222–231). Horwood.

Blum, W. & Niss, M. (1991). Applied Mathematical Problem Solving, Modelling, Applications, and Links to Other Subjects: State, Trends and Issues in Mathematics Instruction. *Educational Studies in Mathematics, 22*(1), 37–68.

Blum, W. & Schukajlow, S. (2018). Selbständiges Lernen mit Modellierungsaufgaben – Untersuchung von Lernumgebungen zum Modellieren im Projekt DISUM. In S. Schukajlow & W. Blum (Hrsg.), *Evaluierte Lernumgebungen zum Modellieren* (S. 51–72). Springer.

Blum, W. & Wiegand, B. (2000). Offene Aufgaben–wie und wozu. *mathematik lehren, 100,* 52–55.

Böckmann, M. & Schukajlow, S. (2020). Bewertung der Teilkompetenzen „Verstehen" und „Vereinfachen/Strukturieren" und ihre Relevanz für das mathematische Modellieren. In G. Greefrath & K. Maaß (Hrsg.), *Modellierungskompetenzen – Diagnose und Bewertung* (S. 113–132). Springer.

Bonotto, C. (2006). Extending students' understanding of decimal numbers via realistic mathematical modeling and problem posing. In J. Novotná, Moraová, M. Krátká & N. Stehlíková (Hrsg.), *Proceedings of the 30th Conference of the International Group for the Psychology of Mathematics Education* (Bd. 2, S. 193–200). PME.

Bonotto, C. & Basso, M. (2001). Is it possible to change the classroom activities in which we delegate the process of connecting mathematics with reality? *International Journal of Mathematical Education in Science and Technology, 32*(3), 385–399.

Bonotto, C. & Santo, L. D. (2015). On the Relationship Between Problem Posing, Problem Solving, and Creativity in the Primary School. In F. M. Singer, N. Ellerton & J. Cai (Hrsg.), *Mathematical Problem Posing: From Research to Effective Practice* (S. 103–124). Springer.

Borromeo Ferri, R. (2006). Theoretical and empirical differentiations of phases in the modelling process. *ZDM Mathematics Education, 38*(2), 86–95.

Borromeo Ferri, R. (2011). *Wege zur Innenwelt des mathematischen Modellierens: Kognitive Analysen zu Modellierungsprozessen im Mathematikunterricht.* Vieweg+Teubner.

Borromeo Ferri, R. (2018). *Learning How to Teach Mathematical Modeling in School and Teacher Education.* Springer.

Borromeo Ferri, R. & Blum, W. (2010). Mathematical Modelling in Teacher Education – Experiences from a Modelling Seminar. In V. Durand-Guerrier, S. Soury-Lavergne & F. Arzarello (Hrsg.), *Proceedings of the sixth congress of the European Society for Research in Matheamtics Education* (S. 2046–2055). ERME.

Borromeo Ferri, R., Greefrath, G. & Kaiser, G. (2013). Einführung: Mathematisches Modellieren Lehren und Lernen in Schule und Hochschule. In R. Borromeo Ferri, G. Greefrath & G. Kaiser (Hrsg.), *Mathematisches Modellieren für Schule und Hochschule* (S. 1–7). Springer.

Bracke, M., Göttlich, S. & Götz, T. (2013). Modellierungsproblem Dart spielen. In R. Borromeo Ferri, G. Greefrath & G. Kaiser (Hrsg.), *Mathematisches Modellieren für Schule und Hochschule* (S. 147–162). Springer.

Brown, S. & Walter, M. I. (2005). *The Art of Problem Posing.* Psychology Press.

Bruder, R. & Collet, C. (2011). *Problemlösen lernen im Mathematikunterricht.* Cornelsen Scriptor.

Büchter, A. & Leuders, T. (2018). *Mathematikaufgaben selbst entwickeln: Lernen fördern – Leistung überprüfen.* Cornelsen.

Bungartz, H.-J., Zimmer, S., Buchholz, M. & Pflüger, D. (2009). *Modellbildung und Simulation: eine anwendungsorientierte Einführung.* Springer.

Busse, A. & Borromeo Ferri, R. (2003). Methodological reflections on a three-step-design combining observation, stimulated recall and interview. *ZDM Mathematics Education, 35*(6), 257–264.

Cai, J. & Hwang, S. (2002). Generalized and generative thinking in US and Chinese students' mathematical problem solving and problem posing. *Journal of Mathematical Behavior, 21*(4), 401–421.

Cai, J., Hwang, S., Jiang, C. & Silber, S. (2015). Problem-Posing Research in Mathematics Education: Some Answered and Unanswered Questions. In F. M. Singer, N. Ellerton & J. Cai (Hrsg.), *Mathematical Problem Posing: From Research to Effective Practice* (S. 3–34). Springer.

Cai, J., Koichu, B., Rott, B., Zazakis, R. & Jiang, C. (2022). Mathematical problem posing: Task variables, processes, and products. In C. Fernandez, S. Llinares, Á. Gutiérrez & N. Planas (Hrsg.), *Proceedings of the 45th conference of the international group for the psychology of mathematics education* (Bd. 1, S. 119–146). PME.

Cai, J. & Leikin, R. (2020). Affect in mathematical problem posing: conceptualization, advances, and future directions for research. *Educational Studies in Mathematics, 105*(3), 287–301.

Cai, J., Moyer, J. C., Wang, N., Hwang, S., Nie, B. & Garber, T. (2013). Mathematical problem posing as a measure of curricular effect on students' learning. *Educational Studies in Mathematics, 83*(1), 57–69.

Cankoy, O. & Darbaz, S. (2010). Effect of a problem posing based problem solving instruction on understanding problem. *H.U. Journal of Education, 38*, 11–24.

Carlson, M. P. & Bloom, I. (2005). The Cyclic Nature of Problem Solving: An Emergent Multidimensional Problem-Solving Framework. *Educational Studies in Mathematics, 58*(1), 45–75.

Cevikbas, M., Kaiser, G. & Schukajlow, S. (2022). A systematic literature review of the current discussion on mathematical modelling competencies: state-of-the-art developments in conceptualizing, measuring, and fostering. *Educational Studies in Mathematics, 109*(2), 205–236.

Chang, K.-E., Wu, L.-J., Weng, S.-E. & Sung, Y.-T. (2012). Embedding game-based problem-solving phase into problem-posing system for mathematics learning. *Computers & Education, 58*(2), 775–786.

Chen, L. & Cai, J. (2020). An elementary mathematics teacher learning to teach using problem posing: A case of the distributive property of multiplication over addition. *International Journal of Educational Research, 102.* https://doi.org/10.1016/j.ijer.2019.03.004

Chen, L., van Dooren, W., Chen, Q. & Verschaffel, L. (2007). The Relationship between Posing and Solving Arithmetic Word Problems among Chinese Elementary School Children. *Research in Mathematical Education, 11*(1), 1–31.

Chen, L., van Dooren, W., Chen, Q. & Verschaffel, L. (2011). An Investigation on Chinese Teachers' Realistic Problem Posing and Problem Solving Ability and Beliefs. *International Journal of Science and Mathematics Education, 9*(4), 919–948.

Chen, L., van Dooren, W. & Verschaffel, L. (2013). The Relationship between Students' Problem Posing and Problem Solving Abilities and Beliefs: A Small-Scale Study with Chinese Elementary School Children. *Frontiers of Education in China, 8*(1), 147–161.

Chen, L., van Dooren, W. & Verschaffel, L. (2015). Enhancing the Development of Chinese Fifth-Graders' Problem-Posing and Problem-Solving Abilities, Beliefs, and Attitudes: A Design Experiment. In F. M. Singer, N. Ellerton & J. Cai (Hrsg.), *Mathematical Problem Posing: From Research to Effective Practice* (S. 309–331). Springer.

Christou, C., Mousoulides, N., Pittalisa, M., Pitta-Pantazi, D. & Sriraman, B. (2005). An empirical taxonomy of problem posing processes. *ZDM Mathematics Education, 37*(3), 149–158.

Cifarelli, V. V. & Cai, J. (2005). The evolution of mathematical explorations in open-ended problem-solving situations. *The Journal of Mathematical Behavior, 24,* 302–324.

Cifarelli, V. V. & Sevim, V. (2015). Problem Posing as Reformulation and Sense-Making Within Problem Solving. In F. M. Singer, N. Ellerton & J. Cai (Hrsg.), *Mathematical Problem Posing: From Research to Effective Practice* (S. 177–194). Springer.

Contreras, J. (2007). Unraveling the Mystery of the Origin of Mathematical Problems: Using a Problem-Posing Framework with Prospective Mathematics Teachers. *The Mathematics Educator, 17*(2), 15–23.

Cordova, D. I. & Lepper, M. R. (1996). Intrinsic motivation and the process of learning: Beneficial effects of contextualization, personalization, and choice. *Journal of Educational Psychology, 88*(4), 715–730.

Crouch, R. & Haines, C. R. (2004). Mathematical modelling: transitions between the real world and the mathematical model. *International Journal of Mathematical Education in Science and Technology, 35*(2), 197–206.

Czocher, J. A. (2016). Introducing Modeling Transition Diagrams as a Tool to Connect Mathematical Modeling to Mathematical Thinking. *Mathematical Thinking and Learning, 18*(2), 77–106.

Czocher, J. A. (2018). How does validating activity contribute to the modeling process? *Educational Studies in Mathematics, 99*(2), 137–159.

Czocher, J. A., Melhuish, K., Kandasamy, S. S. & Roan, E. (2021). Dual Measures of Mathematical Modeling for Engineering and Other STEM Undergraduates. *International Journal of Research in Undergraduate Mathematics Education, 7*(2), 328–350.

DeCorte, E. & Verschaffel, L. (1987). The Effect of Semantic Structure on First Graders' Strategies for Solving Addition and Subtraction Word Problems. *Journal for research in mathematics education, 18*(5), 363–381.

DeCorte, E., Verschaffel, L. & Greer, B. (2000). Connecting mathematics problem solving to the real world. In A. Rogerson (Hrsg.), *Proceedings of the international conference on mathematics education into the 21st century: Mathematics for living* (S. 66–73). The National Center for Human Research Development.

DeGrave, W. S., Boshuizen, H. & Schmidt, H. G. (1996). Problem based learning: Cognitive and metacognitive processes during problem analysis. *Instructional science, 24*(5), 321–341.

Deutsche Forschungsgemeinschaft. (2019). *Leitlinien zur Sicherung guter wissenschaftlicher Praxis.*

Deutsche Gesellschaft für Psychologie. (2004). *Ethische Richtlinien der DGPs und des BDP.*

Dewolf, T., van Dooren, W., Cimen, E. & Verschaffel, L. (2014). The Impact of Illustrations and Warnings on Solving Mathematical Word Problems Realistically. *The Journal of Experimental Education, 82*(1), 103–120.

Döring, N. & Bortz, J. (2016). *Forschungsmethoden und Evaluation in den Sozial- und Humanwissenschaften.* Springer.

Dörner, D. (1976). *Problemlösen als Informationsverarbeitung.* Kohlhammer.

Dresing, T. & Pehl, T. (2018). *Praxisbuch Interview, Transkription & Analyse: Anleitungen und Regelsysteme für qualitativ Forschende.* Eigenverlag.

Ellerton, N. (1986). Children's Made-Up Mathematics Problems: A New Perspective on Talented Mathematicians, *17*(3), 261–271.

Ellerton, N. (2013). Engaging pre-service middle-school teacher-education students in mathematical problem posing: development of an active learning framework. *Educational Studies in Mathematics, 83*(1), 87–101.

Ellerton, N., Singer, F. M. & Cai, J. (2015). Problem Posing in Mathematics: Reflecting on the Past, Energizing the Present and Foreshadowing the Future. In F. M. Singer, N. Ellerton & J. Cai (Hrsg.), *Mathematical Problem Posing: From Research to Effective Practice* (S. 547–556). Springer.

English, L. D. (1997). The Development of Fifth-Grade Children's Problem-Posing Abilities. *Educational Studies in Mathematics, 34*, 183–217.

English, L. D. (1998). Children's Problem Posing within Formal and Informal Contexts. *Journal for research in mathematics education, 29*(1), 83–106.

English, L. D., Fox, J. L. & Watters, J. J. (2005). Problem Posing and Solving with Mathematical Modeling. *Teaching Children Mathematics, 12*(3), 156–175.

Ericsson, K. A. & Simon, H. A. (1984). *Protocol Analysis: Verbal Reports as Data.* MIT Press.

Fetterly, J. (2011). *An exploratory study of the use of a problem-posing approach on pre-service elementary education teachers' mathematical creativity, beliefs, and anxiety.* UMI Dissertation Publishing.

Flavell, J. H. (1979). Metacognition and Cognitive Monitoring. *American psychologist, 34*(10), 906–911.

Flick, U. (2020). Gütekriterien qualitativer Forschung. In G. Mey & K. Mruck (Hrsg.), *Handbuch Qualitative Forschung in der Psychologie* (S. 2–15). Springer.

Franke, M. & Ruwisch, S. (2010). *Didaktik des Sachrechnens in der Grundschule.* Springer.

Frejd, P. & Ärlebäck, J. (2011). First Results from a Study Investigating Swedish Upper Secondary Students' Mathematical. In G. Kaiser, W. Blum, R. Borromeo Ferri & G. Stillman (Hrsg.), *Trends in Teaching and Learning of Mathematical Modelling* (S. 407–416). Springer.

Frensch, P. A. (2006). Kognition. In J. Funke & P. A. Frensch (Hrsg.), *Handbuch der Allgemeinen Psychologie-Kognition* (S. 19–28). Hogrefe.

Fukushima, T. (2021). The role of generating questions in mathematical modeling. *International Journal of Mathematical Education in Science and Technology*, 1–33. https://doi.org/10.1080/0020739X.2021.1977402

Funke, J. & Spering, M. (2006). Methoden der Denk- und Problemlöseforschung. In J. Funke (Hrsg.), *Denken und Problemlösen* (S. 647–744). Hogrefe.

Galbraith, P. & Stillman, G. (2006). A framework for Identifying Student Blockages during Transitions in the Modelling Process. *ZDM Mathematics Education, 38*(2), 143–162.

Galbraith, P., Stillman, G. & Brown, J. (2010). Turning Ideas into Modeling Problems. In R. Lesh, P. Galbraith, C. Haines & A. Hurford (Hrsg.), *Modeling Students' Modeling Competencies* (S. 133–144). Springer.

Getzels, J. W. (1979). Problem Finding: A Theoretical Note. *Cognitive Science, 3,* 167–172.

Gjesteland, T. & Vos, P. (2019). Affect and mathematical modeling assessment – A case study on engineering students' experience of challenge and flow during a compulsory mathematical modeling task. In S. Chamberlin & B. Sriraman (Hrsg.), *Affect in Mathematical Modeling* (S. 257–272). Springer.

Gläser, J. & Laudel, G. (2013). Life With and Without Coding: Two Methods for Early-Stage Data Analysis in Qualitative Research Aiming at Causal Explanations. *Forum Qualitative Sozialforschung, 14*(2), 1–37.

Göksen-Zayim, S., Pik, D., Dekker, R. & van Boxtel, C. (2021). Mathematical Modelling in Dutch Lower Secondary Education: An Explorative Study Zooming in on Conceptualization. In F. K. S. Leung, G. Stillman, G. Kaiser & K. L. Wong (Hrsg.), *Mathematical Modelling Education in East and West* (S. 227–238). Springer.

Goos, M. (2002). Understanding metacognitive failure. *The Journal of Mathematical Behavior, 21*(3), 283–302.

Goos, M. & Galbraith, P. (1996). Do It This Way! Metacognitive Strategies in Collaborative Mathematical Problem Solving. *Educational Studies in Mathematics, 30*(3), 229–260.

Greefrath, G. (2004). Offene Aufgaben mit Realitätsbezug: Eine Übersicht mit Beispielen und erste Ergebnisse aus Fallstudien. *Mathematica Didactica, 27*(2), 16–38.

Greefrath, G. (2010a). *Didaktik des Sachrechnens in der Sekundarstufe. Mathematik Primar- und Sekundarstufe.* Spektrum.

Greefrath, G. (2010b). Problemlösen und Modellieren – zwei Seiten der gleichen Medaille. *Der Mathematikunterricht, 3,* 44–56.

Greefrath, G., Kaiser, G., Blum, W. & Borromeo Ferri, R. (2013). Mathematisches Modellieren – Eine Einführung in theoretische und didaktische Hintergründe. In R. Borromeo Ferri, G. Greefrath & G. Kaiser (Hrsg.), *Mathematisches Modellieren für Schule und Hochschule* (S. 11–38). Springer.

Greefrath, G. & Maaß, K. (2020). Diagnose und Bewertung beim mathematischen Modellieren. In G. Greefrath & K. Maaß (Hrsg.), *Modellierungskompetenzen – Diagnose und Bewertung* (S. 1–20). Springer.

Griesel, H., vom Hofe, R. & Blum, W. (2019). Das Konzept der Grundvorstellungen im Rahmen der mathematischen und kognitionspsychologischen Begrifflichkeit in der Mathematikdidaktik. *Journal für Mathematik-Didaktik, 40*(1), 123–133.

Grundmeier, T. (2015). Developing the Problem-Posing Abilities of Prospective Elementary and Middle School Teachers. In F. M. Singer, N. Ellerton & J. Cai (Hrsg.), *Mathematical Problem Posing: From Research to Effective Practice* (S. 411–432). Springer.

Guvercin, S. & Verbovskiy, V. (2014). The effect of problem posing tasks used in mathematics instruction to mathematics academic achievement and attitudes toward mathematics. *International Online Journal of Primary Education, 3*(2), 59–65.

Hankeln, C. & Greefrath, G. (2021). Mathematische Modellierungskompetenz fördern durch Lösungsplan oder Dynamische Geometrie-Software? Empirische Ergebnisse aus dem LIMo-Projekt. *Journal für Mathematik-Didaktik, 42*(2), 367–394.

Hansen, R. & Hana, G. M. (2015). Problem Posing from a Modelling Perspective. In F. M. Singer, N. Ellerton & J. Cai (Hrsg.), *Mathematical Problem Posing: From Research to Effective Practice* (S. 35–46). Springer.

Harrop, A. & Daniels, M. (1986). Methods of Time Samling: A Reappraisal of Momentary Time Sampling and Partial Interval Recording. *Journal of Applied Behavior Analysis, 19*(1), 73–77.

Hartmann, L.-M., Krawitz, J. & Schukajlow, S. (2021). Create your own problem! When given descriptions of real-world situations, do students pose and solve modelling problems? *ZDM Mathematics Education, 53*(4), 919–935.

Hattie, J. (2009). *Visible learning: A synthesis of over 800 meta-analyses relating to achievement.* Routledge.

Headrick, L., Wiezel, A., Tarr, G., Zhang, X., Cullicott, C. E., Middleton, J. A. & Jansen, A. (2020). Engagement and affect patterns in high school mathematics classrooms that exhibit spontaneous problem posing: an exploratory framework and study. *Educational Studies in Mathematics, 105*(3), 435–456.

Heinrich, F., Bruder, R. & Bauer, C. (2015). Problemlösen lernen. In R. Bruder, L. Hefendehl-Hebeker, B. Schmidt-Thieme & H.-G. Weigand (Hrsg.), *Handbuch der Mathematikdidaktik* (S. 279–302). Springer.

Heinze, A. (2007). Problemlösen im mathematischen und außermathematischen Kontext: Modelle und Unterrichtskonzepte aus kognitionstheoretischer Perspektive. *Journal für Mathematik-Didaktik, 28*(1), 3–30.

Højgaard, T. (2021). Teaching for mathematical competence: the different foci of modelling competency and problem solving competency. *Quadrante, 30*(2), 101–122.

Holenstein, M., Bruckmaier, G. & Grob, A. (2022). How do self-efficacy and self-concept impact mathematical achievement? The case of mathematical modelling. *The British journal of educational psychology, 92*(1), 155–174.

Jankvist, U. T. & Niss, M. (2020). Upper secondary school students' difficulties with mathematical modelling. *International Journal of Mathematical Education in Science and Technology, 51*(4), 467–496.

Johnson, H. & Carruthers, L. (2006). Supporting creative and reflective processes. *International Journal of Human-Computer Studies, 64*(10), 998–1030.

Johnson-Laird, P. N. (1983). *Mental models: Towards a cognitive science of language, inference, and consciousness.* Harvard University Press.

Jordan, A., Krauss, S., Löwen, K., Blum, W., Neubrand, M., Brunner, M., Kunter, M. & Baumert, J. (2008). Aufgaben im COACTIV-Projekt: Zeugnisse des kognitiven Aktivierungspotentials im deutschen Mathematikunterricht. *Journal für Mathematik-Didaktik, 29*(2), 83–107.

Kaiser, G. (2007). Modelling and modelling competencies in school. In C. Haines, P. Galbraith, W. Blum & S. Khan (Hrsg.), *Mathematical Modelling: Education, Engineering and Economics – ICTMA12* (S. 110–119). Horwood.

Kaiser, G., Blum, W., Borromeo Ferri, R. & Greefrath, G. (2015). Anwendungen und Modellieren. In R. Bruder, L. Hefendehl-Hebeker, B. Schmidt-Thieme & H.-G. Weigand (Hrsg.), *Handbuch der Mathematikdidaktik* (S. 357–383). Springer.

Kaiser, G. & Sriraman, B. (2006). A global survey of international perspectives on modelling in mathematics education. *ZDM Mathematics Education, 38*(3), 302–310.

Kaiser-Meßmer, G. (1993). Reflections on future developments in the light of empirical research. In T. Breiteig, I. Huntley & G. Kaiser-Meßmer (Hrsg.), *Teaching and learning mathematics in context* (S. 213–227). Ellis Horwood.

Kesan, C., Kaya, D. & Güvercin, S. (2010). The Effect of Problem Posing Approach to Gifted Student's Mathematical Abilities. *International Online Journal of Educational Sciences,* 2(3), 677–687.

Kilpatrick, J. (1987). Problem formulating: Where do good problems come from? In A. H. Schoenfeld (Hrsg.), *Cognitive science and mathematics education* (S. 123–147). Erlbaum.

Kintsch, W. & Greeno, J. G. (1985). Understanding and solving word arithmetic problems. *Psychological Review,* 92(1), 109–129.

Klix, F. (1971). *Information und Verhalten.* Verlag Hans Huber.

Koichu, B. (2020). Problem posing in the context of teaching for advanced problem solving. *International Journal of Educational Research, 102,* 1–13.

Konrad, K. (2020). Lautes Denken. In G. Mey & K. Mruck (Hrsg.), *Handbuch Qualitative Forschung in der Psychologie* (S. 1–21). Springer.

Kontorovich, I. (2020). Problem-posing triggers or where do mathematics competition problems come from? *Educational Studies in Mathematics, 105*(3), 389–406.

Kopparla, M., Bicer, A., Vela, K., Lee, Y., Bevan, D., Kwon, H., Caldwell, C., Capraro, M. M. & Capraro, R. M. (2019). The effects of problem-posing intervention types on elementary students' problem-solving. *Educational Studies, 45*(6), 708–725.

Krawitz, J. (2020). *Vorwissen als nötige Voraussetzung und potentieller Störfaktor beim mathematischen Modellieren.* Springer.

Krawitz, J., Chang, Y.-P., Yang, K.-L. & Schukajlow, S. (2022). The role of reading comprehension in mathematical modelling: improving the construction of a real-world model and interest in Germany and Taiwan. *Educational Studies in Mathematics, 109*(2), 337–359.

Krawitz, J., Hartmann, L.-M. & Schukajlow, S. (im Druck). *Problem Posing and interest: Are self-generated problem interesting for students with different levels of mathematical proficiency?* Paper submitted to the International Conference of Mathematical Views 2021.

Krawitz, J., Schukajlow, S. & van Dooren, W. (2018). Unrealistic responses to realistic problems with missing information: what are important barriers? *Educational Psychology, 38*(10), 1221–1238.

Kuckartz, U. (2018). *Qualitative Inhaltsanalyse. Methoden, Praxis, Computerunterstützung* (4. Aufl.). *Grundlagentexte Methoden.* Beltz.

Kuckartz, U. (2019). Qualitative Text Analysis: A Systematic Approach. In G. Kaiser & N. C. Presmeg (Hrsg.), *Compendium for Early Career Researchers in Mathematics Education* (S. 181–197). Springer.

Kul, Ü. & Çelik, S. (2020). A Meta-Analysis of the Impact of Problem Posing Strategies on Students' Learning of Mathematics. *Revista Romaneasca pentru Educatie Multidimensionala, 12*(3), 341–368.

Kultusministerkonferenz. (2003). *Bildungsstandards im Fach Mathematik für den Mittleren Schulabschluss.*

Kultusministerkonferenz. (2004a). *Bildungsstandards im Fach Mathematik für den Hauptschulabschluss.*

Kultusministerkonferenz. (2004b). *Bildungsstandards im Fach Mathematik für den Primar-bereich.*

Kultusministerkonferenz. (2012). *Bildungsstandards im Fach Mathematik für die Allgemeine Hochschulreife.*

Leikin, R. & Elgrably, H. (2020). Problem posing through investigations for the development and evaluation of proof-related skills and creativity skills of prospective high school mathematics teachers. *International Journal of Educational Research, 102.* https://doi.org/10.1016/j.ijer.2019.04.002

Leiß, D., Plath, J. & Schwippert, K. (2019). Language and Mathematics – Key Factors influencing the Comprehension Process in reality-based Tasks. *Mathematical Thinking and Learning, 21*(2), 131–153.

Leiss, D., Schukajlow, S., Blum, W., Messner, R. & Pekrun, R. (2010). The Role of the Situation Model in Mathematical Modelling – Task Analyses, Student Competencies, and Teacher Interventions. *Journal für Mathematik-Didaktik, 31*(1), 119–141.

Lesh, R. & English, L. D. (2005). Trends in the evolution of models & modeling perspectives on mathematical learning and problem solving. *ZDM Mathematics Education, 37*(6), 487–489.

Lesh, R. & Lamon, S. J. (1992). *Assessment of authentic performance in school mathematics.* Routledge.

Lester, F. K., Garofalo, J. & Kroll, D. L. (1989). Self-Confidence, Interest, Beliefs, and Metacognition: Key Influences on Problem-Solving Behavior. In D. B. McLeod & V. M. Adams (Hrsg.), *Affect and Mathematical Problem Solving: A New Perspective* (S. 75–88). Springer.

Leuders, T. (2020). Problemlösen. In T. Leuders (Hrsg.), *Mathematik Didaktik: Praxishandbuch* (S. 119–135). Cornelsen.

Leung, S.-K. S. (1997). On the role of creative thinking in problem posing. *ZDM Mathematics Education, 97*(3), 81–85.

Leung, S.-K. S. (2016). Mathematical Problem Posing: A Case of Elementary School Teachers Developing Tasks and Designing Instructions in Taiwan. In P. Felmer, E. Pehkonen & J. Kilpatrick (Hrsg.), *Posing and Solving Mathematical Problems: Advances and New Perspectives* (S. 327–344). Springer.

Leung, S.-K. S. & Silver, E. A. (1997). The role of task format, mathematics knowledge, and creative thinking on the arithmetic problem posing of prospective elementary school teachers. *Mathematics Education Research Journal, 9*(1), 5–24.

Leutner, D. & Leopold, C. (2006). Selbstregulation beim Lernen aus Sachtexten. In H. Mandl & H. F. Friedrich (Hrsg.), *Handbuch Lernstrategien* (S. 162–171). Hogrefe.

Lincoln, Y. & Guba, E. (1985). *Naturalistic Inquiry.* Sage.

Lo Iacono, V., Symonds, P. & Brown, D. H. (2016). Skype as a Tool for Qualitative Research Interviews. *Sociological Research Online, 21*(2), 103–117.

Lyle, J. (2003). Stimulated recall: A report on its use in naturalistic research. *British educational research journal, 29*(6), 861–878.

Maaß, K. (2005). Modellieren im Mathematikunterricht der Sekundarstufe I. *Journal für Mathematik-Didaktik, 26*(2), 114–142.

Maaß, K. (2006). What are modelling competencies? *ZDM, 38*(2), 113–142.

Maaß, K. (2010). Classification Scheme for Modelling Tasks. *Journal für Mathematik-Didaktik, 31*(2), 285–311.

Maaß, K. (2018). Qualitätskriterien für den Unterricht zum Modellieren in der Grundschule. In K. Eilerts & K. Skutella (Hrsg.), *Neue Materialien für einen realitätsbezogenen Mathematikunterricht 5: Ein ISTRON-Band für die Grundschule* (S. 1–16). Springer.

Mahendra, R., Slamet, I. & Budiyono, I. (2017). Problem Posing with Realistic Mathematics Education Approach in Geometry Learning. *Journal of Physics: Conference Series, 895*(1), 1–4.

Mandler, G. (1989). Affect and Learning: Causes and Consequences of Emotional Interactions. In D. B. McLeod & V. M. Adams (Hrsg.), *Affect and Mathematical Problem Solving: A New Perspective* (S. 3–19). Springer.

Mason, J., Burton, L. & Stacey, K. (2012). *Mathematisch denken: Mathematik ist keine Hexerei*. Oldenbourg.

Mason, L. & Scrivani, L. (2004). Enhancing students' mathematical beliefs: an intervention study. *Learning and Instruction, 14*(2), 153–176.

Matos, J. F. & Carreira, S. (1997). The quest for meaning in students' mathematical modelling activity. In K. Houston (Hrsg.), *Teaching and learning mathematical modelling: innovation, investigation and applications* (S. 63–75). Horwood.

Mayring, P. (2015). *Qualitative Inhaltsanalyse*. Beltz.

Mayring, P. (2016). *Einführung in die qualitative Sozialforschung*. Beltz.

Mellone, M., Verschaffel, L. & van Dooren, W. (2017). The effect of rewording and dyadic interaction on realistic reasoning in solving word problems. *The Journal of Mathematical Behavior, 46*, 1–12.

Misoch, S. (2019). *Qualitative Interviews*. De Gruyter.

Mousoulides, N., Sriraman, B. & Christou, C. (2007). From problem solving to modelling – the emergence of models and modelling perspectives. *Nordic Studies in Mathematics Education, 12*(1), 23–48.

Moylan, C. A., Derr, A. S. & Lindhorst, T. (2015). Increasingly mobile: How new technologies can enhance qualitative research. *Qualitative social work, 14*(1), 36–47.

National Council of Teachers of Mathematics. (2000). *Principles and standards of school mathematics*. National Council of Teachers of Mathematics.

Neubrand, M., Jordan, A., Krauss, S., Blum, W. & Löwen, K. (2011). Aufgaben im COACTIV-Projekt: Einblicke in das Potenzial für kognitive Aktivierung im Mathematikunterricht. In M. Kunter, J. Baumert, W. Blum, U. Klusmann, S. Krauss & J. Neubrand (Hrsg.), *Professionelle Kompetenz von Lehrkräften: Ergebnisse des Forschungsprogramms* (S. 115–132). Waxmann.

Newell, A. & Simon, H. A. (1972). *Human problem solving*.

Niss, M. (2010). Modeling a Crucial Aspect of Students' Mathematical Modeling. In R. Lesh, P. Galbraith, C. R. Haines & A. Hurford (Hrsg.), *Modeling Students' Mathematical Modeling Competencies* (S. 43–59). Springer.

Niss, M. & Blum, W. (2020). *The Learning and Teaching of Mathematical Modelling*. Routledge.

OECD. (2018). *PISA 2022 Mathematics Framework (Draft)*. https://pisa2022-maths.oecd.org/files/PISA%202022%20Mathematics%20Framework%20Draft.pdf

OECD. (2019). *PISA 2018 Assessment and Analytical Framework*. http://www.oecd.org/education/pisa-2018-assessment-and-analytical-framework-b25efab8-en.htm

Ortlieb, C. P. (2004). Mathematische Modelle und Naturerkenntnis. *Mathematica Didactica, 27*(1), 23–40.

Pajares, F. & Miller, M. D. (1994). Role of self-efficacy and self-concept beliefs in mathematical problem solving: A path analysis. *Journal of Educational Psychology, 86*(2), 193–203.

Palm, T. (2007). Features and impact of the authenticity of applied mathematical school tasks. In W. Blum, P. Galbraith, H.-W. Henn & M. Niss (Hrsg.), *Modelling and Applications in Mathematics Education: The 14th ICMI Study* (S. 201–208). Springer.

Palm, T. (2009). Theory of Authentic Task Situations. In L. Verschaffel, B. Greer, W. van Dooren & S. Mukhopadhyay (Hrsg.), *Words and worlds: Modelling verbal descriptions of situations* (S. 3–19). Sense.

Patton, M. Q. (2015). *Qualitative research & evaluation methods. Integrating theory and practice.* Sage.

Pekrun, R. (2018). Emotion, Lernen und Leistung. In M. Huber & S. Krause (Hrsg.), *Bildung und Emotion* (S. 215–231). Springer.

Pekrun, R. & Perry, R. P. (2014). Control-Value Theory of Achievement Emotions. In R. Pekrun & L. Linnenbrink-Garcia (Hrsg.), *International Handbook of Emotions in Education* (S. 120–141). Routledge.

Pelczer, I. & Gamboa, F. (2009). Problem Posing: Comparison between experts and novices. In M. Tzekaki, M. Kaladrimidou & H. Sakonidis (Hrsg.), *Proceedings of the 33rd Conference of the International Group for the Psychology of Mathematics Education* (Bd. 4, S. 353–360). PME.

Pittalis, M., Christou, C., Mousoulides, N. & Pitta-Pantazi, D. (2004). A Structural Model for Problem Posing. In C. Sackur, M. J. Hoines & A. B. Fuglestad (Hrsg.), *Proceedings of the 28th Conference of the International Group for the Psychology of Mathematics Education* (Bd. 4, S. 49–56). PME.

Pitta-Pantazi, D., Kattou, M. & Christou, C. (2018). Mathematical Creativity: Product, Person, Process and Press. In F. M. Singer (Hrsg.), *Mathematical Creativity and Mathematical Giftedness: Enhancing Creative Capacaties in Mathematically Promising Students* (S. 27–53). Springer.

Plath, J. (2020). Verstehensprozesse bei der Bearbeitung realitätsbezogener Mathematikaufgaben: Klassische Textaufgaben vs. Zeitungstexte. *Journal für Mathematik-Didaktik, 41*(2), 237–266.

Plath, J. & Leiss, D. (2018). The impact of linguistic complexity on the solution of mathematical modelling tasks. *ZDM Mathematics Education, 50*(1), 159–171.

Pollak, H. (2015). Where Does Mathematical Modeling Begin? A Personal Remark. In G. Kaiser & H.-W. Henn (Hrsg.), *Werner Blum und seine Beiträge zum Modellieren im Mathematikunterricht* (S. 277–279). Springer.

Pólya, G. (1949). *Schule des Denkens: Vom Lösen mathematischer Probleme.* Francke.

Pólya, G. (1966). *Vom Lösen mathematischer Aufgaben: Einsicht und Entdeckung, Lehren und Lernen.* Birkhäuser.

Pressley, M., Forrest-Pressley, D. L., Elliott-Faust, D. & Miller, G. (1985). Children's Use of Cognitive Strategies, How to Teach Strategies, and What to Do If They Can't Be Taught. In M. Pressley & C. J. Brainerd (Hrsg.), *Cognitive Learning and Memory in Children: Progress in Cognitive Development Research* (S. 1–47). Springer.

Reinhold, F., Reiss, K., Diedrich, J., Höfer, S. & Heinze, A. (2019). Mathematische Kompetenz in PISA 2018 – aktueller Stand und Entwicklung. In K. Reiss, M. Weis, E. Klieme &

O. Köller (Hrsg.), *PISA 2018 – Grundbildung im internationalen Vergleich* (187-209). Waxmann.

Reiss, K., Weis, M., Klieme, E. & Köller, O. (Hrsg.). (2019). *PISA 2018 – Grundbildung im internationalen Vergleich.* Waxmann.

Rellensmann, J. (2019). *Selbst erstellte Skizzen beim mathematischen Modellieren.* Springer.

Rellensmann, J. & Schukajlow, S. (2017). Does students' interest in a mathematical problem depend on the problem's connection to reality? An analysis of students' interest and pre-service teachers' judgments of students' interest in problems with and without a connection to reality. *ZDM Mathematics Education, 49*(3), 367–378.

Rellensmann, J., Schukajlow, S., Blomberg, J. & Leopold, C. (2022). Effects of drawing instructions and strategic knowledge on mathematical modeling performance: Mediated by the use of the drawing strategy. *Applied Cognitive Psychology, 36*(2), 402–417.

Reusser, K. (1989). *Textual and situational factors in solving mathematical word problems.* Univ. Bern.

Reys, R., Lindquist, M., Lambdin, D. V. & Smith, N. L. (2014). *Helping children learn mathematics.* John Wiley & Sons.

Rosli, R., Capraro, M. M. & Capraro, R. M. (2014). The Effects of Problem Posing on Student Mathematical Learning: A Meta-Analysis. *International Education Studies, 7*(13), 227–241.

Rott, B. (2013). *Mathematisches Problemlösen: Ergebnisse einer empirischen Studie.* WTM-Verlag.

Rott, B. (2014). Rethinking Heuristics – Characterizations and Examples. In A. Ambrus & É. Vás´srhlyi (Hrsg.), *Problem Solving in mathematics Education – Proceedings of the 15th ProMath Conference in Eger* (S. 176–192). Haxel nyomda.

Rudnitsky, A., Etheredge, S., Freeman, S. & Gilbert, T. (1995). Learning to Solve Addition and Subtraction Word Problems through a Structure-plus-Writing Approach. *Journal for research in mathematics education, 26*(5), 467–486.

Russo, J. E., Johnson, E. J. & Stephens, D. L. (1989). The validity of verbal protocols. *Memory & cognition, 17*(6), 759–769.

Ryan, R. M. & Deci, E. L. (2000). Self-Determination Theory and the Facilitation of Intrinsic Motivation, Social Development, and Well-Being. *The American Psychologist, 55*(1), 68–78.

Sales, B. D. & Folkman, S. E. (2000). *Ethics in research with human participants.* American Psychological Association.

Sandmann, A. (2014). Lautes Denken–die Analyse von Denk-, Lern-und Problemlöseprozessen. In D. Krüger, I. Parchmann & H. Schecker (Hrsg.), *Methoden in der naturwissenschaftsdidaktischen Forschung* (S. 179–188). Springer.

Schaap, S., Vos, P. & Goedhart, M. (2011). Students Overcoming Blockages While Building a Mathematical Model: Exploring a Framework. In G. Kaiser, W. Blum, R. Borromeo Ferri & G. Stillman (Hrsg.), *Trends in Teaching and Learning of Mathematical Modelling* (S. 137–146). Springer.

Schiepe-Tiska, A., Reiss, K., Obersteiner, A., Heine, J. H., Seidel, T. & Prenzel, M. (2013). Mathematikunterricht in Deutschland: Befunde aus PISA 2012. In M. Prenzel, E. Klieme & O. Köller (Hrsg.), *PISA 2012: Fortschritte und Herausforderungen in Deutschland* (S. 123–154). Waxmann.

Schindler, M. & Bakker, A. (2020). Affective field during collaborative problem posing and problem solving: a case study. *Educational Studies in Mathematics, 105*(3), 303–324.

Schmidt, W. H., Tatto, M. T., Bankov, K., Blömeke, S., Cedillo, T., Cogan, L., Han, S. I., Houang, R., Hsieh, F. J. & Paine, L. (2007). The preparation gap: Teacher education for middle school mathematics in six countries. *MT21 Report. East Lansing: Michigan State University, 32*(12), 53–85.

Schoenfeld, A. H. (1985). Making Sense of "Out Loud" Problem-Solving Protocols. *The Journal of Mathematical Behavior, 4*(2), 171–191.

Schoenfeld, A. H. (1992). On Paradigms and Methods: What Do You Do When the Ones You Know Don't Do What You Want Them to? Issues in the Analysis of Data in the Form of Videotapes. *The Journal of the Learning Sciences, 2*(2), 179–214.

Schooler, J. W., Ohlsson, S. & Brooks, K. (1993). Thoughts beyond words: When language overshadows insight. *Journal of Experimental Psychology: General, 122*(2), 166–183.

Schraw, G. & Moshman, D. (1995). Metacognitive Theories. *Educational Psychology Review, 7*(4), 351–371.

Schreier, M. (2012). *Qualitative Content Analysis in Practice*. Sage.

Schreier, M. (2013). Qualitative Content Analysis. In U. Flick (Hrsg.), *The SAGE Handbook of Qualitative Data Analysis* (S. 170–183). Sage.

Schreier, M. (2014). Varianten qualitativer Inhaltsanalyse: Ein Wegweiser im Dickicht der Begrifflichkeiten. *Forum Qualitative Sozialforschung, 15*(1).

Schreier, M. (2020). Fallauswahl. In G. Mey & K. Mruck (Hrsg.), *Handbuch Qualitative Forschung in der Psychologie* (S. 19–39). Springer.

Schukajlow, S. (2011). *Schüler-Schwierigkeiten und Schüler-Strategien beim Bearbeiten von Modellierungsaufgaben als Bausteine einer lernprozessorientierten Didaktik*. Waxmann.

Schukajlow, S. (2013). Lesekompetenz und mathematisches Modellieren. In R. Borromeo Ferri, G. Greefrath & G. Kaiser (Hrsg.), *Mathematisches Modellieren für Schule und Hochschule* (S. 125–143). Springer.

Schukajlow, S., Kaiser, G. & Stillman, G. (2018). Empirical research on teaching and learning of mathematical modelling: a survey on the current state-of-the-art. *ZDM Mathematics Education, 50*, 5–18.

Schukajlow, S., Kaiser, G. & Stillman, G. (2021). Modeling from a cognitive perspective: theoretical considerations and empirical contributions. *Mathematical Thinking and Learning*. https://doi.org/10.1080/10986065.2021.2012631

Schukajlow, S., Kolter, J. & Blum, W. (2015). Scaffolding mathematical modelling with a solution plan. *ZDM Mathematics Education, 47*(7), 1241–1254.

Schukajlow, S. & Krug, A. (2013). Planning, monitoring and multiple solutions while solving modelling problems. In A. Lindmeier & A. Heinze (Hrsg.), *Proceedings of the 37th Conference of the International Group for the Psychology of Mathematics Education* (Bd. 4, S. 177–184). PME.

Schukajlow, S. & Krug, A. (2014). Are interest and enjoyment important for students' performance? In C. Nicol, S. Oesterle, P. Liljedahl & D. Allan (Hrsg.), *Proceedings of the Joint Meeting of PME 38 and PME-NA 36* (Bd. 5, S. 129–136). PME.

Schukajlow, S., Krug, A. & Rakoczy, K. (2015). Effects of prompting multiple solutions for modelling problems on students' performance. *Educational Studies in Mathematics, 89*(3), 393–417.

Schukajlow, S., Leiss, D., Pekrun, R., Blum, W., Müller, M. & Messner, R. (2012). Teaching methods for modelling problems and students' task-specific enjoyment, value, interest and self-efficacy expectations. *Educational Studies in Mathematics, 79*(2), 215–237.

Schukajlow, S. & Rakoczy, K. (2016). The power of emotions: Can enjoyment and boredom explain the impact of individual preconditions and teaching methods on interest and performance in mathematics? *Learning and Instruction, 44,* 117–127.

Schulze Elfringhoff, M. & Schukajlow, S. (2021). What makes a modelling problem interesting? Sources of situational interest in modelling problems. *Quadrante, 30*(1), 8–30.

Seidel, T. & Prenzel, M. (2010). Beobachtungsverfahren: Vom Datenmaterial zur Datenanalyse. In H. Holling & B. Schmitz (Hrsg.), *Handbuch Statistik, Methoden und Evaluation* (S. 139–152). Hogrefe.

Silver, E. A. (1994). On Mathematical Problem Posing. *For the Learning of Mathematics, 14*(1), 19–28.

Silver, E. A. (1995). The Nature and Use of Open Problems in Mathematics Education: Mathematical and Pedagogical Perspectives. *ZDM Mathematics Education, 27*(2), 67–72.

Silver, E. A. & Cai, J. (1996). An Analysis of Arithmetic Problem Posing by Middle School Students. *Journal for research in mathematics education, 27*(5), 521–539.

Silver, E. A., Mamona-Downs, J., Leung, S.-K. S. & Kenney, P. A. (1996). Posing mathematical problems: An exploratory study. *Journal for research in mathematics education, 27*(3), 293–309.

Sjuts, J. (2003). Metakognition per didaktisch-sozialem Vertrag. *Journal für Mathematik-Didaktik, 24*(1), 18–40.

Steinke, I. (2000). Gütekriterien qualitativer Forschung. In U. Flick, E. von Karforff & I. Steinke (Hrsg.), *Qualitative Forschung. Ein Handbuch* (S. 319–331). Rohwolt.

Stender, P. & Kaiser, G. (2015). Scaffolding in complex modelling situations. *ZDM Mathematics Education, 47*(7), 1255–1267.

Stillman, G. (2011). Applying Metacognitive Knowledge and Strategies in Applications and Modelling Tasks ar Secondary School. In G. Kaiser, W. Blum, R. Borromeo Ferri & G. Stillman (Hrsg.), *Trends in Teaching and Learning of Mathematical Modelling* (S. 165–180). Springer.

Stillman, G. (2015). Problem finding and problem posing for mathematical modelling. In N. H. Lee & N. K. E. Dwan (Hrsg.), *Mathematical modelling: From theory to practice* (S. 41–56). World Scientific.

Stillman, G. & Brown, J. (2014). Evidence of Implemented Anticipation in Mathematising by Beginning Modellers. *Mathematics Education Research Journal, 26*(4), 763–789.

Stillman, G., Brown, J. & Galbraith, P. (2010). Identifying Challenges within Transition Phases of Mathematical Modeling Activities at Year 9. In R. Lesh, P. Galbraith, C. R. Haines & A. Hurford (Hrsg.), *Modeling Students' Mathematical Modeling Competencies* (S. 385–398). Springer.

Stillman, G., Brown, J. & Geiger, V. (2015). Facilitating Mathematisation in Modelling by Beginning Modellers in Secondary School. In G. Stillman, W. Blum & M. S. Biembengut (Hrsg.), *Mathematical Modelling in Education Research and Practice: Cultural, Social and Cognitive Influences* (S. 93–104). Springer.

Stillman, G. & Galbraith, P. (1998). Applying mathematics with real world connections: metacognitive characteristics of secondary students. *Educational Studies in Mathematics, 36*(2), 157–189.

Stoyanova, E. N. (1997). *Extending and exploring students' problem solving via problem posing*. Edith Crown University.

Swan, M., Turner, R., Yoon, C. & Muller, E. (2007). The Roles of Modelling in Learning Mathematics. In W. Blum, P. Galbraith, H.-W. Henn & M. Niss (Hrsg.), *Modelling and Applications in Mathematics Education: The 14th ICMI Study* (S. 275–284). Springer.

Tichá, M. & Hošpesová, A. (2013). Developing teachers' subject didactic competence through problem posing. *Educational Studies in Mathematics, 83*(1), 133–143.

Toluk-Uçar, Z. (2009). Developing pre-service teachers understanding of fractions through problem posing. *Teaching and Teacher Education, 25*(1), 166–175.

Tracy, S. J. (2010). Qualitative Quality: Eight "Big-Tent" Criteria for Excellent Qualitative Research. *Qualitative Inquiry, 16*(10), 837–851.

Treilibs, V. (1979). Foundation processes in mathematical modelling. *Unpublished Master of Philosophy, University of Nottingham.*

Treilibs, V., Burkhardt, H. & Low, B. (1980). *Formulation processes in mathematical modelling.* Shell Centre for Mathematical Education.

Tropper, N. (2019). *Strategisches Modellieren durch heuristische Lösungsbeispiele.* Springer.

Verschaffel, L., Greer, B. & DeCorte, E. (2001). Making Sense of Word Problems. *ZDM Mathematics Education, 33*(1), 27–29.

Verschaffel, L., Schukajlow, S., Star, J. & van Dooren, W. (2020). Word problems in mathematics education: a survey. *ZDM Mathematics Education, 52*(1), 1–16.

Voica, C., Singer, F. M. & Stan, E. (2020). How are motivation and self-efficacy interacting in problem-solving and problem-posing? *Educational Studies in Mathematics, 105*(3), 487–517.

vom Hofe, R. & Blum, W. (2016). "Grundvorstellungen" as a Category of Subject-Matter Didactics. *Journal für Mathematik-Didaktik, 37*(1), 225–254.

Vorhölter, K. (2021). Metacognition in mathematical modeling: the connection between metacognitive individual strategies, metacognitive group strategies and modeling competencies. *Mathematical Thinking and Learning.*

Vorhölter, K., Krüger, A. & Wendt, L. (2020). Metakognition als Teil von Modellierungskompetenz aus der Sicht von Lehrenden und Lernenden. In G. Greefrath & K. Maaß (Hrsg.), *Modellierungskompetenzen – Diagnose und Bewertung* (S. 189–218). Springer.

Vos, P. (2015). Authenticity in Extra-curricular Mathematics Activities: Researching Authenticity as a Social Construct. In G. Stillman, W. Blum & M. S. Biembengut (Hrsg.), *Mathematical Modelling in Education Research and Practice: Cultural, Social and Cognitive Influences* (S. 105–113). Springer.

Wallas, G. (1926). *The art of thought.* C.A. Watts & Co.

Weber, K. & Leikin, R. (2016). Recent Advances in Research on Problem Solving and Problem Posing. In Á. Gutiérrez, G. C. Leder & P. Boero (Hrsg.), *The second handbook of research on the psychology of mathematics education: The journey continues* (S. 353–382). Sense.

Wernke, S. (2013). *Aufgabenspezifische Erfassung von Lernstrategien mit Fragebögen: Eine empirische Untersuchung mit Kindern im Grundschulalter.* Waxmann.

Wess, R. (2020). *Professionelle Kompetenz zum Lehren mathematischen Modellierens.* Springer.

Wess, R., Klock, H., Siller, H.-S. & Greefrath, G. (2021). Measuring Professional Competence for the Teaching of Mathematical Modelling. In F. K. S. Leung, G. Stillman, G.

Kaiser & K. L. Wong (Hrsg.), *Mathematical Modelling Education in East and West* (S. 249–260). Springer.

Wijaya, A., van den Heuvel-Panhuizen, M., Doorman, M. & Robitzsch, A. (2014). Difficulties in solving context-based PISA mathematics tasks: An analysis of students' errors. *The Mathematics Enthusiast, 11*(3), 555–584.

Wilson, J. W., Fernandez, M. L. & Hadaway, N. (1993). Mathematical problem solving. In P. S. Wilson (Hrsg.), *Research ideas for the classroom: High school mathematics* (S. 57–77). Macmillan.

Winter, H. (1995). Mathematikunterricht und Allgemeinbildung. *Mitteilungen der Gesellschaft für Didaktik der Mathematik, 21*(61), 37–46.

Wirtz, M. & Caspar, F. (2002). *Beurteilerübereinstimmung und Beurteilerreliabilität.* Hogrefe.

Xie, J. & Masingila, J. O. (2017). Examining Interactions between Problem Posing and Problem Solving with Prospective Primary Teachers: A Case of Using Fractions. *Educational Studies in Mathematics, 96*(1), 101–118.

Yeo, J. B. W. (2017). Development of a Framework to Characterise the Openness of Mathematical Tasks. *International Journal of Science and Mathematics Education, 15*(1), 175–191.

Zais, T. & Grund, K.-H. (1991). Grundpositionen zum anwendungsorientierten Mathematikunterricht bei besonderer Berücksichtigung des Modellierungsprozesses. *Der Mathematikunterricht, 37*(5), 4–17.

Printed in the United States
by Baker & Taylor Publisher Services